Martin Egli
LOGOTOPE

AF862318

Martin Egli

LOGOTOPE

Geschichten
zur Geschichte der Naturgeschichte

Limmat Verlag Genossenschaft
Zürich

Die Herausgabe dieses Werkes wurde unterstützt durch Beiträge der Präsidialabteilung der Stadt Zürich und der Dow Banking Corporation Zürich.

Umschlagillustration von Conrad Gesner aus «Thierbuch» (Christoffel Froschauer, Zürich 1563)

Autorenfoto von Rolf Hemmann

Abdrucke, auch auszugsweise, nur mit Genehmigung des Verlags

© 1986 by Limmat Verlag Genossenschaft, Zürich
ISBN 3 85791 108 5

Für Susi und Nanina

Inhalt

Vom Weg zum Zweck: Evolution und Vererbung

Das Licht, die Luft: Leben

Chemie mit uns und um uns

Nachsicht

Anhang

Vorsicht

«Die Arbeit des Wissenschaftlers wird von der Überzeugung getragen, dass es einen an die ‹wissenschaftliche Methode› gebundenen Erkenntnisfortschritt gibt, der uns der Wahrheit über die Welt näher bringt. [...] Mit ‹Erkenntnis› meint der Naturforscher zuverlässiges, gesichertes Wissen über die Welt, [...] auf das ich mich bei der Lösung von Problemen verlassen kann.» (pg. 15)

Hans Mohr, 1981

«Die Welt ist einfach zu kompliziert, als dass ein Mensch sich den Luxus leisten könnte, alle seine Ansichten miteinander in Einklang zu bringen.» (pg. 743)

Douglas R. Hofstadter, 1985 (1979)

«Nichts ist so gering, dass es nicht reicht, um zum Untergang zu führen.» (pg. 99 [55 b])

Carl von Linné, 1778 (1981)

«Den dieses Erfolgs Überdrüssigen mag Beherrschung der Wirklichkeit als ein ausgeträumter, des Träumens nie wert gewesener Traum erscheinen. Überdruss und Unbehagen zu kultivieren, geht leicht an, wenn man die Bedingungen als selbstverständlich hinnimmt und nicht mehr notiert, unter denen Leben seine Bedrängnis nur noch in marginalen Problemen erfährt.» (pg. 1)

Hans Blumenberg, 1979

Man lässt aufspielen, wenn sich das Heck des Havaristen zu senken beginnt. Die Einhörner kamen aus dem Meer. Sie kehren dorthin zurück. Früher oder später.

Das Einhorn ist unser Wappentier. Auf der Flagge des Fortschrittes wird es uns Symbol für jene so seltsame Unsicherheit im Raum vor der Traum-Welt, hinter der Tat-Sache. Denn das Einhorn ist kein Fabelwesen: Zwischen «Eichhorn» und «Esel» hatte es seine minuziös dokumentierte Existenz. Das Einhorn ist Wahrheit. Doch kaum Wirklichkeit. Das aber ist eine Vermutung. Mehr nicht. Es lässt sich lediglich demonstrieren, dass es Esel gibt, nicht aber beweisen, dass es keine Einhörner gibt. Wir, auch wir leben mit Einhörnern und durch Einhörner. Und wir leben gut: Noch nie haben mehr, besser ernährte, ältere Menschen lauter über den desolaten Zustand der Zukunft geklagt. Es wäre an der Zeit, Grundlagen zu schaffen, damit wir erkennen können, was Wissenschaft ist und was Wissenschaft nicht ist. Spaziergänge in der Geschichte sind Therapie. Oder Training. Der Autor ist sich des Ernstes der Sache und der Würde unserer Schwellenzeit bewusst; auch dort, wo er glossiert. Der Autor ist sich seiner Grenzen stets bewusst; auch dort, wo er überheblich zu werden scheint (Egli, 1983). Geschichtenerzähler stehen über ihren Geschichten, während sie ihre Geschichten erzählen. Auch wenn das Publikum lacht. Oder weint. Oder ausbleibt. Geschichtenerzähler wollen mit ihren Geschichten unterhalten. Trotz oder durch Pathos. Trotz und mit aller Moral, die sie bis an die Grenzen des Kaum-mehr-Erträglichen strapazieren. Im Sinne Novalis' will auch ich unterhalten. Erbauen. Erheitern. Kraft jener Fröhlichkeit, die mir ein gütiges Schicksal bewahrt hat.

Die Theoriengeschichte der Biologie hinkt den exakteren Disziplinen der Naturwissenschaften hintan. Das mag daran liegen,

dass Physiker vorneweg Tempo und Stossrichtung der erkenntnistheoretischen Diskussion bestimmen,

dass die biologische Problematik in jedem Fall den Komplexitätsgrad physikalisch-chemischer Systemgefüge übersteigt,

dass es gar keine Biologie gibt, die in der Konsistenz ihres inneren Zusammenhanges einer ‹Chemie› etwa oder gar einer ‹Physik› entsprechen würde.

Wie dem auch sei: Die Biologie ist stets noch mit sich selber sosehr beschäftigt, dass sie kaum dazu gekommen ist, sich ihrer Geschichtlichkeit zu stellen. Ihre Geschichte ist zielorientiert, degeneriert in den Einleitungen ihrer Publikationen zu linearen Abfolgen von Sternstunden. Die Sprunghaftigkeit des Erkenntnisfortschrittes nach Thomas Kuhn mag manchem Biologen als überzeichnet, das burleske «anything goes» eines Paul Feyerabend zu synthetisch, das kompromisslose Indizien-Denken Sir Karl Poppers zu gestelzt korrekt erscheinen – das fachspezifische Eigenverständnis wäre trotzdem auch in der Biologie, für die Biologie neu zu hinterfragen. Doch dazu fehlt die historische Redlichkeit. Meistens.

Als Student wurde ich in Zürich Zeuge jenes Bruches, der so viel schmerzhafter und wohl auch unheilvoller, als jene durch Snow reklamierte Kluft zwischen den beiden Kulturen, die Biologie in zwei Lager zerteilt. Da war der Zoologe Ernst Hadorn (1902–1976), der für seine und alle Zeit nach ihm Erkenntnis prüfte, wog und dann als inerten Baustein, mit dem Pathos fast George'schen Überzeugtseins in sein für immer gültiges Gebäude der Weltenwahrheit fügte oder aber verwarf, zurück in die Wüsten der ‹Terrae incognitae›, draussen vor die universitären Tore verbannte. Als ob der Physik keine neoklassizistischen Bauten zusammengebrochen wären, als ob die Physik nicht demonstriert hätte, wie solche Babel-Türme zerfallen. Über kurz oder lang. Da war der Basler Adolf Portmann (1897–1982), der vor staunendem Publikum die «Selbstverwirklichung» der Zebras in ihrer vielfältigen Streifenmusterung heraufbeschwor. Als ob es heute immer noch angehen könnte, schöne Worte dort zu setzen, wo das haptische, das erfassbare Korrelat fehlt. Rezidive. Hüben und drüben. Mechaniker versus Vitalisten: Wie eh und je! Quo vadis: Sind solche ‹Vom Gott in der Welt› – Diskussionen unsere Chance (Illies, Wilder Smith, Thürkauf und Teilhard de Chardin)?

Mit Ruppert Riedl findet Altmeister Aristoteles wieder Einzug in der Biologie unserer Zeit, kommt – ein redlicher Gast aus der Philosophie – Nicolai Hartmann zu uns in den Zoo. Wie sich Denkästhetik mit dem Geruch von Tigern verträgt? Der Mensch jedenfalls ist wieder Welt. Und darum ist die Welt im Menschen abbildbar. Der Darwinismus wurde durch den Neodarwinismus, dieser durch den Synthetischen Neodarwinismus abgelöst und der biologische Darwinismus durch einen Darwinismus der Gesellschaft, des Verhaltens, der Seele und unserer Tage nun noch durch einen

Darwinismus des Intellektes ergänzt: Diskussionen um die Evolutionäre Erkenntnistheorie beherrschen die Biologie-Szene (Mohr, Vollmer, Wuketits). Kleider machen Wissenschaften: Es wäre wohl ehrlicher gewesen auch diese neue ‹Theorie› im Status eines ‹Ismus› belassen zu haben.

Die französischen Molekularbiologen (Jacob und Monod) zelebrieren, sekundiert und in thermodynamischen Belangen durch den deutschen Manfred Eigen berichtigt, das nun computerunterstützte, zentrale Darwin-Dogma des Zufalls. Womit wir das Epizentrum biologischer Beben geortet hätten: mitten in Darwin. Allerdings handelt es sich hier bereits wieder um primäre Fachmodelle eher als um Modellgefüge über dem Fach. Wolfgang Stegmüllers sarkastische Kritik mag exemplarisch zeigen, wie es zugeht, wenn Biologen sich in die Philosophie vorwagend, von Berufsdenkern in die Mange genommen werden: «Zu den vermutlich meistgelesenen, sicherlich aber zu den meistgekauften Büchern über die Entstehung des Lebens sowie über die philosophischen Implikationen der modernen Biologie gehört das Buch von Monod ‹Zufall und Notwendigkeit›. Anspruch und effektive Leistung dieses Werkes stehen in einem seltsamen Kontrast zueinander. Wo die eigentlichen zentralen Thesen formuliert und begründet werden, herrschen Unklarheit und Denkfehler vor.» Was zu belegen war: Die Biologie ist im Systemgeflecht ihrer internen Auseinandersetzungen verheddert: wo sie sich über sich selber hinaus bewegt, wird sie philosophisch ‹schwach›, was noch kein Vorwurf wäre, wenn da nicht die Beschränktheit solcher Bemühungen im Mäusekarussell der Evolutionsproblematik wäre: Die bis an den jüngsten Tag im Kreise sich drehende Diskussion um Richtigkeit und Falschheit des Darwinschen Modells ermüdet nun nachgerade doch. Jeder ernste Ansatz des Hinterfragens der Biologie wird von der Evolutionsproblematik absorbiert. Ernst Mayr überschreibt sein Biologie-Theorienwerk mit «The Growth of Biological Thought» (1982/1984). Erst der Untertitel zeigt, was unter der «Entwicklung der biologischen Gedankenwelt» gemeint werden darf: «Vielfalt, Evolution und Vererbung». Was zu illustrieren war.

Dieses Geschichtenbuch schliesst da keine Lücke: Es ist kein Ziel, es ist Weg. Die Anthologie entstand um eine Sammlung ausgewählter Arbeiten, die in der «NZZ» und der «Die Weltwoche» erschienen sind. Sie wurde mit bislang unveröffentlichten Aufsätzen ergänzt und abgerundet. Die Verworrenheit der biologischen Wahrheitssuche wird in der historischen Perspektive an bedeutsamen Fallstudien demonstriert, die Zerbrechlichkeit scheinbar solider Befunde exemplarisch an Beispielen unserer Zeit gezeigt. Die Verflochtenheit der Bezüge wird zwischen den Kapiteln dem Leser überlassen und die Erkenntnis, dass auch unsere Zukunft Geschichte ist. Das Sozialprestige Wissender war immer gross, das Sozialprestige Wissenschaffender ist übergross geworden. Das Geschichtenbuch soll in irritierend unterhaltender Weise aufdecken helfen, dass wir uns expertenzentrierte Sicherheiten nicht mehr leisten können: Ohne Wissenschaften wird uns der Schritt in das Morgen nicht gelingen, mit diesen Wissenschaften, wie es scheint, wohl eben auch nicht mehr. Der Ausweg aus dieser Aporie wäre Vernunft, was immer Vernunft heissen mag. Und Mut. Lebensmut.

Brütten, den 1. Juli 1986

Heilkrautkunden und Krautheilkunden

«Denn alles, was vernachlässigt wird, verschlechtert sich; aber durch Pflege wird nicht alles besser.»

Theophrast von Eresos, (371–287 v. u. Z.)

Das Motto bezieht sich auf die Pflanzenzucht. Es ist übertragbar. Nicht nur der «Baum des Lebens» ist in die Metaphorik des täglichen Lebens eingegangen. Mit all ihren Wurzeln gründen auch die botanischen Wissenschaften im Humus der Geschichte. Ohne Wurzeln welken Kronen. Ohne Wissen um den Ursprung degeneriert der Zeitgeist. Heute mehr denn je: wir können uns nicht auf eine kopflose Flucht in die Zukunft konzentrieren. Wir müssen uns darauf besinnen, was unsere Wissenschaften sind – und darauf, was sie nicht sind.

Die dem Kraut gewachsen waren – Von den Vätern und einer ersten Mutter der Botanik

Theophrast unterrichtet als Schüler Aristoteles' zeitweise um 2000 Studenten (ab –322 ist er Chef-Peripatetiker); 200 Bücher soll er verfasst haben. Von diesen sind heute allerdings die meisten verschollen.

Wissenschaft ist Sprache; alle Wissenschaft lebt in der Sprache. Der Wissenschafter beschreibt, bevor er be-zeichnet. Sprachlose sind heimatlos; der Bildungsdünkel der Philologen hat eben wohl doch seine Berechtigung. Die Sprache gestattet es, Wissenskonserven anzulegen; sie eröffnet Vergleichsdateien im Hirn, ermöglicht ökonomische Wissensanhäufung, erlaubt Wissenstransfer. Auch der Weg der Botanik demonstriert uns das.

Theophrastos schafft ein botanisches Vokabular; er übernimmt Begriffe aus der Sprache des Volkes und definiert deren Gehalte spezifisch. Anatomische, morphologische, histologische, physiologische, ökologische und systematische Kategorien werden gezielt strukturiert. So werden die Gewebe Rinde, Holz, Mark («gleichartige Teile») und die «Hauptteile» Wurzel, Stengel, Ast, Zweig unterschieden. Den überdauernden Pflanzenteilen werden die ‹hinfälligen› Organe wie Blatt, Blüte, Frucht (letztere wird in Fruchtschale und Samen gegliedert) gegenübergestellt.

Die erkenntnistheoretischen Verdienste Theophrasts sind in seiner Denkmechanik begründet, denn obwohl ihm Anschauung und Gedanke identisch sind, versagt er sich spekulative Höhenflüge und meidet theoretische Deduktionen (Übersetzung K. Sprengel, 1822):

«Da nun die Fortpflanzungskraft so mannigfaltiger Art ist, so zeigt sie sich auch bey den Bäumen, wie gelehrt worden, auf mehrfache Weise. Einige vermehren sich allein durch Saamen. [...] Die durch Seitentriebe und überhaupt aus Wurzelschösslingen gezogen werden, scheinen durchaus gleiche Früchte hervorzubringen. Was man aber aus der Frucht zieht, wenn es sich auch so vermehrt, das wird fast alles schlechter. Manche arten ganz aus, wie der Weinstock, der Apfel-, Feigen-, Granat- und Birnbaum. Denn das was man aus Feigenkernen zieht, das wird gar keine edle Feige, sondern die eine oder andere Art wilder, die sich selbst durch die Farbe unterscheidet: denn aus einer schwarzen wird eine weisse, und umgekehrt. [...]»

Identische Reproduktion wird beobachtet beim Klonen (vegetative Fortpflanzung), und Spaltungen bei der sexuellen Vermehrung werden beschrieben – 2000 Jahre später wird Mendel diese Phänomene mathematisch erfassen. Es wird aber deutlich, dass einer Wissenschaft ohne Spekulation engste Grenzen gesteckt sind: Theophrast geht an der fundamentalen Feststellung, dass auch Pflanzen sich sexuell fortpflanzen, vorbei, obwohl er minuziös beobachtet:

«Blüht die männliche Pflanze, so schneidet man die Blüthenscheide ab, und schüttelt sie sogleich mit der Wolle, der Blüthe und dem Staube auf die weibliche Frucht. Diese, so behandelt, dauert dann aus, und fällt nicht ab. Es scheint aber auf zweyerley Weise die männliche Blüthe der weiblichen zu nützen: denn weiblich nennt man die fruchttragende Palme; entweder durch Mischung oder auf andere Weise.»

Die Dynamik des Erkenntnisfortschritts oszilliert zwischen den Polen der Denk-Askese und der Phantasie: Das macht alle Wissensgeschichte so reizvoll, so kapriziös.

Nach Theophrastos sinkt die Biologie wieder auf ein bescheidenes Niveau ab. In der Bibliothek von Alexandrien, dem hellenischen Zentrum am Nil, werden um 700000 Papyrusrollen von Philologen und Historikern betreut. Astronomie und mit ihr die Mathematik erreichen hohes Niveau. Doch die Botanik degeneriert, fristet in den Heilmittelkunden ein kümmerliches Dasein. Lediglich das Werk des Pedianus Dioskurides aus Anazarba sticht besonders hervor. Seine «Materia medica» (um 60 n. u. Z.) umfasst fünf Bücher. 580 Pflanzen sind gut und klar beschrieben. Das Werk ist in einer um 512 für eine reiche Römerin angefertigten prachtvollen Handschrift (Wiener Hofbibliothek) erhalten geblieben. Bis ins 17. Jahrhundert hinein bleibt das gründliche Werk – es fällt ‹wissenschaftlich› gegenüber Theophrastos' Arbeiten allerdings eindeutig ab – unumstössliche Pflanzenwahrheit und Therapiegrundlage. Zum erstenmal finden wir bei Dioskurides den Begriff «botaniké»: Pflanzenkunde. Als eigenständige Wissenschaft ist die naturgeschichtliche Botanik nach Theophrast wieder eingeschlummert. Die uns so wesensfremde, jedoch praktische Geometrie (Vermessung, Planung, Krieg) hat sich früh etabliert – die Biologie, die Wissenschaft vom Leben, hat zögernd nur Fuss fassen können, hat lange lediglich als Hilfswissenschaft überdauert.

Die römische Botanik ist durch agronomische Schriften gekennzeichnet. Lucius Iunius Moderatus Columella nennt drei Voraussetzungen für den erfolgreichen Landwirt: Sachkunde, Betriebsmittel, Arbeitswille (um 50 n. u. Z.). Fachwissen ist Grundlage für allen Erfolg:

«Wer hat je so viele Fähigkeiten besessen, dass er neben Haustierpflege, Geflügel- und Bienenhaltung auch alle Arten des Pfropfens gekannt, alle Pflegemethoden für Obst und Gemüse geübt und sich mit allen Feigenarten und den Rosengärten abgegeben hätte?»

Fabelhafte Zeiten: Bären binden Bären Bären auf. In den Meeren bedrohen Ungeheuer und diese Tintenfische die christliche Seefahrt. Nur Sauen ist es richtig wohl.

Lausige Zeiten: In den Betten lauern Wanzen und im Wald die Spinnen. Auf den Feldern fressen Heuschrecken eine nächste Hungersnot und

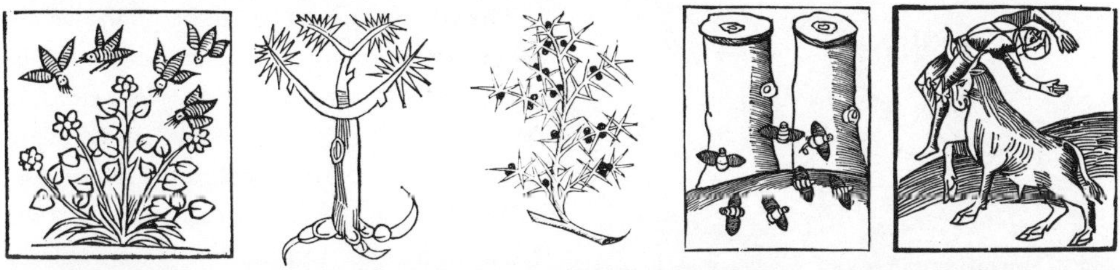

Papiliones bedrohen Blumen, doch die Kreatur wehrt sich mit Stacheln und krallt sich in den Boden. Borkenkäfer fressen Wälder kahl und Bestien töten den Landmann. Lustvoll, grausam.

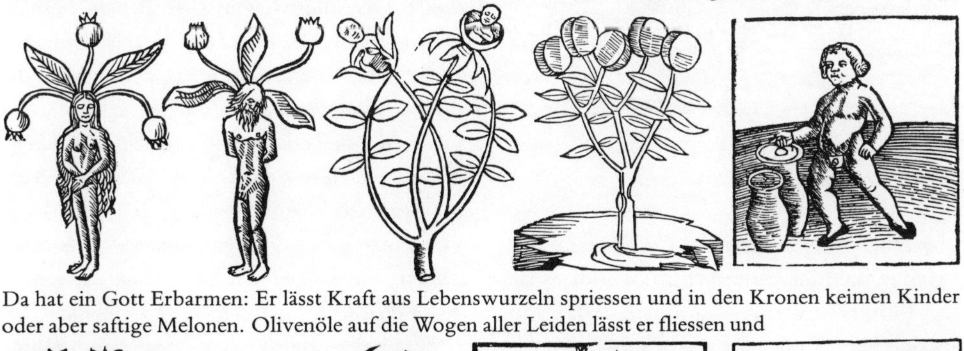

Da hat ein Gott Erbarmen: Er lässt Kraft aus Lebenswurzeln spriessen und in den Kronen keimen Kinder oder aber saftige Melonen. Olivenöle auf die Wogen aller Leiden lässt er fliessen und

Manna lässt er regnen. Die Kuh lässt er Milch spenden. Im Herzen der Hirsche finden sich noch Knochen und aus den Fässern lässt sich Weinstein klopfen als Waffe gegen Pestillenz und Tod.

Der einzige Theoretiker der Zeit ist Caius Plinius Secundus (23–79 n. u. Z.) Der Berufsoffizier war ein Mann von aussergewöhnlichem Fleiss: Neben vielen Büchern über Kriegswesen, Rhetorik, Geschichte und Grammatik kompiliert er auch eine Naturgeschichte, die in ihrer lexikographischen Art zum Vorbild über Jahrhunderte wird. Mommsen nennt das Werk schnöde «Studierlampenbuch». Immerhin: der Plinius hat dank seiner ‹Recherchen›

Den Seinen scheint der Herr es eben doch im Schlafe einzugeben (1511).

überlebt. Seine präzisen Quellenangaben machen die Naturkunde zum zeitlosen Beleg. Plinius ist während anderthalb Jahrtausenden Hauptquell für alle botanischen Autoren – da mag Theophrast noch so original gearbeitet haben, gemessen an der Häufigkeit des Zitiertwerdens in der Weltliteratur, siegt Plinius. Haushoch.

Während eines guten Jahrtausends stand der Fortschritt dann fast still. Die Geschichtsbücher der Wissenschaften werden im Mittelalter jedenfalls dünn. Die im Koran vorgeschriebene Körperpflege, im Verein mit den erlaubten Sinnesgenüssen, liess allerdings eine eigentliche «arabische» Botanik des Mittelalters entstehen. Auch wenn dem Islam (dem Christentum übrigens auch) eine nach tieferer Erkenntnis strebende ‹Gelehrsamkeit› zuwider war, so begann trotzdem eine neue Botanik zu keimen. Um 1200 n. u. Z. behandelt Ibn al Baitar ca. 1400 Pflanzen. Schon um 1000 hatte ein Geheimbund von Gelehrten eine Abhandlung von beachtlichem Niveau verfasst. Unter anderem soll darin die Befruchtung der Dattelpalme richtig interpretiert worden sein. Die arabischen Wissenschaften fielen jedoch der religiösen Intoleranz zum Opfer und blieben – leider – ohne wesentlichen Einfluss.

Die Wiedergeburt einer abendländischen Botanik ist dem um 500 gegründeten Benediktinerorden zu verdanken. Weil sich die Mönche auch mit der praktischen Medizin befassen, steht Dioskurides in hohem Ansehen. Johann Huizinga (1941) schildert die Sachzwänge der Epoche:

«Die Geschehnisse im Leben der Menschen hatten viel schärfer umrissene äussere Formen als heute. Zwischen Leid und Freude, zwischen Unheil und Glück schien der Abstand grösser als für uns; alles, was man erlebte, hatte jenen Grad von Unmittelbarkeit und Ausschliesslichkeit, den die Freude und das Leid im Gemüt der Kinder heute noch besitzen. [...] Für Elend und Gebrechen gab es weniger Linderung als heutzutage, sie kamen wuchtiger und quälender. Krankheit schied sich stärker von Gesundheit.»

Wir haben den ersten ‹modernen› Botaniker vor diesem Hintergrund zu würdigen. Indes – der erste moderne Kräutervater ist eine Frau: Hildegard von Bingen.

Hildegard muss eine grossartige Persönlichkeit gewesen sein. Als Klosterfrau erregt sie früh Aufsehen durch ihre seherischen Gaben. Ihr Werk «Physica» beschreibt vorwiegend einheimische Heil- und Nutzpflanzen (rund 300 Arten). Mönche übersetzen ihr das Manuskript in gehobenes Latein. Die Pflanzennamen werden im Dialekt belassen. Das erlaubt noch heute die Identifikation. Offenbar hat die intellektuelle Mystikerin, im Gegensatz zur Gepflogenheit der Zeit, die benutzten Quellen nicht nur ‹philologisch› ausgelotet, sondern hat die Arbeit zum Anlass genommen, sich in eigenem Beobachten zu schulen. Ob ihre «Darstellungen einzig und allein auf ihrer eigenen Erfahrung gründen»? Um eine leichte Geburt zu bewirken, sei ein frisches Löwenherz kurz auf den Nabel der Schwangeren zu legen. Ob Hildegard auch solche Rezepturen ausprobiert hat? Immerhin, andere Stellen bleiben pragmatisch: Es wird zum täglichen Zähneputzen geraten. Und als Äbtissin lässt die umsichtige Frau Wasserleitungen in die Klosterzellen legen.

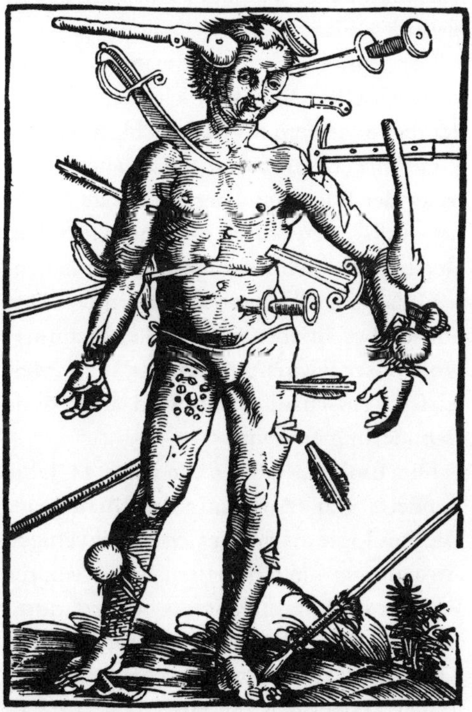

«Wiewol ich bin vol straych und stich / zermöuscht / verwundet yemerlich / Doch hoff ich Gott / künstlich ertzney / Scheyllhans werd mir helffen frey.» Der Verleger von Hildegards «Physica» übernahm alle Bebilderung, die irgendeinen Bezug zur Medizin hatte – so auch diesen didaktischen Haudegen aus Hans von Gersdorffs Feldbuch von 1517.

«Gott gab / Gott nam haus / hof / kind / gut / Und satzt mich under teüffels ruth / Mein weib / und platern peinigten mich. Noch lydt ichs alles geduldtigklich.» Hans von Gersdorffs sinnige Sprüche finden sich 1533 auch bei Hildegard wieder.

Das Werk wird um 1150 verfasst, 1533 in Strassburg erstmals – mit Illustrationen – gedruckt. Die Bebilderung wird aus anderen Werken übernommen – es sind drei Holzschnitte, welche bereits das «Feldbuch der Wundartzney» von Hans von Gersdorff (1517) geschmückt haben.

Johannes Gutenberg erfindet den Buchdruck um 1450; in der Folge bemächtigen sich die Verleger der alten Handschriften. Doch es hat sich gezeigt, dass keine Illustratoren fähig waren, die Manuskripte wissenschaftlich zu unterstützen. Die Bildqualität und der Realitätsbezug waren anfänglich auf einem beklagenswert naiven Niveau. Auch die Botanik hat mit dem Wort begonnen – nicht mit Zeichnungen, Zeichen und Formeln. Hieronymus Brunschwig entschuldigt sich in seinem «Das buch der waren kunst zu distil-

Das ist die «ware kunst zu distilliren»: Die Droge kommt auf dem Felde direkt in die Retorte.

lieren» (um 1500) gar bei seinen Lesern und rät, man möge eher auf den Text als auf die Abbildungen achten: «wan di figuren nit anders synd, dann ein ougenweid und ein anzeigung für die leser, die weder schreiben noch lesen können.»

Die Bebilderung der «Destillierkunst» umfasste 238 Holzstiche, 226 davon waren Pflanzendarstellungen.

Konrad von Megenberg setzt mit seinem «Buch der Natur» (1350) die mittelalterliche Tradition der klerikalen Botanik fort: Er übersetzt ein Werk Thomas von Cantimprés, eines Schülers Albertus Magnus', in die Umgangssprache, indem er es aufarbeitet und durch eigene Beobachtungen anreichert. 173 Pflanzen werden neben Tieren, Steinen und Menschen behandelt; 59 davon hat Megenberg original bearbeitet. Oft sind diese Eigenleistungen durch Formeln wie «Ich Megenberger waiz wol» gekennzeichnet. Das «Buch der Natur» besticht durch seine frische, dreist sichere, direkte Wissensvermittlung. Das Werk war von grossem Einfluss. Nichts lässt sich heute mit solch nachhaltiger Breitenwirkung vergleichen. Eine typische Stelle möge das Werk repräsentieren:

«Fungi haizent swammen, die sint mangerlai, aber die pesten sint klain. [...] ez ist auch ainer ander lai swammen, die haizent etleich ze latein boletos und haizent ze däutsch pfifferling, dâ schol man sich vor hüeten, wan sie sint dick gar vergiftig und toetleich. daz waiz ich wol, wan ez geschach ze Wienn in Österreich, dâ ainer pfifferling az und trank met dar auf und starb zehant vor dem vaz. ez ist auch ainerlai swammen, die sint zemâl unrain, die sint prait und dick und oben rôt mit weizen plaeterln. wenn man den zuo milch mischt, so toett er di mukken. dar umb haizent si mukkenswammen und ze latein muscineci. nu hüet dich vor in allen. daz ist mein rât.»

Der Pfifferling (Eierschwamm) ist unverwechselbar und köstlich; der Wiener, der da vor seinem Metfass stirbt, muss den Satanspilz (Boletus satanas) mit einem Vertreter der Pilzgruppe der Steinpilze (Boletus edulis) verwechselt und zusätzlich dem Gerstensaft reichlich zugesprochen haben, weil das Teufelsgewächs kaum tötet. Den hübsch beschriebenen «Mukkenswamm», wohl unser Fliegenpilz, erkennt man zweifelsfrei: Anschaulichkeit wird auch ohne Bebilderung erreicht.

Die Biologie des 14. und des 15. Jahrhunderts war ‹Anatomie des Menschen›. Die Zoologie erschöpft sich – mit wenigen Ausnahmen – in fabelhaften Bestiarien, die Botanik ist ‹Pharmakologie›. «De Plantis», eine Kompilation aus Aristoteles und Theophrast, sowie verschiedene Abhandlungen Galens geistern durch das Mittelalter, garantieren Tradition, versprechen Sicherheit, überzeugen durch ‹Bewährung›. Es gilt, die Pflanzen zu erkennen, damit Drogenrezepte angewendet werden können. Aber es scheint, dass die mündlich übermittelten Pflanzenkenntnisse damals solide gewesen sein müssen; es scheint, dass die richtigen Heilpflanzen eher trotz als dank der Kräuterbücher identifiziert werden konnten. Vorerst ganz im Schosse der Renaissance, im Wiedererwachen antiker Denkrituale beheimatet, wird die «Naturgeschichte» mit den Möglichkeiten der Denkfreiheit des reformatorischen Umbruchs konfrontiert. Kräuterbücher werden zum Geschäft – vorerst offensichtlich eher Statussymbole in der guten Stube denn taugliches Werkzeug in der Hand des rezipierenden Arztes, Apothekers oder Laien.

1484 erscheint in der Offizin Schöffers, eines Mitarbeiters von Gutenberg, ein ‹Volksbuch› für den Gebrauch einfacher

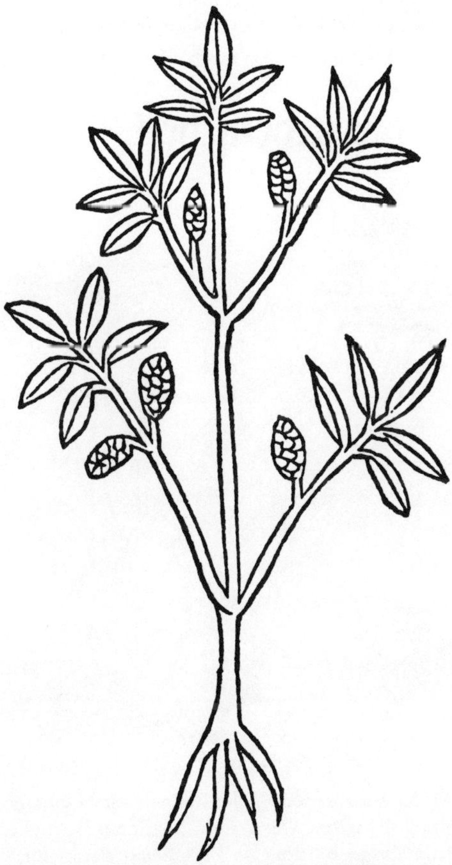

Trotz eher, als dank dieser Abbildung erkennt man den Seidelbast. (1485)

Arzneimittel in lateinischer Sprache: Innert weniger Jahre erlebt das Buch zehn Auflagen – den kulturellen Gepflogenheiten der Zeit entsprechend sind alles Raubdrucke von Druckereien verschiedener Städte. Weil Illustratoren fehlen, verpflichtet Schöffer Spielkartenschnitzer. Die Abbildungen sind denn auch ungelenk, naivgotisch. Nach dem lateinischen «Herbarius» bringt Schöffer – durch den Riesenerfolg ermutigt – den deutschen «Gart der Gesundheit» heraus. Der geniale Mann muss einen grossen Stab von Ärzten, Künstlern, Holzschneidern, Druckern beschäftigt haben. Der «Hortus Sanitatis Germanice» ist wie sein Vorgänger eine Kompilation des Verlegers. Der Erfolg ist wiederum durchschlagend. 356 Pflanzenbilder (und elf Tierbilder) sind publikumswirksame Attraktion. Die Holzschnitte sind bereits von naturalistischer Auffassung: An der Schwelle zwischen Gotik und Renaissance erfolgte die Entwicklung der Buchillustration in stürmischen Schüben. Das Werk erlebte innerhalb von 14 Jahren 14 Auflagen. Die erfolgreichen Verleger bedienten sich «in der guten alten Zeit» dreist des Kulturgutes, das gesetzlich ungeschützt dreister Tüchtigkeit zur Verfügung stand.

Man kann sich irgendeinem Punkt in der Geschichte nähern, indem man aus unserer Zeit rückwärts schreitet oder indem man, aus der Vorvergangenheit kommend, zu diesem Punkt sich vorarbeitet. Julius Sachs schildert das in bezug auf die Botanik in seiner «Geschichte der Botanik» (1875) mit klaren Worten:

«Wer an die neuere botanische Literatur gewöhnt zum ersten Male die Werke von Brunfels (1530), Leonhard Fuchs (1542), Hieronymus Bock zur Hand nimmt, findet sich überrascht nicht nur von der fremdartigen Form, dem wunderlichen uns jetzt nicht mehr geläufigen Beiwerk, aus welchem das Brauchbare mit Mühe hervorgesucht werden muss, sondern noch mehr

von der ausserordentlichen Gedankenarmuth dieser meist sehr dickleibigen Folianten. Nimmt man jedoch statt von der Gegenwart rückwärts den entgegengesetzten Weg: hat man sich vorher mit den botanischen Ansichten des Aristoteles und dem umfangreichen Werk seines Schülers Theophrastos, mit der Naturgeschichte des Plinius und der Heilmittellehre des Dioscorides beschäftigt, hat man die immer ärmlicher werdende botanische Literatur des Mittelalters zumal auch die ebenso weitschweifigen als auch gedankenarmen botanischen Schriften des Albertus Magnus kennen gelernt und ist man endlich bis zu dem vor und nach 1500 vielgelesenen Naturgeschichtswerk ‹Hortus sanitatis› und ähnlichem vorgedrungen, dann allerdings ist der Eindruck, den selbst die ersten Kräuterbücher von Brunfels, Bock und Fuchs machen, ein ganz anderer, fast imponierender. Im Vergleich mit den zuletzt genannten Produkten mittelalterlichen Aberglaubens erscheinen uns diese Bücher fast modern, und nicht zu verkennen ist, dass mit ihnen eine neue Epoche der Naturwissenschaft beginnt, dass wir in ihnen vor Allem die ersten Anfänge der jetzigen Botanik finden.»

Und es war an der Zeit, dass nun endlich damit begonnen wurde, Ordnung in das Durcheinander der Naturbetrachtung zu bringen. Trotz der erwähnten Ansätze war man immer noch der Ansicht, dass die griechische Flora mit der deutschen identisch sein müsse; unbekannte Exoten der Mittelmeervegetation wurden kurzerhand mit einheimischem Gewächs identifiziert. Man ging ‹philologisch› vor. Oder, wie der Drucker-Verleger Schöffer es beweist, man hat sich gar nicht so sehr um den Gehalt als vielmehr um das entstehende Konsumgut gekümmert: das Buch als Ware – das Wahre im Buch war nebensächlich.

Otto Brunfels begann als Kartäusermönch, flieht, wird Protestant und durch Huttens Vermittlung Pfarrer, er geht nach Strassburg, eröffnet daselbst eine Schule, erwirbt den Dr. med., wird als Stadtarzt

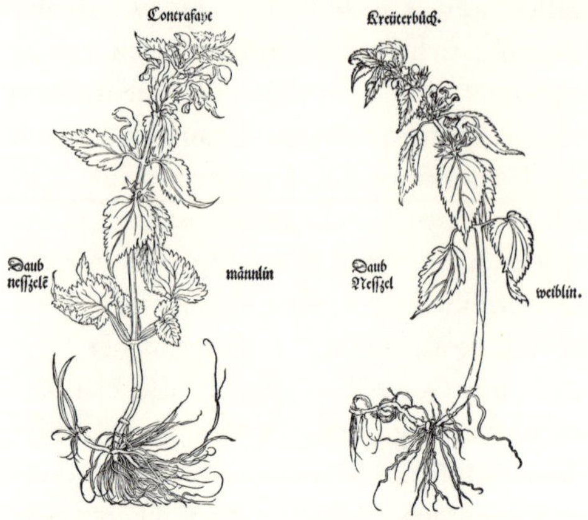

Die Taubnessel ist ein Zwitter. Brunfels lässt trotzdem männliche und weibliche Pflanzen darstellen. Exaktheit im Offside.

und Professor nach Bern berufen. Hier findet man im 20. Jahrhundert die Aquarellentwürfe zu seinem «Conterfayt Kreüterbuch», das 1532 nach der lateinischen

Der Kommentar originaler Beiträge bleibt dürftig; altphilologisches Werweissen liegt dem Botaniker Brunfels (noch) näher als die Arbeit in der Natur. Immerhin: Die Abbildung lässt die einheimische Küchenschelle erkennen.

Zukunftsträchtig: Meister Fuchs und sein tüchtiges Team. Wissenschaft wird weltlich: Unverhohlen schlägt der Berufsstolz durch. Gut gekleidet machen gute Leute durch ihre neuen Bücher eine neue Welt.

Edition mit den oft bis in Details naturalistischen Holzschnitten erschien. Bilder gleicher Qualität findet man nur bei Dürer und Leonardo da Vinci. Die Holzschnitte stammen von Hans Weiditz, einem Dürer-Schüler, und sind, offenbar wie die Aquarellskizzen, ohne Aufsicht Brunfels' entstanden. Trotzdem, vielleicht aber deshalb liegt der Wert des Werkes vor allem in den 229 Abbildern. Diese werden zu Vorbildern der Kräuterbuchnachfolger. Brunfels' Text bleibt weit unter dem Niveau der Bilder: die Kunst hat sich verselbständigt – das Auge hat die Führung übernommen. Das Wort bleibt zurück. Hinkt hintan. Denn Brunfels versucht immer noch allzusehr, die Pflanzen des Dioskurides im einheimischen Gewächs zu erkennen. So entschuldigt er sich im Kommentar zur «Küchenschelle», dass er eine Pflanze aufnimmt, die nur einen deutschen Namen hat, ‹sonst nichts›.

Hieronymus Bock, wie sein Freund Brunfels im Hinblick auf eine Klosterkarriere erzogen, wird protestantischer Pfarrer, Lehrer, Arzt. Zahlreiche botanische Exkursionen führen ihn bis nach Graubünden und Tirol. 1539 erscheint sein «New Kreüterbuch von underscheidt, würckung und namen der Kreutter, so in Teutschen landen wachsen». Die erste Ausgabe enthält noch keine Bilder. 1546 kommt die bebilderte Ausgabe heraus – man erkennt Holzschnitte aus dem 1542 erschienenen «De historia stirpium commentarii» von Leonhart Fuchs. Dafür übernimmt Fuchs dreist viele Kommentare von Bock.

465 Holzschnitte schmücken das Bocksche, 511 vorzügliche Schnitte das Fuchssche Werk; Bock schildert klar, humorvoll und behandelt nur Pflanzen, die er selber gesehen hat, Fuchs legt grosses Gewicht auf die Schnitte, beaufsichtigt die Schnitzer offensichtlich selber. Fuchs erstrebt Pflanzendarstellungen von ‹idealer Vollkommenheit› – dies im Unterschied zum Realismus bei Brunfels; verdorrte Blätter sind bei Brunfels dürr – bei Fuchs ist die ganze Pflanze prächtig, vor Gesundheit strotzend: Welkes wird ergänzt.

Eine Kostprobe aus Bock soll belegen, wie original der Autor ans Werk geht, fest entschlossen, Übernommenes, das sich als wertlos erwiesen hat, auszuscheiden. Über die Bibernell schreibt er: «Hilff Gott, was hat dise gemeine Wurtzel sich müssen leiden bei den gelehrten, haben alle darüber gepümpelt und gepampelt, noch nie eigentlich dar gethon, wie sie bei den alten heiss, oder was es sei.»

Es ist müssig, die drei Kräuterväter gegeneinander auszuspielen; jeder hat für das

Fach Botanik Wesentliches geleistet. Brunfels hat den Weg gewiesen, Bock hat sich auf die Anschaulichkeit des Wortes zurückbesonnen, Fuchs – der wohl ‹professionellste› unter den dreien – hat sich wieder eher in philologischen Betrachtungen verloren, hat aber sein Werk konsequent gegliedert und eben enzyklopädisch grosszügig ausgeführt. 1954 kam in der Österreichischen Nationalbibliothek ein Manuskript zum Vorschein, das mit seinen über 1500 Abbildungen offenbar zu gross war für jeden Verleger der damaligen Zeit. Es hat sich nämlich herausgestellt, dass Raubdrucke minderer Qualität

Von der kreutter Underscheid/

Tempus: kraut. Gegen dem Meyen stoßt dise wurtzel jhren holen/knöpffechten / langen stengel/ mit den weißblüenden kronen. Der zeittig samen ist dem Peterlein gleich / hitziger vnnd schärpffer auff der zungen.

2. *Mittelst Bibernell.* Der zweit Bibernell ist mehr hitziger dann der jetzgemelt/wachßt auch an den sandechten rechen/an den rauhen Bergen vnd Felßen/die wurtzel dringet vnnd kreucht zwischen die fügen der Felsen / etwann dreier spannen lang/ gantz schlecht vnd dünn als ein Wurm. Das kraut/stengel / blümen vnnd farb / ist dem erstgesetzten mit der gestalt gleich/allein das es vil kleiner ist / vnnd etwann braune riplein vnd stengelein gewinnet. Blüet auch gegen dem Meyen/ des samen ist wie der Ammi.

3. *Kleinst Bibernell ist krauß.* Der dritt Bibernell ist mit wurtzel/stengel/ blümen vnnd samen / sampt dem geschmack vnnd geruch dem zweiten gleich. Außgenommen das kraut ist sehr klein zerkerfft/ beinahe wie des Wyßkymmels/ das mancher (er versüche die wurtzel dann) nit für Bibernell achten möcht / wächßt gemeinlich bei der zweiten / ist das krauß geschlecht daruon / wie dann etlicher Petersilgen auch krauß vnnd klein zerschnitten gesehen würt.

Von den Namen.

Hilff Gott / wz hat dise gemeine wurtzel sich müssen leidē bei den Gelehrten / haben alle darüber gepümpelt/ vnd gepampelt / doch nie eigentlich dargethon/wie sie bei den Alten heiß/oder was es sey. Einer als Herm. Bar. cap. ij. super Saxifra. neñet sie Bibinellam/der ander Pimpinellam/ Pampinellam / Pampinulam/ Bipennulā/ Sanguisorbā / der ander als der Simon Janu. nennet sie Petrā findulam/vnd Saxifragiam/ꝛc. Wolan diser so sie Petram findulam vnnd Saxifragiam nennet/hat es am besten troffen/beide dem gewächß vnd krafft nach/dann sie durch dringet/wie oben angezeiget/die Felsen/vnd ist nützlich den harn zů bewegen. Disem Simoni Januensi hat hierinn nichts gefählet/dann das er nicht vil inn Diosco. vnd Theoph. hat gelesen/diser meynung ist auch der Platina lib. iiij. vnd spricht / Bibinell sey nützlich für den Stein/wie dann war ist. Wann ich nůn bei dem hochgelehrten Manardo Ferrariensi were/wolte ich jhm anzeigen/ wa Bibinella inn Diosco. wüchse/sintemal er so trew gewesen/vnnd vns den zamen Apium oder Petersilgen hat lehrnen kennen/inn der Schrifft/ doch verhoff ich es soll andern frommen Liebhabern der warheit vnser anzeigē auch gefallen. Darumb jhr lieben Herren vnd Freund/hie habt jr ewern Macedonischen Peterlein/ von welchem die Alten geschriben / vnnd inn sonderheit der fleissig Diosco. lib. iij. cap. lxx. da er spricht Petroselinon oder Apium saxatile wachß inn Macedonia / an den Felsen/der samen sey gleich dem Ammi/riech wol/vnd sey scharpff/ꝛc. Was kan nůn gewissers zů disem Stein Peterlein oder Bibenell auff bracht werden/ als eben diß capitel Petrapium. Bezeuget das nicht die abmalung / die würckung vnd die ordnung inn Dioscori

Herm. Barbarus. *Simon Ianuensis.* *Harn zů bewegen.* *Platina.* *M. Ferrariensis.* *Macedonicum. Petroselinū. Petrapium.*

«Hilff Gott, hat dise gemeine wurtzel sich müssen leide bei den Gelehrten / haben alle darüber gepümpelt / und gepampelt ...» Bock (1577) ist ein Revolutionär – er ergründet die einheimische Flora: «Hecken und Beume, so inn Teutschen Landen wachsen». Die Botanik emanzipiert, stösst die philologischen Eihäute ab.

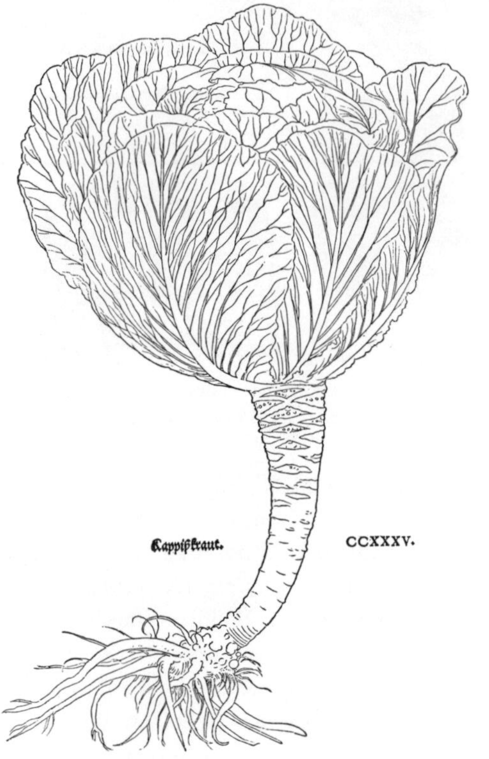

Ein meisterlicher «Kappis». Fuchs hat seine Künstler fest im Griff.

verlegerisch rentabler sind. Und in der Flut von Kräuterbüchern gingen die ‹Kräuterväter› beinahe unter.

Der Zürcher Arzt Conrad Gesner (1516–1565) ging seinen eigenen Weg – er war frei von Ruhmsucht, was ihn von Fuchs unterscheidet. Sein früher Pesttod hat seinen Plan, die «Naturgeschichte der Pflanzen» als Gegenstück zu seinem «Tierbuch» zu vollenden, vereitelt. Blüten- und Fruchtanalysen der bereits angefertigten Skizzen lassen erahnen, dass mit Gesner ein erster, wesentlicher Schritt in die Richtung moderner Botanik gemacht worden wäre. Diese Arbeit wurde jedoch erst 200 Jahre nach Gesners Tod veröffentlicht – inzwischen aber haben andere Forscher einen ähnlich hohen Stand erreicht.

Um 1613 erscheint die erste Auflage des «Hortus Eystettensis»: Ein Führer durch den Botanischen Garten zu Eystett mit Kupferstichen von kaum zu überbietender Klarheit im Format 56 × 47 cm. Die Zeit der Holzschneider findet ihr Ende.

Urwald im Kulturwald

DER SEIDELBAST

Er blüht im frühen Frühjahr: in Buchenwäldern und in Gebüschen nährstoffreicher, meist kalkiger Böden wird man seiner Anwesenheit durch den durchdringenden, süsslichen Geruch der vor den Blättern austreibenden zartrosa Blüten gewahr, ehe man den noch kahlen, rutenförmigen Busch (25–150 Zentimeter hoch) erblickt hat. Der Seidelbast ist weitverbreitet, aber nicht häufig. Weite Streifzüge sind erforderlich, nicht jeder Waldspaziergang ist von Erfolg gekrönt: doch wer auf einheimischer Safari dieser Pflanzenpersönlichkeit begegnet ist, dem bleibt das Erlebnis im noch wintermüden Walde in unvergessener Erinnerung.

Die Familie der Seidelbastgewächse *(Thymelaeaceae)* umfasst 48 Gattungen mit über 600 Arten; einheimisch sind die Gattung Seidelbast (Kellerhals) mit fünf und die Gattung Vogelkopf mit einem Vertreter. Der gewöhnliche Seidelbast *(Daphne mezereum L., Zilande)* zeichnet sich durch das erwähnte Blühen vor dem Austreiben der lanzettlichen, vorne ährenförmig angeordneten Blätter markant und leicht erkennbar aus. *Daphne,* griechisch, heisst Lorbeer: Die Sage will, dass die Nymphe der Artemis, sich Zudringlichkeiten Apollos entziehend, durch ihre Schutzgöttin sich in einen Lorbeerbaum verwandeln liess. Kein Wunder: Der Lorbeerbaum wurde zum Lieblingsgewächs Apollos, des Schürzenjägers, der gewöhnlich nicht verschmäht worden ist; der Lorbeerkranz wird Auszeichnung seiner erfolgreichen Jünger, der Künstler. Der Artname *(Mezereum)* wurzelt im persischen Namen des Strauches *(Mazeriyn):* oberflächliche Etymologie meint ihn direkt aus dem italienischen *ammazzare* (töten) herleiten zu können.

Ob ‹Kellerhals› direkt ‹des Kellers Hals› (Seidelbastpastillen mit Honig wurden zum rabiaten Halswehmittel, wenn alle Hausmittelchen versagten) oder ‹Kellersalz› (Seidelbastbitter veredelte schlechten Essig durch das Pfefferaroma) bedeutet? Umsichtige Sprachforscher engen uns die Phantasie allerdings ein, wenn sie auf das althochdeutsche ‹chellen› (to quell: ‹quälen›) verweisen; tatsächlich werden die Rachenschleimhäute beim Kauen von Beeren oder Stengel verätzt. Hinterhältig dabei ist der Umstand, dass die Wirkung erst nach geraumer Weile, dafür aber sehr intensiv einsetzt. Der Zürcher Arzt Hegetschweiler empfiehlt als Gegenmittel «kaltes Wasser, Reisschleim und Opiate» (um 1830). Zilande, früher Zeiland, würdigt die positiven Eigenschaften: im noch wenig attraktiven Wald fliegen die Bienen des Seidelbasts frühe Blüten bevorzugt an (Zeidler = Bienenzüchter). Nach Grimm allerdings sind auch hier die Wege der Namensgebung verworrener: Der Strauch war Zio-linta, dem altgermanischen Kriegsgott Ziu, heilig. Unverblümt nennt der Volksmund den Seidelbast Giftbäumli, Läusekraut und Warzenbast: mit solchen Volksnamen werden weitere Anwendungen angesprochen; in Tirol soll der Kellerhals Wolfsbast heissen. Die Beziehung zwischen Wolf und Teufel ist offenkundig: Einst ein grosser Baum, degenerierte der Seidelbast zum kümmerlichen Rutenbusch, vom Fluch Gottes getroffen, nachdem aus seinem Holze das Kreuz Christi gezimmert worden war.

In modernen Kräuterbüchern wird der

Kellerhals ignoriert oder zur reinen Giftpflanze degradiert, doch die alten huldigen ihm ausführlich. Für den Fachbotaniker sind besonders die systematischen Querelen anregend, weil sich vor-linnésche Wissenschaftlichkeit ankündigt. (Bei solch gefährlichen Quellen der Medikamentenherstellung wäre präzise Pflanzenkenntnis eben unentbehrlich!) Pierandrea Matthiolus (1626) warnt:

«Kellerhals und Seidelbast tragen mit einander fast übereyn an gestallt unnd krafft, darumb nemmen und nennen etliche eins fürs ander, doch ist Seidelbast etwas strenger unnd sorglicher, darumb es auch grawsame Namen, als nemlich Rapiens vitam, Faciens viduas, Menschen Dieb oder Mörder. [...] Man hüte sich nur vor den Landstreichern, die brauchen unnd geben solche starcke purgierung den Leuten ohn bescheidenheit, stossen ihnen damit den boden auss, dass sie zum alten hauffen fahren. Derhalb sol man sie nicht liederlich, ohn grosse not und fürsorg eynnemmen.»

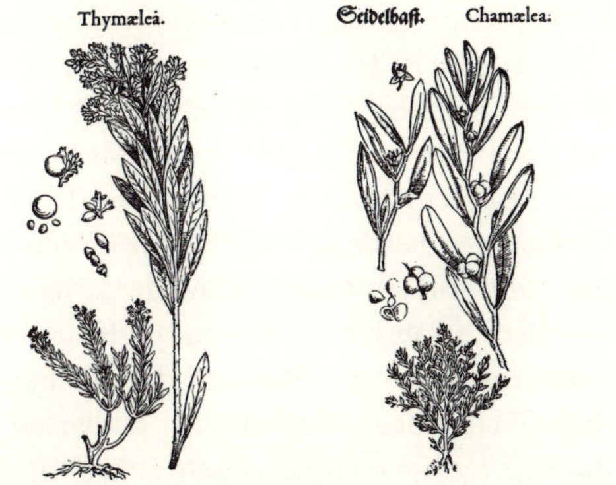

Gestallt.

KEllershalß bringt viel schmale/ hübsche Rütlen/ dreyer Schuch lang. Darzu kleine/schmale/feyste Bletter/wie an dem Oelbaum. Wann man sie kewet / geben sie einen zähen Safft wie Gummi. Blüet weiß oder Leibfarb. Tregt runde Beere wie der Myrtenbaum/ die sind erstlich grün/ darnach rot. Es wechst auff hohen Gebirgen.

Der Seidelbast wurde zur Giftpflanze degradiert, obwohl er eine beachtliche pharmakologische Vergangenheit hat.

Der Wirkstoff (Seidelbastbitter: Daphnetin, ein Glykosid des Cumarin) war jahrhundertelang, als Rindenpflaster appliziert mit ‹spanischen Fliegen› vermischt, *das* Mittel der Wahl bei starken Schmerzen; Zäpfchen, aus den Beeren hergestellt, dienten den Töchtern zur Abtreibung. Warnungen sind nicht nur den Medikamenten unserer Tage beigepackt, denn zahlreich sind die Berichte von Fällen, in denen die Seidelbastmedikamentation zum raschen Tod geführt habe. (‹Allergische Reaktionen› werden erwähnt.) Trotz alledem empfiehlt Adamus Lonicerus (1679) den Wolfsbast als Psychopharmakon: «Die Rinde vom Seidelbast eins halben Quintleins schwer, treibt die Wassersucht, die Gelbsucht und die Melancholey gewaltig aus.»

DER ARONSTAB

Der Gefleckte Aronstab blüht im Frühjahr, sobald seine herz- bis pfeilförmigen Blätter sich auf humösen, kalkhaltigen Böden in Laubmischwäldern oft massenweise grossflächig ausgespreitet haben. Augenfälliger jedoch als die Blüten leuchten die roten, reifen Beeren, nachdem die dunkelgrünen Blätter bereits abgestorben sind, aus der bodennahen Krautschicht. Die Blütenstände sind durch ein zipfliges, an der Basis bauchendes Hochblatt, die Spatha, dem Auge entzogen. Diese Hülle – sie wird bis 25 Zentimeter lang, falls sie von Rehen nicht abgebissen wird – ist leuchtend hellgrün. Wenn sich das eingerollte Blatt aber öffnet, wird der Schutz zur Kesselfalle für vorwitzige Insekten: Kleine Mücken werden durch den urinösen, aasartigen Geruch des dezent violetten Kolbens angelockt; die Kerfen kriechen dem nackten, hochragenden Organ entlang abwärts und zwängen sich, der Ausdünstung der Blüten im

Fallengrunde gierig folgend, durch eine von starren Fäden gebildete, nur in der Eintrittsrichtung passierbare Reuse. Der Aronstab ist zwittrig, aber vorweiblich: die mit fremdem Pollen bereits beladenen Kostgänger bestäuben die Narben, ohne mit dem Blütenstaub der noch schlummernden männlichen Blüten in Kontakt gekommen zu sein. Während der Nacht – die Gefangenen bleiben im taillierten, durch die Schikanen gut gesicherten Verlies ihrer Falle – reifen die männlichen Blüten heran, die Spatha welkt rasch und ermöglicht die Flucht. Beim Verlassen des unfreiwilligen Biwaks bleibt Blütenstaub der Wirtspflanze an den die neue Freiheit panisch suchenden Tieren hängen. Die Kreuzbefruchtung wird gewährleistet, wenn die unbelehrbaren Schlemmer erneut lukullischem Gestank einer noch keuschen Pflanze auf den Leim kriechen.

Die Familie der Arongewächse *(Araceae)* umfasst 115 Gattungen mit 1800 Arten. Die Heimat der listenreichen Gewächse sind die Tropen – bei uns sind vier Gattungen mit fünf Arten heimisch. Uns reizt besonders der Aronstab *(Arum maculatum L.)* zur blütenbiologischen Inspektion. Auch der ungeübte Botaniker ortet das ‹Schlitzohr› über dem sonst noch kahlen Winterboden unschwer, weil aus dem stärkehaltigen Rhizom die unverwechselbaren Assimilationsorgane zeitig spriessen. Die ‹Speicherknolle› wurde früher als Ersatzlieferant für Weizenstärke in Apotheken und auf kargem Familientisch gar als Mehl für Getreidefladen verwendet.

Schon Dioskurides nennt den «Teutschen Ingwer» Pfaffenpindt (später: Pfaffenpint). Ob der wundersame, urplötzlich ergrünende, blühende und Mandeln tragende Stab Arons (4. Moses, 17,8) dem Gewächs den Namen eingebracht hat – oder ob der Volksmund sich auch hier einen derben Scherz erlaubt hat? (Autor Plinius führt den lateinischen Namen *Arum,* Natternwurz, auf das ägyptische Ar zurück. Doch auch jenseits etymologischer Korrektheit mutet der Vergleich gestelzt an: weder durch die Form noch durch den Geruch erinnert der Gefleckte Aronstab an den unbefleckten Mandelbaumstab Arons.) Steil ragt der Kolben aus der schützenden Kapuze; bedrängte Mütter mögen kindliche Phantasie in geordnetere Bahnen gelenkt haben, denn behütet im Bettchen des Zipfelblattes, erinnert das botanische Gebilde an ein Wickelkind: «Chindli» (Zürich), «Judechindli» (Zürcher Oberland), «Chrippechindli» (Zug) – der Botaniker

Pfaffenpint – wen denn erinnerte der lockende Kolben an den Stab Arons? (Jahre: 1485, 1532, 1543)

Hegi zählt zeilenweise salonfähige Namen auf. Auch die Bezeichnung Antensnepel (Entenschnabel) wird angeführt, bevor der Fachmann eingesteht, dass sich der realistischere, sexuelle Vergleich förmlich aufdrängt. Das ‹Guggerchindli› (Waldstätten) mag vermitteln: die Engländer nennen die Pflanze «cuckoo pint». Der Kukkuck ist als erotischer Vogel Sinnbild des Ehebruches und der Geilheit. (Wer zählt im stillen Wald nicht atemlos seine Lockrufe?) Die Berner sagen kurz «Rute», die Franzosen «vit de prêtre», die Dänen «Munkesvands». Mit Mutterwitz dediziert das Volk die burleske Penisform den ehelosen Pfaffen!

Kein Wunder, dass in den vergangenen Zeiten unverblümter Kommunikation der Liebhaber seiner Geliebten eine Kiltblume (Kilte: Abendkühle, später die Zeit der Schäferstündchen schlechthin) mitgebracht hat. Vor dem Tanzen legten sich hoffnungsfrohe Mädchen Aronblätter in die Schuhe; mit den Beeren schminkten sich die jüngeren, und die älteren Mädchen versuchten die Runzeln damit zu glätten.

«Die Wurtzeln mit Wein getruncken treiben den Harn, und machen ein begierdt zur Unkeuschheit. [...] Dreissig Körner in Wasser, da Weinessig darunter vermischt getruncken, bringt den schwangeren Frawen ein Missgeburt; man sagt, dass der Geruch der Naterwurtzblumen, nachdem sie welck geworden sindt, die newlich empfangene Frucht im Mutterleib erwürge.» (Dioskurides).

Der Aronstab hilft immer; er streckt das Brot (Zehlwurz), lockert hartnäckigen Auswurf (Lungenkraut) oder beruhigt den Magen (Magenkraut). In Tirol werden den Kindern die Gewächse gegen Alb, Drud und Hexen mit in die Bettchen gegeben; unter der Türschwelle vergraben, verbannen sie das Böse schlechthin. Und Pierandrea Matthiolus, ein Feinschmecker, berichtet: «So man Aronbletter in die mädigen Käs legt, so weichen die Maden und bleibt der Käs gut und wahrhafftig.»

DIE ROTBUCHE

Es scheint, dass nur gesund ist, wer regelmässig krank ist. Wer, mit bedrohlicher Gesundheit geschlagen, verunsichert nach den Gründen forscht, weshalb wieder ein Winter ohne regenerierenden Krankheitsurlaub vorübergegangen ist, der findet – vielleicht – eine Antwort, falls er regelmässig Buchenscheiter im offenen Kamin verbrannt hat.

Die Familie der Buchengewächse *(Fagaceae)* umfasst weltweit sieben Gattungen mit um 850 Arten, dabei sind Buche *(Fagus)*, Edelkastanie *(Castanea)* und Eiche *(Quercus)* heimisch. Die Buchen erschienen während des Tertiärs, als sich das Klima abkühlte und feuchter wurde. Trotz geringem Massenzuwachs verfilzte sie bei uns zu ausgedehnten Urwäldern, sich nur in wärmeren Lagen mit Eichen und im Gebirge mit Tannen vergesellschaftend. Zeichnet sich der tropische Urwald durch seine turbulente Artenvielfalt aus, sind die unseren durch Artenarmut gekennzeichnet. Die Forstwirtschaft erzwingt ertragreichere Rottannenwälder, aus soziologischen Gründen (Krankheiten) werden auch Nadel-Laub-Mischwälder gehegt. Eine Afrika-Safari mag in manchem ökologisches Erstaunen wecken: Rekordmassen von Säugerfleisch konzentrieren sich auf zum Teil recht schütterer Grasnarbe – die Blattmasse unserer Wälder aber wird Insekten überlassen. Es scheint, als wolle die Evolution dieses Ernährungspotential gezielt verpuffen lassen: Die Eiweissreserve Baumblatt liegt brach. Die *Folia Fagi* wurden lediglich als Tee propagiert. Die nicht fermentierten Blätter dienten der Zahnfleischhygiene: «So man frische Blätter käuet, helffen sie wol wider der Leffzen und des Zahnfleischs hitzig Geschwulst und Geschwär.» (Tabernaemontanus). Obwohl mit Hilfe der Buche Nierensteine, Haarausfall und Vipern im Hause bekämpft wurden, war sie nie eigentlich eine

Von der stauden/hecken vnd beumen vnder-

Von der Krafft vnd Würckung.

DJE Nüßlein seind etwas warmer natur/den Sewen/Meusen vnd Kramat vögeln/zů Winters zeitten/ein angeneme speiß / werden selten inn der Artzney genützet.

Eusserlich.

DAs grůn Bůchenlaub zerstossen / vnd vbergelegt/ zertheilt alle hitzige geschwulst.

Auß dem holtz machet man vil werckgezeug / als Laden/ Arcken / Truhen/ Gefäß/ ist wårhafftig inn Wasserbewē / dariñ würt es desto steiffer.

Auß den faulen Bůchbeumen brēnet man Weid äschen zů ferben.

Das wasser so inn den holen Bůchbeumen vnnd alten Eychbeumen fundē würt / ist ein köstliche artzney für allerhand rauden/ Grind vnd Flechten/ darmit gewäschen. Das hab ich erfahren an Menschen vnd dem rind Vihe.

Joañes Ruellius sagt/ man vertreibe die gifftige Ottern / zů Latin Vipera / mit einem Bůchbeumen reißlein. Ein wunderbarliche natur des Bůchbaums.

So man Bůchecker zů äschen gebrendt/die selbig äschen mit Hüner oder schweinem Schmaltz mischet/vñ auff die Lenden warm legt/helffen sie wider den stein.

Bock illustriert sein Kapitel «Von der stauden / hecken und beumen underscheid» mit wunderhübschen Stimmungsbildern, welche sich augenfällig vom Herbarteil «Von der kreutter underscheid» abheben.

Heilpflanze im engeren Sinne: «Es wird dieser Baum mehr zum bauen und zum brennen dann zur Artzney gebraucht.» (Tabernaemontanus). Denn: «Im Wasser bleibt sein Holtz unverzehrt, ja es wirt vester und steiffer darvon, zu vielen dingen nützlich, also zu Wagen, Laden, Betten, Bencken, Tischen und Schiffen.» (Matthiolus).

Die Buche ist einhäusig. Trotzdem: «Theopharastus macht sein zweyerley Geschlecht, das Männlin und das Weiblin.» (Lonicerus). Die Sache mit der Sexualität erkannten die Kräutermänner nicht: «Der Buochbaum bringt offt kleine Äpflin, seind grün, und obenaus zuogespitzt.» (Brunfels). Ob der Autor hier nicht über die Gallen der Blätter gestolpert ist? Jedenfalls beschreibt er anschliessend die Früchte: «Die Buochäpffelin essen die meüs überaus gern, gleich als het yn en Got die zuo einer sonderlichen speis verordnet. Und die Ratten werden darvon feyszt.» Doch nicht nur die Ratten setzen Fett an durch die Buchekkernmast:

«Die Schwein haben sonderlich lust zu diesen Buchnüsslein, und wird das Fleisch wolgeschmack und lieblich darvon. Wie wol der Speck der von Buchaeckern gemästeten Schweinen nicht so fein und hart ist wie der von Eicheln, sondern wenn er in dem Rauch und Schornsteinen henckt, gewaltig tropfft.» (Lonicerus).

Es fällt auf, dass die Buchautoren bestrebt sind, eigene Erfahrung und selbst erschlossene Quellen mit in ihre Werke einfliessen zu lassen. So erfahren wir bei Matthiolus:

«Auch suchen Eychhörnle und Meuse ihre Nahrung an dieser Frucht, dann hat man erfahren, dass die Meuse von frembden und fernen orten hauffenweis gezogen sind in die Waelder, auff die Weyde dieser Buchecker. Auch ist das ein angeneme Speis den Drosseln, Amseln und anderen Voegeln. Cornelius Alexander schreibt, dass die Eynwohner in der Stadt Chio, so vom Feindt belegert gewesen, nichtsanders zu essen gehabt haben, dann diese Nuessle, darmit haben sie sich erhalten, bis der Feindt ist abgezogen.»

Buchenöl wird heute noch in der Margarine- und Seifenindustrie verwendet; vor reichlichem Verzehr der frischen Nüsschen wird in der Fachliteratur gewarnt, auch wenn immer noch nicht alle Inhaltsstoffe verifiziert werden konnten. Aus dem Holz wird ein Teer *(Pix Fagi)* gewonnen, der gegen Hautleiden, Gicht und Rheuma eingesetzt wird. Beim Verbrennen des Buchenholzes im Cheminée sollen Komponenten der Mischung freigesetzt werden und ganze Wohnräume desinfizieren.

Auch Krankheiten sollte man mit Mass kurieren; wen Fieber quält, dem hilft – die Rotbuche! 50 Gramm getrocknete, zerkleinerte Rindenstücke etwa zweijähriger, im späten Winter vor dem Treiben eingebrachter Zweige sind mit einem Liter Wasser 15 Minuten zu kochen. Vom abgeseihten Aufguss wären alle zwei Stunden zwei Tassen zu nehmen: alle zwei Stunden zwei Tassen – auch die Buche heilt nicht ohne Ritual!

DIE WALDERDBEERE

Den Humanisten waren die Bücher der Alten Offenbarung; die kindliche Gläubigkeit des Mittelalters wird durch starre Raster philologischer Strukturen ersetzt. In den frühen Kräuterbüchern profilierten sich jedoch die Neuerer. Wer nicht Bücher, sondern die Natur liest, setzt sich nur durch klares Bekennen durch. Eine der schillernden Gestalten des frühen 16. Jahrhunderts ist Paracelsus. Die Ausdrucksweise des Wanderarztes ist von einer Rüpelhaftigkeit und medizinischen Direktheit, die den vielzitierten Götz von Berlichingen als sich in diskreten Anspielungen ergehenden Biedermann erscheinen lässt. Das Establishment hasst den heimatlosen Starmediziner; geheilte Patienten dagegen vergöttern ihn. Der edle Humanist Thomas Erastus aus Heidelberg nennt ihn «ein grunzendes Schwein». Und Paracelsus wettert gegen «Geldpfaffen und Kälberärzte», nennt sie «lausige Sophisten, die in den Büchern der Alten rumpeln, wie die Sau im Trog». (Schipperges, 1983).

Dass aus den Schriften der Griechen doch nicht alles, was die Welt uns zu bieten vermag, herausgelesen werden konnte, beweist die Erdbeere. Tabernaemontanus: «Ich kann mich nicht genugsam verwundern, dass von den alten Griechen und lateinischen Ärzten dieser lieblichen und wohlschmackenden Frucht zum Theil gar nicht, und zum Theil gar wenig gedacht worden ist.» Immerhin: «Plinius spricht, dass ertbernkrut gar guot sy damit zuo baden fur den steyn.» (Hortus Sanitatis, 1485). Und noch heute ist die Walderdbeere eine gerade auch durch ihr harmloses Wesen empfohlene Heilpflanze. Ein Unkraut mausert sich

Steif, aber unverkennbar: eine Erdbeere. Die Griechen haben sie schnöde behandelt.

zur Zierpflanze in den Lustgärten: «Diss kraut kreucht und fladert auff der erden, gewinnet neben den blättern lange fäden, hencken sich allenthalben auff der Erde an.» (Bock). Sachdienlich die Rezeptur für Schäferstündchen (Lonicerus): «Der Mund mit erdbeerwasser gewaschen, vertreibt den stinckenden Athem.» Bock ergänzt: «Die Köch seind der Erdbeeren auch gewar worden.» Doch Matthiolus schränkt ein: «... dann man macht gute Müslen daraus, gehören für die Krancke.» Auch Tabernaemontanus schwelgt und warnt zugleich: «Man machet gute Turten von Erdbeeren. [...] Die rohen Erdbeeren sollten alte Leut vermeyden.» Wer sich der Verführung nicht erwehren kann, dem verrät der Arzt: «Wann solche Menschen aber nicht abbrechen können, sich solcher Frucht zu enthalten, sollen dieselbige wol gewäschen aus einem Malvasier essen.» Wer allergisch reagiert, befindet sich in guter Gesellschaft: Auch Linné musste den Erdbeergenüssen trotz intensiven Gelüstens entsagen.

Um 1623 wird die nordamerikanische Scharlacherdbeere, 1712 die Chile-Erdbeere importiert. Da aus Südamerika nur weibliche Pflanzen nach Brest gelangt sind, wurde mit einheimischem Pollen gezüchtet. Unsere Kulturformen stammen zum Teil noch von solchen Hybriden ab. Das sprunghafte Dominieren elterlicher Eigenschaften in den Nachkommen hat die Züchter erstaunt: beinahe hätte die Erdbeere die Wahrheit der Erbgesetze verraten, die Mendel seinen Erbsen anderthalb Jahrhunderte später abgetrotzt hat.

Auch wenn der Botaniker der Erdbeere den eingebürgerten Namen gerne belässt, muss er ihr die Fähigkeit, Beeren zu bilden, absprechen. Die Erdbeere produziert Nüsschen. Das Fruchtfleisch entsteht aus dem anschwellenden Blütenboden, was man unschwer erkennen kann, wenn eine Blüte und die Erdbeer-Scheinfrucht miteinander verglichen werden. Eigentliche Beeren produzieren Tomaten, Gurken und Trauben. Man muss dem unscheinbaren Rosengewächs jedoch zugute halten, dass es seine Nüsschen appetitlich präsentiert.

DIE TOLLKIRSCHE

‹Pflanzlich?› Natürlich: ‹Natürlich, rein pflanzlich.› Was aber, wenn uns nicht nur Modewörter, wenn uns Pflanzen, rein pflanzlich, auf die Nerven gehen? «Die traurigste Bilanz in der Geschichte der Giftpflanzen weist die Tollkirsche auf.» Das verbreitete Kräuterbuch «Geheimnisse und Heilkräfte der Pflanzen» weiss Tragisches zu berichten: «1825 starben über hundert Infanteristen während Manövern an Belladonnavergiftung, weil sie, verlockt durch die kirschenähnlichen und süssen Früchte, so viele davon assen, dass sie im Delirium starben.» Den Landsern unserer Zeit jedoch ist die Tollkirsche zum Talisman in der Hoffnungslosigkeit des modernen Schlachtfeldes geworden, nachdem der Drogenextrakt als Pfeilgiftzusatz ausgedient hat.

Kriegsmedizin war stets eigenen Gesetzen hörig. Vielleicht ist Christoph Bitterkrauts Klage zeitlos: «*Es schmerzt und betrübet die löbliche Artzney-Kunst nicht ein wenig, dass sie, als eine, sowol zu Friedenszeiten als auch in Kriegs-Läufften sehr, ja höchstnothwendige Wissenschaft, nunmehr in den grössten Angelegenheiten, und Nöthen der Heer- und Feldlager so schändlich verachtet, und beyseits gesetztet wird.*» Der Arzt steigert die Kampfkraft. Was aber nützt sein Können bei ungenügender Motivation der Truppe? «Wesswegen sich dann auch keines Weges zu verwundern, dass so viele ehrliche Soldaten anjetzo, und bey gegenwärtigen Conjuncturen, für den Sold so wenig Thaten thun, indeme sie gar wenig Sold vor ihre Thaten bekommen.» Rasch aber kommt der Kritiker wieder auf seine eigentliche Mission zu sprechen: «So ist auch im Felde, und bey grossen Heer-Lägern nicht nothwendig, dass man viel um allerhand theure, köstliche Artzney-Stücke bekümmere.» Der umsichtige Vertreter einer ‹aufgeklärten› Pflanzentherapie empfiehlt kostenlose Medikamentation: «So haben wir ja auch auf den Feldern, Wiesen, Matten, in den Wäldern, öfters auch hinter Zäunen die herrlichsten Artzney-Mittel, welche wir ganz verächtlich mit den Füssen tretten.»

Groſſe dolle Nachtſchatten. Solanum maius, herba bella Donna.

Natur/ Krafft/ vnd Wirckung.

Die groſſe Nachtſchatten gleichet an krafft dem Manico Solano, das iſt dem dollen Nachtſchatten/von welchem Dioſcorides ſchreibt/wil ſich aber mit der geſtallt gar nit darzu ſchicken. So man die Beer iſſet/machē ſie denſelben Menſchen ſo faſt doll vnd vnſinnig/als hette jn der Teuffel beſeſſen/oder bringen jn ja in tieffen vnvberwindlichen Schlaff. Vnd ich habs ſelber erfahren/das etliche Knaben/ſo dieſe Beer für Weinbeere geſſen haben/geſtorben ſind/dañ ſie haben ein ſchön vnd luſtig anſehen/darmit ſie einen vnwiſſenden leicht locken vñ reitzen/werden derhalben zu Venedig Herba bella donna, das iſt ſchöne Fraw genannt/Behmiſch Lilek wetſſy. Lateiniſch Solanum maius: *Viel wollen es ſey Mandragora Theophraſti, darzu es ſich nicht gar vbel reumet.*

Der Art-Name «bella Donna» findet sich zuerst bei Matthiolus.

Die Tollkirsche ist ein Vertreter der Familie der Nachtschattengewächse (85 Gattungen mit über 3000 Arten: Hauptverbreitungsgebiet in Zentral- und Südamerika); charakteristisch für die meisten Solanaceaearten ist ihr Akaloidgehalt (Hyoscyamin, Atropin, Scopolamin, Nicotin usw.). Neben Medikamentenlieferanten stellt die Familie viele Gemüse- und Gewürzpflanzen wie die Kartoffel, die Tomate, den roten Pfeffer und den Tabak. Eine saftige Beere macht die Gattung Atropa attraktiv – die eingangs erwähnten Infanteristen müssen von robuster Konstitution gewesen sein, denn der Genuss bereits «einzelner Beeren» kann zum Tode führen. Linné hat das Geschlecht mit dem Namen der den Lebensfaden abschneidenden Parze Atropos gewürdigt. Ihr Gift lähmt gewisse periphere Synapsen des vegetativen Nervensystems. In der Hand des Arztes wird der Extrakt zu einem der wichtigsten Medikamente natürlicher Herkunft überhaupt. Dem Wehrmann werden Atropinspritzen mit in den Kampf gegeben, weil die Droge einzelne Symptome der Giftgaseinwirkung mindert. Doch dem unbedarften Naturliebhaber bleibt die verführerische Pflanze eine tödliche Gefahr unserer Wälder. Hegetschweiler (1828) schreibt: «In der sattsam reifen Beere finden wir nähmlich einen süssen, faden purpurrothen Saft, der, weil er ehemals als Schminke der Frauenzimmer diente, dem Gewächse den ithalienischen Nahmen Belladonna gegeben; und uns beym Kosten von mehreren Tropfen durchaus keine spürbare Wirkung äussert, aber ins Auge geschmiert die Pupillen erweitert.» Liebevoll schildert der Mediziner die Folgen des Beerengenusses: «Die Leichname der an Belladonna-Vergiftung verstorbenen werden bald schwarzblau, in allen Höhlen zeigt sich aufgelöstes Blut und sie faulen ungemein schnell.» Warnung tut not: «Schullehrer sollten nie versäumen, alle Jahre wenigstens einmal einen Zweig dieses Gewächses den Kindern zu zeigen.» Es stellt sich die Frage, ob alle Lehrer dieses Gewächs erkennen, und wenn, ob sie trotz übervollem Lehrplan Zeit für solches Tun erübrigen könnten.

Die Namen des Volkes nehmen auf die zentral-erregende Wirkung der Teufelskirsche Bezug: Irr-, Wut- und Wolfsbeere,

Schwindel- und Schlafkirsche, Tollkraut. Bei Vergiftungen folgen auf angeregte Munterkeit Rede- und Bewegungsdrang, Ideenflucht, Heiterkeit und Lachlust, schliesslich das Erschlaffen und langer tiefer Schlaf.

DAS PFAFFENHÜTCHEN

Das zähe Holz des Baumes wird seit alters von den Drechslern zu Spindeln verarbeitet: *Euonymus europaeus* heisst deshalb auch Spindelbaum. Bereits Theophrast liefert eine seiner wortreichen, aber zu wenig präzisen Beschreibungen. Das führt in den frühen Kräuterbüchern denn auch zu weitschweifigen Mutmassungen darüber, welches Gewächs mit welcher Beschreibung wohl gemeint sei. Doch gerade wenn es darum geht, Heilpflanzen zu identifizieren,

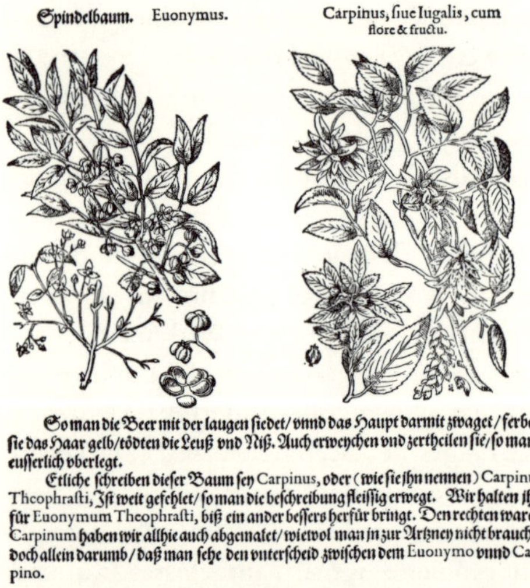
Spindelbaum. Euonymus.

Carpinus, ſiue Iugalis, cum flore & fructu.

So man die Beer mit der laugen ſiedet/ vnnd das Haupt darmit zwaget/ ferben ſie das Haar gelb/ tödten die Leuß vnd Niß. Auch erweychen vnd zertheilen ſie/ ſo mans euſſerlich vberlegt.

Etliche ſchreiben dieſer Baum ſey Carpinus, oder (wie ſie jhn nennen) Carpinus Theophraſti, Jſt weit gefehlet/ ſo man die beſchreibung fleiſſig erwegt. Wir halten jhn für Euonymum Theophraſti, biß ein ander beſſers herfür bringt. Den rechten waren Carpinum haben wir allhie auch abgemalet/ wiewol man jn zur Artzney nicht braucht/ doch allein darumb/ daß man ſehe den vnterſcheid zwiſchen dem Euonymo vnnd Carpino.

Who is who? – Die Naturgeschichte beginnt altphilologische Spekulationen zu überwinden, beginnt sich an der Sache und nicht mehr nur an deren Überlieferung zu orientieren.

ist Sicherheit erstes Gebot. Nach Erfindung der Buchdruckkunst wird der Identifizierungsschwierigkeit durch zum Teil üppige Bebilderung begegnet. Das In-Holz-Schneiden zwingt zur Beobachtung. Die illustrationsarmen Bestimmungsschlüssel heutiger Botaniker zeigen, dass die Sprache der Pflanzenkundler die bildliche Darstellung an Präzision wohl übertrifft.

Der eingebürgerte Name ‹Pfaffenhütchen› ist offenbar volkskundlich betrachtet unsauber: Schon in Schricks «Materi von ausgeprannten Wassern» (Augsburg, 1477) ist vom ‹Pfaffenhödel› die Rede. Die karminroten Früchte mit den vier in augenfällig giftorangen Arillen leuchtenden Samen verführten zur Namensgebung. Bock spricht von «Hanhödlein», denn «der samen ist mit goldgälen heutlein inn den roten schöttlein verborge, ein jedes körnlein für sich selbs, wann es des heutleins entblöst ist, vergleichet es sich einem Vogels hödlein». Mit solchen Beschreibungen werden Wissenslücken überbrückt, was Bock durchaus zugibt: «Darzu diser baum guot seie, hab ich nichts gewiss.» Mit viel Schalk präsentiert er den Baum im deutlich ökologisch ausgerichteten dritten Teil seines Kräuterbuches, wo er die Hecken behandelt: «Von der stauden, hecken und beumen underscheid». Er beginnt: «Ehe dass ich wieder an die Dornhecke komme, muss ich zuovor den Spindelbaum angreifen.» Und endet: «Darbey will ichs auff dissmal lassen, und mich wider mit den Dornen kratzen.» Obschon er Theophrast zitiert, werden die notabene giftigen Früchte als «kurtzweil der jungen Kinder» angepriesen! Dies erlaubt er sich, wiewohl der Grieche gewarnt hat: «Wenn Blatt und Frucht von Schaafen, besonders von Ziegen, gefressen werden, sterben diese, wenn nicht Ausleerung erfolgt.»

Nach dem Heckensterben hat sich der nicht ganz harmlose Baumstrauch in die

Wälder zurückgezogen. Seine lockenden Früchte bleiben nach dem Laubfall im Geäst; wohl dieser reizenden Farbeffekte wegen wurde das Pfaffenhütchen auch zum Gartenbaum. Hätte sich Bock doch auch vom Spindelbaum «kratzen» lassen: Bereits Holzspäne und Sägemehl können beim Drechseln Erkrankungen hervorrufen! Und das Pulver der getrockneten Beeren tötet Parasiten: «So man die Beer mit der laugen siedet, tödten die Leus und Niss.» (Matthiolus). Für den Menschen aber sollen drei Dutzend Früchte bereits tödlich sein. Nach einer Latenzzeit von 15–16 Stunden kommt es zu blutigem Durchfall, Fieber, Kurzatmigkeit und Kreislaufstörungen bis zum Kollaps. Einem noch wenig erforschten «Bitterstoff» wird die toxische Hauptwirkung zugeschrieben. Triacetin dürfte der Träger der antiparasitären Wirkung des fetten Samenöles sein. Das Glykosid Evonosid (Digitoxigenin-Rhamnose) beeinflusst die Herztätigkeit. Früher war das Pfaffenhütchen offizinal, doch wird die Droge selbst in der Homöopatie nur noch selten benutzt.

Ein unscheinbarer Baum ist eine Hexenküche. Man tut gut daran, das den Kindern zu sagen. Wohl nicht nur der Spindeln wegen war er der Schicksalsgöttin Freya heilig. Im übrigen bin ich der Ansicht, dass das Pfaffenhütchen so wenig in Kinder-Gärten gehört wie der noch häufigere, noch giftigere Goldregen.

Heidenzauber

DER HUFLATTICH

Kaum ein Haushalt, dessen Bücherregal nicht auch einer der heimlichen Bestseller, oft als Erbstück, zierte: Kräuterbücher und Naturheilsysteme zeichnen sich immer wieder durch imposante Auflage- und Stückzahlen aus. Intuition und Erfahrung – es ist kein Zufall, dass zu den ältesten Büchern die Kräuterbücher zählen – haben dem Menschen die Apotheke der Natur geöffnet. Dabei wissen wir sehr wohl, dass weder gegen die Pestzüge noch die Tuberkulose-Epidemien ein Kraut gewachsen war. Und trotzdem verblüfft, wie richtig die vorchemischen Indikationen oft waren, wie richtig die von der Chemie aufgewertete Pflanzenheilkunde zum Teil immer noch ist. Die Schuldmedizin (warum kennt dieses Wort den Plural nicht?) und die Naturheilmethoden sind Pole einer Einheit: nur Sektierer ignorieren diese Wahrheit.

Unfreiwilliger Schalk mag illustrieren, wohin Einseitigkeiten führen: *Lahmann war kein Freund der Laienmedizin; er erkannte die Bedeutung von Männern wie Priessnitz, Rikli und Kneipp, versuchte aber ihre Methodik wissenschaftlich zu unterbauen. Das zeigen auch die Titel seiner Veröffentlichungen. Im Jahre 1890 wendet er sich in seiner Schrift ‹Koch und Kochianer› gegen die Überschätzung der Bakterien und gegen eine medikamentöse innere Desinfektion.»* Sieben Zeilen weiter folgt die Ernüchterung: «Wie so viele der bedeutendsten Naturheilkundler erreichte er kein hohes Alter. Am 1. Juni 1905 erlag Lahmann, erst 45 Jahre alt, einer Herzschwäche als Folge einer verschleppten Grippe.» (Prof. Dr. med. Brauchle, «Das grosse Buch der Naturheilkunde»). Gerechterweise darf nicht unerwähnt bleiben, dass durch verfrühte und unsachgemässe Anwendung im Jahre 1890 überhitzte Erwartung in Kochs Tuberkulin zur Katastrophe führte, die den hochdekorierten Pionier in die Flucht nach Ägypten trieb: Gerechterweise muss auch gesagt werden, dass nicht alle konsequenten Naturheilkundler jung verschieden sind: Rikli starb mit 84 Jahren, Hufeland («Die Kunst, das menschliche Leben zu verlängern») mit 74 Jahren. Und trotzdem: Tautreten, Sonnenbäder und Kräutertees hätten ohne Koch und Röntgen den Tuberkeltod nicht bannen können.

Immerhin beschert schon das frühe Jahr den Hustengeplagten auf dem ersten schneefreien Sonnenspaziergang Linderung. Aus feuchten, tiefgründigen, lehmigen Böden – häufig an Wegrändern, Rutschhängen, in Kies- und Schuttgruben – brechen kraftvoll die Blütensprosse des Huflattich vor seinen grossen, hufförmigen, unterseits dichtbefilzten (mehligen, daher der Artname *farfara)* Blättern. Im attraktiven, sonnengelben Blütenkopf (Farbstoff Xanthophyll: trotz naher Verwandtschaft mit den Carotinoiden nicht

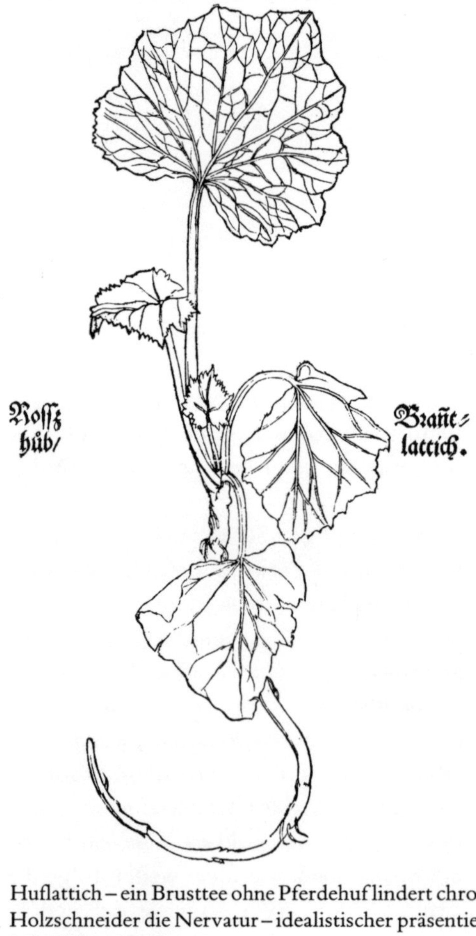

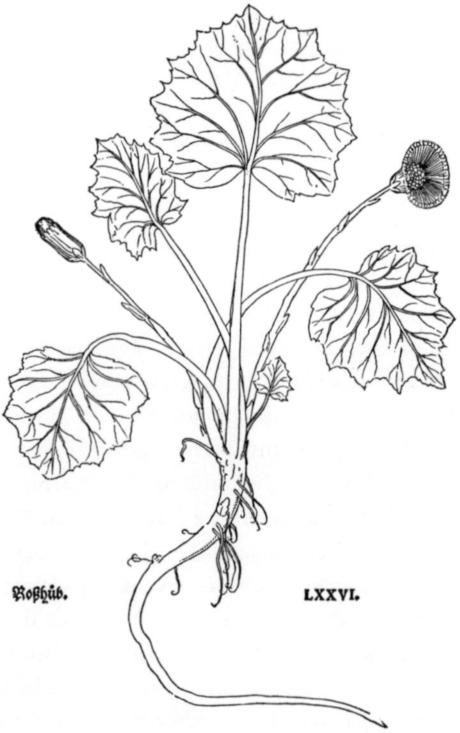

Huflattich – ein Brusttee ohne Pferdehuf lindert chronische Symptome. Fasziniert protokolliert der eine Holzschneider die Nervatur – idealistischer präsentiert der andere auch die Körbchenblüten des früh im Jahr blühenden Krautes.

Vitamin-A-bildend und doch auf noch ungeklärte Weise regenerierend wirkend) sind um 300 Blüten zu einem prächtigen Schauapparat vereinigt, der erst am hellen Tag geöffnet und lange vor dem Eindunkeln wieder geschlossen wird. Der lateinische Name der Gattung verrät seit Plinius den Anwendungsbereich: *Tussilago (tussis:* Husten; *agere:* vertreiben). Sowohl die Blüten *(Flores farfarae)* als auch die Blätter *(Folia farfarae;* die Phamacopoea Helvetica führt in der sechsten Auflage nur noch die ersteren, obwohl die Blätter in den Lehrbüchern neuerdings bevorzugt werden) enthalten Gerb-, Schleim- und Bitterstoffe. Er wird zum bevorzugten Hustenmittel der Pflanzentherapie bei chronischen Fällen; so lindert Huflattichtee das morgendliche Abhusten bei leidgeplagten Emphysematikern und Silikotikern, deren Krankheit selbst zwar nicht, deren Symptome aber sehr wohl bekämpft werden können.

Angesichts einer breiten Palette erfolgreicher Tuberkulostatica wäre es verfehlt, um Ideologien willen wieder auf Schachtelhalm, Vogelknöterich und Salbeitee zurückzugreifen. Die Chemotherapeutica hemmen das Wachstum der Erreger gezielt: Anderseits war es in früher Begeisterung ebenso verfehlt – oft geschah es um des Umsatzes willen! – Reizhusten mit antibiotischen Potenzen zu bekämpfen. Die Entscheidung zwischen Kraut und Pille, umsichtige Kräutermänner wissen das, muss heute wieder der Herr Doktor fällen.

Wen aber ein robuster Husten plagt, der suche Linderung in Feld und Heide selber. (Erfolg mag manchem schon beschieden sein, wenn er dabei sein Feuerzeug verliert!) Ein zweiter Schritt im Kampfe gegen unappetitlichen Raucherhusten wäre getan, wenn man sich seine Zigaretten selber – wenn es sein muss, meilenweit – erwanderte: die gleiche Menge Huflattich-, Minzen- und Waldmeisterblätter gut getrocknet über Nacht in Honigwasser legen, dann wieder möglichst rasch an der Luft trocknen, pressen, schneiden und in Zigarettenpapier rollen. Bereits zu Zeiten, als das Husten noch keine Folgeerscheinung der Rauchsucht sein konnte, empfahl Dioskurides: «Der Rauch von den angezündten gedörrten (Huflattich) Blättern durch einen Trechter mit offenem Munde empfangen, heylt den truckenen Husten, unnd kurtzen schwehren Athem.» Wer, durch frühe Heilung von Sucht und Husten überrascht, auf einem Vorrat sitzenzubleiben fürchtet, der mag – nach Kneipp – im Tabak-Surrogat ein Fussbad nehmen.

DER SPARGEL

«In unserer Zeit hat die Schwelgerei alles auf das Äusserste gesteigert: Der Reiche will bessere Früchte essen als der Arme; er will Weine trinken, die gewachsen sind, ehe er gelebt hat.» Der Eiferer heisst Plinius: Die Zeit, die er geisselt, ist nicht unsere Zeit. Doch der Autor steigert den Sermon in raschem Crescendo bis zum nicht mehr zu überbietenden Exzess des Prinzips Sorbet: «Der Reiche trinkt im Sommer Schnee oder Eis und lässt sich Dinge wohl schmecken, die den Gebirgen lästig sind.» Des Luxus Litanei macht auch vor den Tafelgemüsen nicht halt:

Mancher Kohl wird jetzt so gross gezogen, dass ihn der Mittelstand nicht brauchen kann, weil er für seinen Tisch zu gross ist. Den Spargel lässt die Natur wild wachsen, damit ihn jeder nach Belieben stechen kann; jetzt aber stellt man künstlich gezogenen Spargel zur Schau, und in Ravenna wiegen drei Stück zusammen ein

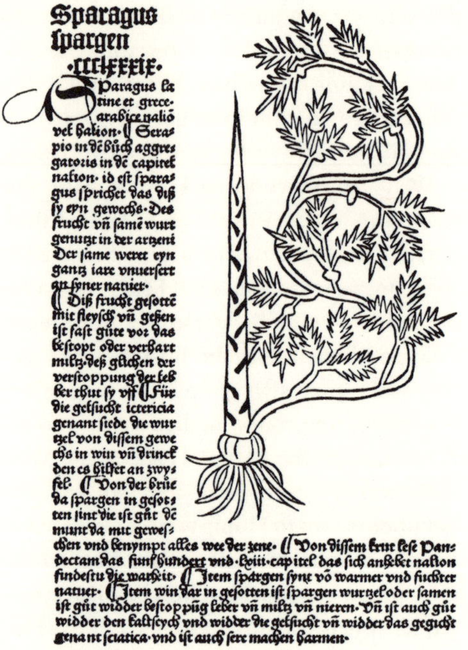

Sparagus
spargen
·cccl xxxix·

Sparagus latine et grece·
arabice naliō
vel halion·¶ Serapio in dē būch aggregatoris in dē capitel
nalion· id est sparagus spricht das diß
sy eyn gewechs· Des
frucht vñ samē wurt
genutzt in der artzeni
Der same weret eyn
gantz iare vnuersert
an syner natuer·
¶ Diß frucht gesottē
mit fleysch vñ gessen
ist fast gūte vor das
bestopt oder verhart
miltz· deß glichen der
verstoppung der leb
ber thut sy vff ¶ Für
die gelsucht ictericia
genant siede die wurtzel von dissem gewechs in win vñ drinck
den es hilfet an zwyfel· ¶ Von der brūe
da spargen in gesotten sint die ist gūt dē
munt da mit gewesschen vnd benympt alles wee der zene· ¶ Von dissem krut lese Pandectam das fünf hundert vnd· lxviii· capitel das sich anhebet nalion
findestu die warheit· ¶ Item spargen synt vō warmer vnd fuchter
natuer· ¶ Item win dar in gesotten ist spargen wurtzel oder samen
ist gūt widder bestoppūg leber vñ miltz vñ nieren· Vñ ist auch gūt
widder den kaltseych vnd widder die gelsucht vñ widder das gegicht
genant sciatica· vnd ist auch sere machen harnen·

Kunstgeschichte mit lukullischem Gemüse: Wir haben gelernt, uns des kapriziösen Sprosses anzunehmen. Schule des Gaumens und Schule des Auges. 1485 – 1532 – 1543 – 1613: Persönlichkeiten sind es alle.

Pfund. Solche Ungeheuer werden für den Bauch gezogen.»

Bereits vor 5000 Jahren sollen die Ägypter neben anderen Gemüsen auch den Spargel kultiviert haben; den Griechen war er Medikament. Ob er den Römern «Schmeichelei für den Gaumen» (Cato) oder eher doch nur Magenpflaster (Plinius) war? Cäsar jedenfalls soll Mailänder Gastgeber vor den Kopf gestossen haben, als er die Buttersauce als Pomadentunke abtat.

Die ersten Spargelbeete werden in Deutschland um 1565 (Stuttgarter Lustgarten) und 1578 am Niederrhein erwähnt; bald darauf wird Ulm zum Mittelpunkt der neuen Kultur, die ganz Deutschland überschwemmt. Die Metamorphose vom Medikament zum Tafelgemüse lässt sich in den klassischen Kräuterbüchern – der «Spargen» fehlt in keinem! – mitverfolgen.

Die heutigen Handelspreise mögen zu falschem Schluss verleiten: die *Turiones Asparagi recentes* werden nicht mehr in Apotheken gehandelt. Offizinal ist die Droge allerdings in der Homöopathie (gegen Harnbeschwerden, Herzkrankheiten, Wassersucht und Rheuma). Auch wem der Liliensspross als einer der höchsten lukullischen Genüsse erscheint, ist gegen dessen pharmakologische Potenzen nicht gefeit: der Spargel treibt den Harn! Seine diuretische Wirkung wird auf die hohe Saponin- und Kaliumkonzentration zurückgeführt. Ob sein Fluorgehalt von therapeutischem Nutzen ist, bleibt umstritten (im Mittelalter wurde Spargeln gegen Zahnweh gelutscht). Der hohe Anteil der Aminosäure Asparagin ist imponierend. Auch die Droge Vanillin (in Hafer soll sie Pferde hitzig machen und nach Puddingabusus Kinderparties entarten lassen) mag nach Tisch willkommene Wirkung zeitigen (Aphrodisiakum). Dass frischer Spargel als Allergen (Tränen, Niesen, Spargel-Dermatitis, Asthma) die aufwendige Küchenarbeit gefährlich erscheinen lässt, macht das kapriziöse Gemüse wohl noch begehrenswerter.

DIE ROGGENMUTTER

Wieder bringen die Schnitter, hoch auf ihren grellgelben Wagen, reiche Frucht ein. Erntedankstimmung: Groll wider Dünger und Pestizide mag besinnlicher Einkehr weichen. Gesundes Brot lagert in Silos und Speichern. Wir wollen jedoch nicht vergessen, dass uns die Äcker früher nicht genügend und oft gar tödliches Korn bescherten. Der Mutterkornpilz *Claviceps purpurea* befällt vor allem die Ähren des Roggens (das Mehl der Armen): Jahrhundertelang hat die von ihm verursachte Krankheit, das «Heilige Feuer», in Europa gewütet.

«Das geringste Getreide ist Roggen, man kann ihn nur zur Stillung des Hungers brauchen, doch gibt er viele Körner, wächst auf jedem Boden mit hundertfachem Ertrag.» (Plinius). Dem «Rocken» wird in manchen Kräuterbüchern aber seitenlang gehuldigt: vorindustrielle Medika

Von Kräutern.

Nota: Von den Kornzapffen / Latinè Clavi Siliginis: Man findet offtmals an den Aehern deß Rockens oder Korns lange schwartze harte schmale Zapffen / welche benebens und zwischen dem Korn / so in den Aehern ist / herauß wachsen / und sich lang herauß thun / wie lange Nägelin anzusehen / sind inwendig weiß / wie das Korn / und dem Korn gar unschädlich.

Solche Kornzapffen werden von den Weibern für ein sonderliche Hülff und bewehrte Artzney für das Auffsteigen und Wehethumb der Mutter gehalten / wenn man derselbigen drey etlichmal einnimbt und gebraucht. Mutter.

Krafft und Wirckung.

Für den stinckenden Athem / vom Fieber oder ander zufallender Kranckheit: Nimb kalt Brunnenwasser / saltze es wol / und isse Rockenbrot darauß drey Tag nüchtern / so viel du magst / so wird der Mund wol schmeckend und lustig zu essen. Rocken speiset mehr / dann Gersten / und minder dann Weytzen. Ist nicht so warm / als Weytzen / aber wärmer dann Gersten. Gesunde Leuth stärckt Rockenbrot am besten / aber krancken Leuten ist Weytzenbrot viel nützlicher und besser. Ubel gebacken Brodt ist ein Ursprung vieler Kranckheiten. Stinckender Athem

1565 beschreibt Lonicerus das Mutterkorn – allein, die Droge wird zu wenig ernst genommen.

mentation hat auch dem armen Volk wohlfeilen Zugriff in Gottes reiche Apotheke ermöglicht. Doch in Zeiten grosser Not wird jeder Schutzkult teuer. (Die AIDS-Panik mag uns mittelalterliche Ohnmacht verständlich werden lassen.) Unberechenbarer, spukartiger noch als die Pestzüge hat das «Heilige Feuer» zugeschlagen. Oft wurden epidemisch Landstriche befallen, oft wurde nur ein Dorf heimgesucht, manchmal wurden nur einzelne Opfer gezeichnet. (Nicht selten traf es junge, ledige Frauen: Im schwierig zu dosierenden Drogengemisch der Engelmacherinnen hätte der Schlüssel zur Verhinderung tausendfachen Todes gelegen – das Mutterkorn wurde seit alters für Abtreibungen verwendet.)

Die Zeit der Kathedralen und der Dome war auch eine Zeit der grässlichen Groteske; wir wären solchem Grauen wohl kaum mehr gewachsen. Da humpeln auf improvisierten Prothesen Kinder, Greise, Bauern und Bürger durch die Gassen und bringen dem kompromisslosen St. Antonius ihre abgefallenen Glieder und das ihnen verbliebene Geld. Die Gliedmassen, schwarz und dürr, sofern sie nicht weiterfaulten, wurden zu Reklame-Konserven: Füsse, Arme, Nasen, Ohren baumelten über den Portalen der Kirchen, Klöster und Hospitäler des Heiligen, der sich mit beispiellosem Marketing gegen eine Vielzahl bereits etablierter Schutzpatrone in ganz Europa durchgesetzt hat. Weil kein Medikament der rätselhaften Krankheit gewachsen war, halfen nur Zauber und tiefer Glaube an den Zauber. Wer die Allmacht des Antonius anzweifelt, wird auf der Stelle vom «Heiligen Feuer» befallen – die in Umlauf gesetzten Geschichten ‹beweisen› es. Ein erster ‹Multi› erzwingt sich sein Monopol: selbst die Krankheit, vor der er schützt, von der er heilt, trägt seinen Namen (St.-Antonius-Feuer).

Das erste präzise Krankheitsbild hat der

Das Feuer des Antonius-Konzernes: Man sieht's doch lodern, wer zweifelt noch?

Chronist Siegbert aus Metz (1089) hinterlassen. Die Krankheit beginnt mit Unempfindlichkeit der Finger und Zehen (Pelzgefühl, Kribbeln, dann Taubheit). Bald folgt unerträgliches Brennen an Händen und Füssen. Oft windet sich der Patient in Krämpfen. Andere haben Gesichte, wirken entrückt. Extremitäten werden schwarz. Trocknen ein. Fallen ab. Aborte sind häufig. Hühner legen Eier ohne Schalen. Als Bio-Ansatz hat später zur Bestimmung der Drogenkonzentration der Hahnenkamm herhalten müssen.

Das Mutterkorn wird 1565 von Lonicerus ‹erstmals› beschrieben; 1595 empfiehlt Bauhin, den Roggen vor dem Mahlen davon sorgfältig zu reinigen. Obwohl der Schweizer Karl Niklaus Lang (1717) die Kausalität zwischen Mutterkörnern der Roggenähren und dem ‹Heiligen Feuer› aufdeckt, fehlen die Bezüge in den auflagestarken populären Kräuterbüchern. Die

Gefahr wird unterschätzt. 1764 beobachtet Otto von Münchhausen die ‹schwarzen Roggenkörner› und beschreibt sie als parasitierenden Pilz. De Candolle in Genf bestätigt. Die Dauerstadien des Ascomyceten *Claviceps purpurea* werden heute gezielt gezüchtet und liefern Ausgangsmaterial für gereinigte, aufgearbeitete Medikamente: die natürliche Droge *(Secale cornutum:* das schwarze Dauerstadium des Pilzes) ist ein stark variierendes Gemisch potenter Alkaloide mit zum Teil bedeutungsschwangeren Namen wie Cadaverin. Noch 1874 aber, ein Jahr bevor in Troyes der Apotheker Tanret das Ergotinin isoliert, klagt Wernich in Berlin («Einige Versuchsreihen über das Mutterkorn»), nachdem er die verschiedenen Extraktionsmethoden in verschiedenen Ländern verglichen hat (Rezepte der Pharmakopöen!): «Eine so enorme Verschiedenheit in den Lösungsmitteln muss notwendig Producte erzielen, welche in ihren physiologischen Effecten himmelweit verschieden sind.» Das Mutterkorn blieb lange launisch. Die Roggenmutter hat gemordet, heute rettet sie Leben. Neben gynäkologischen Spezialitäten werden aus ihr Migränemittel gewonnen. Das LSD-25 ist wieder in Vergessenheit geraten, doch ist das psychopharmakologische Spektrum der Derivate noch kaum ausgeschöpft.

In Russland starben 1926/27 noch über 10000 Menschen durch das Mutterkorn: Feuchte Vegetationsperioden begünstigten das Wachstum des Pilzes, Hunger liess bei der Reinigung der Roggenkörner die Sorgfalt vergessen. Die Massenerkrankung in Pont-Saint-Esprit (1951) wurde allerdings auf quecksilberimprägniertes Saatgut zurückgeführt – ein Bezug zum Mutterkorn wird von Experten bestritten. Ein Tod ging. Ein Tod kam.

DAS HIRTENTÄSCHEL

Weil für Jean-Jacques Rousseau «der Schöpfer gross in grossen Dingen und sehr gross in den kleinen ist» verwundert es nicht, dass der Naturschwärmer bereits im zweiten Brief seiner «Lettres élémentaires sur la Botanique» (1771) begeistert auf das unscheinbar, aber beinahe ganzjährig blühende Kreuzblütlerunkraut Hirtentäschchen *(Capsella bursa pastoris L.)* zu sprechen kommt. Anders als viele Botaniker seiner Zeit, ist Rousseau Anhänger von Lupe und Mikroskop. Der alternde Naturphilosoph ist ein Bewunderer Linnés. Ihm schreibt er im gleichen Jahr: «Allein mit Ihnen und der Natur verbringe ich auf meinen einsamen Spaziergängen Augenblicke ungetrübter Heiterkeit.» Doch seine Briefpartnerin macht er – nicht ohne Selbstironie – darauf aufmerksam, dass Kenntnis des Pflanzensystems nicht vor Irrtümern bewahrt; er warnt vor der Verwechslung der Doldengewächse Petersilie und Hundspetersilie: «Ich möchte ja nun wirklich um alles in der Welt verhüten, dass Sie, gute Freundin, aus Unkenntnis, und zwar nach stundenlanger Analyse der Gesetze des Pflanzenreiches, einen Schierlingspfannkuchen essen.»

Das Hirtentäschchen erscheint dem einfühlsamen Lehrer Rousseau als geeignetes Demonstrationsobjekt familiärer Gesetzmässigkeiten, das dazu dienen soll, die Schülerin in umsichtig geplanten Schwierigkeitsstufen darauf vorzubereiten, sich selbst in der schwierigen Familie der Doldengewächse zurechtfinden zu können. Die hirtentaschenförmigen Schötchen gaben dem reizvollen Kraut den Namen. Da es schon Hippokrates als Uterusmittel preist, steht es bis zur Entwicklung der Mutterkornmedikamente bei den Ärzten in

Die Mutterkornalkaloid-Chemie unserer Tage hat dem Hirtentäschel den Rang abgelaufen; der Medikamentenmix der Kreuzblütler-Droge war kapriziös, zu ‹harmlos› wohl auch.

hohem Ansehen. Matthiolus empfiehlt es gegen das «St. Antonij Fewer und Gonorrhoea». Die chemische Analyse ist imponierend: Cholin (früher Bursin) und Acetylcholin sind Transmitter des vegetativen Nervensystems. Offenbar wurde viel Mühe darauf verwendet, die Wirkung der Droge zu standardisieren. Doch das gutmütige Studienobjekt hat sich darauf kapriziert, die Pharmakologen hinhaltend zu narren. Neben der praktischen Wirksamkeit scheint noch nicht einmal die Frage restlos geklärt, ob nicht ein parasitierender Pilz die Wirksubstanzen mischt.

Die Drogenkundebücher führen das auch von Laien leicht zu sammelnde Kraut noch – seine Medikamentenblütezeit aber ist endgültig vorbei. Im Ersten Weltkrieg wurde noch darauf zurückgegriffen, der gerinnungshemmenden Wirkung wegen. Vergiftungen sind übrigens kaum zu befürchten. Und das ist verdächtig: Das Hirtentäschel ist zu harmlos. Nach Jahrhunderten haben sich die Ärzte von ihm abgewendet. Den Lehrern mag es trotzdem noch lange gute Dienste leisten.

DAS SÜSSHOLZ

Süssholzraspler leben länger, wenn sie ihr Süssholz mit Mass raspeln. Wer dieser verschwiegenen Gemeinschaft beitreten möchte, sei gewarnt – und beruhigt zugleich, denn erstens zeigen sich erst nach exzessivem Abusus Krankheitssymptome, und zweitens verschwinden diese (im Unterschied zu jenen ‹populäreren Süchten›) nach einigen Wochen Enthaltsamkeit. In der Literatur wird die Krankheitsgeschichte einer 58jährigen Frau beschrieben, welche jahrelang pro Woche rund 1,8 kg (wörtlich: Einskommaacht Kilogramm) Süssholzwurzeln zernagt hat. Auch jener Mann, der während etwa sieben Jahren täglich um 70 Gramm Lakritzenbonbons (Süssholzpastillen) gelutscht hatte, musste gegen ernste Symptome kämpfend lernen, seine Sucht zu besiegen. (Das Krankheitsbild gleicht dem der Cortison-Vergiftung.)

In der chinesischen Medizin ist die Süssholzpflanze seit 2800 v. u. Z. bekannt. Auch in der tibetischen Medizin findet der Schmetterlingsblütler rege Verwendung. Vom Reitervolk der Skythen (600 bis 300 v. u. Z.) hiess es, seine Soldaten seien mit Stutenkäse und Süssholz elf bis zwölf Tage ohne jede Flüssigkeit ausgekommen. Die Griechen nannten die Droge deshalb Skythische Wurzel. In Deutschland wurde die

Pflanze im frühen Mittelalter eingeführt und im Raume Bamberg eine erste Süssholzkultur angelegt. Es scheint, dass sich der fremde Gast wohl gefühlt hat; er gebärdete sich wie ein Unkraut: *«Süssholz ist ein Gewächs, so da leichtlich aufzubringen ist, und wo es einmal einwurtzelt, kann man seiner nicht bald wieder los werden. Jedoch wo viel Küh- und Ross-Mist, bleibt es nicht lang, als wann es ein natürliche Feindschaft wider dieselbigen truge. Seine Wurtzel fladert hin und her, gibt viel langer Spriessling.»* (Tabernaemontanus).

In der europäischen Medizin findet die Droge lange nur als Hustenmittel und Geschmackskorrigens Verwendung. Von Napoleon ist jedoch bekannt, dass er seine chronische Magenverstimmung durch Süssholzwurzelkauen bekämpft hat. Stets trug er einen Vorrat der Droge in einer Schildpattdose auf sich.

Magengeschwüre sind inzwischen zum beängstigenden Zeitsyndrom geworden: Napoleonischer ‹Stress› schlägt heute epidemisch kleinen und grossen Männern auf den Magen. Man weiss allerdings noch nicht recht, warum gequältes Eingeweide sich mit Selbstverdauung rächt. Der Phytotherapeut Weiss (1974) empfiehlt Kamille. Nach Sichtung aller ‹Behandlungsmoden› kommt er zu einem resignierten Schluss: «Es ist ganz offensichtlich ziemlich gleichgültig, was man dem Ulkuskranken einspritzt. Die Hauptsache ist, dass etwas Aktives mit ihm geschieht.» Wie sich herausstellte, macht eine eigentümliche Aminosäure den Kohlsaft, atropinartige Substanzen das Kartoffelpresswasser der Süssholztherapie nach wenigen Jahren euphorischer Hoffnung überlegen. Interessant ist die Wiederentdeckungsgeschichte des Magenmittels Süssholz: 1946 fiel einem holländischen Apotheker auf, dass Hustenbonbons mit Lakritze von Magenkranken seines Bezirks sehr gelobt wurden. Ein halbsynthetisches Produkt wurde in der Folge in England entwickelt – es entspricht dem Hauptwirkstoff der natürlichen Droge –, doch scheint es wegen der fatalen Nebenwirkungen (Eingriff in den Salzhaushalt führt zu Ödemen) nur noch mit Vorbehalt angewandt zu werden (Blum).

I. Süßholtz.
Glycyrrhiza.

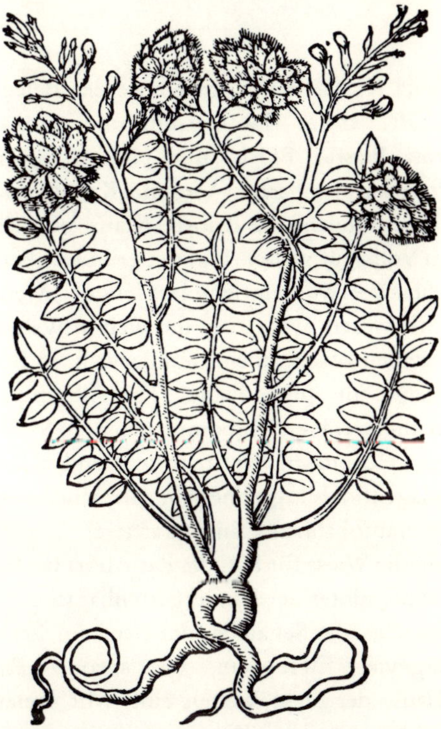

Kindheitserinnerung: das Süssholzkauen. Auch harmlose, sehr natürliche Drogen sind oft recht potent.

Hat das Süssholz *(Glycyrrhiza glabra L.:* man unterscheidet etwa vier Varietäten) nach kurzer Blüte in der medizinischen Moderne schon wieder ausgedient? Wohl kaum – seine chemische Phantasie ist noch für manche Überraschung gut. In der Zwischenzeit bleibt die Tabakindustrie Hauptabnehmer von Süssholzextrakten. Man begegnet der Leguminose auch in Bitter-

Likören, im Bierschaum und in Feuerlöschern. Nicht nur für Bärendreck, auch für die Seifenproduktion, in der Textil-, der Leder- und der Farbenindustrie, selbst in der Metallurgie findet Süssholz Verwendung.

DIE WELSCHE NUSS

«... eine Welt, in der die Kinder das Leben am Leben lernen und nicht an den didaktischen Modellen der Pädagogen ...»

Schipperges, 1985

Trotz Klausenfeiern im Kreise der Belegschaft, trotz Kaufhausmummenschanz, trotz Plastic, Plüsch und pädagogischen Programmen, trotz Vitamin-Kakao und Höhensonnen: die Knorre Klaus lebt zäh im Volksgut weiter. Was tief gründet überlebt. Wer Wurzeln leugnet, leugnet Menschenwesen: Wir haben die Welt in Welten zerfallen lassen. In eine Kinderwelt, in Bereiche für Jugendliche, Frauenbiotope, Männergefüge, Seniorenplaneten. In Schulen, Hospitäler, Krematorien und Kläranlagen; Abflugschneisen, Streichelzoos, Stadtautobahnen. Büroquartiere, Erosallen, die Wiese für Hunde, das Abort für Invalide, hinter der Kindergartenbaracke die Rutsche, die Schaukel, der Sand im Eternitgeviert. Wie rein, wie spröde. Ein Klaus, der diese Welten eint. Mit seinen Gaben aus seinem Klausensack. So gesund wie Tran, einst.

Auch wenn Ernährungstechnologen uns den morgendlichen Löffel ausgelassenen Heilbutt's so entbehrlich gemacht haben, wie den sonnensurrogierenden Vitaminstoss zu Beginn des dunkelnden Advents, sind uns Nüsse ein unentbehrliches Geschenk geblieben. Vor der ‹Kühlhauszeit› der Grossverteiler lebten die Vorräte des Bauern nach der Ernte weiter. Die Früchte trugen den Stempel der Vergänglichkeit auf ihrer Lebenshaut und keine Frischegarantien auf der physiologisch optimierten Schutzfolie. Die Hausfrau hortete in Truhen und auf Hurden. Der Samichlaus – ein Apotheker – besserte den eintönigen Winterspeisezettel auf. Uriges Gefühl von Überfülle – wir haben uns darum betrogen – die Baumnuss aber spielt noch immer eine zentrale Rolle.

Nüsse gehören mit zu den nahrhaftesten Trockenfrüchten; ihr Öl ist von hoher Qualität. Es wird auch von Malern geschätzt. Vitamin A und Vitamine der B-Gruppe, Mineralsalze, Eiweiss und Kohlenhydrate ergänzen die gesunden vegetabilen Öle. Baumnüsse sind Bestandteil jeder fortschrittlichen Schonkost für Kinder, Rekonvaleszente, ältere Menschen. Die Volksheilkunde verschreibt aber nicht nur die Samen des Nussbaumes: Auch das Fleisch – die Nuss ist eine Steinfrucht mit faserigem Fleisch – und die Blätter werden für Infusionen gegen die verschiedensten Gebrechen gebraucht. Das Spektrum der Nuss-Verarztung reicht vom Einsatz gegen Anämien und Entzündungen über den Kampf gegen Darmparasiten bis zur Förderung des Haarwuchses. Ich selber pflege beim Jogging oft Nussbaumblätter in die Hosen zu schieben, seitdem mich beim Hundertkilometermarsch in der Offiziersschule seine Blätter vom ‹Wolf› befreit haben. Die Armee (neben kalten Wintern) hat denn auch dazu beigetragen, dass die Nussbäume so selten geworden sind: die Karabinerkolben waren aus Nussbaumholz.

Seiner Fruchtbarkeit wegen widmeten die Römer den Baum dem höchsten Natur- und Vegetationsgott: der Name ‹Juglans› setzt sich aus den Stämmen Jupiter und Eichel (Glans) zusammen. An Hochzeiten, Cerealien und Saturnalien wurden Nüsse unter das Volk geworfen. Dem sinnlich üppigen Dionysos und der Artemis (als Karyatis [Karya = Walnuss] hatte die Nuss erotischen Charakter) weihten die Griechen den Nussbaum. Noch heute knabbern in Griechenland die Hochzeitsgäste Nüsse, wenn sich das bäuerliche Brautpaar augenfällig in die Kammer zurückzieht.

Vor der althochdeutschen Zeit wird der Nussbaum in Deutschland eingeführt. Als Symbol der Unsterblichkeit verdrängt die «Wälsche» Nuss die einheimischen Haselnüsse. Als Grabbeigabe findet man sie in den Alemannengräbern. Man spendet sie zu Weihnachten (Julfest) und zu Hochzeiten. Bald bringen auch Niklaus und der Kinderfreund Ruprecht Nüsse. Im Elsass sagt man: «Wenn's Walnüsse gibt, gibt's auch Bengel oder uneheliche Kinder.» Und am Lech weiss man: «Wenn es am Johannistag regnet, werden die Nüsse wurmig und die Mädchen schwanger.»

Was tut der volkskundliche Wurm da in der Nuss? Nüsse erst ab 18 Jahren? Samichlaus, Samichlaus! Im Hennenbergischen wird berichtet: «Wenn die Nüsse geraten, geraten die Huren.» Es ist offenbar eine späte Deutung dieser Sprichwörter, wenn man bis vor kurzem sagte, dass es beim Nüssepflücken unter den jungen Leuten nicht anständig zugehe. Wo ist die Redewendung immer noch gängig: «Sie ist in die Nüsse gegangen»? Wohl aber würde das zu einem grossen Nussbaumsterben führen, würden heute wieder allen unkeuschen Mädchen Nussbaumäste zu Pfingsten an die Haustüre gehängt. Ältlichen Schürzenjägern sei es gesagt: «Wer hohle Zähne hat, muss keine Nüsse knacken.» Schliesslich wird die Nuss zum Symbol für die Frau schlechthin, und da anscheinend dem Mannsvolk Witwen immer eine attraktive Beute waren, weiss der Volksmund: «Wenn die Nuss geknackt ist, so kommt man desto eher zum Kern.» Doch bleibt auch der Mann nicht verschont: «Ein trauriges Mannsbild, dem alle Nüsse entfallen sind!»

Samichlaus, Samichlaus! Wie rein, wie spröde, wenn du die Nüsse für die Kleinen

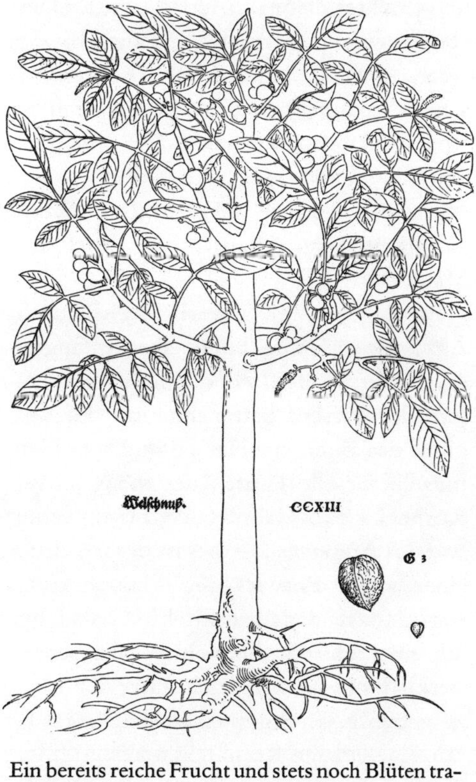

Ein bereits reiche Frucht und stets noch Blüten tragender Nussbaum: Fuchs idealisiert seine Pflanzenportraits.

von den Nüssen für die Jungen, wenn du die Nüsse für die Mütter von den Nüssen für die alten Eltern trenntest. Wir wollen hoffen, dass sich zwischen die Plüsch- und Plasticpräsente in den Säcken dann und wann – trotz exorbitanten Preisen – eine volkskundliche Nuss verirren möge. Es ist so selten heute, dass einer mit *einer* Gabe Welten eint.

Was Kolonialwaren waren

PALMA CHRISTI

«Gott bringt aus der Erde Heilmittel hervor, der Einsichtige verschmähe sie nicht.» Bereits Sirach (38.4) hat die Medikamentenverachter disqualifiziert. Dass der Herr aber auch die Vernunft aus dem Boden wachsen liess, demonstriert die cineastische Vergangenheitsbewältigung Italiens: Rizinusöl soll so manchem Verschmähenden die Unvernunft abgeführt haben. Nicht nur die Liebe, auch politische Standhaftigkeit geht offensichtlich durch den Magen.

Im Jahre 1873 erwarb der deutsche Ägyptologe Georg Ebers eine umfangreiche Papyrusrolle. In der Einleitung entzifferte der Wissenschafter erstaunt: «Hier beginnt das Buch zur Herstellung von Heilmitteln für alle Partien des menschlichen Körpers.» 2400 Jahre vor Christi Geburt war das Ärztewesen – dies ist der Ausdruck einer langen Entwicklung – bereits so erstarrt, dass der griechische Geschichtsschreiber Herodot berichtete (Es scheint wirklich nur wenig Neues unter der Sonne zu geben.): «In Ägypten ist jeder Arzt für nur eine einzige Krankheit zuständig; ihre Zahl ist darum so gross.» Zu den am häufigsten verwendeten Arzneipflanzen gehörten Wacholder, Flachs, Fenchel, Ahorn, Kümmel, Knoblauch und Rizinus.

Der Rizinusbaum, auch Wunderbaum oder Palma Christ genannt, ist ein Wolfsmilchgewächs; die Familie der Wolfsmilchgewächse *(Euphorbiaceae:* Nach Plinius soll Juba, ein König Mauretaniens, den Arzt Euphorbios damit geehrt haben.) umfasst 290 Gattungen mit 7500 Arten. Die Familie zeichnet sich durch Latex-Gefässe (Wolfsmilch!) verschiedenen Ursprungs aus. Morphologisch sind es Stauden (zum Teil Holzgewächse); bisweilen sind kaktusförmige Metamorphosen zu beobachten. Dem Rizinusbaum wird bereits im Ebers-Papyrus gehuldigt: Die linientreuen Ägypter verwendeten das Öl der Samen regelmässig. Obwohl die Pflanze zu allen Zeiten als Medikamentenlieferant gedient hat, wird der Same in Europa erst im 18. Jahrhundert wieder als Abführmittel entdeckt (1764: Dissertation von Canvane). Selbst die Geschichte der Medikamente stellt keine lineare Wissensanhäufung dar! Rizinusöl ist offizinal: 10–30 ml entleeren innerhalb von 2–4 Stunden (dünndarmwirksam). Das blassgelbe, dickflüssige Öl besteht aus nahezu 80 Prozent einheitlichen Glyceriden der Ricinol-Säure (12-Hydroxylsäure). Es ist eines der sehr seltenen Beispiele ungemischter Triglyceride in der Natur. Wie den Chinesen daraus die Speiseölherstellung gelungen ist, bleibt ein Rätsel. Heute macht die hohe Viskosität das Produkt (Castor Oil) technisch interessant (Schmieröl). Die Weltproduktion (Haupt-

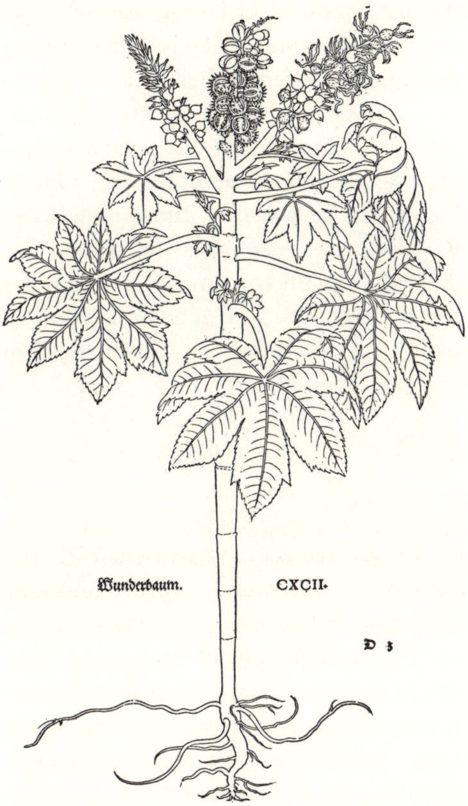

Zweimal ein Wunderbaum: bäumiger bei Fuchs links, buschiger beim weniger abstrahierenden Brunfels. Hochstämmig und doch niederträchtig: Der Rizinusstrauch hat lange Geschichten hinter sich, vielleicht noch vor sich. Die Ricinolsäure wirkt im Dünndarm abführend; das Nitril Ricinin lässt die roten Blutkörperchen sehr effektiv koagulieren und das Eiweiss Ricin, eines der giftigsten der an giftigen Vertretern so reichen Eiweissfamilie, löst tödliche Abwehrmechanismen aus. Die beiden letzten Komponenten sollen, richtige Pressung vorausgesetzt, im Presskuchen bleiben. Meistens.

anbaugebiete Indien, Brasilien) bleibt mit rund einer Million Tonnen pro Jahr weit hinter anderen vegetabilen Ölen zurück (Weltproduktion an pflanzlichen Ölen 163 Mill. Tonnen, davon Soja 78, Baumwolle 27,3, Sonnenblume und Raps je um 15 1983).

Bereits im 16. Jahrhundert war der Rizinusbaum in Italien recht bekannt. Leonhart Fuchs schreibt: «Ist ein fremd gewechs, newlich in unser Teütschland kommen, würdt nun fast allenthalben in gärten gepflanzt von dem samen.» Wer aus den marmorierten Samen das Wunder des Wunderbaumes («Wunderbaum ist er genent worden der ursach halben, das es in einer kurtzen zeit wunderbarlich also hoch über sich scheüst, das eim baum gleich würt.») zelebrieren will, der sei gewarnt: drei Samen bereits töten ein Kind. Giftspuren an den Fingern können, in die Augen gerieben, peinvolle Schwellungen hervorrufen, die allerdings wieder abgeklungen sind, noch ehe das Wunder aus dem Erdreich treibt. Die Samen verleiten zu kunstgewerblichem Kettenbasteln, doch empfiehlt sich solcher Schmuck nur für Trägerinnen, die um das toxische Albumin Ricin wissen. Ein Tausendstel Gramm führt zum Tod – Spuren reizen die Schleimhäute nachhaltig und abschreckend. Der bulgarische Geheimdienst scheint sich des Mafiatricks (Schirmspitze mit Injektionsnadel) regelmäßig zu bedienen: Georgi Markoff starb nach vier Tagen – die Immunreaktion bedingt diese Inkubationszeit – am 11. September 1978 in London; er war wohl kein Einzelfall. (Exilbulgaren werden nicht mit Rizinusöl zur Vernunft, sondern mit Ricin um uns Leben gebracht.) Die britische Armee allerdings soll nach langer Erprobung ihre Rizinbestände liquidiert haben.

Nun hoffen führende Wissenschafter, aus der James-Bond-Droge den Schlüssel für die Bekämpfung gewisser Krebsarten gewinnen zu können. Bereits ist es gelungen, in Tierversuchen Tumorzellen gezielt abzutöten. Eine der ältesten Arzneipflanzen beginnt ein düsteres Kapitel dunkler Ohnmacht zu erhellen. Ein wunderbarer Wunderbaum, der stets erleuchtet hat (Fuchs): «Das Öl von den samen ist subtiler complexion, dienet nit zum essen, sondern allein zuo den pflastern, unnd zuo den nachtliechtern.»

HEILIG WUNDTKRAUT

Der Mensch raucht schon seit langem. Man hat zwar keine Stummel und Kippen, aber Pfeifenköpfe aus der Bronzezeit gefunden. Die Römer schmauchten Lavendel, Majoran und vielleicht Alant-Blätter. Mit der Beschreibung des Paters Bartolomeo de las Casas («Historia de las Indias», 1550) aber wird zum erstenmal von der Rauchkultur der Indianer berichtet: «[...] die Männer immer mit einem Brand und gewissen Kräutern für ihr Räucherwerk in der Hand; es sind dies trockene Blätter, eingewickelt in ein anderes trockenes Blatt, wie eine Lunte.» Lunten zünden Explosionen: weder Ärzten noch Herrschern ist es gelungen, die importierte Sucht zu stoppen – das Tabakrauchen hat sich mit der Schnelligkeit einer Epidemie verbreitet. Und zwar dreihundert Jahre bevor der Drucker E. Th. Litfass (1855) seine erste Säule in Berlin aufstellen liess. Erst Venedig (1651), dann auch der Kirchenstaat machen durch das Tabakmonopol aus der Rauchernot eine fiskalische Tugend. Welcher Staat hätte das Beispiel in der Folge nicht kopiert. Salz und Tabak: die Staatskassen leben ja nicht vom Brot alleine.

Obwohl der Zürcher Arzt Conrad Gesner bald schon den ersten Raucher-Rausch in der Zwinglistadt wissenschaftlich beschreibt (er sei berauscht worden und habe Schwindel bekommen, wie wenn man zu Schiff einen Fluss hinabfahre), finde ich in den grossen Kräuterbüchern des 16. Jahrhunderts den Tabak unter keinem seiner recht zahlreichen Namen (Indianisch Beynwell oder Wundtkraut, Herba sancta Sanasancta usw.). Durch einen Mönch zuerst nach Frankreich gekommen, wird der Tabak von Jean Nicot de Villemain neuerlich in Frankreich eingeführt und angebaut. 1560 schickt er ihn als Medikament auch an Catarina de Medici nach Italien. Der Botaniker Dalechamp prägt zu Ehren Nicots den Namen Nicotiana, der auch von Linné übernommen wird; die Linguisten streiten sich noch über den sprachlichen Ursprung des Wortes ‹Tabak›.

In der deutschen Ausgabe 1628 des ‹Matthiolus› weiss man bereits viel zu erzählen. Nicht nur, dass «die Indianer den Rauch der Blätter in sich gehen lassen» (was sie «etwas fröhlich» macht), sondern auch, dass der destillierte Saft «gut für die Zahnwehtage und die Feulen derselben» sei. Sosehr vor dem Tabak als Genussmittel gewarnt wird, so sehr empfiehlt er sich als Heilmittel

Heiliges, unseliges Wundtkraut. Als Indikation ist wohl nur geblieben: «Es dient für das Abnehmen.»

wider «Carbunkeln», Würmer und gar Krebs. 1679 preist Petrus Uffenbachius in seiner Ausgabe des Kräuterbuches von Lonicerus (Erstausgabe 1557; bis 1787 erscheinen 24 Auflagen) das «Heilig Wundtkraut»: «Es dienet auch zu den Gebrechen der Brust und der Lungen und für das Abnehmen und ist zu solchen Gebrechen die gewisseste Hülfe.» Ein Duft von grosser weiter Welt weht mit, wenn er, einen Matthias Lobel als Gewährsmann zitierend, von den Gebräuchen der Matrosen, durch eine ‹Nota› vom epikuräischen Teil wohl abgetrennt, berichtet:

«Er schreibet auch hiervon, dass die Schiffsleuth, so aus India und Portugal kommen, die Blätter dieses Krauts gedörrt oder zusammengewickelt in ein Trechterlin oder Röhrlin, von Palmblättern gemacht, zu stecken pflegen, und zünden solches an einem Ende an, schöpffen, ziehen und saugen den Rauch oder Dampff mit dem Mund in den Leib. Solcher Dampf vertreibt und leget ihnen den Hunger und den Durst, und gibt ihnen solche Krafft, dass sie ganz starck, kräfftig und fröhlich darnach werden, und auch darvon entschlaffen, als wann sie von Wein truncken geworden.»

Nota: Allen Warnungen zum Trotz wurden im Jahre 1983 weltweit über sechs Millionen Tonnen Tabak geerntet. Das macht pro Kopf und Lungenpaar doch immerhin deutlich mehr als ein Kilogramm, weltweit.

DAS ZUCKERROHR

Gräser sind Blütenpflanzen, obwohl sie keine augenfälligen Blumen bilden. Mit 700 Gattungen und über 8000 Arten ist die Familie auch, was die Vielfalt anbelangt, eine der wichtigsten. Gras wird Brot und Gras wird Fleisch. Gräsern ist unser einheimischer Urwald gewichen; Gras überwuchert die Flächen gerodeten Tropenwaldes und erstickt die Hoffnung auf Kulturland in jenen Regionen. Gras ist das Schicksal der Menschheit. Es liefert die höchsten Nettoerträge, wo der Mensch es im Griff hat, und es verunmöglicht jede landwirtschaftliche Produktion, wo uns die ökologische Eigendynamik entgleitet.

Carl Ritter hat mit der ihm eigenen Gründlichkeit in der Abhandlung «Über die geographische Verbreitung des Zuckerrohres» (Berlin, 1840) die Geschichte des Zuckerrohres ausgeleuchtet (*Saccharum officinarum:* der Name, nach Linné, lässt aufhorchen, heisst er doch verdeutscht «Apothekenzucker»). Die Pflanze ist eine alte Kulturpflanze. Die Bezeichnung ‹Zucker› soll auf ‹Sakkara› aus dem Sanskrit zurückzuführen sein. Seneca berichtet: «In Indien soll in den Blättern einer Rohrart Honig gefunden werden, der entweder vom Tau jenes Himmels oder aus dem süssen Saft des Rohres stammt.» Dioskurides beschreibt: «Eine Art Honig, die man Saccharon nennt, findet sich in Indien und dem glücklichen Arabien auf Rohr; die Masse gleicht dem Salz und kaut sich auch zwischen den

Zähnen wie Salz. Löst man sie in Wasser auf, so ist sie dem Magen, der Blase, den Nieren gesund; sie reinigt die Pupille von einem verdunkelnden Überzug, wenn sie auf das Auge gebracht wird.» Andere Quellen berichten, dass Kriegselefanten vor dem Einsatz mit «Wein, der nicht aus Trauben, sondern aus Reis und Rohr bereitet ist» abgefüllt würden.

Trotz solcher Berichte aus fernen Kolonien werden die Speisen und Getränke noch jahrhundertelang mit Bienenhonig gesüsst. Erst mit den arabischen Kulturen kommt das Zuckerrohr nach Südspanien und nach Sizilien. Der Zucker wird in ganz Europa bekannt, bleibt jedoch Arzneimittel. Nach der Entdeckung Amerikas gelangt er 1503 nach Guadelupe. Heute wird er in allen feuchtwarmen Gebieten kultiviert. Zuckerrohr schneidende Negersklaven werden beliebtes Motiv exotischer Stiche des 18. und 19. Jahrhunderts. Im Jahre 1747 entdeckt der Berliner Apotheker Marggraf den hohen Zuckergehalt der Rübe, doch der Rübenanbau setzt sich erst durch, als die Kontinentalsperre Napoleons den Importzucker knapp werden lässt.

Heute bekämpft der bekannte Zürcher Zahnarzt Professor Mühlemann unermüdlich den Zuckergenuss. In «Zucker in Zürich» (1982) bemerkt er: «Zwar sind 10 kg Schokolade, 3 kg Schleckereien, 7,2 l Glace, 5 kg Dauerbackwaren pro Kopf und Jahr weder dem Körpergewicht noch dem Kauwerkzeug besonders zuträglich.» Doch räumt er ein: «Süsswaren gehören zum Leben.» Die weltweit beachteten Untersuchungen belegen die Schädlichkeit des Zuckers in der Mundhöhle durch Milchsäurefermentation. «Bakterien schlagen keine Breschen in das härteste Gewebe des Organismus. Dazu braucht es Zucker.

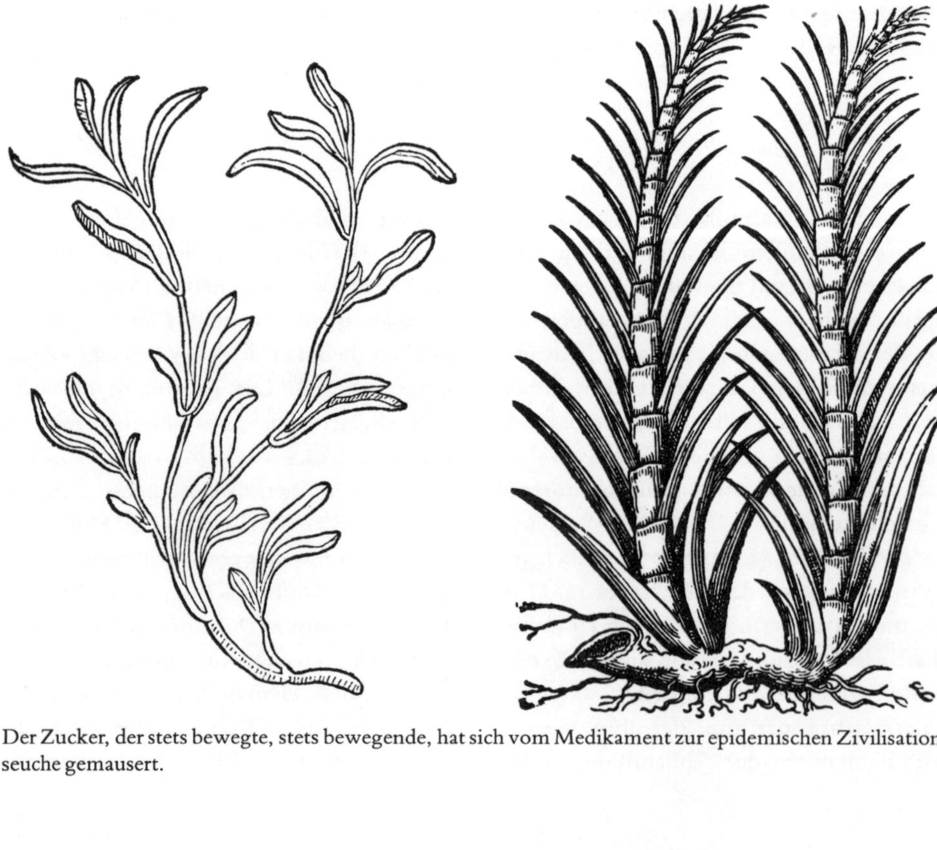

Der Zucker, der stets bewegte, stets bewegende, hat sich vom Medikament zur epidemischen Zivilisationsseuche gemausert.

Karies ist eine Zuckererkrankung.» Hieronymus Bock hat schon früh gewarnt: «So vil die Artzney (Zucker!) belanget, will ich mich lieber bey dem guoten schönen Teutschen Honig, dann dem fremden Zukker lassen finden, doch soll dem Zucker nichts hiemit an seiner tugend und würkkung entnommen sin, der betrug unnd falsche wahr des zuckers verdriessen mich.» Der Arzt wird Vorbild: «Bei mir acht ich solche speiss und getränck stäts gebraucht für ohngesund. Der Magen und Leber werdens mit der zeit wol gewar, wann sie für und für mit Zucker überladen werden.» Grünen Eiferern, die auch auf die Zahnpasten der Multis verzichten wollen, sei das alternative Mundhygienerezept aus Tabernaemontanus gewidmet: «Wilt du gute und gesunde Zähne behalten, so stoss Zucker zu Pulver, vermische es mit Honig, und reib die Zähn offtermals und wol darmit.» Wer gar so alternativ noch nicht ist, der greift wohl doch wenigstens dankbar auf das bartkosmetische Rezept zurück: «Zukker und Salz vermischet und zu Pulver verstossen, darnach Baumöhle darzugetan säubert den Bart und macht ihn schön lang wachsen.»

PFEFFER

Warum wünschen wir missliebige Personen ins Pfefferland, wo doch der Pfeffer im Paradies, östlich des abendländischen Alltags, im Garten der Gewürze gedeiht? Wer im Land des Pfeffers war (heute Malaysia), träumt von der Rückkehr an seine lieblichen Gestade – das Pfefferland jedoch ist eine Hölle: Guayana der Ort der Verbannung. Für unsere Zeit wurde «Papillon» (Henri Charrière) zum Mythos der Fluchtversuche. Das Land des Pfeffers und das Pfefferland sind Gegenwelten.

Der Klassische Pfeffer *(Piper nigrum)*, eine Liane, war bis ins 16. Jahrhundert das scharfe Gewürz schlechthin – dann erwuchs kulinarische Konkurrenz durch die Pfefferschote (Paprika, Cayenne-Pfeffer) der südamerikanischen Nachtschattengattung *Capsicum*. Sowohl das Alkaloid Piperin des ‹echten› Pfeffers als auch das Capsicum (ein Vanillylamid) reizen die Wärmerezeptoren der Schleimhäute, dem Thermostaten des menschlichen Körpers Hitze vortäuschend, der dieser durch Wärmeabfuhr (Kapillaren erweitern sich) und Schweissabsonderung (Wasser verdunstet: Die aufgenommene Wärme hat einen Kühleffekt zur Folge) begegnet. Antagonistisch wirkt die Pfefferminze *(Mentha piperita*, ein einheimischer Bastard der Familie der Lippenblütler). Das Menthol (ein Terpenoid) reizt die Kälterezeptoren, wo solche vorhanden sind – wo wärmeempfindliche Nerven überwiegen, ruft es jedoch ebenfalls ein Wärmegefühl hervor (Augenlider, gewisse Gelenke, Abdomen). Pfefferminzinfusionen haben im wesentlichen drei pharmakologische Wirkungen: leichte Anästhesie der Magenschleimhaut (gegen Übelkeit und Erbrechen), Förderung der Lebertätigkeit und des Gallenflusses (Fettverdauung) und Hemmung abnormer Zersetzungsprozesse im Darm. Reichlich liefert die Wissenschaft Argumente, die zeigen, dass die arabische Tasse Minzentee unserem ‹Verteiler› nach üppigem Mahle überlegen ist.

Es ist nicht der Bau der agierenden Moleküle, es ist die Wirkung der Agentien auf das Nervensystem, welche drei so verschiedene Gewächse unter dem Namen ‹Pfeffer› eint. Gemeinsam ist ihnen auch, dass «gewaltige Reizerfolge durch unglaublich geringe Mengen ausgelöst werden» (Wilhelm Pfeffer). Geschmacklich zum Beispiel nehmen wir Menthol noch in einer Verdünnung von 1 : 130 000 wahr, der Geruchsinn ist wohl um die Hälfte weniger empfindsam. Gewitzte Köche wissen der Heilpflanze exotische Nuancen in Salaten und Fischgerichten zu entlocken. Dezentes Würzen jedoch ist eine ‹moderne› Errungenschaft; die europäische Küche der Wohlhabenden ist seit dem Mittelalter durch melodramatisches Pfeffern gekennzeichnet. Je grosszügiger ein Gastgeber war, desto ‹heisser› liess er auftragen. Selbst Weine wurden zu konzentrierten Gewürzlaugen! Und im Mittelpunkt stand stets der Pfeffer. Es wäre verfehlt, die Pfefferorgien nur physiologisch deuten zu wollen (Konservierungsmittel? Verdauungsförderung?). Obwohl schon Megenberg in seinem «Buch der Natur» betont: «Die pringen guot hilf zuo dewen und zuo wolkochen in dem magen.» Denn: «Der mag ist der êrst haven, dar inn daz ezzen gekocht wirt in dem menschen.» Der Pfeffer hat nicht nur die Verdauung gefördert – er war der Motor der zivilisatorischen Entwicklung fast eines ganzen Jahrtausends. Schon Plinius, der Pragmatiker, hat sich gewundert: «Es ist sonderbar, dass der Pfeffer sich beliebt gemacht hat. Andere Dinge empfehlen sich durch Süssigkeit, wieder andere durch Schönheit; der Pfeffer aber konnte nur durch seinen scharfen Geschmack und dadurch gefallen, dass er aus Indien kommt.» Plinius konnte nicht ahnen, dass just die Pfeffermode zur treibenden Kraft

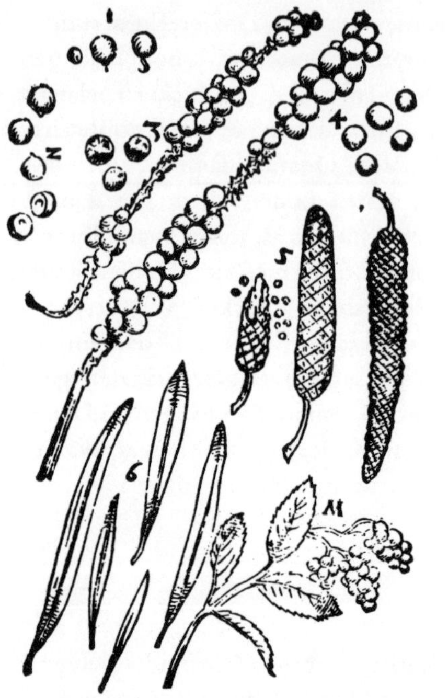

«Dis gewechs des runden Pfeffers, wie es allhie abconterfeit, hab ich zwar selbst nicht gesehen, aber also hat mir's ein Portugalleser abgemahlet, der da auff dem Orientischen Meer bis gen Calekuth kommen ist.»

des abendländischen Aufbruchs werden sollte. Erst als Leute wie Pierre Poivre, der ‹voyageur philosoph›, die Gewürzmonopole durch ‹Umsiedelungen› der Gewürzplantagen durchbrochen hatte, und erst als andere Prestige-Produkte (Tabak, Kaffee, Schokolade, Tee) die zentrale Stellung des Pfefferluxus erschüttert hatten, konnte man ohne Gesichtsverlust zur diskreten europäischen Hausmacherkost übergehen.

RINDE DER RINDEN

Die formenreiche Familie der *Rubiaceae* (Rötegewächse) umfasst launisch eine bunte Schar burlesker Akteure. Einmal mehr begegnen wir einer überraschungsreichen Szene des botanischen Theaters.

Nicht dass unser wohlriechender Waldmeister (was wäre Deutschlands Küche ohne Maibowle!) viel mit dem aus Abessiniens Bergland Kaffa stammenden Kaffeebaum gemein hätte – botanisch verwandt sind sie doch! Der Systematiker ordnet nach anatomischen Bauprinzipien der Blüten, doch lässt sich die ganze Pflanzenpersönlichkeit durch keine künstliche Einteilung umfassend würdigen. (Augustin Pyrame de Candolle hat das Prinzip aufgestellt, dass verwandte Pflanzengruppen die Eigenschaft besitzen, Stoffe mit ähnlicher Struktur zu produzieren. Er versuchte sein Prinzip auch an der Gattung Cinchona zur Anwendung zu bringen: Ein früher Versuch, Pflanzen chemotaxonomisch zu ordnen.) Das Labkraut *(Galium)* lässt Milch wie Lab gerinnen (zur Käseherstellung wird es wohl nur noch für den englischen Chester-Käse verwendet) und ist ebenfalls ein Verwandter der marktwirtschaftlich ehemals ungleich bedeutenden Färberröte *(Rubia)*, die der ganzen Familie den Namen gab. Die Hosen ganzer Armeen wurden mit ihren Extrakten – rot – gefärbt. Die Synthese des Farbstoffes Alizarin gelang 1868, wenig später (1880) diejenige von Indigoblau. Farbe wird billig – die Qualität bleibt konstant. Diesen Weg hat die Pharmakologie vorgezeichnet: Nicht ein abstraktes Ganzes der Pflanze heilt – es sind konkrete Substanzen in der Droge, welche wirken, heilend oder eben färbend. Es gilt, aus dem komplexen Gemisch der Extrakte das wirksame Prinzip zu isolieren. Wenn es gelingt, dieses in der Retorte nachzubauen, wird der Markt von den Lieferungen aus den Kolonien unabhängig. Die oft stark schwankenden Konzentrationen werden standardisiert, Nebenwirkungen durch Nebenstoffe eliminiert – und die Gewinnmarge wächst. Die industrielle Farbstoffchemie und die Medikamentenherstellung sind historisch eng gekoppelt.

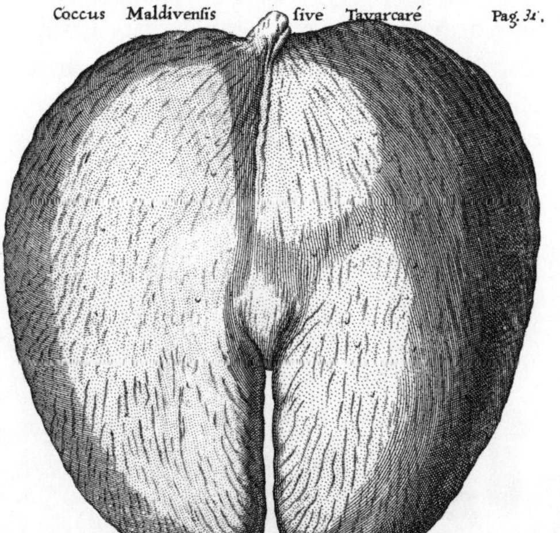

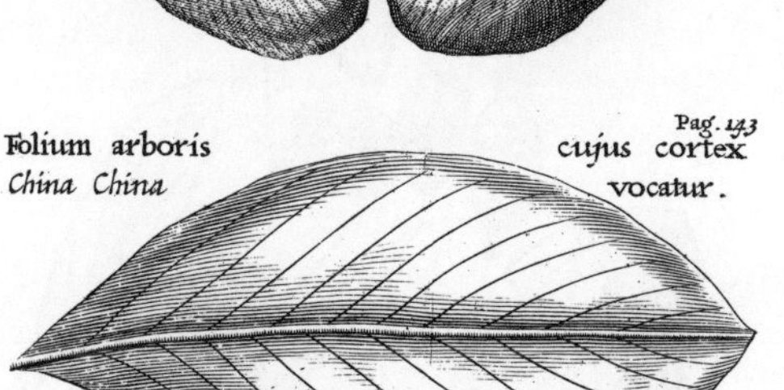

Neben der Vanille und der sinnlich an einen Frauenkörper erinnernden «Coccus Maldivensis» findet in Redis «Opusculorum» auch die Droge «China China» Beachtung.

Auch die Chinarinde ist ein Rötegewächs. Jesuiten im Gefolge Pizarros wurden von den Eingeborenen Südamerikas in die Geheimnisse der Rindendroge Quina-Quina eingeführt. Die Wunderdroge («Rinde der Rinden») erhielt in Europa den Namen Jesuitenpulver. Linné dachte bei der Namengebung der Gattung *Cinchona* an die vielbeachtete Genesung der Gattin des Grafen von Cinchon. Doch haben gewitzte Geschäftemacher – there is no business like health business – das Mittel als grosses Geheimnis gehütet. Louis XIV soll dem Stararzt reicher Häuser, dem Engländer Talbot, 2000 Louisdor und eine Rente bezahlt haben, um an das Medikament zu gelangen, ohne dass der Betrag einer Krankenkasse hätte überwälzt werden können.

In der Droge sind rund 20 Alkaloide enthalten. Allein schon die Aufzählung tönt wie eine Zauberformel: Chinin, Chinidin, Cinchonin, Cinchonamin, Chinicin, Chinovin, Chinon ... Bereits 1822 gelang es, das Chinin zu isolieren und als Hauptwirkstoff gegen Malariafieberschübe zu erkennen. Es ist ein fast universell lähmendes Zellgift. Der fiebersenkende Effekt beruht nicht auf einer Beruhigung des Wärmezentrums, sondern auf einer Hemmung aller Verbrennungsvorgänge. Die schmerzstillende Wirkung ist Ausdruck des unspezifisch lähmenden Einflusses. Ein Syntheseverfahren konnte nicht entwickelt werden; intensive Nutzung liess deshalb die Wildpflanze fast aussterben. Durch Plantagen im fernen Indonesien konnte sich Holland ein Chininmonopol sichern. Als Malariamittel ist die Droge inzwischen durch Derivate und synthetische Antimetabolite ersetzt worden. Gute Dienste leistet das Chinin noch in der Geburtshilfe: als Wehenverstärker in der Austreibungsphase; ferner wirkt es, zusammen mit Digitalis, gegen Vorhofflattern des Herzens (besonders auch Chinidin), findet als appetitanregendes Stärkungsmittel und in Mund-, Haar- und Tafelwässern Verwendung.

DIE GEWÜRZNELKE

Die Gewürznelke ist keine Nelke: Wie der Eukalyptusbaum ist *Syzygium aromaticum* (auch *Eugenia carophyllus)* ein Vertreter der Myrtengewächse. Die Droge ist ein Einzelfall, besteht sie doch aus der noch unreifen Blütenknospe. Megenberg (um 1475) beschreibt im Kapitel «Von den Wolsmeckenden Paumen» allerdings Früchte, und selbst bei Matthiolus lesen wir noch: «Kramernegeln haben den namen von der Gestallt, dieweil sie einem Eisennagel gleich formiert sind. Ist die Frucht eines Baums in India». Dann aber räumt er ein, dass die Blüten (diese sind ‹nagelförmig›) an ‹Geruch› den Früchten überlegen seien. Die chemische Analyse bestätigt das: Flores Caryophylli beinhalten bis 20 Prozent, Antophylli oder Mutternelken (Früchte) bis 8 Prozent ätherische Öle. Der spezifische Geruch wird durch Eugenol hervorgerufen (bis 95 Prozent des Nelkenöls). Die Extrakte finden Verwendung in der Parfum- und Likörindustrie. Die antiseptischen Eigenschaften werden in Mundwässern und Zahnpasten genutzt – auch der Roquefort soll seinen typischen Geschmack der Gewürznelke verdanken. Mit 3000 und 2000 Tonnen Verbrauch sind der europäische und der amerikanische Markt heute vergleichsweise rasch gesättigt; dagegen ist der einstige Produzent Indonesien mit 8000 Tonnen jährlich zum Hauptverbraucher geworden. Welchem Globetrotter gaukelt der Duft der fernen indonesischen Insel-

Die koloniale Vergangenheit der vergleichsweise harmlosen Gewürznelke ist so brutal wie die des Opiums. Auch die sonntägliche Bratenzwiebel haben wir uns blutig erstritten.

welt nicht die wundersamsten Reisebilder vor: Der süsse Rauch der zu rund einem Drittel aus Gewürznelken bestehenden Zigaretten mag beim Laien sogar den Verdacht erwecken, da würden verbotene Drogen kredenzt.

Dem Schlemmer jedoch, der mit Gabelzinke und Messerspitze versonnen die dunkle Blütendroge aus der Bratenzwiebel operiert, wird der hausbackene Geschmackslieferant zum Zeugen brutalster Kolonialgeschichte. Mit beispielloser Härte wurden Nelkenkulturen auf Kosten der Nahrungsmittelproduktion erzwungen und militärisch bewacht. Verbotener Anbau wurde mit Strafexpeditionen geahndet. Überproduktion wurde vernichtet – Europa bezahlte jeden Preis. Das Bedürfnis nach Exklusivität hat sich auch ohne Werbestrategien zur Manie verdichtet.

Aber die Gewürznelke lässt sich nicht wie andere Kulturpflanzen (zum Beispiel Kartoffel, Obst) vegetativ vermehren; die Launen der Genetik spielen daher beim Anbau immer wieder ihre Streiche. Eine umsichtige Auswahl geeigneten Samenmaterials war anno 1770 jedoch nicht möglich: Die Franzosen entführten aus Ceram in der Molukkensee heimlich Setzlinge nach Mauritius und Réunion. 1818 wurde auch Sansibar zum Gewürznelkenproduzenten. 1950 jedoch wurden diese Kulturen durch eine epidemische Pilzkrankheit (‹sudden death›) schwer geschädigt. Schon vor dieser Katastrophe haben Botaniker darauf aufmerksam gemacht, dass es an der Zeit sei, auf die genetischen Reserven der Ursprungsareale zurückzugreifen, um die von eher schlechten ‹Eltern› abstammenden, degenerierten Pflanzen zu erneuern. Ein wichtiges genetisches Reservoir – und nicht etwa nur für die Gewürznelke – sind die tropischen Regenwälder. Durch raumgreifendes Roden beraubt sich die Welt solcher Reserven. Tropenholz: Für Raubbau braucht es heute keine fremden Soldaten mehr.

Herbst an der Tramhaltestelle

BÄUME AUCH UND HUNDE

Viele meinen, die Natur finde nur vor der Stadt statt: in Moorweihern, an Flussmäandern und auf vergandendem Brachland. Das ist wohl falsch und ist doch auch richtig: es kommt fast immer auf die Brille an, durch die wir sperbern. Brille hin, Brille her – die Herbststürme erinnern vehement, selbst in entlegeneren Betonschluchten, an Gesetze, die älter sind als unsere Städte. Laub wirbelt, eine wilde Hatz, durch klinisch reine Strassenzüge. Der Tag wird kurz. Das Jahr wird alt. Leben endet. Dass das Pärchen gegenüber trotz (oder wegen) Wintermänteln schmust: Der Herbst erinnert an Gesetze, eben, die älter sind als unsere Städte.

Viele meinen, nur Hunde gingen den Bäumen entlang Gassi – dass auch Bäume Hunden entlang Portiönchen um Portiönchen markierend: hier ist eine Birke oder Ulme oder Linde in der Nähe, sich ihres Ballastes entledigen, nicht täglich, aber jährlich, immerhin, ist wohl falsch und ist doch richtig auch. Doch die Pointe bedarf

Beim Blattfall bildet sich hormonell gesteuert eine Trennschicht, die verkorkt: Es muss verhindert werden, dass der Baum an den Tausenden von Wunden verdurstet.

einer Erörterung. Es geht, das sei vorweggenommen, nicht um den Kot, obschon – den Hunden der Stadt kommt so pädagogische Bedeutung zu – dieser uns erzogen hat. Wir schreiten nicht mehr hochnäsig einher, sondern gebeugt und konzentriert den Asphaltboden vor uns, reine Pfade suchend, mit dem Blick abtastend. Es geht, das sei betont, hier aber eher um den Harn. Denn Bäume fressen nicht; Holz- oder Erdenstühle werden wohl aus diesem Grunde ganz entbehrlich.

Bäume fressen nicht, sie haben keine Nieren und urinieren doch! Das ist wohl falsch, ist aber auch ein wenig richtig. Den Tieren, allen, fällt aus dem Eiweissumbau viel Abfallstickstoff an. Stickstoff – die Atmosphäre besteht zu 80 Prozent aus Stickstoffgas – kann nicht wie Kohlendioxidgas – die Atmosphäre enthält davon nur 0,03 Prozent – über die Gasphase durch Diffusion ausgeschieden werden. Stickstoffabfall muss in Wasser gelöst oder aufgeschlämmt ausgeschieden werden. Weil die Pflanzen den Stickstoff in der Form anorganischer Salze und nicht als Proteinbaustein aufnehmen, bauen sie sich die Aminosäuren – je nach Bedarf – direkt auf. Pflanzen gehen mit dem Element Stickstoff sorgsam um: Es ist im grossen ganzen der Faktor, der alles Wachstum begrenzt (örtlich können Wasser, Licht, CO_2 oder irgendein anderes Element der Bodensalze limitierend wirken). Es erstaunt aus diesen Gründen nicht, dass die Pflanzen kaum Stickstoffabfälle ausscheiden, die Tiere davon aber erhebliche Mengen loswerden müssen. Der Hunde Harndrang wird uns so erklärlich – der Bäume Blattfall bleibt uns noch ein Rätsel. Vergegenwärtigen wir uns aber, dass, bedingt durch die Komplexität des biochemischen Gefüges, Aballe verschiedenster Provenienz anfallen – viele dieser physiologischen ‹Unfälle› sind übrigens noch unverstanden –, drängt sich die Frage förmlich auf, wohin die Pflanze, nierenlos, den Kehricht schafft. (Was nützen den Bäumen Nieren im übrigen: festgewurzelt erstürben sie nach Jahrzehnten knietief im Abfall. Den Hund würdigen wir aus dieser Perspektive als ein Paar mobiler Nieren. Immer kommt es etwas auf die Brille an, durch die wir sperbern!) Der Baum belässt den Abfall in den Zellen: aus dem Verkehr des zellulären Lebens gezogen, wird er in den Vakuolen gespeichert, bis die Blätter fallen. Der Wind sorgt, kostengünstig, für den Abtransport. Apropos Abfall: In den Vakuolen bleiben auch die nicht verwertbaren Bodensalze liegen – der Transpirationsstrom hat sie in die Blätter gehoben, das verdunstende Wasser lässt sie da zurück. Es leuchtet ein, dass alle Blätter, auch Nadeln, einmal fallen; der Herbst hat den Blattfall lediglich etwas koordiniert. (Die Laubbäume würden im Winter verdursten: Der Wassernachschub bleibt bei zum Teil extremer Trockenheit der Luft aus.) Warum ‹verbluten› die Bäume aber nicht an den Tausenden von kleinen Wunden? An den Bruchstellen wird ein isolierendes Gewebe gebildet, bevor der Blattstiel knickt. (Man beobachtet das, offensichtlicher, auch an den Stielen reifer Früchte.)

Viele meinen, die Natur finde nur in der Natur, draussen vor den Toren der Stadt, statt. Das ist richtig, das ist auch falsch. Das Herbstlaub erinnert daran, dass trotz allem viele – allem zum Trotz viele! – noch gesunde Bäume mit uns in der Stadt leben. Und diese Bäume sind ja nicht nur für die Hunde da. Man sollte häufiger, trotz Angst vor Kot, den Blick erheben.

GINKGO, AUCH DU BIST EIN FOSSIL

Seit ich nicht mehr durch die Wälder streife, nicht mehr Beeren pflücke und nicht mehr nach Wurzeln grabe, keine Auerochsen mehr durch Keulenschläge fälle – seit vielen hundert Jahren nun bestelle ich meinen Garten.

Die Farneibe – Goethes Ginkgo – mit ihren männlichen (a) und weiblichen (b) Blüten und Früchten. Die keilförmigen Blätter dieses Nacktsamers sind im nadeligen Verwandtenkreis eine jugendstilhafte, schwungvolle Besonderheit.

Seit heute – viele sagen, es sei kurz vor zwölf – bin ich gebrandmarkt, geächtet gar: Auf meinem Rasen wuchern keine Magerwiesenblumen. In keinem mit Kunststoffplanen untertuchten Mini-Tümpel hängen Mückenlarven (wie viele tausend Jahre habe ich unter Mücken gelitten hinter Ujung Pandang, am Okawango und am Po!) und aus keinem kleinen, feuchten Biotop lugen Alibi-Binsen hinter meinem Eigenheim hervor. Ich fermentiere kein Methangas aus Gurkenpellen und freue mich am satten Rot polyploider Rosen in geordneten Rabatten. Neulich träumte mir, ich stünde eingeschüchtert im Dunkeln hinter der Kellertüre. Lautlos griff ich in die durch einen Jutesack getarnte Tüte Schneckenkörner, und weil es stille war, erwuchs mir Mut, hastig eine Prise solcher Chemikalien in Richtung Lilien zu werfen. Dann glitt ich rasch und leise in die Sicherheit des dunklen Kellers zurück. Schweissnass: so fühlt sich nur ein Anarchist.

Auch ich bin für das Schützen der Natur, nur bin ich im übrigen der Ansicht, dass die Stadtquartierbewohner unendlich viel mehr – aktiv – für den Naturschutz tun als die – meist doch landverschleissende Eigenheime besetzenden – Naturschützer. Lassen wir die Häuschen-Eigner ihr schlechtes Gewissen in ebenso künstlichen wie einheimischen, privaten Sümpfchen ertränken: hier geht es darum, zu zeigen, dass die Natur auch an Tramhaltestellen stattfindet. Und darum, dass auch das ‹cultivons notre jardin› Natur – Menschennatur – ist.

Seit 200 Millionen Jahren gibt es Ginkgobäume. Als die Evolution sie aus der Taufe hob, gab es noch keine Vögel, keine Säuger und kein modernes Kraut – doch was heisst in diesem Zusammenhang ‹modern›? Altertümlich am Jugendstil-Idol Ginkgo jedenfalls ist, dass seine männlichen Geschlechtszellen – immer noch – begeisselt sind. Altertümlich auch ist die Gabelung der Blattnervatur: Die dichotomen Verzweigungen haben den Botaniker Goethe bereits fasziniert, und der Dichter Goethe hat das Bild in einem Liebesgedicht verwendet, das im West-östlichen Diwan gut placiert ist. (So wurde das ‹Zwei-einige› Ginkgoblatt zum Symbol der Liebe – das Feigenblatt ist freilich populärer geblieben.) Um 1745 wird der Baum aus dem Osten nach Utrecht importiert – doch ist er nicht nur hüben eine ‹Kulturpflanze›, auch drüben in China und Japan kommt er seit Menschengedenken nur in Parks und Tempelgärten vor. Er wird um 1800 von Richard, einem Franzosen, beschrieben und so klar gezeichnet, dass diese Darstellung noch heute in den Lehrbüchern Verwendung findet.

Wir fragen uns, warum nur eine Art *(Ginkgo biloba)* einer einst erfolgreichen Familie mit globaler Ausdehnung überdauern konnte. Man hat sich Mühe gegeben, einen Grund zu finden – man hat gesucht, und man sucht noch immer. Was machte diesen Baum so lebenstüchtig? Er sei, so belegen Fachpublikationen, gegen Pilzbefall durch Eigenbrand von Pestiziden gefeit. Man hat auch Wachskomponenten gefunden, denen fungizide Eigenschaften nicht abgesprochen werden können. Doch andere Pflanzen synthetisieren diese Chemikalien erstens auch, und zweitens müsste belegt werden können, dass die ausgestorbenen Nahverwandten des lebenden Fossils dieser Synthese unkundig waren. (Abgesehen von diesem Gelehrtenstreit fällt unter dem Mikroskop auf, dass viele Ginkgoblätter doch Pilzbefall aufweisen.)

Man kann die Verärgerung verstehen: findet man den Grund nicht, ist der Ginkgo in seiner Schönheit ein Argument mehr im Kampf gegen die engherzige Auslegung der verdriesslichen Lehre, dass nur die Tüchtigeren obsiegen. Dass seine Eleganz ihm seit Jahrhunderten zum Selektionsvorteil gereichte, schliesst die Jahrmillionenlücke nicht! Es scheint, als ob die stur-kausale Frage ‹Warum› sich beim Ginkgo einmal mehr in ein charmant-ätherisches ‹Warum denn nicht› verflüchtige. Vielleicht war es blosser Schöpfungsschalk, der ihn uns bis heute konservierte.

Man freue sich am lichten Wuchs des Baumes. Im Herbst werden seine Blätter leuchtend gelb, bevor sie fallen. Es wäre schade, fiele auch dieser exotische Gast in Ungnade.

EIGENTLICH HÄTTE FRAU BLUM AUCH DAS PFERD DES MILCHMANNES KENNENLERNEN MÖGEN

Die Pferde sind tot – es leben die Pferde! Die Warnung aus Hegetschweilers Giftpflanzenbuch kommt an dieser Stelle für Milchmänner zu spät; Herrenreitern mag sie dennoch fürderhin dienlich sein:

«Da bereits im Jahre 1828 in Turbenthal Pferde jählings umstunden, welche von den Nadeln des Eibenbaumes gefressen hatten, so wird hier nochmals auf die Giftigkeit jenes Baumes für diese Thiere aufmerksam gemacht. Namentlich ist den Besitzern von Pferden eine sorgfältige Kenntnis dieses Nadelholzes zu empfehlen.»

Pfarrer Künzlis Vorwort «Etwas für die Herren Professoren» zu seinem «Chrut und Uchrut» (Auflage 370000 bis in das Jahr 1916!) habe ich mir ohnehin als pädagogisches Leitbild über den Schreibtisch gehängt:

«Würden die Herren Reallehrer und überhaupt die Botanik-Professoren statt der vorgeschriebenen langweiligen und bald vergessenen Allgemeinheiten die Heilkräuter zeigen, so würden sie zu grossen Wohltätern und aus dem dürren Bakel würde ein grüner Baum. Das wäre echt soziale Arbeit und würde den Lehrer mehr adeln als ein Doktortitel und seiner Schule Ansehen und Beliebtheit verschaffen.»

Auch die «Ibe» ist ein Heilkraut, obwohl sie selbst Pferde umbringt und ihr Wuchs kaum an ein Kraut erinnert. Kleinere Dosen (3–5 mg) des Eibentoxins, des Alkaloids Taxin, sollen ein das Digitalisglykosid «vorteilhaft kontrastierendes Herzmittel» sein, das noch 1905 «weitere ausführliche Beobachtungen verdient». Es ist eine delikate Sache, das mit den Giften: In den Händen des begabten Medizinmannes nützen sie einmal für das und dann für dies, auch wenn der Theoretiker erst diese, dann jene Erklärung zur Hand hat und schliesslich, dem sokratischen Toren gleich («Ich weiss, dass ich nichts weiss»), zu guter Letzt die Achseln zuckend froh ist, dass ihm die einmal zugesprochenen Ehrungen nicht wieder aberkannt werden. Die Fingerhutdroge hat überlebt, obwohl auch bei ihr die therapeutische Dosis nahe an toxischen liegt, obwohl auch bei ihr, nach 200jährigem Einsatz «die Indikationen nicht exakt feststehen» (Shillingford, 1979), obwohl amerikanische Schulen vor diesem «Gift» warnen.

Kehren wir aber in die Zeit zurück, in der die Milchmänner erstens noch vorfuhren, und dies zweitens oft mit Pferd. Dazumal war nicht nur der Verkehr auf der Strasse, auch das Wissen in den Büchern war übersichtlich, noch. Trotz Übersichtlichkeit: Gegenverkehr gab es immer. Oken (1841) weiss mit Bestimmtheit, dass das süssliche Fleisch der Eiben-‹Frucht› ohne Schaden gegessen wird; doch «der Samen ist bitter». Noch 1905 wird aber von «kapriziösen Be-

Vom Eibenbaum.

Cap. LXXIX.

Gestallt.

DEr Eibenbaum wechset auff den Gebirgen vnnd Felsen/gleichet mit den blettern dem Thannenbaum/ ist doch nicht so hoch / grünet stets. Bringt kein Hartz. Dargegen tregt er rote Beer / grösser dann die Erbsen.

Natur/Krafft/vnd Wirckung.

In Leib.

Das ist ein gifftiger Baum / darumb hat jhn Dioscorides nicht vnter den Bäumen im ersten / sondern im vierdten Buch vnter andern gifftigen dingen beschrieben. Daher nennet man auch das Gifft Taxica, vnd heut Toxica, mit welchem die Pfeil vergifftet werden.

So die Hirten oder Holtzhawer die roten Beer essen / fallen sie von notwegen in ein hitzig Fieber / oder in die rote Ruhr.

In Arcadia vnnd Franckreich / in der Landtschafft Narbona, sol dieser Baum so gifftig seyn/daß auch die jenigen/ so darunter schlaffen / oder vnter seinem Schatten ruhen/kranck werden/vnnd zu weilen sterben / welchs insonderheit geschicht/so der Baum blüet.

Eine fruchtende weibliche Eibe: die roten Arilli, die Samen umhüllend, locken verführerisch. Ob die Ableitung ‹Taxus – Toxicum› richtig ist, wie Matthiolus geltend machen will?

obachtungen» berichtet, «von Fällen, wo Kinder nach dem Genusse der herbstlichen Versuchung starben. Viele wären nicht mehr, wenn dem so wäre: Wer erinnerte sich nicht an die Warnungen der aufgeschreckten Mütter, die Grund genug waren, erst recht vom so herrlich süssschleimigen Rot aus den sattgrünen Zweigen zu naschen. Ob meine Spielgefährten der Mutprobe, auch die Samen zu schlucken, wie ich durch Deponie derselben in den Backen auswichen, entzieht sich meiner Kenntnis. Leider. – Ich könnte hier sonst bestimmter Partei ergreifen zur Frage, ob die Samen nun giftig seien oder nicht. Eines weiss ich aber: Auf keiner noch so tropischen Tropeninsel wurde mir von keiner noch so tropischen Schönheit erregenderer kulinarischer Fruchtfleischgenuss gereicht als von Nachbars Mareili, herbsts, im Nebel, Jahr für Jahr; die Samen allerdings, die bitteren, schluckte ich nie.

«In früheren Zeiten, als noch die Gartenkunst in steif zugeschnittenen Formen sich gefiel, spielte der Taxusbaum eine Hauptrolle in den Lustgärten, aus denen er jetzt meistens verschwunden ist.» Zu Recht, denn seit der Zeit der Römer bringt selbst sein Schatten Tod. Berge und Riecke meinen, das sei übertrieben, doch Kopfweh verursache seine ‹Ausdünstung›, das sei gewiss: den Gärtnern, die Eibenhecken schneiden, sollte man viele lange Pausen einräumen. Doch sollte es im Lustgarten unter Eiben mehr als Kopfweh gegeben haben – dem Eibennadelabsud wird abortive Wirkung zugesprochen. (Ob das wirklich nur im Prättigau wirkt, wie die Volkskunde berichtet? Jedenfalls wird zur Vorsicht gemahnt, zur Vorsicht beim Genuss des «Eibenthes».)

Ein wahrer Hexenbaum, die Eibe! Homöopathische Gedanken mögen mitschwingen, wenn das Märchen weiss: «Vor Eiben, die Zauber nicht bleiben.» Doch selbst die Jünger Petri sollen nicht davor zurückschrecken, der Eiben Zauber zu missbrauchen: Zweige, in das Wasser geworfen, betäuben die Fische, so dass sie von Hand ergriffen werden können. (Recht geschieht dem, der nach dem Genusse solchermassen übertölpelter Fische über Bauchgrimmen zu klagen hat. Auch vor diesem Rezept wird gewarnt.)

Die Pferde sind tot – es leben die Gärten. Und in den Gärten lebe die in freier Wildbahn selten gewordene Eibe: Kein anderer Baum eignet sich gleichermassen für Friedhöfe und Lustgärten. Das Kopfweh der Städter jedenfalls lässt sich kaum mehr ausschliesslich auf den Schatten der Eiben zurückführen.

NICHT NUR FERNE FINKEN, AUCH DIE NAHEN BUCHEN

Warum auch in die Ferne schweifen? Wozu Welten umschiffen? Die Erklärung, die Darwin selbst auf Galapagos nicht fand, kann der Leser an der trauten Tramhaltestelle finden. Das Loch in Darwins Finken hätten unsere Buchen gestopft: Im Jahre 1190 soll verbrieft im Kanton Zürich eine blutrote Rotbuche beobachtet worden sein (Rotbuchen sind grünlaubig). Durch ‹Erbsprung› ist eine neue Sorte, eine ‹Pflanzenrasse› entstanden: 20 bis 50 Prozent der Nachkommen aus Samen der Novität zeigen die Eigenschaft der Rotblättrigkeit im Bestand normaler Rotbuchen. Es ist nun aber nicht so, dass alle Blutbuchen auf den mittelalterlichen Stammvater zurückgeführt werden müssten. Forstleute wissen, dass unter Tausenden von Keimlingen immer vereinzelt Blutbuchenkeimlinge zu beobachten sind.

Würde man über Generationen allen Buchen das Geäst herunterbinden – es entstünden keine Trauerbuchen. (Ebensowenig wie die Chinesen Klumpfüsse haben, obwohl man während Jahrhunderten den Mädchen die Füsse bandagierte. Ebensowenig wie die Boxerhunde mit Spitzohren zur Welt kommen, obwohl man den chirurgischen Unsinn seit vielen Boxergenerationen betreibt!) Und doch, im Jahre 1836 – die Jahreszahl koinzidiert mit Darwins Heimkehr von der grossen Fahrt – lässt der Keimling einer rechtschaffenen Buche das Geäst, Trauer mimend, hängen. So, einfach so: eine Laune der Natur. Die Natur springt doch! Wir nennen solche Sprünge heute Mutationen – Darwin nannte sie ‹sports›. (In Darwins Denken haben die ‹sports› kontinuierlich an Bedeutung verloren, leider: Der Jugendtrumpf der Unvoreingenommenheit wich auch bei diesem grossen Manne dem sicheren Wissen des Alters. Und dieses Wissen wurde vom Satz: «Die Natur macht keine Sprünge», an die Kandare genommen.) Seit es Buchen gibt, sind wohl stets vereinzelt Blutbuchen und Trauerbuchen entstanden; sie sind dann aber wieder ausgestorben. (Weder hängende Zweige noch die rote Blattfarbe gereichen einem Baum zu Nutz und Frommen.) Erst als die Gärtner solch dekadente Rassen bevorzugt hegten, erwuchs den launigen Abnormitäten ein Marketingvorteil.

Die Frabenpracht der Bäume und Sträucher kontrastiert zum Grauschleier des hereinbrechenden Winters. Die Bäume feiern: «Nach uns der Schnee!» Den Dichtern ist die Palette des Herbstes Grund für Gesänge – Fragen aber piesacken den Wissenschafter und zwicken das Kind. Verfrachtet der Wind (wir formulieren einen Ansatz) bevorzugt bunte Blätter? Oder werden die Blätter bunt, um den Barden, dem es herbsts an Stoff gebricht, zu inspirieren? Der Blätter Mummenschanz ist teleologisch sinnlos. Ein Marktvorteil für bunte Abfallblätter? Nur im Märchen hat der Wind Augen! Fragen wir deshalb nicht nach dem (wissenschaftlich) immer unergründlichen ‹Wozu› – bescheiden wir uns mit dem kausalen ‹Warum›.

Die im nächsten Frühjahr wieder brauchbaren Komponenten des grünen Farbstoffes Chlorophyll (das Stickstoffproblem!) werden vor dem Blattfall in die Speicher abgeführt. Deutlich treten die immer schon vorhandenen, durch die Chlorophylle aber übertönten gelben und hellroten Farbstoffe hervor. Braun werden die Blätter, ähnlich angeschnittenen Äpfeln, als Folge des Zerfalls von Zellen. Welche Bewandtnis aber hat es mit dem satten Rot der Blutbuche? Da jede photo-autotrophe Pflanze auf Chlorophyll angewiesen ist, wird auch die ‹Rasse› der roten Buche über Chlorophyll verfügen müssen.

Die Herbstfärbung hat demonstriert, dass in den Blättern Farbstoffe verschiedenster Qualität sich überlagern können.

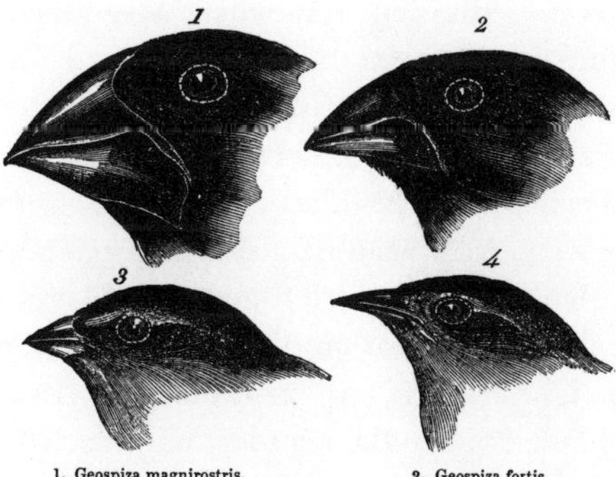

1. Geospiza magnirostris. 2. Geospiza fortis.
3. Geospiza parvula. 4. Certhidea olivacea.

Gebrauch oder Nichtgebrauch? Der Blutbuche erwachsen aus der Blattfarbe kaum Vorteile; den Darwinfinken gereichen Schnabelvarietäten in unbesetzten Nischen zu Nutz und Frommen. Zwingender als die Darwinfinken führen die Buchenmutationen – hüpfend, wenn nicht gar springend – weg vom Lamarckschen Paradigma der Vererbung erworbener Eigenschaften, dem auch Darwin stets verpflichtet war. Warum auch in die Ferne schweifen. Oft liegen die naturwissenschaftlichen Erklärungen vor der Türe und man sieht sie nicht.

Das ist auch bei der Blutbuche der Fall – der für das ruhige Rot verantwortliche Farbstoff (er kommt auch in Blumen vor, hier jedoch mit augenscheinlichem Zweck) kann im heissen Wasserbad ausgewaschen werden: das Blatt wird grün, das Badewasser färbt sich rot.

Warum auch in die Ferne schweifen, wenn Erkenntnis zuhauf an der Tramhaltestelle gleich um die Ecke gewonnen werden könnte? Man darf nicht vergessen, dass die erste elektrische Strassenbahn erstens in Berlin verkehrte, und dies zweitens erst im Jahre 1881 (Darwin starb 1882). Und wäre das Tram auch früher und in England installiert worden, Darwin hätte seine Erkenntnisse nicht an der Tramhaltestelle gewonnen – er hatte es weder nötig, einer geregelten Arbeit nachzugehen, noch wäre er, hätte er doch einem Broterwerb nachgehen müssen, per Tram diesem nachgegangen. Und wenn auch die Stassenbahn früher erfunden worden wäre und wenn auch Darwin diese benützt hätte, er hätte wohl kaum an der Haltestelle erkannt, dass einheimische Buchen halten, was exotische Vögel versprechen: Es ist im Leben, es ist in den Wissenschaften oft so, dass man in die Ferne schweifen muss, um das Nahe sehen zu lernen. Darwin wurde durch seine Reise dann allerdings aus allen Geleisen geworfen. Das jedenfalls schreibt der Geologe Sedgwick besorgt, nachdem er Darwins ‹grosses Buch› gelesen hatte (1860): «Nach dem Start in den Tram-Geleisen solider physikalischer Wahrheit, sind sie desertiert [...] wie die Lokomotive, die mit uns auf den Mond segelt.» Pferdetramgeleise waren es, welche die Darwin-Lokomotive da verlassen hat.

TASCHEN- UND AUCH KIRCHENUHREN

Ein trotz gehässig kalter Herbstregen schwere Blumen tragender Magnolienbaum, erinnert daran, dass Raum und Zeit trotz Minkowski nicht völlig zu Schatten herabgesunken sind. Leben lebt immer mit einer inneren Uhr. Und darum schlägt uns die Zeit. Alle. Man mag sich dagegen auflehnen, man kann sich fügen. Der Magnolienbaum, der uns an die Lebensmetapher der Uhr erinnert hat, steht übrigens, Redlichkeit ist das Banner der Wissenschaft, nicht an einer Tram-, er steht seit den Tagen meiner Kindheit an einer Bushaltestelle.

Dem Fachmann sind auch kleine Pflanzen lieb – jetzt, wo die Attraktion der Blütenpflanzen nachlässt, gilt unser Interesse auch den scheinbar bescheideneren Gewächsen. Obwohl «nie je der weisesten Könige einer den Moosen Beachtung oder die Feder lieh», stehen die Moose «in ihrer Perfektion selbst den Zedern des Libanons in nichts nach». Ist es nicht so, dass «in einer Taschenuhr ebensoviel Wunderbares (as much curiosity) steckt wie in einer Kirchenuhr»? Wer das sagt, ist vom Fach – der Erfinder des Federchronometers, Robert Hooke, benützt das Bild der Uhr in seiner «Micrographia» (1665) im Kapitel über die Moose (Beobachtung 21: «Über Moos und andere kleine vegetative Substanzen») ausgiebig. Moose lassen Blüten vermissen. Sind Moose deshalb unvollständige, imperfekte Pflanzen? Sicher nicht! Liebevoll werden die beiden Generationen (grüner Gametophyt und heller Sporophyt) geschildert. Der Mann, der ein Jahrhundert vor der Entdeckung des Sauerstoffes Atmung und Verbrennung als im Prinzip identische Vorgänge beschreibt, beobachtet auch, dass wohl die Hitze der Luft das die Energie liefernde Prinzip der Moose sei. Ganz so sicher ist er seiner Sache nicht, denn an anderer Stelle (im gleichen Kapitel) meint er, dass die Sonne die Moose «aufziehe wie die Feder einer Uhr». So gezielt beschäftigt sich erst das späte 18. Jahrhundert wieder mit der Photosynthese.

Die Zeit schlägt alle, auch die, welche als Pioniere mithalfen, die Zeit in den Griff zu bekommen. Hooke kennt jeder Schüler als Entdecker der Zelle, die Physik hat einen wenig tiefschürfenden Satz nach ihm benannt – im übrigen ist er, der zu frühe Physiologe, der zu frühe Physiker, praktisch in Vergessenheit geraten. Die Wissenschaftsgeschichte hat ihm einen Platz weit ausserhalb des wilden Stromes grosser Erkenntnisse zugeordnet. So wird er, eine Forscherschrulle, weiterhin durch die Lehrmittel spuken. Man muss es sich wohl überlegen, mit wem man sich überwerfen will: Hooke hat Newton geschreckt. Newton hat überlebt.

Die Sporen der Moose faszinieren. Moose lassen Blüten vermissen. Erstaunlich, in welch kümmerlichen Nischen diese Pflänzchen gedeihen. Hooke bewundert die Perfektion, doch die Botanik der Zeit beschäftigt sich mit Kräuterbüchern. Unsicherheit, Motor aller Erkenntnis, weicht betulicher Gewissheit. Noch ist die Zeit lange nicht für Gedanken der Evolution reif. Hooke, immer im Kapitel über Moose (vier Seiten des 250seitigen Werkes), nimmt Zuflucht zu einer Parabel. Die Uhr! Man nehme an, dass eine Taschenuhr kaputt gehe: Räder, Feder, Achsen. Ein der Uhrmacherkunst Unkundiger setze zusammen. Ein Bastler. Er kann die Uhr nicht reparieren, aber es gelänge ihm, ein neues aus den Teilen zu schaffen, ein Neues, das auf seine Art funktioniert. Zum Beispiel die Moose! Sie sind wie Pflanzen, und doch nicht ganz sind sie, wie andere Pflanzen sind.

Man tut gut daran, sich nicht nur mit prächtigen Magnolien zu befassen. Das Unscheinbare wird zum Anlass solider Visionen; das Konkrete ermöglicht den kühnen Sprung in Modelle. Die Zeit hat Hooke nicht geschlagen – die Zeit hat ihn ignoriert. Man kann zu früh, man kann zu spät blühen. Auch die Geschichte unserer Wissenschaften belegt das immer wieder. Redlichkeit ist das Banner der Wissenschaft. Das Banner, nicht ihr Wesen.

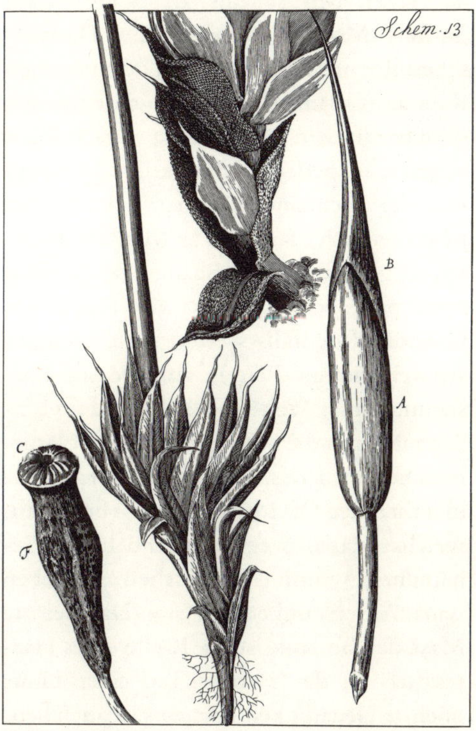

Ein Laubmoospflänzchen, wie man es allenthalben findet. Hooke machte darauf aufmerksam, dass hier im Moos alle Mechanismen einer Pflanze auf kleinerem Raume Platz finden würden, als ein Uhrwerk im Ohrklips einer Dame benötigte.

AUCH DAS HERZ DER KNOSPEN RUHT IM WINTER

«Was lebt, das altert.» Im März 1832 stirbt Goethe in Weimar, und im April darauf setzt Alexander Moritzi diese sinnigen Worte zu Chur. Zieren sich mit dem Wissen des einen selbst Banausen, schreiten ohne den andern selbst Kenner der Materie munter von Horizont zu Horizont: Wissen in der Schublade modert (nicht nur was lebt, altert!) – doch wird auch aus Wissen erst Wissenschaft, wenn es ein Wissender schafft, Jünger um sich zu scharen. (Was ist ein Dichter ohne Leser, was ein Weiser ohne Hörer: Mir scheint, da lächle Adam Smith.) Moritzis Wurzeln der Darwinschen Revolution starben im humusarmen Kalk am Calanda. Die Geschichte tut sich schwer mit dem Mass; das ist verständlich, wenn man bedenkt, dass selbst Elle und Fuss der Tuchhändler variieren. Und doch ist verzeihlich, dass man an Menschenmassen lange festhielt: die Spanne hat auch ein zerstreuter Forscher stets zur Hand. De Candolle jedenfalls wettert – ein weiterer schweizerischer Beitrag zur grossen Forschung dieser Welt – noch um 1820: «Unangenehm ist die Sitte französischer Naturforscher, sich des ausser Frankreich ganz unbekannten Decimalmaasses zu bedienen, welches dazu, wegen der höchsten Genauigkeit, womit es in Brüchen angegeben wird, äusserst unbequem ist.» (Das kleinste Mass der Botanik ist die Breite eines Haares: das ist der zwölfte Teil einer Linie; höchste Genauigkeit übrigens ist auch heute noch oft hinderlich.) Viele kämpften erfolglos *gegen* den Strom der Zeit – viele kämpften erfolglos *mit* ihm; doch wenn keiner kämpfte, gäbe es den Strom der Zeit nicht.

Es ist kalt; wir schützen wieder unsere Ohren. Die Frage, wie sich Pflanzen durch den Winter schützen, kontrapunktiert die Sorge um den eigenen Zerfall. «Eine Eigenthümlichkeit der Mischung organischer Wesen ist ihre höchste Veränderlichkeit und die beständige Neigung, sich zu zersetzen, ohne dass, so lange Leben dauert, dieser Zersetzung jemals von statten geht. Eine zweyte Eigenthümlichkeit der Mischung organischer Körper besteht darin, dass sie mehr oder weniger unabhängig von der Umgebung der rohen Natur ist.» (De Candolle). Und roh ist die Natur, winters jedenfalls. Es gilt zu überdauern.

Der Bäume Wintervorrat lagert nicht in Knollen oder Zwiebeln. Das Geäst, der Stamm und die Wurzeln speichern die Energie- und Baustoffreserve. Vor Trokkenheit geschützt, überdauern die Meristeme (Teilungsgewebe) in den Knospen. Dem Holz kommt durch die Überlebensstrategie der Bäume zentrale Bedeutung zu: Auch am Beispiel Holz lässt sich demonstrieren, wie das Wissen unserer Zeit sich mühsam nur von munter sprudelnder Fabulierlust und Forschervisionen empanzipierte. Das Problem des Wassertransportes im Frühjahr, bevor die Blätter spriessen, harrt heute noch endgültiger Klärung: Ein ‹Motor› in den Wurzeln narrt, bedingt durch seine Komplexität, die Labordetektive immer noch (physiologische Scheide der Wurzel-Endodermis). Das Problem des Zuckertransportes (vom Blatt in den Speicher, vom Speicher in die wachsenden Knospen) entwindet sich beharrlich dem Zugriff. (Damit soll nur angetönt werden, dass so ganz klar noch nicht ganz alles ist.) Knight (1817) lässt sich von der Beobachtung verführen, dass massive Bretter, oft mit Getöse, bersten: Das Zusammenziehen und die Ausdehnung der Strahlengänge (Markstrahlen) sind Knight's Wassertransportmotor. Sprengel interpretiert die spiraligen Verstärkungen der Tracheen (Leitelemente des Wassers) als ‹Springfedern›, die das Wasser nach oben beförderten. Doch beklagt Treviranus (1806), dass noch Linné der Vorstellung huldige, dem Mark komme die Bedeutung von Herz und Hirn der tierischen Körper zu. Besserem Wissen zum Trotz überlebten früher selbst abstruse Gedankengebäude Generationen. Die Zeit ist kurzlebig geworden: Heute sterben alte Lehren, wenn ihre alten Lehrer sterben.

Aber schon die grossen Mikroskopiker des 17. und frühen 18. Jahrhunderts betrachteten den Stamm nüchtern. Hooke setzt den so überzeugenden und dadurch kaum mehr auszurottenden Irrtum in die Welt, die Kapillarkräfte höben den Saft in die Wipfel (er unterstützt die Ansicht mit verblüffenden Experimenten). Auch Malpighi (1675) will im Mark keine metaphysischen Kräfte suchen – alle Zellen des Stammes dienen gleichermassen zur «Aufnahme und Bearbeitung des Pflanzensaftes». Grew (1682) postuliert, dass die Markstrahlen dem horizontalen Assimilationstransport dienen. Er spekuliert intuitiv gezielt, wenn er schreibt, dass durch «Fermentation» (?) der Saft (Wassertransport) dann «in die Höhe gehoben werde». Van Leeuwenhoek, der schlitzohrige Tuchhändler (nie hat er eines seiner überlegenen Mikroskope aus der Hand gegeben, hat aber um 400 derselben hinterlassen!), entdeckt die Tüpfel und diskutiert den Austausch von Wasser und Assimilat über die horizontalen Verbindungen zwischen Holz und Bast.

Es ist kalt. Der Winter erinnert daran, dass alles Leben altert. Die Bäume schützen ihre empfindlichen Gewebe hoch in der Trocknis der Luft mit Knospen. Der Stoffwechsel wird auf das Minimum, nahe am Tod, beschränkt. Der Kartoffel Wintervorrat wartet geschützt im Boden auf feuchtere Tage. Die Bäume speichern im Parenchym des Holzes. Im Frühjahr pumpen sie den Nährstoff in die wachsenden Blätter. Wir haben uns an den Rhythmus gewöhnt. Das Fragen ist uns so entschlafen. Hinter Selbstverständlichkeiten aber verstecken sich Mechanismen, die die Wissenschaft noch nicht entschlüsselt hat. Den Strom der Zeit verstehen wir so wenig wie den Saftstrom der Bäume. Und doch strömt die Zeit. Und doch werden die Bäume wieder treiben.

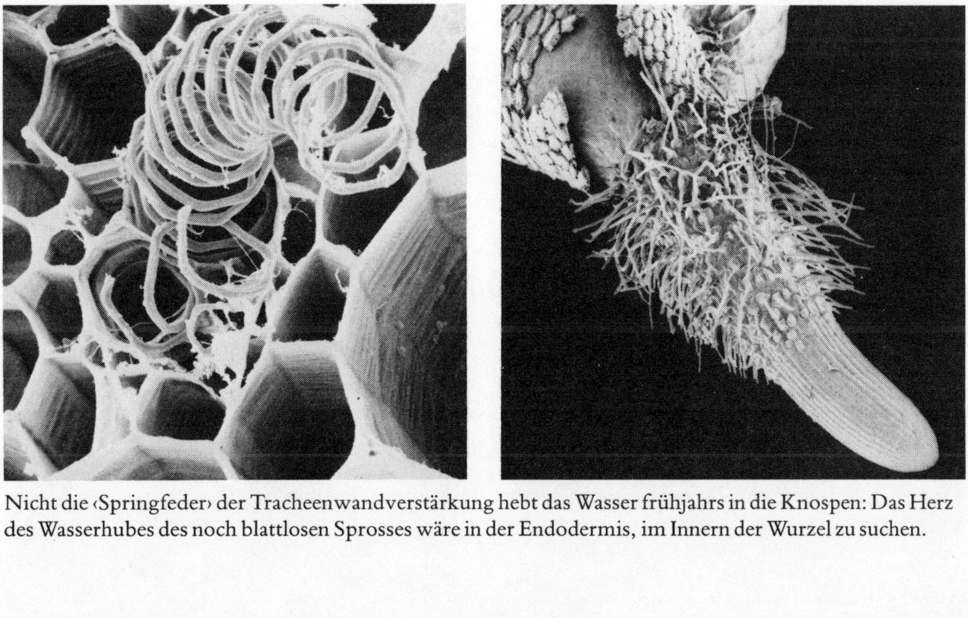

Nicht die ‹Springfeder› der Tracheenwandverstärkung hebt das Wasser frühjahrs in die Knospen: Das Herz des Wasserhubes des noch blattlosen Sprosses wäre in der Endodermis, im Innern der Wurzel zu suchen.

Vom Weg zum Zweck: Evolution und Vererbung

«Es gibt so etwas wie die Arroganz der Bücher durch ihre blosse Quantität, die schon nach einer gewissen Zeit schreibender Kultur den überwältigenden Eindruck erzeugt, hier müsse alles stehen und es sei sinnlos, in der Spanne des ohnehin allzu kurzen Lebens noch einmal hinzusehen und wahrzunehmen, was einmal zur Kenntnis genommen und gebracht worden war. [. . .] Bücher machen kurzsichtig und lahmärschig, ersetzen, was nicht ersetzbar ist. So entsteht aus Stickluft, Halbdunkel, Staub und Kurzsichtigkeit, aus der Unterwerfung unter die Surrogatfunktion, die Bücherwelt als Unnatur. Und gegen Unnatur sind allemal Jugendbewegungen gerichtet. Bis dann die Natur wieder in deren Büchern steht.»

Hans Blumenberg, «Die Lesbarkeit der Welt», 1981

Die Natur lesen. In der Natur, wie in einem Buch lesen. Bücher sind, natürlich sind Bücher lesbar. Doch: Ist auch das Buch der Natur lesbar? Es gilt, aus der Bücherwelt auszubrechen. Immer wieder. Es geht darum, die traute Papierheimat zu verlassen. Immer wieder. Die Welt zu wagen, weil wir wissen, dass die Papierbücher das Buch der Welt in seiner Komplexität nie ganz zu modellieren vermögen.

Eine Reise um die Welt hat die wissenschaftliche Revolution des Darwinismus ausgelöst. Nicht Alle reisen aber und nicht alle Reisen lösen Revolutionen aus. Wir wollen, wir müssen die Bücherwelt verlassen und in Strukturen brechen, die unseren banalen Alltag begleiten. Wir wollen, wir müssen wieder staunen lernen: mit grossen Kinderaugen wieder das Bilderbuch der Natur betrachten lernen, um so die Bücher über die Natur wieder lesen zu lernen. Wie Darwin, der auch ausbrechen musste, bevor er aufbrechen konnte. Wie in Darwin: Ein kleiner Revolutionär schlummert in uns allen. Es gilt die Unnatur der Bücherwelt zu überwinden. Immer wieder.

Mit grossen Augen: Die Natur im Elektronenmikroskop

WO HANSI SICH DEN SCHNABEL WETZT

Warum Fernrohre, Lupen, Mikroskope? Damit Kleines gross wird. Doch bleibt Kleines klein, sehr Kleines bleibt sehr klein, und Fernes holt kein Rohr vom Himmel herunter. Trotzdem vermitteln diese Apparate unserer Hirnrinde Bilder, die kein Auge ohne Zusatzgeräte zu projizieren vermöchte.

Damit Schweres leicht und Unmögliches möglich wird, erfindet sich der nackte Mensch an den engen Grenzen seines Leistungsvermögens Maschinen und breitet sich damit über den ganzen Erdball aus, greift nach den Sternen und dringt in die innere Struktur. Doch machen Maschinen Gewichte nie leichter und Distanzen nie kürzer: Maschinen machen Unmachbares machbar in den mehr oder minder klaren Koordinaten der Physik. Tarnkappen gibt es nur im Märchen – Tarnkappen sind eben ‹Maschinen›, die – der Banalität irdischer Physik entrückt – so manchen Handlungsknoten unvermittelt schürzen. Es ist typisch für den Menschen, dass er zuerst den Gesichtssinn weitet: Man steigert sich da, wo man ohnehin schon stark ist. Hunde, des bin ich gewiss, hätten sich einen Riechapparat erfunden.

Wunder sind Erfahrungen, die das tägliche Erleben sprengen. Wunder, das Wörterbuch will es so, rühren an die Geheimnisse, die jenseits unserer Welt liegen. Die Welt, in die wir uns durch optische Instrumente hineintasten, ist eine echte Wunderwelt. Dabei muss man, um solche Traumwelten zu begehen, nicht einmal in die Regionen der optischen Rekorde vorstossen. Die Rückenstütze des Tintenfisches lässt auch das unbewehrte Auge den Mikrokosmos erahnen. Das Tastgefühl lässt die Strukturen erspüren. Das Gebilde ist ausserordentlich leicht – und doch aus Kalk wie der Säntis und der Jura. Die Technik hat der Natur vieles abgeguckt. Eiffel wurde wohl kaum von Tintenfischen inspiriert. Eine Überschlagsrechnung mag an dieser Stelle dennoch zeigen, wie federleicht und doch stabil solch abgestützte Konstruktionen sind. Das auf 30 Zentimeter verkleinerte Ebenbild des Eiffelturmes

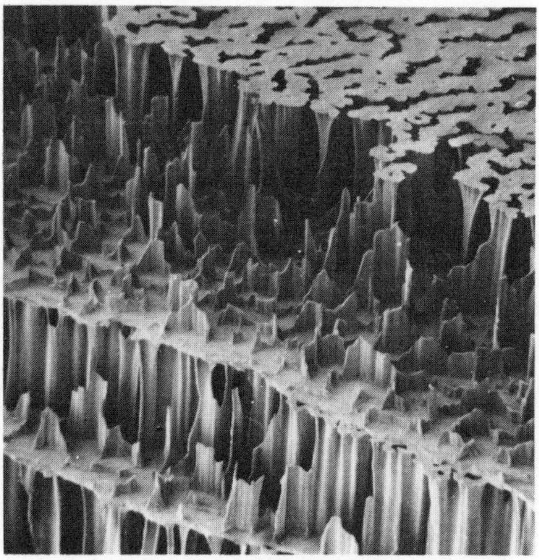

Schulp des Tintenfisches (Sepia): Der Reiz der Bilder liegt weniger in der Vergrösserung (30fach) als vielmehr in der verblüffenden Tiefenschärfe, welche das Rasterelektronenmikroskop erreicht.

wöge ganze sieben Gramm – denn seine 7000 Tonnen ‹Lebendgewicht› erreichen eine Höhe von 300 Metern.

Strandwanderer kennen die Schulps. Oft liegen sie zu Hauf im Strandsand des Meeres. Kanarienvogelliebhaber stecken diese Kalkschäume ihren Lieblingen zwischen die Stäbe der Bauer, denn sowohl weich als auch hart genug sind diese natürlichen Wetzsteine für Vogelschnäbel. Die Natur baut haushälterisch. Im dreidimensionalen Bild auf dem Schirm des Rasterelektronenmikroskops erkennt man deutlich die Stockwerkschichtung, die wir mit blossem Auge bereits erahnten. Die Zwischenböden sind durch gewelltes Fachwerk dünnster Tragwände abgestützt. Eine Sandwich-Konstruktion mit ausgeschäumten Zwischenkammern. Verpackungstechniker mögen sich anregen, Bühnenbildner sich inspirieren lassen, und Höhlenforscher mögen ihr Tiefenweh sich regen fühlen – gänzlich unberührt ob alledem säbelt in der Stube drüben Hansi munter auf seinen Spitzer los.

WAS FLIEGENFÜSSE HAFTEN MACHT

Ein Flugzeug entschwebt. Wir sagen, es werde kleiner und wissen doch ganz genau, dass das Flugzeug nicht kleiner wird: Der Sehwinkel hat sich geschlossen, als sich das Flugzeug entfernte. Und unter einem kritischen Winkel sehen wir es dann gar nicht mehr, weil keine Rezeptoren, keine Lichtpunktfühler auf der Netzhaut mehr gereizt werden. Das Auflösungsvermögen des Rezeptorennetzes auf der ‹Leinwand›, auf die uns Hornhaut und Linse die Welt um uns projizieren, ist oft limitierend.

Je nach Abstand reizen ein Jet und eine Fliege gleich viele Zellen auf der Netzhaut. Das Hirn wird durch die Erfahrung geeicht: Wir wissen eben, dass es keine Fliegengiganten, keine Jumbowinzlinge gibt. (Das Landrattenphänomen an der Küste: der Landratte sind Fischkutter und Tanker beide gross, wenn sie am Horizont auftauchen. Dem altgedienten Seebären erwachsen die Grössen-Unterschiede aus den unterschiedlichen Deckaufbauten. Fazit: der Binnenländer ‹überschätzt› die Tonnage kleiner Küstenschiffe immer.) Das Ding vor uns und das Ding in uns – Philosophen werden darüber brüten bis an das Ende der Welt – sind sich eben nicht sehr ähnlich. Die Lebenserfahrung archiviert in den Dateien der Hirnrinde; wir nehmen Mass am Erlebten. Und glauben, dadurch den Splitter selbst im Auge des Nachbarn zu sehen. Wie klein er meist ist – wie gross er uns immer erscheint!

Dinge, die sehr klein sind, nehmen wir nahe an das Auge heran. Auch unendlich kleine Gegenstände spreizen die Schere ihres Winkels, unter dem wir sie betrachten mächtig, wenn sie sich unmittelbar vor der Hornhaut befinden. Leider verkrampft sich bei einem Abstand von um zehn Zentimetern die Muskulatur des Linsenapparates so, dass es schmerzt. Es gelingt uns nicht, die Linse mehr als zu entspannen; selbst dann eben nicht, wenn wir den Linsenmuskel überfordern, und so bleibt das Abbild eines Gegenstandes, der den Arbeitsabstand unterwandert, stets unscharf. (Den Balken im eigenen Auge sehen wir eben nicht oder aber so unscharf, dass wir ihn als Balken nicht erkennen.) Lupenlinsen – zwischen Objekt und Auge geschaltet – gestatten es, den Arbeitsabstand zu verkürzen, gestatten es also, den Sehwinkel zu spreizen, weil die Lupe das Ding als Unding – der Fachmann spricht vom «virtuellen Bild» – irgendwo vor uns hin, vielleicht auch unter den Tisch, wirft. Der Lupenvergrösserung sind Grenzen gesetzt, weil sehr flach auf der tränennassen Hornhaut einfallende Lichtstrahlen reflektiert werden.

Das Mikroskop – es arbeitet mit Durchlicht – gestattete es dann, das Präparat unmittelbar vor die Frontlinse zu nehmen. Ein Fortschritt: die Vergrösserung lässt sich um das zehn bis 100fache steigern, nimmt man an der Lupe Mass. Das Elektronenmikroskop arbeitet mit einer anderen ‹Lichtqualität› als das klassische Lichtmikroskop: Man hat erkannt, dass mit kurzwelligem, kaltem Blaulicht dichtere Abbildungen, als mit dem warmen langwelligen Rotlicht erzeugt werden können. Was lag näher, als mit dem kürzestwelligen ‹Licht› Abbildungen zu ertrotzen, auch wenn solches Elektronenstrahlen-Licht vermittelst Magnet-Ring-Linsen gebündelt werden und unserem Auge über Photoplatten oder Fernseh-Bildröhren verdolmetscht werden muss? Verglichen mit dem Lichtmikroskop wurde nochmals eine Steigerung vom zehn bis zum 100fachen ermöglicht. Die in dieser Serie gezeigten Rasterelektronenmikroskopie-Aufnahmen sind ‹Auflicht-Abbildungen› – das Rasterelektronenmikroskop ist diesbezüglich der Lupe vergleichbar – Reflexion wird erzwungen durch das Aufdampfen einer Goldschicht.

Auch der spektakuläre Fliegenfuss musste übergoldet werden. Die stupende Freiheit der Fruchtfliege am steilen Glas und selbst an Überhängen hat das Anforderungsprofil an die strukturellen Elemente der Saugnäpfe und der Haftkrallen erahnen lassen. Das Mikroskop hat sichtbar gemacht, was wir vermuteten. Darüber hinaus aber hat das Mikroskop einmal mehr gezeigt, dass Schönheit und Harmonie zum Prinzip des Lebens gehören. Fliegenfuss oder Blüte: Die Natur baut schön. Und diese Harmonie der Formen trotzt allen stur kausalen Modellen naturwissenschaftlicher Verdrossenheit. Darwin hat das gewusst. Deshalb hat er sich auch nie ganz zum Darwinismus durchringen können. Schönheit ist in der Natur nicht Schnörkel, sondern Prinzip. Es ist zwar nicht möglich, den Selektionsvorteil eines schönen Fliegenfusses gegenüber einem nur zweckmässigen Fliegenfuss zu begründen – es wäre denn, die Liebe der Fliegen ginge über den Fuss, so dass eine Hübschfussfliege mehr Gunst bei Fliegenweibchen, mehr Nachkommen und somit mehr Erfolg hätte im Leben.

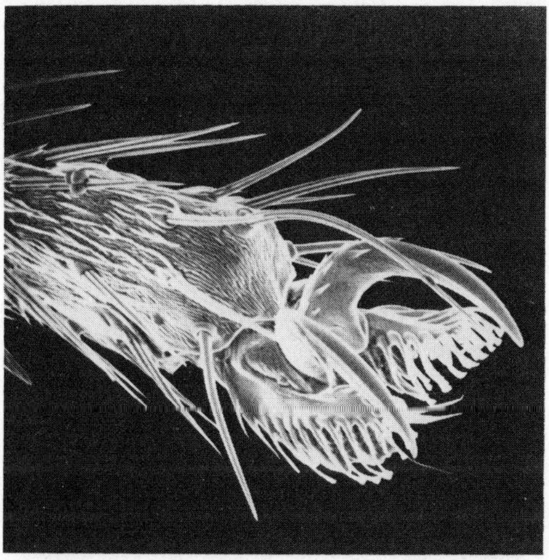

Deutlich sind die beiden Kletterklauen und die beiden verzweigten Pulvilli mit den vielen Saugnäpfchen am Fusse der Fruchtfliege sichtbar. (650fach)

Die Fruchtfliege heissen wir Drosophila. Ihre kurze Generationszeit, die grosse Nachkommenschaft, ihre Kleinheit und Anspruchslosigkeit haben sie zum wohl bestuntersuchten Labortier unseres Jahrhunderts gemacht. Über 4000 genetische Mutationen sind von ihr bekannt. Es ist deshalb reizvoll, sich gerade an der Drosophila auf das Zweckdogma zurückzubesinnen. Und dann befreit den Alltag weiter zu leben: Nicht alles ist logisch. Die Schönheit jedenfalls nicht.

WIE BIENENBEINE BLUMENPOLLEN KÄMMEN

Liebe Mütter, beginnt nicht mehr bei den Bienchen, wenn es zum entscheidenden Gespräch mit den heranwachsenden Kindern kommt. Ich war seinerzeit überfordert, und meine Mutter war's auch. Denn es ist ziemlich verzwackt, wie es die Pflanzen machen. Wir Säugetiere sind da, dem aufklärerischen Wust unserer Zeit zum Trotz, doch recht karg und übersichtlich. Meist dräut der unbewältigte Storch noch hinter dem gehemmten Gespräch, es kollern Pollensporen daher, Nüsschen entstehen und Samen und Sämchen – aber wie dann die Milch einbauen, das Ei, den Wind auch und Triebe und Wehen? Gehen wir der Sache hier etwas nach.

Die Pflanzen wurzeln im Boden. Die Nahrung kommt zu ihnen: das Wasser, die Luft, die Sonne. Die Tiere, abgenabelt von der Energiequelle Sonne, gehen zu Fuss oder schwimmen per Flosse ihrer Nahrung nach. Und manchmal gehen die Tiere einander nach. Auch da haben es die Pflanzen besser: Die Liebe geht den Pflanzen nach, und die Pflanzen, standhaft, bleiben wartend an Ort. Viele Pflanzen bedient der Wind. Dies ist zwar praktisch, denn es bedarf keiner aufwendigen Blumenpracht, doch ist es unökonomisch: Es bedarf viel Blütenstaubes, denn der Verlust ist gross. Viele Pflanzen locken Getier herbei. Das ist zwar ökonomischer, Pollenkörner werden gezielter transportiert, doch bedarf es umständlicher Lockapparate: Die Blumenpracht, augen- und geruchsfällig, hat hierin ihren Ursprung. Wie erklärt sich wohl unsere gespaltene Beziehung zu den doch vom Prinzip her anziehend gestalteten Sexualapparaten, die wir einerseits schamhaft verhüllen, deren Schönheit wir uns andererseits aber, zu Sträussen gebunden, als Kirchenschmuck gar zweckentfremdend bedienen?

Der Inhalt der Pollenkörner, ob Tieren oder dem Wind anvertraut, muss reisefest verpackt werden. Die Trockenheit der Luft bedeutet Gefahr – Wachs isoliert. Pollen überdauern Jahrhunderte. Weil jede Pflanze ihre Verpackung mit eigenen Mustern ziert, können Wissenschafter fossilen Pollen das Gewächs zuordnen, welches die Pollen produzierte (Pollenanalyse).

Was treibt die Tiere auf die Blumen? Ganz einfach: der Hunger. Blumen locken nicht nur, sie bieten auch etwas. Es gelten die gleichen Prinzipien wie im Marketing: Das auffallendste Aushängeschild verführt uns nicht wieder, wenn wir einmal im Laden enttäuscht worden sind. Viele Pflanzen bieten Nektar, Abfallzucker. Die Pflanzen produzieren davon stets im Überfluss. Schier unverständlich, dass es Blumen gibt, die keinen Nektar bereithalten. An solchen Knauserpflanzen halten sich die Insekten schadlos, indem sie den Blütenstaub als Nahrung abschleppen. Pollenblumen produzieren deshalb einen Pollenüberschuss, denn schliesslich soll ja der Blütenstaub, im Haarkleid klebend, eine andere Blüte bestäuben und damit die Befruchtung ermöglichen.

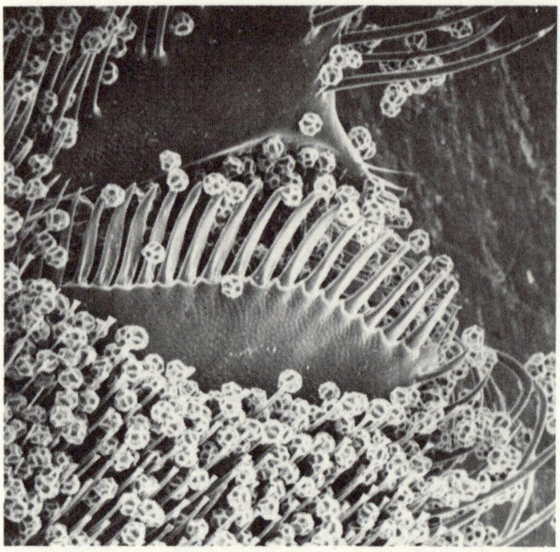

Löwenzahn-Blütenstaub am Hinterbein einer Biene. Augenfällig der Kamm, mit dem die Bienen ihre Bürsten reinigen. Bienen ballen die Pollen zu transportgerechten Paketen an den Hinterbeinen. Bildhaft sagt der Imker, die Bienen «höseln». (75fach)

Das Wort Bestäubung ist übrigens Hohn. Nur Windpollen stäuben – Pollen, die am Tierhaar kleben müssen, pappen. Und trotzdem sprechen wir von Blütenstaub, ob's stäubt oder nicht. Viele Menschen leiden am Blütenstaub. Blütenstaub an und für sich ist ungefährlich. Alle atmen ihn im Frühsommer ein, wenn die Gräser blühen. Doch lehren uns die beklagenswerten Heuschnupfenpatienten drastisch, dass, wer die Abwehr übertreibt, vor lauter Verteidigung erliegen kann. Blütenstaub in Menschenlungen ist fehl am Platz. Jedermann löst das Problem durch Abtransport und Vernichtung – biologische Routine. Allergiker aber rüsten gegen eingedrungene Pollenkörner zur Abwehr, als ob es darum ginge, Bakterien oder Viren zu vernichten. Ein Fehlalarm, denn Pollenkörner vermehren sich nicht. Nur die parasitischen Mikroorganismen vermehren sich exponentiell; in Erwartung solchen Erregerwachstums rüsten die Patienten auf: sie produzieren Antikörper zuhauf, dieser verirrten Stäubchen wegen. Es ist wie beim Seilziehen: Wenn die andere Partei nicht so kräftig zieht wie erwartet, fällt man um. Man kann im Kampfe gegen Windmühlen oder Blumenpollen sterben.

Die Natur leistet sich mit den Blumen einen Aufwand ohnegleichen. Ohnegleichen? Denkt man an Diskotheken, Modeschauen und Parfümerien, an Hirschgeweihe, Pfauenschweife und Löwenmähnen, so bleibt nur der befreiende Schluss: Leben ist Aufwand. Schön, nicht? Ein Griesgram, wer dem nackten Zwecke frönt!

WARUM WACHSEN BÄUME NICHT IN DEN HIMMEL?

Das Leben ist im Wasser gestartet worden. Viele Tiere und Pflanzen sind im Wasser geblieben. Andere sind, nachdem sie das Land bereits erobert hatten, wieder in das Wasser zurückgegangen. Der Walfisch etwa und aus dem Pflanzenreich die Wasserpest sind Beispiele von Experten, die jetzt wieder die Vorteile des Wasserlebens nutzen. Allerdings gibt es keine Vorteile ohne Nachteile. Nirgends gibt es das. Und doch träumen wir alle von einer Welt der reinen Vorteile.

Im Wasser ist es feucht. Es hat Wasser im Wasser. Das ist Vorteil und Nachteil zugleich. Die Vorteile kennen wir: das Wasser hilft tragen. Die Schwimmtherapien für malträtierte Rücken nützen den Auftrieb. Aufrecht durch das Leben stelzen zu wollen war ein ehrgeiziger Versuch. Wir bezahlen ihn teuer und fürchten uns stets vor dem Fall. Die Psychologen legen ihre Kundschaft nicht ohne Bedacht auf die Couch. Noch besser legten sie sie in Wannen. Doch das Wasser hat auch Nachteile: weniger Licht dringt durch Wasserschichten, es hat weniger Gase da drin und auch wenig wertvolles Stickstoffsalz als Dünger. In den letzten Jahren hat sich das allerdings geändert: in verschmutzten Gewässern hat es davon eher zuviel. Wasserpflanzen verzichten auf Stützgewebe und auf den Verdunstungsschutz. Jeder sucht seinen Platz an der Sonne, und jeder nützt da seine Vorteile und leidet dort unter den Nachteilen.

Holz ist die Antwort der Pflanzen auf das Problem der Schwerkraft. Holz ist ein anatomischer und ein chemischer Begriff. Aus Holz machen wir Bretter und, nachdem die harten Komponenten entfernt wurden, Papier. Aus Holz wurde im Krieg Zucker gewonnen, und heute wird daraus Alkohol produziert. Das Mikroskop deckt die Baupläne auf. Die Stützelemente in Stauden und Bäumen sind Röhren. Die Wände dieser Röhren sind verstärkt. Der Zweck, den sie erfüllen, ist zweifach: Wasser wird geleitet, und gleichzeitig wird der Pflanzenkörper im Luftraum gestützt. Es ist erstaunlich, was diese Konstruktion ermöglicht; über hundert Meter über den Boden treiben die Rekordhalter der Pflanzenwelt ihre Wipfel. Weiter, höher – warum nicht noch höher? Es ist, der Volksmund beteuert's, dafür gesorgt, dass die Bäume nicht in den Himmel wachsen. Und wer sorgt dafür, dass die Häuser nicht in den Himmel wachsen? Was zieht die Grenzen in der Natur? Wer regelt das Mass?

Die Aufnahme gestattet einen plastischen Einblick in den Bau einer solchen stützenden Wasserröhre. Stellen wir uns vor, dass da drin ein Wasserfaden aus dem Boden in die luftigen Höhen gezerrt wird. Trockene Luft saugt mit brutaler Vehemenz nach oben: bei fünfzig Prozent relati-

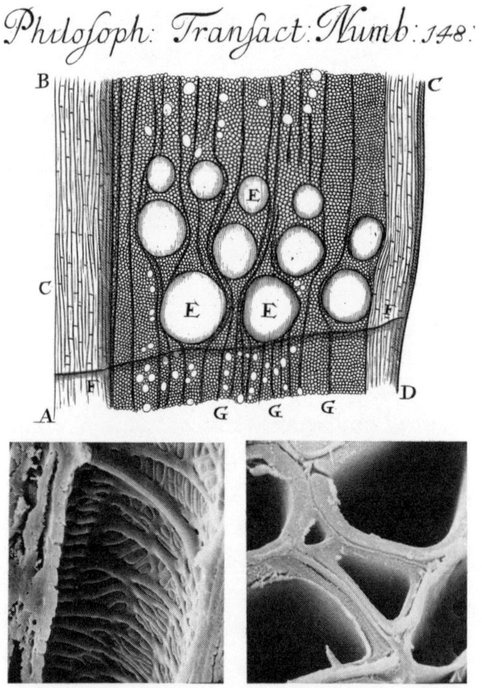

Schon Leeuwenhoek hat die Eichengefässe präzise beschrieben, doch bringt erst das Mikroskop unserer Tage durch seine verblüffende Tiefenschärfe die Tracheenverdickungen, welche die Reibwiderstände verursachen, überzeugend zur Geltung. (REM: 650fach)

ver Luftfeuchtigkeit sind es bereits 1000 Atmosphären Sog. In den kapillaren Dimensionen der Wasserröhren reisst ein Faden – Experimente belegen das – bei etwa 300 Atmosphären Zug. Wären da nicht die gewaltigen Reibwiderstände, es gäbe 3000 Meter hohe Baumriesen! Den begrenzenden Faktor bei immergrünen Holzpflanzen haben wir nun auch photographisch kennengelernt. Wie steht es aber bei laubwerfenden Bäumen unserer Breiten? Das blattlose Frühjahr wird hier zum Problem: Die Wurzeln haben, bis die Knospen treiben, durch Druck das Wasser hochzupressen. In unseren Laubwäldern sind die Grenzen der Leistungsfähigkeit der Wurzeln die Grenzen des Wachstums.

Das Mikroskop hat unser Wissen erweitert. Die Wissenschaft schreitet in dem Masse vorwärts, wie ihr Apparate zur Verfügung stehen. Ohne Mikroskope gäbe es keine Zellen! Der überspitzte Satz macht klar, dass für uns Technokraten nur existiert, was wir sichtbar machen können. Mit prinzipiellen Überlegungen wollen wir ergründen, weshalb Elektronen Abbildungen möglich machen. Wenn wir etwas ‹begreifen› wollen, muss das Instrument in einem sinnvollen Grössenverhältnis zum untersuchten Gegenstand stehen. Einen Baumstamm ergreift man mit Holzerzangen. Einen Zahnstocher klauben wir mit spitzen Fingern aus dem Ständer, einen Dorn entfernen wir mit der Pinzette aus dem Fleisch. Die Reihe der Verkleinerung geht weiter: Physiker ertasten Atome mit Atomen, Elektronen mit Elektronen. Der Gegenstand, den es zu fassen gilt, darf nicht wesentlich grösser sein als das Instrument, mit dem wir tasten.

Wir wollen hier aber abbilden, mikroskopieren. Beginnen wir wieder im Grossen. Im Herbst wird man unter dem Laub einen vergessenen Fussball finden, einen Golfball dagegen wird man nicht mehr ausmachen können. Denn das Laub ist zu gross für kleinere Bälle. Unter einer Schicht spanischer Nüsschen aber lässt ein Golfball sich leicht finden. Und mit Salz aus dem Streuer können auch Münzen ‹abgebildet› werden, denn das Salz ist im Vergleich zur Münze klein. Licht schwingt. Je enger die Wellen des schwingenden Lichtes, desto näher dürfen zwei Punkte einer Struktur beieinanderliegen – sie können immer noch aufgelöst, das heisst als zwei Punkte abgebildet werden. Elektronenschwingungen sind kürzer als die des noch sichtbaren Lichtes. Darum löst das Elektronenmikroskop besser auf als das Lichtmikroskop. Darum werden auch grössere Vergrösserungen möglich, ohne dass das Bild leer wird. Das ist Physik, kein Wunder – aber wunderbar ist es doch.

WOHER DIE REGENTROPFEN KOMMEN

Auch der Regen ist aus allen Wolken gefallen, und die Wolken entstanden über dem Meer. Der Wind trägt die Wolken dann herüber zu uns. Meist an Bergen, wenn die Wolken müd geworden sind, wird das schwere Wasser fallen gelassen. Es regnet. Der Regen versickert im Boden und kommt zum Teil an Quellen wieder zum Vorschein. Ein Teil des Regenwassers bleibt im Grundwasser liegen. Einen anderen Teil aber trinken die Pflanzen. Vielleicht stimmt es nicht, dass aller Regen vom Meer her kommt. Vielleicht entsteht Regen auch bei uns: Regen made in Switzerland – Qualitätsregen, den man nicht mit billigem Import mischen sollte.

Bevor wir uns dem Pflanzendurst zuwenden, wollen wir uns kurz dem Menschendurst widmen. Wir scheiden Wasser aus, zum Teil diskret, zum Teil durch unflätiges Schwitzen. Tagtäglich schütten wir rund zwei Liter in uns hinein – gleich viel muss wieder weg, sonst würden wir von Tag zu Tag schwerer. Den Pflanzen geht es wie uns: sie konsumieren Wasser, und sie verlieren Wasser. Deshalb fliesst, wie durch uns, auch durch die Pflanzen stets ein Strom Wasser. Die Wurzeln nehmen es auf; die Blätter geben es ab. Denn auch die Pflanzen schwitzen. Man hat gemessen, dass eine Maispflanze bis zur Ernte um die 250 Liter Wasser aufnimmt. Die Maispflanze ist aber nur etwa zwei Kilogramm schwer – somit hat sie in ihrem kurzen Leben recht viel Wasser in die Luft geschwitzt. Bäume verbrauchen da – man denke an die grossen Oberflächen – noch gewaltigere Mengen! Eine stattliche Buche verbraucht pro Vegetationsperiode 9000 Liter Wasser. Nur ein kleiner Teil davon bleibt in der Buche zurück. Errechnet man die Dochtleistung eines Buchenwaldes, so ergibt das, gemessen am Regen, der über dem Wald fällt, die erstaunliche Zahl von 50 Prozent Verdunstungswasser. Andere Bestände leisten noch mehr: Röhricht transpiriert fast das Doppelte der Regenmenge in die Luft zurück, Pappeln bringen es immerhin auf 100 Prozent. Man rechnet damit, dass in unseren Breiten rund die Hälfte des Regens nicht aus dem Meer, sondern aus dem eigenen Grund und Boden stammt. Das sollte eigentlich die Landschaftsgestalter auch davon abhalten, noch mehr guten Boden mit Beton und Asphalt zu versiegeln. Verglichen mit dem Durst der Pflanzen, erscheint unser Wasserbedarf gering: 1000 Liter pro Jahr, wenn man zweieinhalb Liter als Tagesration annimmt. Pro Jahr 1000 Liter? In solchen Rechnungen steckt der Wurm – die Entwicklungstechnologen in den Trockenzonen haben das eingesehen. Der Mensch braucht nicht pro Jahr, sondern pro Tag eine Tonne Wasser! Denn bereits für das Wachstum eines grossen Laibes Brot waren 1000 Liter Wasser nötig. Wer aber lebt von Brot allein? Und Fleisch ist noch wasserverschleissender, denn Tiere leben von Pflanzen. Die Verluste der Nahrungskette sind es, welche den täglichen Wasserbedarf eines Nichtvegetariers auf zehn Tonnen pro Tag hochschnellen lassen. Dabei liegt diese Zahl an der unteren Grenze der Schätzwerte.

Die Spaltöffnungen kontrollieren den Wasserverlust der Pflanzen. Rund ein Prozent der Blattfläche wird durch diese Apparate kontrolliert. Der Rest ist durch eine Wachsschicht nahezu vollkommen vor Wasserverlust geschützt. Ein Dilemma scheint jedoch unlösbar: Bei geschlossenen Spaltöffnungen verliert die Pflanze zwar kein Wasser, aber sie kann auch kein Kohlendioxidgas für die Photosynthese aufnehmen. Öffnet die Pflanze die Spaltöffnun-

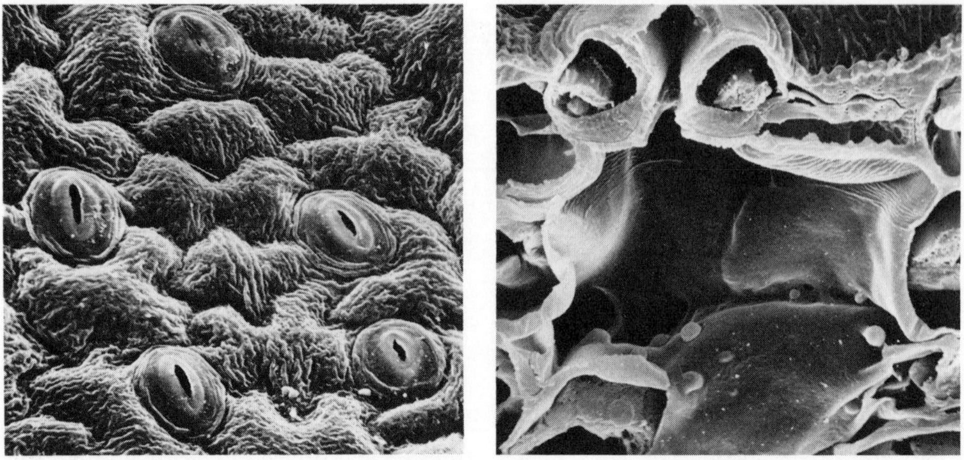

Die Spaltöffnungsapparate liegen meist an der Blattunterseite. Sie schützen das Gewebe des Blattinnern vor dem Austrocknen. Rechts sind die Schliesszellen am oberen Bildrand deutlich zu sehen; links erkennt man, dass Flugstäube in der Grössenordnung sind, welche ein Abdichten verhindern, so dass Bäume verdursten können. (450- und 1100fach)

gen, ist zwar der Gasaustausch gewährleistet, die Pflanze verliert aber Wasser. Der Wasserverlust ist ein notwendiges Übel: Er ist der Motor des Wassertransportes. Pflanzen haben kein Herz – ihre Pumpe liegt nicht in ihnen. Die trockene Luft liefert die nötige Energie. So machen Pflanzen aus der Not eine Tugend: Der Wasserverlust ersetzt das Herz.

An Strassen darben viele Pflanzen; Bäume beginnen zu sterben. Woran liegt das? Lassen wir das Wintersalzproblem oder die vielen Hunde in Städten, beschränken wir uns auf die Luft. Gelangen Schmutzpartikel in die Spaltöffnungen, so lassen sich diese nicht mehr dicht schliessen. Die solchermassen geschädigten Bäume verdursten. Nicht nur Gift bedroht unsere Zivilisationsvegetation – der Durstod geht um. Wir haben ein Herz, die Pflanzen haben keines. Schade, dass unser Herz meist nur als Pumpe dient.

WESHALB UNS DIE NESSELN AUF DIE NERVEN GEHEN

Ein Narr, wer sich in Nesseln setzt, und doch hat man sich in Nesseln gebettet: Vor der Einführung exotischer Baumwolle behalf man sich mit einheimischen Fasern. Das heute so verpönte Unkraut lieferte Nesseltuch. Seit alters vertraut man der wehrhaften Staude auch seine Gesundheit an. Plinius schwärmt, dass Nesseln, im Frühjahr genossen, übers ganze Jahr vor Krankheit bewahren. Der Eisen- und der Vitamin-C-Gehalt jedenfalls sind unbestritten. Besonders Rheumatiker, Bettnässer, Zuckerkranke und stillende Mütter griffen zur Nessel-Droge. Wer vieles bringt, wird jedem etwas bringen – die heutige Rezeptierkunst geht da schon etwas zielgerichteter vor. Aber die Nesseln werden auch in zeitgenössischen Kräuterbüchern noch gegen Nasenbluten, Durchfall, Weissfluss und Ödeme empfohlen. Die Liste wäre kürzer geworden, hätten wir aufzählen wollen, wogegen die Brennnessel nichts nützt.

Bevor nun der Run auf die Brennesseln

losgeht, besinne man sich auf die Ausschläge, die bei geringer Berührung entstehen. Schon Plinius stellt verwundert fest: «Stacheln haben sie nicht und erzeugen dennoch bei gelinder Berührung Jucken und Brandblasen.» Man tut gut daran, die Aufforderung zu befolgen, die geernteten Stauden rasch im Schatten zu trocknen; im welken Zustand brennen die Stacheln nicht mehr. Die augenscheinlich plumpe Art der Rosen, sich zudringlicher Hände und Mäuler zu erwehren, verblasst vor dem durchtriebenen Raffinement der Brennesseln: Hoffärtig locken die Blumen der einen, verführt das gesunde, saftige Grün der andern. Verteidigung tut beiden not. Obwohl die Hagebutten ebenfalls Gesundheitsspender sind, gingen die alten Römer unwirsch mit Rosen ins Gericht: «Die Erde trägt zur gleichen Zeit heilsame und schädliche Kräuter: Nesseln und Rosen.» Dabei sind ohne Zweifel für Ovid die Rosen die Bösen.

Das Rasterelektronenmikroskop lüftet das Geheimnis um den mechanischen Aspekt. Eigentliche Injektionsnadeln lassen sich auf dem Bildschirm erkennen. Durch Silikat- und Kalkeinlagerungen werden die Wände spröde und glashart. An

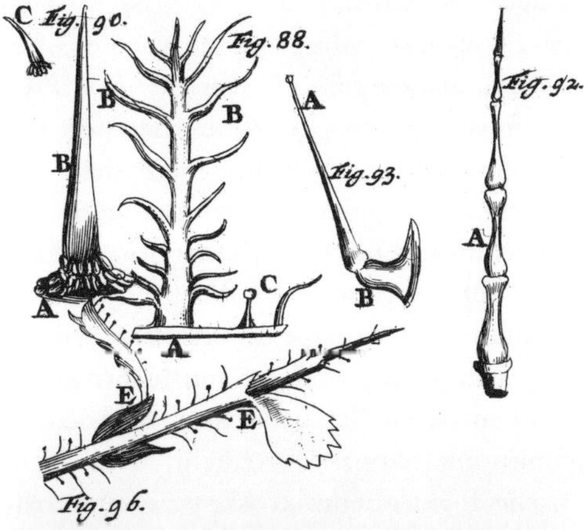

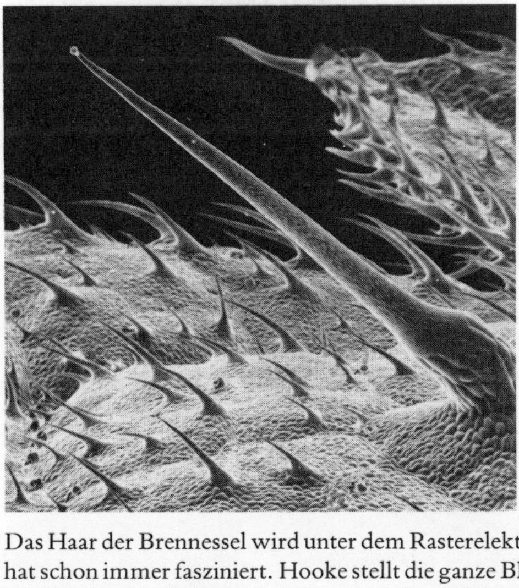

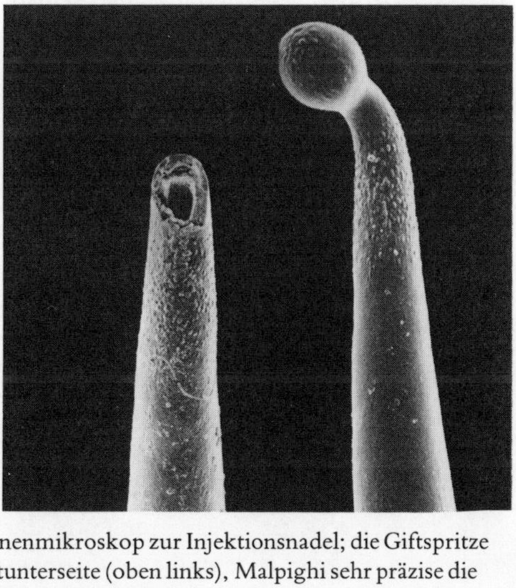

Das Haar der Brennessel wird unter dem Rasterelektronenmikroskop zur Injektionsnadel; die Giftspritze hat schon immer fasziniert. Hooke stellt die ganze Blattunterseite (oben links), Malpighi sehr präzise die Nadelanatomie (beide 17. Jahrhundert) dar. (REM um 65- und um 1000fach)

einer geplanten Stelle bricht das Köpfchen bei der geringsten Berührung ab. Trotz mikroskopischen Dimensionen ritzt die Kanüle verblüffend effektiv nicht nur Schleimhäute hungriger Mäuler, sondern auch unsere doch recht derbe Hornschicht der Haut.

Das Mikroskop hat eine Frage geklärt. Neue Fragen sind dadurch entstanden. Das ist das Wesen des Wissens: Geklärte Fragen werfen neue Probleme auf. Nie wird der forschende Geist zur Ruhe kommen. Wir wundern uns, dass durch so kleine Wunden so grosse Pein entsteht. Der Mikroskopiker hat Aufschluss gegeben, nun ist der Chemiker Adressat unseres Wissensdranges. Wie heissen die Drogen, wie die Gifte, welche uns eingeimpft werden? Das Problem ist typisch: Zuerst befriedigen wir den Gesichtssinn. Wir sind Augentiere. Wo die Sinne versagen, erweitern wir durch Maschinen. Die Lupe hilft. Das Mikroskop führt weiter in das Reich der Mikro-Strukturen. Die Lupe durchleuchtet nicht. Das Mikroskop – nur dünnste Schichten können deshalb betrachtet werden – funktioniert mit Durchlicht. Das klassische Elektronenmikroskop arbeitet analog: Elektronen werden durch feinste mit Schwermetall-Lösungen imprägnierte Strukturen hindurch gehetzt. Der Unterschied – wir haben es besprochen – liegt in den Linsen: Elektronen lassen sich nur durch Magnete bündeln. Das Rasterelektronenmikroskop – kein Instrument der Vergrösserungsrekorde – arbeitet mit zurückgeworfenen Elektronen. ‹Grosse› Objekte können betrachtet werden, stufenlos kann von 20- bis zu 50 000facher Vergrösserung gesteigert werden. Dabei überrascht die Tiefe der Bilder. Das Rasterelektronenmikroskop hat noch keine lange Vergangenheit – das Elektronenmikroskop kann immerhin auf eine über 40jährige Geschichte zurückblicken, und das Lichtmikroskop ist 400 Jahre alt.

Keine optische Technik kann uns den Gift-Chemismus verraten – nur der Chemiker kann, mit ganz anderen Methoden, weiterhelfen. Die Analyse ergab, dass die Brennesselhaare Ameisensäure, Histamin und Acetylcholin enthalten. Eine klare, saubere Auskunft. Sind wir zufrieden? Nun kommen der Biologe, der Pharmakologe, der Arzt als Briefkastenonkel zum Zuge. Wir wollen wissen, wie die Chemikalien wirken. Die Fragen sind komplexer, verflochtener geworden. Antworten schliessen in der Forschung keine Lücken; Antworten öffnen neue Türen!

Die Nesseln gehen uns nicht der vielen Fragen wegen auf die Nerven. Der Titel enthält die Antwort, denn Acetylcholin ist die Überträgersubstanz von Nervenimpulsen in den Schaltstellen. (Woher die Nesseln wohl wissen, wie sie uns zielgerichtet nerven können?) Das Histamin erhöht die Durchlässigkeit im Gewebe, ist also verantwortlich für den Transport des Nervengiftes und schürt so Entzündungen. Und die Ameisensäure – aufgepasst beim Entkalken! – ist eine widerwärtige Säure, die unter die Haut geht und von innen her die Zellen zerstört. Alle drei Wirkstoffe zusammen potenzieren sich in der Wirkung, etwa wie Kopfwehtabletten und Alkohol.

Eigentlich sollten wir noch den Philosophen begrüssen, der uns die Frage zu beantworten hätte, wer der vermaledeiten Nessel das Rezept ausgestellt hat!

Darwin und die Detektive

SAMMLER UND JÄGER

«Wir überschreiten die Geschichte durch Hinwendung zur Natur. Vor dem Ozean, in der Bergwelt, im Sturm, in den Lichtfluten des Sonnenaufganges, im Farbenspiel der Elemente, in der leblosen polaren Welt von Schnee und Eis, im Urwald, überall, wo menschenfremde Natur uns anspricht, da kann es geschehen, dass wir uns befreit fühlen.»

Karl Jaspers, 1949

Nicht alle, die sich der Natur zugewendet haben, überschritten Geschichte: gleicher Ort induziert nicht gleichen Gedanken. Humboldt hat die Geschichte vollendet – Darwin hat Geschichte überschritten: Es bedarf des einen, um dem andern zum Durchbruch zu verhelfen, gewiss – doch da war noch Raum für Generationen von Sammlern im südamerikanischen Kontinent. So gut wie Humboldt zog auch Darwin aus, um zu inventarisieren – warum kehrt dieser als Revolutionär heim, warum bleibt jener ein Sammler? Humboldt hat gefunden, was er suchte: Er hat sich zehn Jahre lang auf die Reise vorbereitet – er hat die Reise zwanzig Jahre lang ausgewertet. Akribisch im Netz der Zeit. Darwin wusste nicht, was er suchte: das Sammeln war Job, nicht Berufung. Seine Unvoreingenommenheit, sein fachlicher Dilettantismus waren seine grosse Chance: Man kann nicht vorsätzlich suchen, was so gross und neu ist, dass es die aus dem Wissen der Zeit gewachsene Erwartung sprengt. Auf das grosse Unbekannte stösst man durch Zufall. Das grosse Unbekannte erkennt man, wenn das kleine, das suchbare Unbekannte den Blick für das Wesentliche nicht trübt.

«December 23rd, 1833; 47° Süd – an der Küste Patagoniens: Port Desire.» HMS Beagle ankert gegenüber spanischen Ruinen. Weihnachten. Die Besatzung spielt auf einer Sandbank: man ringt, man hüpft, man läuft um die Wette: «Männer mit Bart spielen, wie so manche Kinder.» Darwin hat ein 170 Pfund schweres Guanako geschossen – Fleisch genug für alle, aber das Wasser ist knapp, dafür fliesst Alkohol reichlich: «Every man getting as drunk as he could.»

Auf der ‹Weihnachtsseite› im «Journal of Researches» schildert der junge Sportsmann das Meeresleuchten: Er interpretiert es kurzerhand als das «Resultat der Zersetzung organischer Partikeln» – durch diese «Respiration» reinige sich der verschmutzte Ozean selbst. Schade, dass unsere Seen sich nicht sauber leuchten ... Man tut gut daran, auch die Worte grosser Männer zu prüfen: Fachvernunft hier ist nicht immer auch Sachverstand dort!

Nüchtern schildert der Abenteurer, wie Indianer die spanische Siedlung schleiften. «Alle Versuche der Kolonisation an dieser Küste ‹have been miserable›.» Mit einem der beiden einzigen Überlebenden, jetzt «in extrem hohem Alter», habe er konversiert – was da aber besprochen wurde, wird verschwiegen. Doch besinnt sich der Naturwissenschafter übergangslos auf seine Aufgabe und berichtet, wie er schwarze Käfer der Gruppe *Heteromera* gesichtet habe. Nach langen verhaltensbiologischen Schilderungen über das Guanako zitiert der junge Mann, fern der Heimat von der Öde der Ebenen betroffen, aus Shelleys (der Mann der Mutter Frankensteins war Anarchist) «Lines on M. Blanc»:

None can reply – all seems eternal now.
The wilderness has a mysterious tongue,
Which teaches awful doubt.

Humboldt war fixiert – das Wissen der Zeit hat ihn imprägniert. Darwin lässt sich erschüttern; seine Routinearbeit (rasch angeklebtes Wissen) lähmte ihn – noch – nicht. Das Phänomen ist der modernen Physik wohlvertraut: Die Architekten unseres Weltbildes waren flaumbackige Jünglinge. Dass das Establishment mit Ehrungen zuwartet, bis die Physiognomien preiswürdig geworden sind, zeigt, wie Wissen trotzdem immer noch mit Würde und Würde – immer noch – mit Alter assoziiert wird.

Wenige Seiten hinter dem Weihnachtseintrag findet sich einer der ersten klaren Ansätze zum philosophischen Durchbruch. Mit der gleichen Selbstverständlichkeit des Sachverhaltes wie im Beitrag über die Selbstreinigung des Meeres durch Leuchten wird epochale Revolution an den Leser herangetragen: Es dünkt Darwin selbstverständlich, dass eine Art, bevor sie ausstirbt, selten wird. So selbstverständlich dünkt ihn das, wie dass ein Mann krank wird und dann stirbt. Wer würde annehmen, dass ein kranker Mann durch Gewalttat den Tod findet? Einfache Gedanken ebnen den Weg in die Biologie unserer Tage. Die ‹Katastrophentheorie› Cuviers – der siegreiche Reaktionär, der gefürchtete Streiter starb an Cholera während der Epidemie 1832 – musste überwunden werden. Biblische Bilder machen Fossilienfunde ausgestorbener Tiergeschlechter durch Sintfluttheorien rational verständlich. Bewährtes Denken trotzt blutigen Revolutionen und erliegt, im Lee nach Sturm, dem Charme emanzipierter Modelle.

Stille Spektakel einer langen Reise werden dem jungen Weltreisenden laute Signale: Das Meeresleuchten ist ihm jedoch kaum Anlass zu transzendieren, sondern ein Zeichen dafür, dass sich ein verschmutzter Ozean reinigt.

DIE NASE

«Aller Aufschwung über die Geschichte wird zur Täuschung, wenn wir die Geschichte verlassen. Die Grundparadoxie unserer Existenz, nur in der Welt über die Welt hinaus leben zu können, wiederholt sich im geschichtlichen Bewusstsein, das sich über die Geschichte erhebt. Es gibt keinen Weg um die Welt herum, sondern nur durch die Welt, keinen Weg um die Geschichte herum, sondern nur durch die Geschichte.»

Karl Jaspers, 1949

Endlich: am 27. Dezember 1831 stach man in See. Zweimal war man schon ausgelaufen: Sturm liess Ihrer Majestät Schiff, die Beagle, wieder den Schutz englischer Häfen aufsuchen. Auf See überleben nur Kluge: Flauten und Sturm – es gibt keinen Weg durch die Welt hindurch, es gibt nur den Weg um die Welt herum. Der Weg durch die Welt endet hinter Höllentoren im Sud heissen Gesteins – der Weg durch die Geschichte endet im Labyrinth der jeweiligen Zeit. Das jedenfalls gilt für die Geschichte des Wissens, das jedenfalls gilt für die Welt der Natur. Im Wissen ertrinkt, in der Sache erstickt man. Der Glaube an Wahrheit musste sterben, bevor die Frage nach dem Entstehen von Gesetzen gestellt werden konnte. Die Erforschung des Erkenntnisgewinns ist jung: in den Büchern der Naturwissenschaften beginnen die Geschichtsschreiber die Geschichtenschreiber nun langsam doch abzulösen.

Endlich: am 27. Dezember 1831 stach HMS Beagle mit Darwin in See. Nicht viel hätte gefehlt, und der Darwinismus trüge heute einen anderen Namen. Seiner Nase wegen fiel Darwin beim ‹Anstellungsgespräch› beinahe durch. Die Welt, das sei an dieser Stelle vorweggenommen, wäre um keine Erkenntnis ärmer, wäre Darwin als Stubenhocker wohlhabender Eltern zwischen Jagdamusement und galantem Durch-die-heimische-Natur-Streifen verkommen: denn nie findet ein Einzelner Grosses. Es ist immer die Zeit, die reif ist für Grosses. Vor Darwin haben Maupertuis (vive la France: Maupertuis starb 1759 in Basel) und Hofmeister, mit Darwin Wallace und Spencer und nach Darwin, Mendel und de Vries selbständig Gedanken gedacht, die Darwin hätten ersetzen können. (Die Aufzählung ist beileibe nicht vollständig!) Nun leben wir aber vor einer Kulisse des Denkens, die den Darwinismus Darwinismus nennt: es ist reizvoll mitzuerleben, wie es dazu kam. Das heisst, es ist vorerst auch reizvoll mitzuerleben, wie es beinahe nicht dazu gekommen wäre. Hat Basel den ersten Darwinisten beerdigt, so hat Zürich den echten Darwin um Nasenbreite beinahe verhindert! Geschichte verhält sich zuweilen kapriziös!

Der Kommandant der weltumspannenden Expedition, Kapitän Fitz-Roy, war überzeugter Anhänger von Lavaters Physiognomielehre: Selber Träger einer fein, aber scharf geschnittenen Nase – Zeugin einer adligen Ahnenreihe –, fürchtet Fitz-Roy, Darwins bäuerliche Knollennase – der runde Kopf strahlt Gemütlichkeit aus und leugnet die Landarztvorfahren nicht – lasse wenig Durchhaltekraft und wenig zähen Willen erwarten. Zwei Twenties (Darwin 22 Jahre alt, Fitz-Roy 23), durch Welten abgrundtief getrennt, stehen sich gegenüber. Jünglinge? Männer! (Wie lange kann es sich unsere Gesellschaft noch leisten, junge Potenz mit durchdachtem Aufschub hinzuhalten, bis Energie und Wille gebrochen sind, Phantasie und Tatendrang system-

Darwin hatte eine gute Nase und wäre doch fast darüber gestolpert.

konform und kastriert sich fugen- und reibungslos in das Bild der überreifen Männerbünde fügen?) Es waren die etablierten, souveränen Geister, die durch schlichtend-vermittelnden Briefwechsel die Kluft zwischen den beiden jungen Kontrahenten schlossen.

Endlich: am 27. Dezember 1831 stach Darwin in See. 74 Mann Besatzung auf einer 242-Tonnen-Brigg: nur 90 Fuss Schiff! Der Auftrag: die Küste des südlichen Südamerika zu vermessen und rund um die Welt eine Kette von Fixpunkten zu legen. Wissenschaft? Sport? Sowohl als auch! Seit Odysseus sind Schiffsreisen Epen. Darwins Heimweg führte um die Welt. Darwins Irrwege führten an der Geschichte vorbei. Ein Mikroskop und zwei Faustpistolen im Gepäck: Wissenschaft und Abenteuer. Was ist Darwin? Ein Geologe? Fast ein Pfarrer, fast ein Mediziner und noch bei weitem kein Biologe! Die mitgeführte Bibliothek (ein taxonomisches Werk, Lyells Geologie, Humboldt und etwas Belletristik) ist nicht nur wegen der beschränkten Platzverhältnisse mager. Doch Mängel gereichen dem jungen Mann zu Nutz und der Wissenschaft zu Frommen: das wache Auge, die robuste Konstitution, die – der Nase zum Trotz – zähe Ausdauer und ein knabenhaft literarisches Gemüt sind das Kapital, das reichlich Zinsen abwerfen wird. Begeisterungsvermögen und eine gute Nase: Darwins Weg führte nicht durch die Geschichte zum Ziel, sondern an der Geschichte vorbei über jedes erwartete Ziel hinaus.

Kaum sind die Anker gelichtet, springt ihn die Welt an. Schrieb Darwin vor dem Auslaufen noch, das Datum des Startes werde zum zweiten Geburtstag in ein neues Leben, so klagt er bald, durch die Wellen gebeutelt, über Seekrankheit, die ihn während der ganzen Reise quält. Auch ein Darwin muss sich durchschütteln lassen, bevor ihm die grossen Gedanken kommen.

DIE MUSCHEL

«Während Forschung und Existenz mit ihrem Seinsbewusstsein in Spannung zueinander sich vollziehen, lebt die Forschung selber in der Spannung des je Ganzen und des Kleinsten.»

Karl Jaspers, 1949

Es wäre kleinkariert, wollte da einer aus dem Lebenslauf eines grossen Erneuerers dies und das herausklauben, um mit dem oder jenem Splitter das eine oder das andere zu beweisen. Ob Darwin öfter mehr trank als andere Studenten? Ob Darwin mit mehr oder weniger Akribie Käfer sammelte als andere galante Gentlemen seiner Zeit? («Ich sterbe Stück für Stück, weil ich niemanden habe, mit dem ich über Insekten sprechen kann.») War Charles zum Darwin berufen? War es schon Wunsch des kleinen Jungen, der Forscher des Jahrtausends zu werden? Sein Spitzname in der Schule ist «Gas» – eine Anspielung auf seine Experimente. (Chemiker aber ist Darwin beileibe nicht geworden! Pech für die Chronisten.) Stets ist sein Einsatz von der Erkenntnis gekennzeichnet, dass sein Vater ihm genügend Geld hinterlassen werde: Ein sorgenfreies Leben war ihm stete Gewissheit. Vielleicht verliess er deshalb zu Beginn seines Medizinstudiums angeekelt den Operationssaal (zwanzig Jahre bevor Chloroform als Betäubungsmittel eingesetzt wurde): Für den Arztberuf ist er zu wenig pragmatisch. Theologie aber schliesst er als Zehntbester von 178 Kandidaten ab. Altklug schreibt er: «Ich weiss nicht, warum man sich bei Erlangung eines akademischen Grades immer so elend fühlt.» (Man lasse sich nicht täuschen: Gar so viel Erfahrung im Erlangen akademischer Grade hatte Darwin in seinem Leben nicht sammeln können.) Stets gilt seine Vorliebe der Jagd und den Käfern. Das Kleine fasziniert ihn, doch das Kleine blockiert ihn nicht. Lässt ihn Weitblick oder Grossmauligkeit über altgediente Lehrer urteilen: «Dr. Duncan ist so überaus gelehrt, dass seine Weisheit keinen Raum für Vernunft lässt.»?

Und dann bricht Humboldt durch. Darwin liest den Bericht über Teneriffa immer wieder und setzt sich in den Kopf, den Drachenbaum selbst zu besichtigen. Er erkundigt sich nach dem Fahrpreis (20 Pfund) und beginnt «wie ein Tiger» Spanisch zu lernen. Ein anonymer Spender sendet ihm ein Mikroskop. Sein Lehrer Henslow, der das junge Talent bereits neben den theologischen Studien betreut hat, erkennt die Unsicherheit des Amateurs und empfiehlt ihm deshalb, Geologie zu studieren. Auf einer Exkursion findet der junge Eiferer eine tropische Muschel mitten in England.

«Wie ein Tiger» hat Darwin um dieses Baumes Willen Spanisch zu lernen begonnen. Der berühmte Humboldt'sche Drachenbaum von Orotava auf Teneriffa. (Stammumfang: 19 Meter)

Was nicht sein darf, das kann nicht sein: Der Experte Sedgwick – wer kennt heute diesen Namen noch? – befindet, ein Witzbold müsse das Fossil an solch unsachdienlichem Ort deponiert haben, denn wenn die Natur die Posse gerissen hätte, wäre es ein grosses Unglück für die Geologie: «Alle gängigen Theorien würden dadurch gestürzt.» Immer ist es ärgerlich, wenn eine neue Wahrheit eine alte Wahrheit, an die man sich so sehr gewöhnt hat, zu bedrängen beginnt. Der alte Darwin memoriert: «Nichts hatte mir vorher so deutlich klargemacht, dass Wissenschaft von der Anhäufung von Tatsachen lebt, aus denen allgemeine Gesetze oder Schlüsse abgeleitet werden können.»

Es spricht für die reife Pädagogik der Förderer Darwins, dass trotz Flausen, Schwärmereien und wenig Zielbewusstsein das Talent erkannt worden ist. Im Spannungsfeld zwischen Forscherdrang und Lebenshunger, zwischen Sammelwut und dem Griff in das Grosse war jede Prognose ein Wagnis. Doch die Unbefangenheit ist die Chance Darwins: Die Schulbiologie der Zeit prägt ihn nicht. Es verwundert kaum, dass die Ausbeute seiner überstürzt angetretenen fünfjährigen Reise nicht von epochaler Bedeutung ist: Zwei, drei geologische Arbeiten erregten das öffentliche Interesse – das immense biologische Material (Fleiss trotz Seekrankheit liess kistenweise Belegmaterial anhäufen) wird von Fachbiologen ausgeschlachtet. Die überragende Bedeutung der Weltreise liegt im intuitiven Konzept einer revolutionären Evolutionstheorie. Der Funke dazu sprang aus dem mitgeführten Werk von Lyell: Doch vorerst glimmt das Gedankengut noch unter dem Wust eingebrachter Objekte. Hat Darwin geahnt, dass seine schwelende Glut zwanzig Jahre später durchschlagen und dann sogar zum Weltbrand führen würde?

Der befruchtende Bezug aus Lyells Geologie muss einem Laien banal erscheinen. Es wird festgestellt, dass alle Kräfte, die je auf die Erdenrinde einwirkten, noch heute auf diese einwirken. Darwin hat den Gedanken in die Biologie extrapoliert. Und damit wird jahrtausendealte kirchliche Denkstruktur aufgebrochen.

Es lässt sich belegen, dass Lyell Darwin direkt anregte. Doch den Ansatz haben vor Lyell schon Hutton und von Hoff formuliert; diesen Autoren war es aber nicht vergönnt, einen Darwin unter ihren Lesern zu haben.

SEIN KAMPF

«Die Tatbestände werden aufgefasst und gleichsam beklopft, zu hören, welchen Klang sie geben, und den Sinn ahnen zu lassen, den sie haben, den sie haben können.

Man wird überall an die Grenzen geführt, um die äussersten Horizonte zu erreichen: Aus diesen Horizonten heraus werden uns Ansprüche fühlbar. Ein Rückstoss erfolgt des die Geschichte Sehenden auf sich selbst und seine Gegenwärtigkeit.»

Karl Jaspers, 1949

Darwin war ein Christ. Doch wer Tatbestände beklopft, wird zum Ketzer. Dass heute ‹Ketzer› wieder vermehrt zurückfinden – die Modelle der Wissenschaften können noch so faszinierend sein, Seelenheimat sind sie keinem –, ist Zeichen dafür, dass

Das war schon immer so: Die Eintönigkeit von Seereisen öffnet die Schleusen der Einbildung. Hier wird der «edle Portugaleser Ferdinandus Magellanus» offensichtlich an seine «Grenzen geführt», als er die fernen Horizonte erreichen will. Der junge Darwin muss Grenzen sprengen lernen, bevor er in den Horizont bricht.

sich die rationale Logik in der Unermesslichkeit des wissenschaftlichen Horizontes verloren hat. Man wird der Grenzen in der Grenzenlosigkeit gewahr. Vitale Ansprüche werden wieder fühlbar. Darwins Durchbruch war die Fanfare zum Aufbruch in den Zusammenbruch: sein Kampf – rational und konsequent – endete mit Krieg. Rasse gegen Rasse. Die Seele ist heute vermehrt wieder «das grosse Land, in das wir fliehen». (Karl May hat das gesagt.) Es ist beruhigend, dass viele sich auf ihre existentiellen ‹Ansprüche› zurückbesinnen und in ihre Seelen fliehen.

Darwin war ein Christ. An der Tafel von Kapitän Fitz-Roy, einem sturen Verfechter kirchlicher Dogmen, spielte er fünf Jahre lang den galanten Gesellschafter – nur einmal wurde er des Tisches verwiesen: Darwin hatte dezent Partei für die Unterdrückten in der Sklavenfrage ergriffen. Darwins Sponsor (J. S. Henslow) hatte klar begriffen, dass der Kapitän «eher einen Tischgefährten denn einen reinen (mere) Sammler suchte». (Den eigentlichen Expeditionsforscher, den Arzt McCormick, ekelte man von Bord: dieser verliess die Expedition im April 1832 in Rio de Janeiro. «He is no loss», schreibt Darwin nach Hause – der Tüchtigere, der Anpassungsfähigere setzt sich durch.) Für Fitz-Roy war Moses ein Geologe; der Kapitän setzte viel Zeit dafür ein, die Ausmasse der Arche Noah zu berechnen. Der Erleuchtete schied mit 54 Jahren durch Selbstmord aus dem Leben; der materialistische Revolutionär Darwin entschlief mit 73 friedlich im Kreise seiner

Lieben. Die Geschichte ist ein derber Possenreisser.

Darwin war ein Christ. Nichts deutet darauf hin, dass er während der grossen Reise etwas anderes war als eben ein guter Christ. Einem Freund schrieb er von unterwegs: «Ich überlege oft, was aus mir werden soll; meine Wünsche (wishes) werden einen Landpfarrer aus mir machen.» Zusammen mit Fitz-Roy verfasst er einen Aufruf zur Unterstützung der Pazifikmission: «The Moral State of Tahiti». Vielleicht wird die kreative Kraft, die kompromissloseste Evolutionsmechanik aller Zeiten zu formulieren, durch den angestauten psychischen Druck an Bord erklärbar: Einerseits muss sich Darwin der unbeweglichen (wenig geliebten) Autorität des Kapitäns fügen, anderseits bezieht er die geschaute Überfülle auf die ‹idée fixe› der Lyellschen Lehre (wie langsam vergehen doch die Stunden auf einem Segler für den Passagier). Da ist die beklemmende Enge an Bord und dort der unermessliche Horizont, die Weite des Denkens und die dogmatische Enge an der Tafel des Kapitäns.

Darwin verlässt die Beagle immer noch als Christ. Unvollständige Spekulationen und unergiebige Hypothesen treiben ihn in der Folge ruhelos um. Gott kann – die Erkenntnis übermannte ihn auf Galapagos – nicht für jede Insel jedes Archipels eine andere Finkenrasse geschaffen haben. Was aber hat die Rassen, was die Arten geschaffen? Darwin sucht – ruhelos: er findet den Schlüssel nicht. Eine Mussestunde bringt die Lösung. Im Oktober 1838 liest er zur ‹Entspannung›, wie er später schrieb (aber was schreibt man ‹später› nicht alles!), Malthus' «Über die Bevölkerung». (Das Werk erschien 1798; das Interesse des Nationalökonomen galt dem Wohlergehen der Menschheit. Dies spiegelt der Untertitel des Werkes: «Versuch über das Bevölkerungsgesetz oder Ein Überblick über seine früheren und gegenwärtigen Auswirkungen auf das Glück der Menschheit; mit einer Untersuchung unserer Aussichten hinsichtlich der zukünftigen Vermeidung oder Linderung der Übel, die es mit sich bringt».) Den um die Zukunft besorgten Volkswirt beschäftigt die exponentielle Vermehrung der Lebewesen – Hungersnöte und Kampf halten die Überschüsse in Grenzen. Wer sich nicht anpasst, stirbt aus. Diese Gedanken sind nicht katalytisch – diese Gedanken sind Essenz: Darwin hat ein konsistentes Modell übernommen und zur Vision stilisiert (erst die Genetik unseres Jahrhunderts hat die kausalen Grundlagen geliefert). Es stirbt aus, was nicht angepasst ist: der nackte Zufall selektioniert. (Wie aber die kleinen Vorteile zustande kommen, die summiert über Leben oder Tod entscheiden, weiss auch Darwin nicht.)

Darwin war ein Christ. Er ist zum Ketzer geworden. Die Malthus-Lektüre fällt zeitlich mit seiner Heirat zusammen. Darwin kränkelt seit seiner Reise – ein Tropenleiden. Doch Darwin wird alt. Der Tagebucheintrag «Malthus studieren und die Vermehrungsstatistik nachrechnen, die periodischen Widerstände in Betracht ziehen» zeigt, wie kühn da einer denkt: Man rechnet noch heute an diesem Problem. Die Tatbestände, die Darwin beklopft hat, haben Sinn erahnen lassen, der weit über alle engen Grenzen des religiösen Glaubens hinaus geführt hat.

FITNESS

«Beides ist notwendig, die Objektivität der Geschichte als das andere, das auch ohne mich ist, und die Subjektivität des Jetzt, ohne die jenes andere für mich keinen Sinn hat. Eins wird durch das andere erst recht lebendig. Jedes für sich allein lässt die Geschichte unwirksam werden, entweder als endloser Wissensinhalt von Beliebigem oder als Vergessensein.»

Karl Jaspers, 1949

Was dem Werbetexter heute recht ist, war dem Philosophen stets billig: gut gesetzte Slogans machen das Rennen.

Lassen sich die Wurzeln philosophischer Gedankengänge immer bis in die Wiege unserer Kultur zurückverfolgen (je abstrakter ein Gehalt ist, desto breiter wird der Auslegungsspielraum: die Alten haben die grossen Umrisse alle gezeichnet – uns bleibt die Feinmechanik), so hat das ‹Nichts-Neues-unter-der-Sonne› im Bereich der Naturwissenschaften doch gewisse Grenzen des Interpretationsanstandes. Sicher, man hat schon im alten Griechenland ‹um das Leben gekämpft›, sicher hat auch schon ein tüchtiger hellenischer Denker ‹die Tüchtigeren überleben› lassen. Doch hier sollen die beiden Schlachtrufe Darwins am kleinen Horizont seines Kreises gespiegelt werden.

Ursprünglich verwendet Darwin den Titel «War of Nature» in Anlehnung an Hobbes' «All Nature ist War». Dann lässt sich beim Trendsetter Bonnet, er verwendet auch den Begriff «Evolution» als erster, ein «Krieg der Tiere» finden, doch wird erst Augustin P. de Candolle von Darwin gelesen und in den «Fundamenten zur Entstehung der Arten» (Essays von 1842 und 1844) zitiert:

«De Candolles Krieg in der Natur könnte, sieht man das zufriedene Aussehen der Natur, zunächst angezweifelt werden; wir beobachten ihn an den Grenzen der ewigen Kälte. (Darwins Anmerkung: *«Gute Stelle, um einzuschalten, wie weit ich meine Theorie ausdehnen will; je weiter – sagen wir auf die gesamten Säugetiere –, desto dünner werden die Beweise.») Bedenkt man aber die enorme geometrische Vermehrungskraft jedes Organismus, so sieht man, dass er vorhanden sein muss.»*

Der geneigte Leser erkennt Malthus' Feder: Sein Buch hat nicht nur das intellektuelle 19. Jahrhundert nachhaltig beeinflusst, es erhitzt seit Meadows «Die Grenzen des Wachstums» (1972: alter Wein in Computer-Schläuchen) auch die Gemüter unserer Zeit wieder. Beides ist notwendig: Die Objektivität der Geschichte und die Subjektivität des Jetzt. Wissenschaft ist das Umschichten zeitloser Gehalte mit den Schaufeln der Zeit.

Der ‹Krieg der Natur› mauserte sich: Es entstand das unübersetzbare «struggle for existence». Die Darwin-Forschung ist darum bemüht, Erkenntnisdynamik in den Griff zu bekommen. Man hat die 70000 Worte des Reifungsprozesses ausgezählt und darin elfmal «struggle» gegenüber siebenmal «war» (Krieg) gefunden: Die Benützungsfrequenz von ‹Krieg› nimmt im selben Ausmass ab, wie ‹struggle› zunimmt. Das Schlagwort hat sich durchgesetzt – sein Reiz liegt im Interpretationsspielraum.

Die Gebräuche der formalen Logik sind hart: Zyniker meinen, dass auch der andere Slogan – «survival of the fittest» – jeglicher Präzision entbehre. (Wer ist ‹fit›? Fit ist, wer überlebt! Die Tautologie ‹es überlebt der Überlebende› ist leer.) Doch lassen wir die Spitzfindigkeiten – ein geschulter Denker war Darwin ohnehin nicht. Er ersetzt erst in der 6. Auflage seiner «Origins» die wenig werbewirksame (aber präzisere) «Natural Selection». Denn: «Der Ausdruck ‹Survival of the Fittest›, der von Herrn Herbert Spencer oft benützt wird, ist besser (more accurate) und zuweilen ebenso bequem (equally convenient).»

Der Evolutionsgedanke lag knisternd in der Luft der fünfziger Jahre des vorigen Jahrhunderts. Trotzdem: Darwin hat den Begriff «Evolution» laut angeführter Statistik nur einmal benützt. Spencer (1852: «Theorie der Bevölkerung» und «Über die Entwicklungshypothese») braucht ihn oft. Und doch wird Darwin zur Galionsfigur des Evolutionsmodells, das unsere Zeit prägt.

Die Mathematik beherrscht die Philosophie des 17. Jahrhunderts – die Physik die des zwanzigsten: Die sich emanzipierende Biologie wird zur Basis des Denkens in der Zwischenzeit. So sahen sich selbst gänzlich unpraktische Gemüter gezwungen, sich in biologischen Dimensionen zu versuchen. Spencer hatte sich bei chemischen Experimenten in der Schule lediglich die Finger verbrannt, und recht beziehungslos soll er das Schulareal nach Insekten abgegrast haben. Als Soziologe verfasst er seine «Prinzipien der Biologie». Darin gibt er zu, dass sich Leben nicht mit Chemie und Physik erklären lasse. (Warum wird die Erkenntnis heute in Grundlagendiskussionen stets ohne

Krieg, Kampf und die Bewährung: die Zeit schlägt durch und in ihr Darwin mit all seinen Zwängen. Als ob es sich um einen Höhepunkt handelte, beendet Huxley das Kapitel «Menschenaffen» mit dieser Menschenfresser-Metzgerei in Afrika, anno 1598: man delegiert in die Zeit und an den Raum. Der Darwin-Slogan aber hat eingeschlagen und infiziert die Zukunft.

‹Quellenangabe› verwendet?) Spencer erweitert die Entwicklungslehre auf alle Wissenschaften: Sein Riesenwerk – es beginnt im Urnebel und endet beim Menschen – erstickt in Akribie und Geldnot.

GEIST UND GALLE

«Wahrheit erreichen wir nur, sofern wir statt der Totalkausalität bestimmte Kausalitäten ins Unendliche erforschen. Nur soweit etwas kausal begreiflich wird, ist es in diesem Sinne erkannt. [...] Was irreal ist, kann sich nicht mehr halten.»

Karl Jaspers, 1949

Wenn einer eine Reise tut, so kann er viel erzählen: vielleicht hätte Humboldt die Musse gefehlt, zwanzig Jahre lang die Ausbeute seiner Reise zu sichten, vielleicht hätte auch Darwin sich nicht zwanzig Jahre lang ausgeschwiegen, wäre das Leica-Syndrom (Bilder schiessen, was die Filter halten) hundert Jahre früher über Reisende hereingebrochen, die Suchenden mit Blindheit schlagend.

Dass Darwin nach der Reise ganz geschwiegen hätte, stimmt allerdings nicht. Denn unsterblich hätten ihn bereits seine Südseeatolle gemacht: diese gehören noch heute zum Ritual jeden Geographieunterrichts. (Wer kennt das Ei des Kolumbus nicht? Wer kennt das Modell der im Meer versinkenden Vulkane nicht, die die Korallen darum herum stetig nachwachsen lassen und so eine Kreis-Insel bilden? Bilder von fast haptischer Begrifflichkeit setzen sich in den Schulbüchern und in Redewendungen durch.) Mitbringsel, kistenweise Sammelgut, und das Anwenden des Lyellschen Ansatzes haben den Geologen Darwin nach seiner Reise zum Mann in aller Wissenschafter Mund gemacht. (Das Rezept: Wer Revolutionen plant, infiltriere sich mit wenig brisanten Nebensächlichkeiten in die Denksysteme, die es zu sprengen gilt.) Doch in Darwin gärte Grosses. Warum hat Darwin zwanzig Jahre lang geschwiegen?

Biographien sind ein sicherer Weg, grosse Persönlichkeiten zu verpassen: Skrupel werden verniedlicht, Bezugsgeflechte reduziert, Intuition wird kastriert. (Sind alle grossen Geister Kapaune, die regelmässig Fleisch ansetzen Jahr um Jahr?)

«Die Leber sezerniert Galle – das Hirn scheidet Geist aus.» In einem seiner Transmutationsnotizbücher schreibt Darwin: *«Liebe ist der göttliche Effekt der Ordnung, o du Materialist. [...] Warum ist das Denken als Sekret des Hirns wunderbarer als die Gravitation als Eigenschaft von Materie? Unsere Arroganz, unsere Eigenliebe macht uns solches glauben.»*

Darwin ist zu dieser Zeit bereits verheiratet – Seelenspannung erwächst aus der

Fig. 1. Pfingst-Insel.

Fig. 2. Insel Bolabola.

«Der Zweck dieses Bandes ist, die Corallen-Riffe zu beschreiben und den Ursprung ihrer eigenthümlichen Formen zu erklären.» Vielleicht zeigt diese Arbeit besonders hübsch, welches sichere Gespür Darwin im Umgang mit Kernfragen hatte. («Coral reefs», 1848)

Eigendynamik seines Denkens und aus der häuslichen Wärme des trauten Heimes. Wohl hat er gewusst, dass seine kompromisslose Art zu denken den rüdesten Materialismus aller Zeiten darstellt. Flucht, deshalb, in den Beweis. Durch diese Flucht wird der Spring-ins-Feld zum Zauderer. Noch so viele Beispiele, an denen sich ein Satz bewährt, vermögen diesen nicht zu ‹beweisen›. Darwin ertrinkt in Daten: Der Weitblick souveräner Triage fehlt dem Autodidakten. Seine Mängel waren seine Chance – doch nun lähmen ihn die Lücken.

Er zögert eine Stellungnahme hinaus, solange er kann. Und trotzdem fürchtet er, durch plötzliches Ableben um den Ruhm gebracht zu werden: Klare Richtlinien würden seine Gattin im Falle seines Todes anleiten, den Rohling seines Buches durch berufene Hand publikationsreif schleifen zu lassen. Koste es, was es wolle – doch nicht mehr als «400, höchstens aber 500 Pfund». Darwins Denken war Mechanik. Er fühlte die Implikationen seiner Philosophie. Er hat sich davor gefürchtet. Er suchte Beweise. Er suchte und suchte: Wer hart zuschlagen will, muss seiner Sache sicher sein. Kein Denksystem der Evolution vor Darwin hat ganz auf Gott verzichtet: Alle Evolutionstheorien der Zeit liessen einen klerikalen Spielraum der Interpretation frei. Darwin ersetzt das Göttliche durch blinde Variation und die Gegebenheit des physikalischen Gegenübers (natural selection), an dem sich das Blinde bewährt oder aufreibt. Der Gentlemanforscher verkeilt sich in die Systematik einer aberranten Tiergruppe: Entenmuscheln (Cirripedia). Vier Bände sind die Ausbeute achtjähriger Zerstreuung. Die orthodoxe Forschung interpretiert das als Beleg für die Seriosität der Beweisführung. Doch Darwin richtet selber: «Ich bezweifle, dass das Werk so viel Zeit wert war.» (PS: Systematikern dient es heute noch als Grundlage, der wissenschaftliche Wert wird hier auch keineswegs angezweifelt – doch geht es nicht um Normwissenschaft, sondern um eine Revolution.) Darwin schreibt Entwürfe. Noch und noch. Zur Veröffentlichung seines «big book» freilich kam es nie. (In unserem Jahrzehnt erst werden die letzten Packen Manuskript verlegt.) Da hockt einer zwanzig Jahre lang auf seinem Jahrtausendgelege und brütet, brütet, brütet. Ob hier nicht selbst die Autobiographie irreführen muss?

Wodurch liess sich der ob des eigenen Geistes Logik erschrockene Zauderer drängen, einen raschen Auszug aus seinen Entwürfen auf den Markt zu werfen? Alfred Russel Wallace, Landvermesser von Beruf und Schöpfer der Tiergeographie aus Berufung, schrieb auf der Insel Ternate, wo er sich von einem Wechselfieber erholte, im Februar 1858 den Essay «On the Tendency of Varieties to depart indefinitely from the Original Type». Darwin erhielt diese Arbeit am 18. Juni 1858 und merkte, dass seine eigene Sache hier in verblüffender Kongruenz abgehandelt wurde. Die Zeit war reif. Der privatisierende Stubenhocker liess sich, durch den fernen Abenteurer angestachelt, von guten Freunden dazu überreden, bereits am 1. Juli Wallaces und die eigene Sache vor erlauchter Hörerschaft zu verlesen. Am 11. September 1859 erscheint dann das Buch, das als präzise Zäsur den Schritt in die Epoche unserer Zeit markiert: «Die Entstehung der Arten durch natürliche Zuchtwahl oder Die Erhaltung der begünstigten Rassen im Kampf ums Dasein (in the struggle for life)». Die 1170 Exemplare, die in den Verkauf gelangen, sind innerhalb von 24 Stunden ausverkauft. Der Rummel, vor dem sich Darwin gefürchtet hat, beginnt.

Im Prinzip Stress: Die Evolution der Evolution

«Etruskische Krüge sind sprechend im höchsten Mass und aller mitteilenden Sprache inkommensurabel: die wahre Sprache der Kunst ist sprachlos.»

Theodor W. Adorno, Ästhetische Theorie, 1970

Der Mensch schafft sich Krüge, die ansprechen, sich der Ansprache aber entwinden. Der Mathematiker lacht heiser. Sein Zugriff sitzt: Er fasst den Krug zwei-, drei-, vierdimensional (zum Beispiel mit Oberflächentemperatur), fünf-, sechsdimensional (zum Beispiel mit Wanddicke und Farbton). Nach der wievielten Dimension sich das Objekt aber empfohlen, wann sich der Krug durch eine Hintertüre aus der Rechnung geschlichen hat, signalisiert kein Programm. Nicht nur die Sprache der Kunst ist sprachlos; dennoch – Krug bleibt Krug, allem Zugriff zum Trotz.

Auch der Zugriff bleibt Zugriff, greift man nach ihm, allem Krug zum Trotz. Hier geht es um die Theorie der Theorie und nicht um die Sache, die ihrerseits mitteilender Sprache wohl so inkommensurabel ist wie irgendein antiker Krug; es geht um den Griff nach dem Zugriff, wobei uns schon dieser im Äther verebbt.

Wer den gordischen Mut nicht hat, erliegt seiner Zeit: «Que de choses il faut

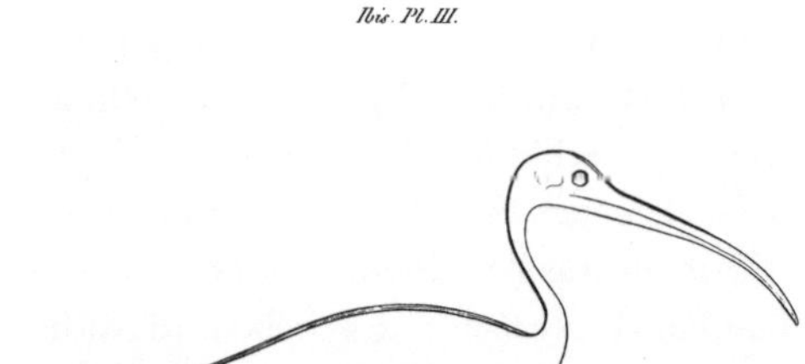

Der Ibis der alten Ägypter lebt noch: Cuvier widmet ihm 1825 einen liebevollen Anhang in «Les Révolutions de la Surface du Globe». Wissenschaft und Ästhetik, auch wenn diese «mitteilender Sprache inkommensurabel» ist, schliessen sich nicht aus.

Riesenfaultiere gingen im Quartär beider Amerika um. Fossilien beflügeln die wissenschaftliche Phantasie der vordarwinschen Zeit (Bild: 1837). In seinem Reisejournal beschreibt Darwin Ausgrabungen des Megatheriums aus der Pampasformation Argentiniens.

ignorer pour agir!» (Paul Valéry). Wer aber handelt, erliegt seinem Mut. Darwin hat kurz vor dem Tode geschrieben: «Mein Geist scheint eine Maschine geworden zu sein, die dazu dient, allgemeine Gesetze aus grossen Sammlungen von Tatsachen herauszumahlen.» Und das hat nach seiner (verbrieften) Meinung zur «Verkümmerung bestimmter Gehirnpartien» geführt: «Man könnte zutreffend sagen, dass ich ein Mensch bin, der farbenblind geworden ist.»

BIO-, PSYCHO-, LOGOTOP: AUS NICHTS GIBT'S NICHTS

Die Geschichte der Wissenschaft ist die Geschichte ihrer Fragen. Dem Forscher an der Zeitfront beliebt, die Summe seines Zeitwissens als logische schnurgerade Abfolge verlässlicher Antworten darzustellen. Offenbar projiziert er, dem sich konsequente Logik des Weges im Jetzt so launisch verweigert – welche Schule, welches Labor tastet sich nicht in Labyrinthen, azimutgebeutelt in eine ungewisse Zukunft vor – das erträumt Unerbittliche des Fortschrittes auf die Kulissen einer Bühne, die ihm ‹Geschichte› ist.

Im Vorwort zur sechsten Auflage von Darwins «Origins» findet sich – eine Fussnoten-Enklave im Freiraum ausserhalb des Textblockes – die Bemerkung: «[...] dass für den Naturforscher der Zukunft die Frage nicht mehr lauten werde, wozu das Rind seine Hörner bekommen, sondern wie es sie bekommen habe.» (Dass Darwin damit auf Goethe Bezug nimmt, sei am Rande vermerkt.)

Die ‹Wozu›-Frage – Kirchen und Kinder eigen – wird durch die ‹Warum›-Frage verdrängt: das Pathos umfassender ‹Weil›-Antworten weicht dem nüchternen Ansatz, unerfassliches Ganzes durch immer dünnere Tranchen spröder ‹Wenn-dann›-Beschreibungen verständlich erscheinen zu lassen. Das differentielle Tranchieren führt, wir wissen es heute, selten nur zu integrierten Ganzheiten; haptisch fassbare ‹Wenn-dann›-Beobachtungen summieren sich nicht zum funktionstauglichen System. (Das «reproduzierbare Experiment», Primat naturwissenschaftlichen Modelldenkens, gerade das fehlt aber in allen geschichtlichen Disziplinen: Auch in der Evolutionstheorie.) Das ästhetische Geheimnis um den ‹etruskischen Krug›: wir können ihn be-sprechen, er-fassen können wir nicht. Denn auch der Krug ist Geschichte: Er ist, er wird nicht mehr, weil er gemacht wurde und nicht gemacht mehr wird.

‹Wozu›-Wissen und ‹Warum›-Wissen sind unvereinbar. Wir haben zwar zwei Beine, können aber nicht zwei Wege gleichzeitig begehen: Zwei Seelen mögen in unserer Brust wohnen, wir können aber nicht final und kausal gleichzeitig denken. Klarheit verhindert Verzweiflung. ‹In vitro›-Gleichgewichte lassen sich nicht hochstilisieren: aus der Chemie lassen sich keine Fundamentalgesetze des Lebens destillieren. Philosophischer Flirt verführt: man vergisst stets, dass nach dem Hieb der gordische Knoten zwar gelöst, die Schnur aber unbrauchbar geworden ist. Warum von Knoten sprechen, wenn es um die Nestel geht? Die Geschichte der Wissenschaft ist die Geschichte ihrer Fragen. Mag jede schöne Zeit aus ihren schönen Resultaten ihre schönen Theorien schälen, doch am Ende überdauern stets die Fragen: Die Güte einer Theorie ist durch die Klarheit ihrer – noch offenen – Fragen gegeben. Wissenschaft ist Weg: Ziele sind immer nur Zweck.

Die noch junge Biologie verbeisst sich, wie jede junge Wissenschaft, in Definitionen. Die noch jüngere Ökologie erstickt förmlich im Bemühen, klare Begriffe zu setzen. Verschieden wird der Begriff ‹Biotop› gehandhabt: im Prinzip fasst er alle abiotischen Grundlagen, die das zu untersuchende Lebensgeflecht ermöglichen. Für den Menschen – im Fokus bio-soziologischer Diskussion – wurde auch schon der Ausdruck ‹Psychotop› geprägt (Emil Egli, 1965). Mit der didaktischer Betulichkeit oft eigenen Manieriertheit wird hier der ‹Logotop› aus der Taufe gehoben. Weder Schalk noch Eifer sind dabei federführend: Das monströse Wortgebilde dient als Kniff, der zeigt, dass Theorien nicht aus der Retrospektive unserer Kultur gewürdigt werden dürfen. (Die Ethnologie weiss um die Schwierigkeiten, wenn es darum geht, sich einer uns fremden Ethnie zu nähern. Leider ist es uns verwehrt, uns neben Darwin auf der Ofenbank zu integrieren.) Jeder Denker denkt in seiner intellektuellen Heimat: Leben entsteht aus Leben, Theorien entstehen aus Theorien. Aus nichts gibt's nichts. Dass die intellektuelle «Urzeugung» so lange nach Pasteur und Virchow immer noch in unseren Gemütern umgeht. In der erwähnten Fussnote fährt Darwin mit der Bemerkung weiter: «[...] ein merkwürdiges Beispiel dafür, wie sich gleichartige Ansichten gleichzeitig bilden.»

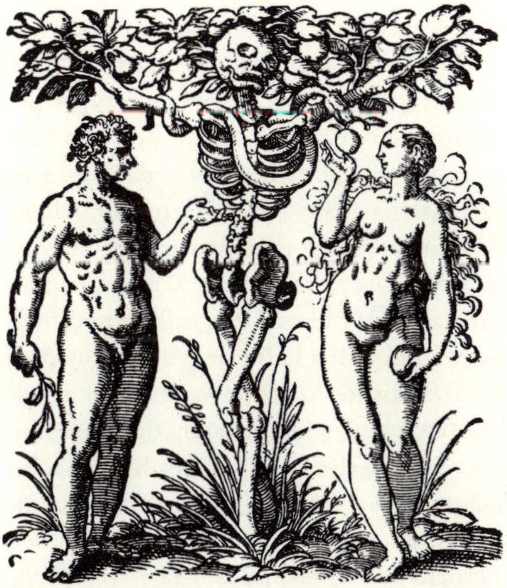

Jeder Baumstamm hat seinen Stammbaum: Es ist falsch, die Darwinsche Evolutionsmechanik als eine ‹Urerzeugung› im evolutionsleeren Raum zu sehen. Darwins Zeit ‹troff› vor Entwicklungsgeschichtlichkeit.

Die Geschichte der Evolutionstheorie, welche die einschlägigen Biologiebücher geschürzt und zielgerichtet zeichnen, ist falsch. (Das gilt pauschal für alle historischen Einleitungen der naturwissenschaftlichen Literatur: Asthmatisch wird – man will zum Wesentlichen, zum Jetzt-Befund vorstossen – eine logische Abfolge von Sternstunden so gesetzt, dass der Eindruck entsteht, die Wissenschaften aller Epochen arbeiteten sich Stein um Stein, am selben Gebäude bauend, in die Hand. Wer die kleinlichen Querelen im Tageslauf der Forschung kennt, ist immer wieder erstaunt, welch sachzentrierte Friedlichkeiten in den Jahrhunderteverlauf der Forschung hineininterpretiert werden.) Doch führt Summation nicht zum Wissensgebäude unserer Welt. Die Rückschau verzerrt: Welcher Wanderer hätte nicht schon die Meilensteine, die er mühsam erwanderte, als dichte, in der Ferne immer dichter werdende Abfolge erlebt? Es geht hier darum, Faktoren zu suchen, die Darwin so denken liessen, wie er dachte: das ist die Suche nach dem ‹Logotop› des Denkers, dessen Name unser Jahrhundert prägt wie kaum ein zweiter.

BIO-, THEO-, GEOLOGIE: LOGIE BLEIBT LOGIE

Der Daumier in uns zeichnet Darwin als Karikatur: Der um seine eigene Gesundheit überängstlich besorgte Pascha wird zum Jahrtausend-Nimrod, der privatisierende Rentenbezüger wird zum Existenzkampf-Barden. Den gütigen Vater spielend, sitzt ein Brandstifter im ländlichen Garten und lässt sich von seinen Sekundanten die Frontberichte kredenzen. (Engels an Marx, 1859: «Übrigens ist der Darwin, den ich gerade lese, ganz famos: die Teleologie war nach einer Seite hin noch nicht kaputt gemacht. Das ist jetzt geschehen.» Marx, 1860: «Obgleich grob englisch entwickelt, ist dies Buch (Vom Ursprung der Arten), das die naturhistorische Grundlage für unsere Arbeit enthält.») Familienvater aus nüchternem Kalkül. («Kinder, die sich für uns interessieren und mit welchen wir spielen, sicherlich besser als ein Hund. Ein Heim und jemand, der das Haus besorgt. Das Anziehende von Musik und weiblichem Geplauder. Diese Dinge sind gut für die Gesundheit.» Tagebuch.) Biologe aus dem Zwang innerer Logik, autodidaktischer Geologe aus Neigung: professionell ausgebildet ist nur Darwin, der Theologe. Es wird übersehen (Naturwissenschaftern fehlt, würdigen sie den Stammvater ihrer ihnen lieben Evolutionstheorie, oft die Distanz), dass der Biologe vom Dienst ein Bakkalaureus der Theologie geblieben ist. An der intellektuellen Appretur der Jugend perlen neue Denkstrukturen ab: Prägungen trotzen vielen Waschprogrammen. (Das gilt für Denkstrukturen eher als für Wissensinhalte, obwohl auch diese, so scheint es, sich tief in Hirnregionen einätzen – wie viele Altersheiminsassen werden von Schillers Glocke wieder heimgesucht!)

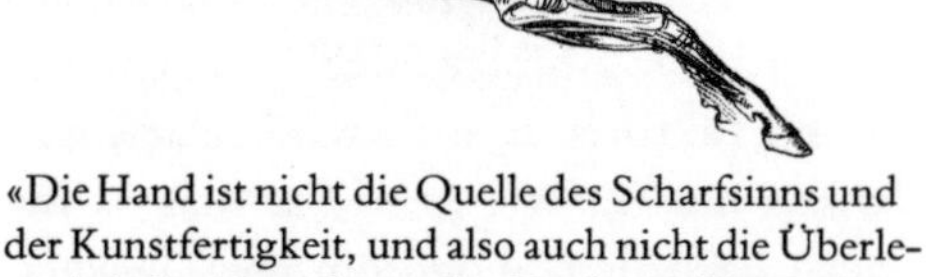

«Die Hand ist nicht die Quelle des Scharfsinns und der Kunstfertigkeit, und also auch nicht die Überlegenheit des Menschen.» Sir Charles Bell leitet die unter Mitwirkung von Bischöfen herausgegebene, nach ihrem Mäzen Graf von Bridgewater (1825) benannte populäre Schriftenreihe mit einem anatomischen Vergleich der Wirbeltierextremitäten ein. Das Werk ist ein beredtes Dokument, wie sehr das Jahrhundert für Darwins Durchbruch konditioniert war.

Es spricht für die Vielseitigkeit der (damaligen) Theologenausbildung, dass auch Prüfungen in Geschichte, in Algebra und Geometrie abzulegen waren. Die Geometrie faszinierte den Kandidaten, für die reine Mathematik ging ihm jedes Gefühl ab (in diesem Punkt ist Darwin ein typischer Biologe modernerer Zuschnitts): «In späteren Jahren habe ich es tief bedauert, nicht wenigstens etwas von den grossen, leitenden Grundsätzen der Mathematik zu verstehen.» Die Schriften des Kirchenmannes William Paley lernte der Prüfling praktisch auswendig: «Ich hätte sie perfekt aus dem Gedächtnis niederschreiben können.» Solche Exerzizien hinterlassen tiefe Spuren. Das Euklidsche Geschick des Entwickelns langer Beweisketten fasziniert. Die Kompatibilität der Denkstrukturen vertieft den Lerneffekt. Beide huldigen Thesen, welche nicht direkt durch Augenscheinlichkeiten bewiesen werden können. Bei Paley hat Darwin gelernt zu argumentieren. Mit Beispielen erdrückt man den Gegner. Der Rekonstruktion geschichtlicher Dimensionen entzieht sich dem überzeugenden Experiment. Der gesunde Menschenverstand verdaut, wenn ihm das Unglaubliche in kleinsten Appetithäppchen serviert wird. Solange Unmöglichkeit nicht erwiesen ist, kann Möglichkeit nicht ausgeschlossen werden. Bei Paley lernt Darwin die Lehre verachten, dass sich Organismen aktiv anpassen. (Dass Darwin sich später im Beweisnotstand diesem Lamarck-Modell wieder nähert, zeigt, wie antipode Theorien sehr wohl in einem Gleichen ruhen.) Die Zweckmässigkeit der Vielfalt aller organischen Lebensformen beweist Gott: Darwin übernimmt das theologische Argumentengefüge – und ersetzt den Gott der Kirchen durch einen Gott der Atheisten (die natürliche Zuchtwahl). Paley war einer der ersten Vertreter des ‹Common touch›: das Zeitalter der auflagenstarken ‹Sachbücher› hat begonnen! Zwar haben die latitudinarischen Ansichten dem wackeren Streiter einen Bischofssitz gekostet, der Bestsellerautor ist aber – eine Ausnahme – ein bemerkenswert gewissenhafter Seelsorger geblieben. Man könnte die Zeit Darwins und die ‹Berufswahl› des Fils à papa (in Ermangelung einer hifi-Anlage hat sich Darwin zur Entspannung den Kirchenchor jeweils in seine Studentenbude kommen lassen, gegen Bezahlung natürlich) nicht würdigen, wüsste man nicht, dass es gang und gäbe war, zwar eine Pfarrei (mit Einkünften) zu übernehmen, die Arbeit aber einem (schlechtbezahlten) Vertreter zu überlassen. Der hasenschartige und wolfsrachige Bänkelsänger des Weltunterganges durch Überbevölkerung, Thomas Robert Malthus, war neben anderen Extrapolenten der britischen Intelligenz auch einer jener besseren Söhne, die sich nach Cambridge-Abschluss einen solchen Posten an der Staatskirche haben sichern können.

Die Autobiographie mag belegen, dass Humboldts Reisebeschreibungen («Ein Schwätzer», war das späte Urteil des inzwischen berühmt gewordenen Darwin nach einer frustrierenden Begegnung mit dem inzwischen allzu universell gewordenen, sehr deutschen Deutschen) und John Herschels Einleitung in die Naturwissenschaft (Darwin trifft den grossen Astronomen zum erstenmal am Kap der Guten Hoffnung) wesentliche Katalysatoren in der philosophischen Dynamik gewesen sind – intimere Analysen zeigen, dass die Kirche Pate stand. Theologie minus Gott – ist das moderne Biologie? Die Formel ist zu einfach, aber sie ist nicht ganz falsch.

Ach, da wurde die Geologie vergessen: «Eine vorzügliche Wissenschaft für den Anfang, da sie nichts weiter erfordert als etwas Lesen, Denken, Klopfen.» Die Theologie war Nährboden, die Geologie Auslöser: dass sich Darwin mit somnambuler Selbstsicherheit in der Biologie bewegt, liegt am Logotop einer Zeit, die vor Biologie trieft.

VOM INVENTAR ZUM MODELL: DAS ERBE DER SCHOLASTIK

Es ist nicht so, dass sich die Biologie ihre Inventare erstellt hätte, bevor sie sich, in der Beobachtung gründend, ihre Modelle extrapoliert hat. Es ist vielmehr so, dass die Inventur der Theorie stets hintanhinkt. Wissenschaft ist Abstraktion; der Prozess «der theoretischen Neugierde» (Blumenberg) dauert Jahrhunderte; selbst die Mauser der Systematik schleppt sich über etliche Epochen dahin – sie ist mit der philosophischen Analyse verquickt, die recht eigentlich auf deren Grundlagen angewiesen gewesen wäre. Kräuterbücher entstanden aus pharmazeutischem Interesse, Tierbücher aus einem Gemisch von Volksbelustigung, Philosophie und Mythos. Die Sexualität der Pflanze wird erst durch Grew im späten 17. Jahrhundert entdeckt – heute ist sie Grundlage des Schubladisierens. Der Artbegriff ist jung, man stritt über die Konstanz derselben, bevor man wusste, worüber man stritt. Bevor das Inventar der Formen Form angenommen hatte, wurden Systeme diskutiert. Buffon, der bewegliche Denker, setzt sich schroff gegen den nordischen Artenpapst Linné ab: «Jede Klassifikation beruht auf einem metaphysischen Irrtum!» Die verwirrende Vielfalt und die Kleinheit der Unterschiede machen ihm Dynamik plausibel. Theorien und ihre Zeit sind eins: Denkgefäss und Denkinhalt sind untrennbar. Auch wenn frühe Wissenschaften Evolutionssysteme ‹imitieren›, ist uns der direkte Zugriff in damaliges Verständnis verwehrt. Wenn Aussagen in Teilaspekten mit heutigem Wissen übereinstimmen, ist noch keine Kongruenz des Denkens erwiesen: Die Fragestellung dahinter entlarvt manche Vorwegnahme moderner Modelle als Zufallstreffer neben anderen Zufällen, von denen heute niemand mehr spricht, weil sie überholt, oft lächerlich sind.

Man findet Versatzstücke darwinschen Denkens in allen Epochen – die Ansätze erweisen sich aber stets als erratische Splitter in konsistenten Denkgefügen, aus denen sie unsere Eitelkeit herauslöst. So postuliert Heinrich von Hessen im 14. Jahrhundert das Entstehen neuer Pflanzen. Es handelt sich aber nicht um das Aktualitätsprinzip des 19. Jahrhunderts, sondern lediglich um einen liebenswerten Trugschluss: Weil immer neue Krankheiten entstünden, müssten auch immer neue Heilkräuter zu deren Bekämpfung entstehen. Auch Albertus Magnus zieht bereits im 13. Jahrhundert die Wandelbarkeit von Formen in Betracht: Aus Wildformen werden ja Kulturpflanzen gezüchtet, die wieder verwildern können. Die Wurzeln dieser Überlegungen finden sich bei Theophrast. Die Methode imponiert (auch Darwin hat sich von Züchtern inspirieren lassen), das intellektuelle Instrumentarium versagt jedoch. Das Pfropfen ist ein Bauerntrick und kein Schöpfungsakt (vegetative Fortpflanzung), und wenn auf einem gerodeten Eichenbestand Pappeln wachsen, handelt es sich um eine ökologische Sukzession! Auch wenn Anaximander den Menschen aus dem Fisch evolvieren und Empedokles nur die Tüchtigeren überleben lässt, auch wenn die Araber An Nazzam und Al Gahiz im 9. Jahrhundert über Anpassung und den Kampf um das Dasein nachdenken, (ver)führen aus heutiger Sicht falsche Ansätze zu den aus heutiger Sicht verblüffend richtigen Schlüssen.

Nicht nur die Mode ist Mode – der ganze

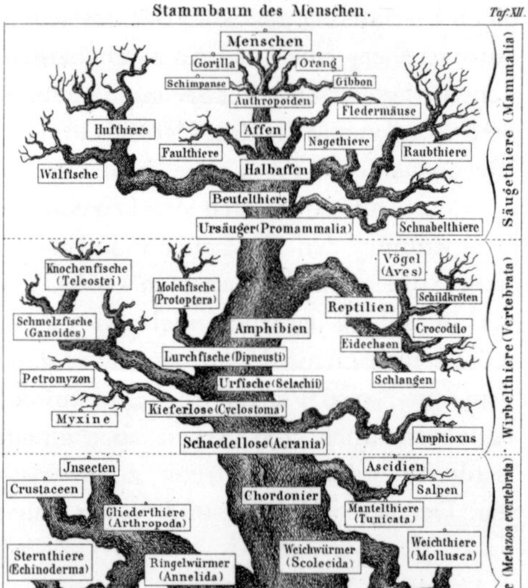

«Der Stammbaum des Menschen». Ernst Haeckel ersetzt Darwins schüchterne Strich-Stammbäume durch deutsche Eichen.

Mensch ist Mode: Die Art seines Denkens, Fühlens, Essens, Sehens und Sterbens –, auch die Wissenschaft ist Mode. Das erfolgreiche Dogma der Konstanz der Arten

IDÉE D'UNE ÉCHELLE
DES ETRES NATURELS.

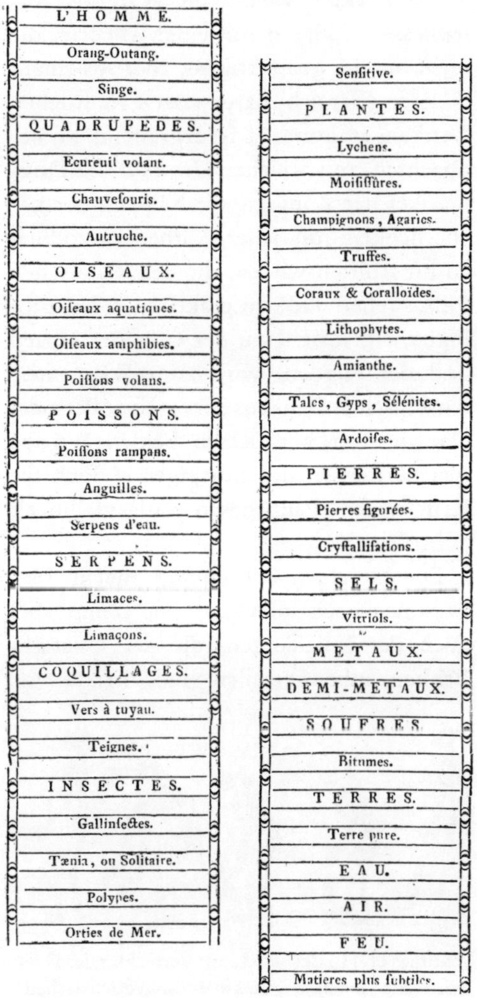

wird in verschiedenen Epochen in Frage gestellt. Im Schosse des biblischen Schöpfungsgedankens schlafen aber die Ansätze der Wandelbarkeit stets wieder ein. Die Stammbäume in der Biologie (Darwin hat ‹Korallenstöcke› gefordert!) hat erst Haeckel populär gemacht. Aber das ‹Schichtungsphänomen› zieht sich als Methode der Stufenleiter seit der Antike, dem Zeitwissen und damit der Zeitmode stets angepasst, als Konstante bis in unsere Tage durch. Die Scholastik hat darauf aufgebaut (Albertus), die reifere Wissenschaft hat perfektioniert (Malpighi), die Wegbereiter der Moderne (Ray, Buffon, Bonnet) haben es im 18. Jahrhundert ebenso erfolgreich benützt wie in unserem Jahrhundert der Philosoph Nicolai Hartmann, der Paläontologe Teilhard de Chardin und neuerdings der Zoologe Rupert Riedl. Die in dreister Sicherheit des Revolutionsrausches gezeichneten Stammbäume des letzten Jahrhunderts gleichen sich – die paläontologische Redlichkeit zwingt dazu – wieder dem altehrwürdigen Schichtungsbild an. (Fast alle Verzweigungsstellen sind eben doch ohne fossiles Korrelat geblieben!)

Im Denkgerüst der Stufenleiter findet sich die Methode, die über zwei Jahrtausende Kontinuität gewährleistet: Es wurzelt mit der Scholastik im Humus der Antike. Die Biologie der Schöpfung hat keine neuen Bäume gepflanzt. Ihre Modelle sind Äste am Stamm der Geschichte. Blätter spriessen, Blätter fallen – vor lauter Blatt sieht man den Baum oft kaum.

PAN – GOTT DER HIRTEN UND DER HERDEN

Dass Grosse sich an Grossen reiben, bis die Funken stieben, wird vom Fussvolk der auf Fixpunkte angewiesenen Normalverbraucher fast selbstverständlich erwartet. Wenn aber Grosse sich so gross wähnen, dass sie anderer Leistung überheblich ächten, ist Vorbehalt am Platz. Die Zeit hat Lamarck nicht aus den Lehrbüchern schwitzen können: Noch heute wird dem Darwinismus der Lamarckismus zur Seite gestellt. Eine

«Homo sylvestris», im 17. Jahrhundert ein Monstrum, im 18. Jahrhundert Nachbar, wird durch Darwin ein Bruder des Menschen. Charles Bonnet ist seiner Sache noch nicht so gewiss: einmal sind die Lebewesen «invariables: ils sont ce qu'ils sont». Dann aber stellt er eine «bewundernswerte Progression der göttlichen Werke» bis hin zum Menschen fest. Der Orang ist ihm zwar nicht Mensch, aber ein perfekter «Prototyp».

Alternative, die ihre Haut zäh verteidigt hat. Wenn der Schein nicht trügt, ist die Franzosentheorie heute gar eher wieder im Aufwind. Obwohl sich Darwin oft meisterlich in Bescheidenheiten zu kleiden wusste, wurde er seinem ‹Vorgänger› gegenüber wiederholt ausfällig: «Mir ist die Theorie äusserst schwach erschienen» (1859). «Ein Buch (Philosophie Zoologique, 1809), welches ich nach zweimaligem überlegtem Durchlesen für erbärmlich halte» (1863). Haeckel, für einmal, war umsichtiger: «Wie weit der grosse Lamarck seiner Zeit vorauseilte, geht am schlagendsten daraus hervor, dass sein Werk an den allermeisten Zeitgenossen spurlos vorüberging» (1866). Wenn wir wüssten, was Philosophie ist, könnten wir darüber befinden, ob Darwin ein Philosoph oder ob er doch lediglich ein überregionaler Kompilator mit naturwissenschaftlichem Charisma war.

Die Lücken, welche die «Origins» offenliessen, füllte er mit einer Theorie, die nicht minder grossartig ist, aber aus einem anderen Bereich naturwissenschaftlichen Denkens stammt. Es ist ergreifend, zu beobachten, mit welcher Umsicht die Dogmatiker der Zoologie die Klippen der Lächerlichkeit mit jener Kathedersprödheit zu umschiffen wissen, die den klassischen Philosophen und den praktizierenden Biologen, eigen ist. Pan, der Gott der Hirten und der Herden, wird zum Wappentier darwinschen Denkens der zweiten Periode. Darwin war von seinen beiden Würfen gleichermassen durchdrungen – doch die Krücke der «Pangenesis» entlarvt ihn als Schwärmer!

Die Geschichtsschreibung macht Unpersonen nach Belieben – sie trennt aber auch Persönlichkeiten, die der Unsterblichkeit anheimgefallen sind, strikte von

Thomas H. Huxley wird zum Verfechter des Darwinschen Gedankengutes in der angelsächsischen Welt. Die Methode der vergleichenden Anatomie hat lange, chirurgische Tradition. Stammbäume und Entwicklungsreihen sind Spiegel einer Dynamik, die alle Kulturbereiche erfasst hat. Auch die Physik.

ihren schwachen Seiten. Welcher Biologe darwinscher Provenienz huldigte der Pangenesistheorie ebenso intensiv wie der Selektionstheorie?

Der Name dieser Schattentheorie, «All-Schöpfung», lässt den Gesinnungswandel deutlich erkennen. Neun Jahre nach dem «Ursprung der Arten» erscheint «Das Variieren der Tiere und Pflanzen im Zustande der Domestikation». In diesem Werk siedelt sich Darwin eher im Raume des Vitalismus an und nimmt Gedanken etwa eines Hans Driesch vorweg. Der kalte Materialist hat das Lager gewechselt. Er findet mit weitausholender Geste eine Erklärung für das Leben schlechthin. Darwins Kleinstkeime als Ansatz zur Molekularbiologie interpretieren zu wollen, wäre verfehlt. Die Keimchen durchkrabbeln alles Leben zuhauf. Etwas wirr, die Idee, die so neu nicht war, wie sich das Darwin eingebildet hat. Er schreibt 1867 vor der Veröffentlichung: «Was ich Pangenesis nenne, wird ein verrückter (mad) Traum genannt werden [...] Ich denke, sie enthält eine grosse Wahrheit.» Seinem Freund Hooker schreibt er: «Noch am Totenbett wirst Du heimgesucht werden, weil Du dem grossen Gott Pan nicht gehuldigt hast.» Auch Materialisten sind nur Säugetiere, die an der Kälte frieren. Hat Pan, der Gott der Hirten, hat Pan, der Vater des Teufels, das Zeug zur Wärme? Francis Galton, Darwins ferner Cousin, der nachgewiesen haben will, dass Umwelt und Erziehung die Intelligenz («mind») nur wenig beeinflussen (der Darwinismus ist eben keine Elfenbeinturmtheorie!), unternimmt Experimente, um die Pangenesis zu beweisen: Bluttransfusionen bei verschiedenrassigen Kaninchen. Ergebnis: negativ. Darwin nimmt sehr pointiert im «Wöchentlichen Journal der Wissenschaft» Bezug (1871): «The gemmules in each organism must be thoroughly diffused.» Nirgends habe er behauptet, sie bewegten sich im Blutstrom. Die Molekularbewegung seines Freundes Brown muss herhalten und Diffusionsbetrachtungen eines Jones. Darwin kämpft für seine Pangenesis mit dem ganzen Gewicht seiner internationalen Autorität.

Fig. 4.

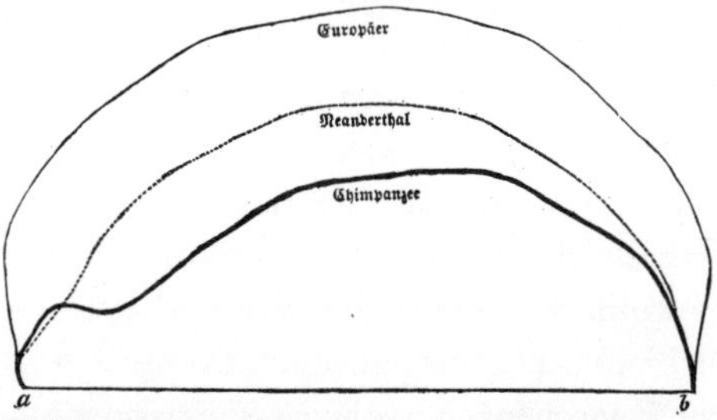

Außenlinie des Schädels eines erwachsenen Chimpanse, des Neanderthalschädels und des Schädels eines Europäers, vergleichungsweise in einander gezeichnet, um die gegenseitigen Verschiedenheiten besser übersehen zu können.

a. Die Stirnglatze.

b. Die Hervorragung des Hinterhaupts oder der Punkt am Aeußeren jedes Schädels, welcher ungefähr mit der Anheftung des s. g. Hirnzelts oder mit der unteren Grenze der hintern Großhirnlappen correspondirt.

Fig. 5.

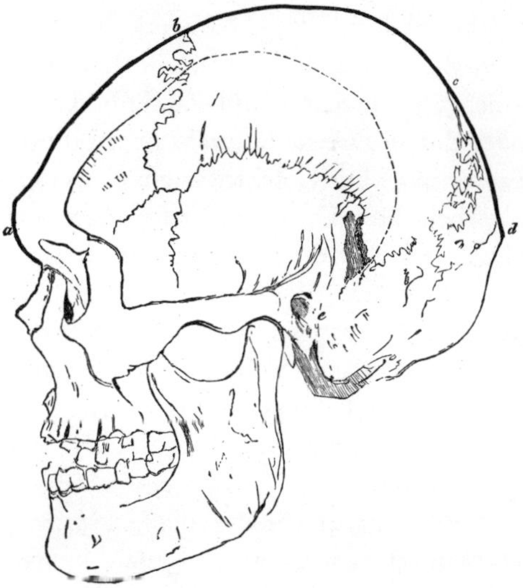

Der 1857 bei Düsseldorf gefundene ‹Neandertaler› regt die Phantasie mächtig an und heizt die Diskussion auf: «Die niederen Rassen des Menschengeschlechtes zeigen Verhältnisse, welche zwischen den höheren oder europäischen Rassen und den Affen mitten innestehen.» War die Verbindung nach ‹unten› entdeckt worden? Lyell hat Darwin, später hat Darwin Lyell angeregt. (Dunkle Linie a–d: Schädelfragment des Neandertalers.)

WAHRHEIT – EIN GESCHÄFT AUF RATEN

Wer heute Darwinismus sagt, meint den synthetischen Neodarwinismus unserer Tage: So wie sich der Verkehr seit Darwin, so hat sich auch der Verkehr mit Darwin gewandelt – es wurden in der Zwischenzeit nicht nur Düsenflugzeuge, es wurden in der Zwischenzeit auch das Elektronenmikroskop entwickelt. Und das Denken, natürlich, auch das Denken hat sich entwikkelt. Trotz Pangenesiseinbrüchen und Rösselsprüngen hin und her zwischen seinem Selektions-Roulett und Lamarcks ‹Gezielt-zum-Ziel›-Evolution: Darwin stand – knietief – im Strom mit Zukunft. Genie oder Zufall? Dreiste Ignoranz oder subtiles Fachgespür? Die Geschichte jedenfalls umhätschelt ihren Darwin: Hat Darwin seine Geschichte, hat die Geschichte ihren Darwin verdient? Alle postdarwinschen Erkenntnisse bestätigen in den ‹Wie›-Koordinaten die Verlässlichkeit der Darwinschen Kompilation. Fällt nur der ‹Wozu›-Regress dem Darwinfortschritt in den Rücken, immer wieder?

Wie nonchalant der Herr des Hauses, wie Darwin selber mit seiner eigenen, hehren Lehre zuweilen umgegangen ist, zeigt das folgende Beispiel: hier hat Darwin seinen Lesern einen Bären, seinem Bären aber einen Walfisch aufgebunden. So mir nichts, so dir nichts – wie weiland Lamarck, den er so nachhaltig verachtet, der Giraffe einen Hals aus dem blossen Wunsch erwachsen hat lassen, an die saftigen Blätter hoch über der trockenen Steppe zu gelangen, so naiv hat Darwin in seiner ersten Auflage der «Origins» aus einem schwimmenden Bären einen Walfisch entstehen lassen. Die Geschichte hat ihm selbst diese Geschichte nicht verargt – der ‹Beleg› verschwand allerdings aus den Folgeauflagen. Straflos. Bedeutung erwächst der Stelle aber auch daraus, dass sie im Kapitel «Difficulties on Theory» (Seite 184) aufgelistet wird.

«In Nordamerika beobachtete Hearne (auch in Freeman's Namensliste ‹C. D., a Companion› nicht zu finden) *wie der Bär [black bear] mit weit offenem Mund, auf diese Weise Insekten fangend, im Wasser wie ein Walfisch schwamm. Selbst in einem solch extremen Fall, angenommen das Angebot an Insekten wäre konstant, und besser adaptierte Konkurenten würden in diesem Lande noch nicht existieren, kann ich keinerlei Schwierigkeiten darin sehen, dass eine neue Bären-Rasse, welche mehr und mehr aquatisch in der Struktur und im Aussehen, mit breiterem und breiterem Maul durch ‹natural selection› sich ergibt, bis eine Kreatur, so monströs wie ein Walfisch produziert war.»*

Darwin – heute mehr als je – ist Schmelz-

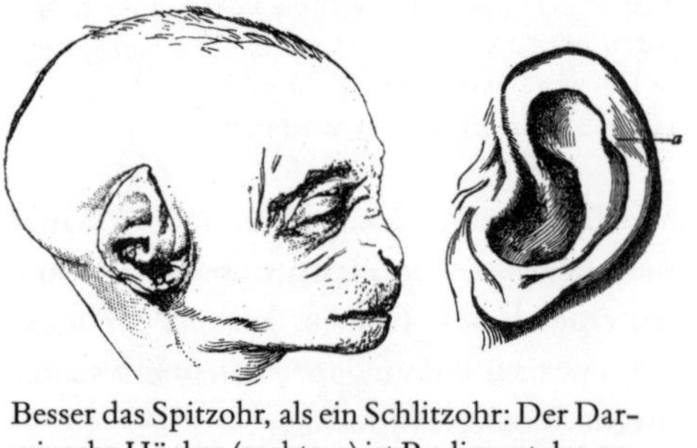

Besser das Spitzohr, als ein Schlitzohr: Der Darwinsche Höcker (rechts: a) ist Rudiment des unzweideutig spitzen Ohres am Orang-Feten (links). Nicht nur die Knochen-Homologien, auch die Weichteile werden in ein Beweisgeflecht eingebaut.

Nicht nur die Weichteile, auch die Mimik wird in der Charles Darwin eigenen, kompromisslos akribischen Arbeitsweise mit in das Beweisgeflecht eingebaut: «We have seen [. . .] that man is derived from some lower animal form.»

Sündfluten und Vulkankatastrophen haben den Widerspruch zwischen Fossilienfunden ausgestorbener Vertreter und dem biblischen Schöpfungsgedanken überwunden. Cuvier erhob den Gedanken zur Wissenschaft; Agassiz, der einflussreiche Amerika-Schweizer hat ihn im amerikanischen Bewusstsein konserviert.

tiegel und Polarisator innerhalb des naturwissenschaftlichen Denkens; in Darwin treffen sich, an Darwin entzweien sich Biologen. Nachwievor. Am Darwinismus wird auch die Grenze manifest, die Kluft in der Kultur, welche – vielen unüberbrückbar – Glaube und Logos trennt. (‹Ismen› sind eben mehr als Modellgefüge naturwissenschaftlichen Gepräges, ‹Ismen› sind Mythen, wollen Denkheimat sein.)

Der synthetische Neodarwinismus ist ein Schmelztiegel: Kein anderes Modellgefüge integriert mehr Wissenschaftszweige als er. Paläontologische, anatomische, ökologische Beobachtungen finden sich in einer einheitlichen Sprache zum gewaltigen Chor; chemische, mikroskopische, genetische Befunde ergänzen sich zu einem stringenten Ganzen; nirgends so klassisch positivistisch wie im Modellsystem des Darwinismus. Der Darwinismus bleibt polarisierend: In ihm erstarkt das Lager der ‹Chaoten›, der Zufallsbejaher, der Nihilisten, die nur dem Würfel huldigen und nicht mehr fragen, wessen Hände Würfel warfen, Würfel werfen immer noch. Darwin hat Lamarck erweckt; der Darwinismus hat den Lamarckismus konserviert. Nie wird das «Vererben erworbener Eigenschaften» aus dem ganzheitlichen Denken Goethescher Provenienz zu verbannen sein. Wo Darwin-Lücken klaffen, hilft Lamarck-Leim. Aus der Sicht des Molukularbiologen ist das allerdings Spiegelfechterei, weil er seinem biochemischen ‹Ventil› nicht abschwören will: Der Informationsfluss wird vom Zellkern in die Richtung des Eiweisses kanalisiert. Und nicht umgekehrt. Da lag Darwin richtig und Lamarck lag quer. Man kann ihn kehren und wenden, wie man will.

Es muss staunen machen, dass bei so viel Darwin-Klarheit Lamarck überlebt. Darwin bereits, der verkappte Lamarckist, hat sich mit der Selektion des Ästhetischen auseinandergesetzt. Ungleich subtiler als Nützlichkeiten erweisen sich Schönheit und Harmonie, will man sie über den kausalen Leisten schlagen. Dass just aus Versuchen mit Mikroben die Franzosentheorie wieder Aufwind erhalten hat, belebt die Biologie-Szene: Man wird die Konsequenzen abzuwarten haben (Steele, 1980).

Am Darwinismus aber artikuliert sich auch jener Hiatus, der den Glauben und das Denken trennt. In Amerika hat sich die Katastrophentheorie Cuviers im religiösen ‹Psychotop› der entwurzelten Auswanderer bis in unsere Tage halten können; Schöpfung versus Evolution – die Konfrontation erschüttert die Schulpolitik in den USA der Weltraumspaziergänge immer noch. Der Schweizer Paläontologe Jean Louis Rudolphe Agassiz, als Schüler Cuviers der Tradition Bonnets verpflichtet, hat als frankophiler Kontinentaleuropäer den Darwinismus in den Vereinigten Staaten auf gutem Nährboden fachkundig und überzeugend nachhaltig bekämpft: Jede «gute Art» ist ihm «ein Schöpfungsgedanke Gottes» (1857).

Der Gärteig biologischen Wissens ruht nicht. Die Wahrheit wird ihre Wirklichkeit nie einholen. Das ist Wissenschaft: Es geht nur darum, diesen Abstand zu verringern. Solange eine Theorie klare Fragen formuliert, ist eine Theorie wahr. Solange eine Theorie angegriffen wird, ist sie modern. Und damit eben wahr. Es ist wie mit den Rokokoröcken: Sie wurden nicht durch

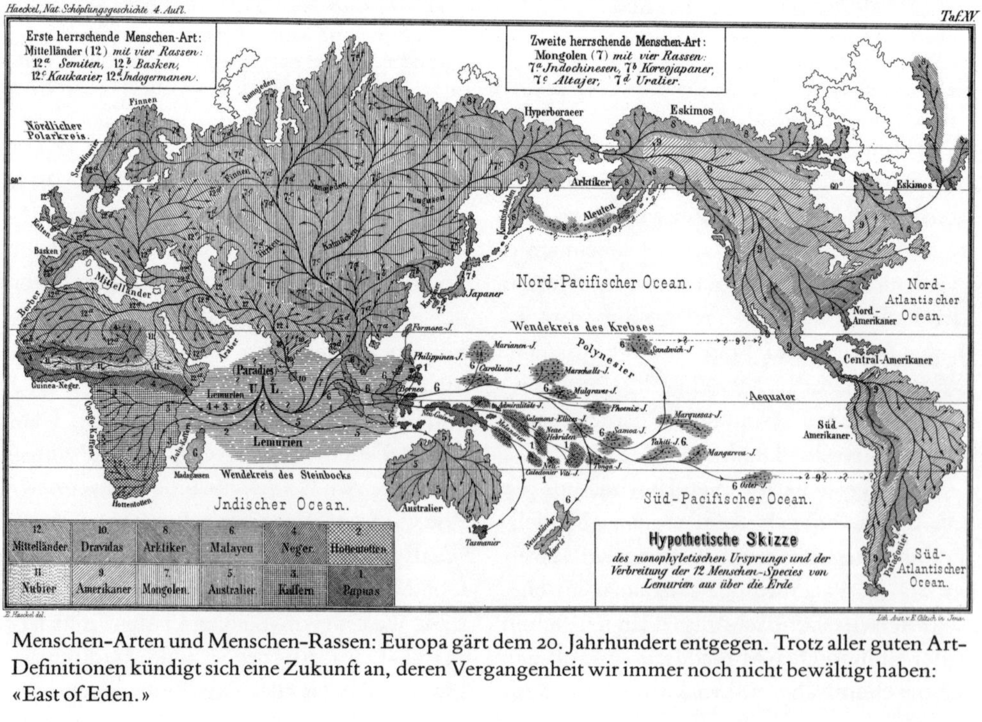

Menschen-Arten und Menschen-Rassen: Europa gärt dem 20. Jahrhundert entgegen. Trotz aller guten Art-Definitionen kündigt sich eine Zukunft an, deren Vergangenheit wir immer noch nicht bewältigt haben: «East of Eden.»

Sittenerlasse überwunden. Die Krinolinen fielen nicht im Kampf; sie fielen, weil sie nicht mehr beachtet wurden. Der Darwinismus ist heute aktueller, als er je war. Die gehässigen Attacken aus verschiedenen Lagern belegen dies.

Es ist nicht einfach, Darwins Beitrag im Darwinismus unserer Zeit überhaupt noch orten zu können. Philosophisch platt, am hohen Standard physikalischer Experimente gemessen brüchig, wuchern Darwins Rhizome dennoch unter all unseren Äckern und spriessen gedeihlich. Denn Darwins Ansatz ist die Projektion unserer müden Seelen auf unserem Weg: Leben, im Prinzip, ist Stress. Wir träumen von Ruhe und Frieden und ecken doch stets an im täglichen Kampf. Der Tüchtigere obsiegt. Erfolg ist Zweck und Mittel zugleich. Kann eine solche Theorie ästhetisch sein, so ästhetisch sein wie eine etruskische Vase? Der Darwinismus ist ein vitales Gefühl, das seinen Baustoff gefunden hat. Wir sind dazu verdammt, uns durchzusetzen. Wozu? Wir haben gelernt zu fragen: ‹Wie›?

Im Himmel, dereinst, mag das anders sein.

Eiertänze

Keine Zunft ist ohne ihren Zunftmeister; keine Schule ist ohne Lehrer; keine Wissenschaft funktioniert ohne Guru. Oft waren recht hausbackene, aber werbewirksame Grundüberlegungen Anfang einer Theorie, die im Bewährungsdruck gegenüber anderen, oft ebenso hausbackenen Theorien, erstarkt. Die Sinne unterstützen das Modellgespinst, in dessen Koordinaten sie sich orientieren; die Sinne sind in den Modellgefügen ihrer Zeit gefangen. Oft sind sie deshalb unsinnig – die Wissenschaften. Auch die Eiertänze belegen, dass ohne Theorie keine Erkenntnis denkbar ist, dass jede Theorie den Fortschritt aber lähmt. Oft über Jahrhunderte.

«OMNE VIVUM EX OVO»

Dem Entdecker des Blutkreislaufes, William Harvey, wird die markante Kurzform der Erkenntnis zugeschrieben, dass alles Leben aus einem Ei, mithin nicht durch spontane Wunder, nicht durch rezente ‹Urzeugung› entstünde – Pasteur und Koch im 19. Jahrhundert verleihen diesem fundamentalen Grund-Satz allerdings erst allgemeinen Durchbruch in das wissenschaftliche Wissen. Den wievielten? Im Volksglauben entsteht Leben, auch heute noch so mir nichts, so dir nichts aus lebloser Materie. Immer wieder. Der ‹Leben-aus-dem-Ei›-Slogan, stammt von Francesco Redi (1668), dem mediteranen Dichterarzt, Natur- und Sprachforscher. Gegen beharrlich falsche Erstrechtüberlieferungen kämpften Götter wohl eben auch vergebens, wenn sie noch kämpfen würden. Auch die Geschichte kennt das Phänomen, dass Recht auf Richtigkeit verjährt. Hat Kolumbus Kolumbien, hat der Genuese Amerika entdeckt?

Der Prioritäts-Streit Harvey versus Redi, würde er vom Zaune gebrochen, wäre allerdings müssig, weil Harvey noch nicht recht wusste, wovon er sprach, wenn er vom ‹Ei› spricht. Doch auch das ‹Ei des Kolumbus› soll nicht Kolumbus' Ei gewesen sein: Filippo Brunelleschi, ein wichtiger Begründer des italienischen Renaissance-Stils, soll behelfs Eierschale die Konstruierbarkeit der Kuppel des Florentiner-Domes demonstriert haben. Es ist also kein Taschenspielertrick, den wir sosehr bewundern, weil zur dreisten Unverfrorenheit des ‹Kolumbuseies› wir uns nicht im Stande fühlen, sondern ein Konstruktionsmodell: das Ei Fillippo Brunelleschis.

Fischweib und Gürteltier – freundnachbarlich vereint. Wo beginnt Wissenschaft, wo endet die Lust am Fabelhaften? Wo gilt es Verdacht zu schöpfen, es werde der Schöpfung nicht entsprochen? Kein geringerer als Francesco Redi protokolliert hier. (18. Jht.)

Jeder Kolumbus hat seinen Gegenkolumbus: Es ist Menschenwesen, das aus Lebensbilder Mosaike macht. Kolumbus ist uns einerseits jener Visionär, der seinem Kompass vertraut und dem Glauben, dass die Erde eine Kugel sei. Führt ihn nackte Sturheit oder seemännisches Können zum Ziel? Mit diesem Idol von Mannszucht imprägnieren wir unsere Knaben und kontra-

Das Ei des Kolumbus – im Jahr 1631 dokumentiert. «Da hat Columbus den Eyspitz ein wenig und sittsam auff den Tisch gestossen / dass die Schale davon geknället / und sich eingebogen / darnach hat er's auffrecht gestellet / und ist das Ey stehen gebliben. Welches sie ihme nun / weil sie es gesehen / leichtlich mochten nachthun: also / nach dem er zum ersten die Newe Insuln erfunden / können sie jetzundt ihm gering nachfolgen.»

stieren doch mit Kolumbus dem Schlitzohr, welches zur Verblüffung der Tafelrunde ein Ei in den Stand schlägt. Treue Ausdauer und unverfrorener Schalk: Erfolg lässt sich nur mit einer ausgewogenen Mischung von beiden erzwingen. Wir wissen es wohl. Und bewundern sein Ei.

Der rechnende Genuese liess sich, bevor er die Segel setzte, zehn Prozent aller Einkünfte und erbliche Titel sichern. Kolumbus, der Seefahrer, aber hat sich gründlich verrechnet. Er starb im Irrtum, den jeder Primaner heute entlarvt, erfahren zu haben, dass die Erde rund sei. Als ob Indianer Inder gewesen wären. Kolumbus' Erde blieb eine Scheibe: eine Halbkugel ist keine halbe Kugel. Seiner Vision und seiner Richtungsmaschine stellten sich Kontinente entgegen. Immerhin: ohne Kompass wäre Amerika nicht erfunden worden – ohne Mikroskop sind uns keine Zellen gewachsen. Erkenntnis wird durch Maschinen geführt, verführt oft auch. Wir interpretieren Fortschritt stets richtungsbezogen. Als ob in den Laboratorien neben den Mikroskopen ein Kompass liegen würde, als ob es ein Azimut gäbe, das uns hin in das Ziel führte. Und doch erreicht uns die Zukunft. Oft auch von hinten. Nicht nur Planeten, auch Wirklichkeiten sind Kugeln. Ruhelose.

«EX OVO OMNIA»

Das ist der Satz Harveys: Unseren Ohren ist er so bedeutungsschwanger. Der Leitsatz wird auf die Titelseite seines letzten, embryologischen Werkes gesetzt: Ein Jahrtausendslogan («Exercitationes de generatione animalium», 1651). Alles kommt Harvey aus dem Ei, weil das Ei ihm alles ist: Konzept, Idee eher als beobachtetes Faktum. So wie das Küchelchen sich im Ei aus undeutlichen Strukturen formiert (Epigenese), so würden auch die Feten der lebendgebärenden Tiere sich wohl ebenfalls nach geheimnisvollem Plan ‹formieren›. So okkult ist ihm die Zeugung, «wie wenn Eisen durch einen Magneten magnetisiert wird.» Aus dem Konzept wird ein Lebewesen, ohne dass der männliche Same körperlichen Einfluss auf das ‹Wesen› Ei zu nehmen hat. Der Magnet scheint Welteneroberern und Weltenergründern auf ihren Wegen gleichermassen geholfen zu haben.

Weil sich Hirschembryonen erst lange nach der Begattung entwickeln, wird der Befruchtungsvorgang aristotelisch gedeutet. Die «Aura seminalis» und ein «göttlicher Architekt» sind am Werk. Spermien konnte er in den Hirschkühen keine ausmachen. Zynisch schreibt Maupertuis (1745): «Charles I. aus England lieferte alle Hirsche seiner Parks dem Anatomen Harvey ans Messer, damit er das Mysterium der Zeugung enträtseln könne. Harvey veranstaltete ein wissenschaftliches Massaker – haben seine Experimente uns irgend ein Licht auf das Problem der Zeugung geworfen?» Das Töten wäre für Maupertuis moralisch nur dann unbedenklich, wenn die Tiere reine Maschinen wären: «Nur dann wäre es so, wie wenn man eine Uhr zerstörte.» Harvey nahm an – ein Gefangener der eigenen Blutkreislauf-Entdeckung –, dass die «männliche Substanz» über das Blutsystem in den Uterus gelangen würde, eine Vorstellung, die noch von François Magendie im 19. Jahrhundert vertreten wurde.

Immerhin: Harvey hat mit der Präzision seiner Beobachtungen seinen Lehrer Fabricius übertroffen: Als Ovulist hat Harvey dem Meister gehuldigt – als Vertreter der antiken Epigenese allerdings hat der Engländer die revolutionäre Präformationslehre des italienischen Anatomen verlassen.

«AB OVO»

Schon die Antike – womit denn hat sie sich noch nicht beschäftigt – nimmt sich der Eier an. Das Zitat von Horaz (aus: ‹ars› 14) nimmt dichterisch Bezug auf die Schwanengeliebte Leda. Das Hühnerei allerdings und nicht die Schwaneneier waren Streitobjekt. Hippokrates vertrat die Meinung, dass das Hühnchen sich aus dem Gelben des Eis formiere, und dass das Eiweiss die Ernährungsgrundlage liefere. Aristoteles vertrat die gegenteilige Ansicht. Mit bewundernswerter Konsequenz wird im Abschnitt 29 mit der Abhandlung «De natura pueri» die Strategie eines grundlegenden Versuches entwickelt.

«Nimm zwanzig Eier oder mehr. Lege sie zum Ausbrüten unter zwei oder mehr Hennen. Nimm vom ersten bis zum letzten Tag je ein Ei und öffne es zur Untersuchung. Du wirst sehen, dass alles so ist, wie ich sagte: die Natur eines Vogels ist mit der des Menschen durchaus vergleichbar.»

Ein früher Haeckel? Vorwegnahme des biogenetischen Grundgesetzes? (Die Ontogenese, die individuelle Entwicklungsmechanik also, rekapituliert die Stadien der Phylogenese, der Stammesentwicklung.) Es gibt keinen Hinweis, dass dieses Rezept je befolgt worden wäre – im 17. Jahrhundert noch wird unter dem Schlachtruf ‹weg vom Buch› das experimentelle Primat

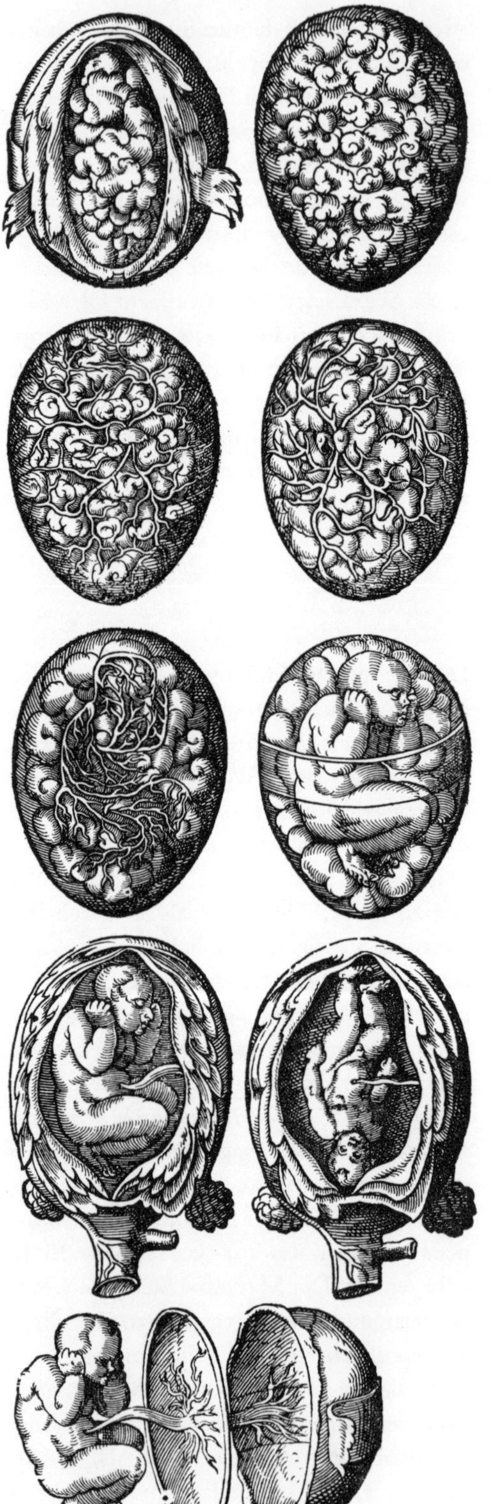

Beschriebenes wird bezeichnet. Wort wird Bild. Aristoteles und Galen brechen in den publikumswirksamen, illustrierten Buchdruck ein. Nie geschaute Welten werden Fleisch. Die Entdeckungen des je Entferntesten und Nächsten, die Reise um die Welt und die Reise in das Innere der Frau: Wissenschaft ist immer Mythos und Handwerk. Die pragmatischen Hebammen haben mit ihrer Erfahrung aufgewartet. Wo endet die Phantasie, wo beginnt ihre Wirklichkeit? Wird uns auf der Titelseite nicht doch zu viel versprochen? «Alles auss eygentlicher Erfahrung dess weitberühmpten Jacob Rueffen / Stadtarztes zu Zürich.» Franckfort, 1536.

betont, ohne dass man sich den klaren Strategien des reinen Beobachters unterzogen hätte: Die ersten, ‹langweiligen›, diffusen Stadien der bebrüteten Eier wurden übergangen, die dadurch entstandenen Lücken werden mit Phantasiekonstrukten aus den Arsenalen der jeweiligen Philosophie (Präformation oder Epigenese) aufgefüllt. Dass der erste hippokratische Druck erst 1525 auf Latein und 1526 auf Griechisch erscheinen konnte und dadurch eine virulente ‹Renaissance› erlebt hat, macht erklärlich, wie altes Gedankengut – in Handschriften untertags Jahrhunderte überdauernd – im Rausche des Bücherdruckens überbordend ins Kraut geschossen ist.

Aristoteles war ein Theoretiker. Seine Beobachtungen am Hühnerei hatten während über 2000 Jahren Gültigkeit – sie waren aber von seinen epigenetischen Theoriengefügen geprägt und lückenhaft. Am dritten Tag der Bebrütung wird der Hühnerembryo mit einem Herzen, am zehnten Inkubationstag sind alle Körperteile und die Organe sichtbar. Der Kopf ist noch grösser als der Rest des Körpers, die Augen sind schwarz und grösser als Bohnen. Aber nochmals: Aristoteles' Bedeutung liegt nicht in der Treue des Beschriebes, sondern in der grossen Geste seiner Denksysteme, seine Konzepte haben Jahrhunderte geprägt. Nicht sein Protokoll.

- Seine grandiose Zusammenfassung des antiken Gedankengutes im Gefüge kausaler und teleologischer Gestaltungsursachen ist heute wieder Grundlage fruchtbarer Auseinandersetzungen.
- Sein epigenetischer Ansatz der Entwicklungsmechanik hat die Schule der Präformation letztlich überlebt.
- Die zentrale Bedeutung des Herzens für den Ablauf der Embryogenese als ‹Organisator› der Lebensstruktur war visionär.
- Die klare Stellungnahme, dass die männlichen Säfte für das Programm, die weiblichen Säfte für die Ernährung sorgten, wurde zum Kristallisationspunkt theoretischer Erörterungen.

Aristoteles Einfluss auf das Mittelalter und damit auch auf unsere Denk-Heimat kann nicht ohne Galenos, den «Ärzte-Fürsten» gewürdigt werden. Galen sezierte. Galen widersprach Aristoteles: Nicht das Herz, die Leber erscheine zuerst während der Embryogenese. Wozu denn ein Hirn frühzeitig bilden, wo ein Fet doch weder sehen, fühlen noch denken können muss, noch denken und fühlen üben muss? Dreist überträgt er Befunde aus Tiersektionen (Haustiere und Nager) auf die menschliche Frucht. (Ein Fehler, der auch Leonardo da Vinci in Ermangelung menschlicher Sektionspräparate machen wird – trotz aller Exaktheit: Da Vincis Plazenten sind Kuh-Plazenten. Da Vinci, allerdings, bleibt ohne wesentlichen Einfluss auf die Anatomie – seine Werke werden erst einige hundert Jahre nach seinem Tod veröffentlicht. Man darf Erkenntnis nicht nach Jahreszahlen ordnen, man muss Erkenntnis nach ihren Durchbrüchen auflisten lernen.) Mit wohldurchdachten Kastrationsexperimenten widerlegt Galen auch, dass die Gonaden nicht nur taube Organe darstellten, dass ihnen entscheidendste Funktionen bei der ‹Samenproduktion› zukommen würden. Galen will auch nicht gelten lassen, dass nur die Spermien formende Funktionen ausüben. Aus der innigen Durchmischung von ‹weiblichen› und ‹männlichen› Samen und dem ernährenden Blut der Mutter, entsteht der Embryo Galens. Aber Galenos ist ein Arzt; seine Autorität beschränkt sich auf die Praxis. Er beobachtet auch keine Hühnereier. Aristoteles ist der Theoretiker. Die «Philosophi» und die «Medici» vertreten zwei Wege der Wahrheit; man beruft sich auf die eine, auf die andere Autorität. Die Wirklichkeit wirkt in beiden Wahrheiten. Jenachdem! Auch Galen selbst fühlte sich in Aristoteles eingebettet – Beobachtung widerlegt die Eigendynamik logischer Denkgebäude selten. Was immer ‹logisch› auch heissen mag.

«SEMINA OVA SUNT»

Als im 16. Jahrhundert durch Andreas Vesal mit dem Brauch, Galen ‹ex cathedra› zu rezitieren, gebrochen wurde, liess sich die Autorität des klassischen Meisters nur noch retten, indem man – konsequent – Galens Fehler damit begründet, der menschliche Organismus habe sich seit den Zeiten Galens eben verändert. Denn Galen irrt nicht. Den Revolutionär treiben Missgunst, sein ehemaliger Lehrer schimpft ihn ein «Ungeheuer von Ignoranz» (Vesal ignoriert Galen nicht, korrigiert ihn aber, wo dies nötig ist.) und die Inquisition weg von Padua in den praktischen Arzt-Dienst und dann auf eine Pilgerfahrt nach Jerusalem, von der er nicht zurück kommt. Vesal sezierte Menschenleichen, seine Vorgänger Tiere. (Im 14. Jahrhundert allerdings wird bereits von Leichendiebstählen durch die Anatomen von Bologna berichtet; in Wien wurde 1404, in Basel um 1531 die erste Leiche öffentlich seziert.) Das Verbot menschliche Leichen zu zergliedern führte – ein erkenntnistheoretisches ‹Nebenprodukt› – zur frühen Reife der vergleichenden Anatomie der Wirbeltiere und legt damit das verlässliche Fundament zu späteren Evolutionstheorien. Der Gehalt des Begriffes «Evolution» hat etliche Metamorphosen hinter sich gebracht. Im 17. und 18. Jahrhundert heisst evolvere, «aus-wickeln» vorgeformter, präformierter Keime: Der Embryo wird, so die Präformationstheorie, lediglich ausgepackt. Wickelkinder. Mit der Wiedergeburt der antiken Epigenese allerdings bedeutete «Evolution» die Ontogenese durch Neukonzept aus ‹kleinsten Teilchen›. Das Puzzle-Prinzip. Erst Spencer verwendet den Begriff im heutigen Sinn. Übrigens: auch das ‹Experiment›, wie wir es verstehen, war eher ‹Büchererfahrung›, philologisches Wortklauben oder philosophischer Disput, bevor es zur ‹wohldurchdachten Fragen an die Natur› sich gemausert hat. Da darf der Slogan ‹weg vom Buch› nicht darüber hinweg täuschen: Wissenschaften sind konservative Institutionen. Textarbeit zeitigt immer, das Experiment selten reife Früchte.

Realdus Columbus, Schüler und Nachfolger Vesals wird zum erbitterten Kritiker seines Lehrers. Kompromissloser, nüchterner als alle Vorgänger beobachtet er das Reifen der menschlichen Frucht:

«Man kann sich nichts Wunderbareres vorstellen, als das Heranwachsen des menschlichen Feten. Ich kann alle diejenigen nicht verstehen, die niedere Tiere beobachtend Rückschlüsse auf das Menschengeschlecht gemacht haben. Lassen wir die Fische doch im Wasser dorthin schwimmen, wo sie hinzuschwimmen wünschen.»

Vehement tritt er dafür ein, dass «auch die Eierstöcke dicken, weissen Samen absonderten, welcher mit dem männlichen zu verschmelzen habe, was immer Aristoteles auch gesagt haben mag». Als erster beschreibt Columbus die menschliche Plazenta korrekt.

Die Medizin stürmt vorwärts; das Hühnerei kommt zu kurz. Im Mai 1564, zum erstenmal seit Aristoteles, beobachtet Ulysses Aldrovandus, Gründer des Botanischen Gartens von Bologna, wieder ein bebrütetes Hühnerei. Sein ehemaliger Kollege Volcher Coiter, der erste Anatom, der

Affen- mit Menschenskeletten vergleicht, publiziert regelmässige tägliche Beobachtungen am inkubierten Hühnerei in Nürnberg, 28 Jahre vor Aldorvandus.

Die Objektivität der beiden Pioniere ist erschlagend; frei von den Vorurteilsfesseln des scholastischen Umfeldes wird beschrieben, was man – ohne Linse, ohne Mikroskop – beschreiben kann. Und nicht mehr mehr. Der Fachmann erkennt die Strukturen des ersten und zweiten Tages; am dritten Tag beginnt – wie bei Aristoteles – das Hühnerherz zu schlagen. «Ob der Same des Hahnes in das Ei eingedrungen sei, weiss ich nicht.» Basta. Nüchterner, Coiter wird Militärarzt, hat keiner vor ihm protokolliert, wird lange nach ihm keiner protokollieren. Coiter be-zeichnet, Aldrovandus be-schreibt; seine Illustrationen sind dürftiger als der Text. Klar widerspricht er Galen: Die Leber keimt im Hühnerleben vor dem Herzen. Aristoteles hatte in diesem Punkt recht, Galen irrte – jahrhundertelang haben zwei Ansichten bestanden. Ob sich der Schiedsspruch des Aldrovandus schon in seiner Zeit durchgesetzt hat? Aristoteles und Galen waren bewährte Orientierungshilfen. Sie haben gewusst – die modernen Zergliederer dagegen sehen nur ein. Über-zeugend? Irritierend wohl eher. Solide Beobachtung mehrt solides Fakten-Wissen, fördert die ‹Weisheit› aber nicht, verunsichert öfter, als dass sie versichert. Die Sinne rapportieren. Die Sinne zeigen, dass etwas ist, nicht weshalb etwas ist. Die Sinne melden, dass Feuer heiss ist, erklären nicht, weshalb Feuer heiss ist. «Ein toter Körper», sagt Aristoteles, «hat die gleiche Konfiguration wie ein lebender Körper und ist doch kein Mensch.» Das Herz erscheint vor der Leber, das ist eine Beobachtung. Weshalb erscheint das Herz zuerst? Und: was ist am Anfang im Ei? Wissenschaft ist eben wie die Kunst: Obzwar im Beobachten durch Sinne gründend, alle beide, leben sie aus der Idee, leben vom Freiraum zwischen den Zeilen, zwischen den Beobachtungen, leben über den Sinnen, alle beide. Und das Hintersinnliche, das sich bewährt, hat ein zähes Leben, allemal. Ob nun das Herz zuerst schlägt, ob Galens Galle zuerst wirkt? In Aristoteles' Theoriengefüge ist es das Herz, bei Galen die Leber: Neue Wirklichkeit bedroht alte Wahrheit.

In Fabricius ab Aquapendente, dem Erbauer des «Anatomischen Theaters» zu Padua, begegnet uns der neu erwachte Stolz des wissenschaftlichen Handwerks, das in den Städten des hohen norditalienischen Mittelalters reift. Als einer seiner Schüler zu politischen Ehren gekommen vom Wissenschafter verlangt, auf der gefährlichen (!) Trottoiraussenseite zu kreuzen, macht Fabricius der Anatom publik, er wüsste sein Messer sehr wohl auch zu anderen Zwecken zu gebrauchen, denn lediglich zur Sektion bereits Toter. Ob sich die Feinde je wieder und wie sie sich gekreuzt haben, steht nicht in den Geschichtsbüchern.

Fabricius arbeitet noch ohne Mikroskop. Er beschreibt als Erster die Venenklappen. Vergleichende embryologische Studien machen ihn zeitlos. In «De formatione ovi et pulli» zeichnet er minuziös alle Stadien des inkubierten Hühnereies. Die frühen Formen werden ‹ergänzt›; so zeichnet der an Pferde-, Haifisch-, Menschenfeten grossgewordene Mediziner bereits am vierten Tag deutliche ‹Hühnerformen› dem bebrüteten Ei ein. Vertrauen in seine Wissenschaftlichkeit hat er im makroskopischen Bereich erworben – hier in den Grenzbereichen des Auflösungsvermögens der Sinne versagt sein Protokoll und wird Geschichte: Die ‹Präformation› als wissenschaftliche Innovation des Barock beginnt sich zu artikulieren, etabliert sich und wird das zentrale Modell der Neuzeit. Die Wurzeln dieses beeindruckenden Entwick-

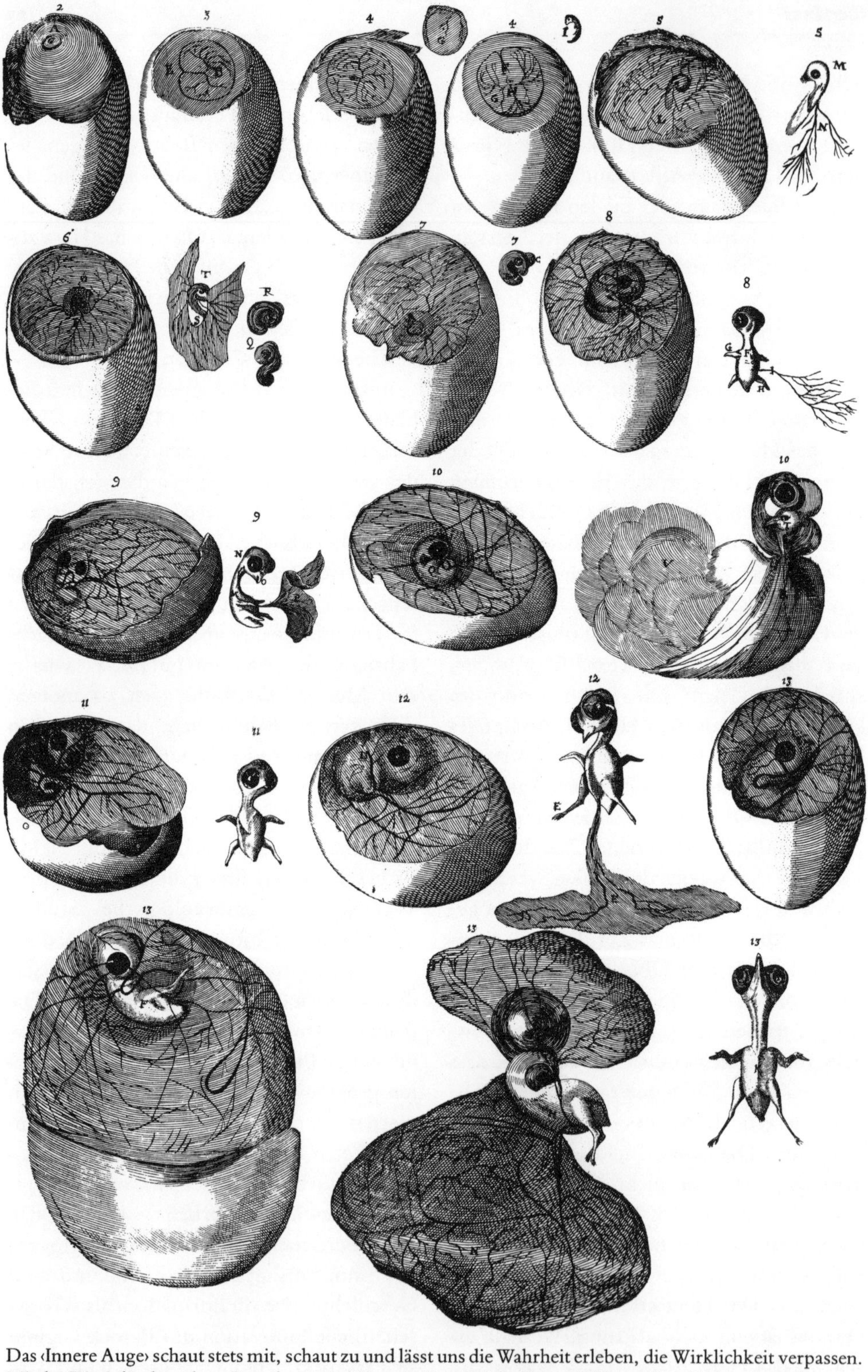

Das ‹Innere Auge› schaut stets mit, schaut zu und lässt uns die Wahrheit erleben, die Wirklichkeit verpassen. Mit der Disziplin des echten Forschers wird Tag um Tag ein inkubiertes Hühner-Ei aufgebrochen; das Protokoll wird zum Mix aus Urteil und Vorurteil. Am vierten Tag bereits er-kennt Hieronymus Fabricius ab Aquapendente ein Huhn im Ei. Er arbeitet ohne Mikroskop.

TAB ·XXXIII

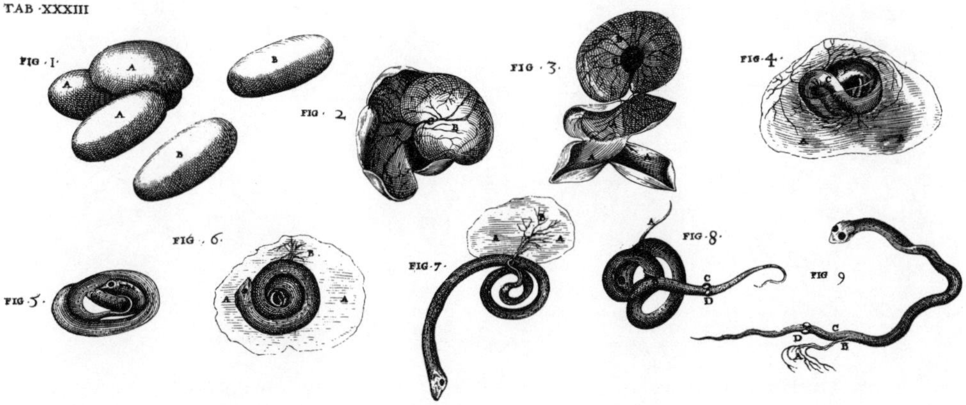

Auch in Schlangeneiern kann Fabricius erkennen, dass die Feten – fast über Nacht – plötzlich ‹da› sind.

lungsstromes, der im 19. Jahrhundert erst versanden wird, finden wir in der Autorität Fabricii.

Noch eingenommen von den antiken Systemen Aristoteles' und Galens – Fabricius wankt zwischen den beiden Referenzen hin und her – trotzt ein Arzt seiner Beobachtung vereinzelt originale Schlüsse ab. Coiter und Aldrovandus scheinen ihm nicht bekannt gewesen zu sein; er zitiert die beiden Autoren, die ihn in der Exaktheit der Aussage oft übertreffen haben, jedenfalls nie. Der Same des penislosen Hahnes, ausführlich wird dem Phänomen gehuldigt, könne nicht in das Ei eindringen. Die Ei-Schnüre (Chalazzae) sind der Formenursprung des Kükens, das als «Kiel» nach zwei Tagen sichtbar wird. Die Wärme der brütenden Henne, oder aber irgend eine Wärme, lösen den ‹Ent-wicklungs›-Vorgang aus. Das Ei ist ein Organ; einem Uterus der lebendgebährenden Tiere vergleichbar. Die Eischale ist porös. Die Poren gestatten es, die Wärme aufzunehmen. Weshalb das Ei mit dem stumpfen Ende die Henne verlässt? Fabricius beschäftigt sich seitenlang mit scholastischen Überlegungen. Es geht nicht an, die Pioniere der Naturgeschichte hochzustilisieren. Auch Kolumbus hat mit dem Ei gespielt; der ruhelose Beobachter Fabricius verstrickt sich immer wieder in unergiebigen Gedankenspielereien. Man gönnte auch ihm den Mut des Kolumbus, seine Beobachtungseier etwas resoluter auf den Tisch zu stellen.

Als Guiseppe degli Aromatari 1625 beschreibt, dass in Zwiebeln und Pflanzensamen die Embryonen bis ins letzte Detail vorgebildet zu erkennen wären, erhält die Präformations-Lehre entscheidenden Auftrieb. Die wissenschaftliche Botanik wird sowohl für die Zoologie als auch für die Medizin wegweisend: Bereits schon mit unbewaffnetem Auge lässt sich in einer Bohne zum Beispiel der Keimling ausmachen. Das Modell ist verführerisch. Marcello Malpighi jedenfalls lässt sich verleiten: Er untersucht als erster die Gewächse mit dem Mikroskop und wird zum Initianten der Pflanzenanatomie. Als er auch Hühnereier untersucht, ist sein Blick, obzwar durch die Linsen des Mikroskopes geschärft, durch die Voreingenommenheit dennoch benommen.

Schon auf der Keimscheibe erscheint ihm vor dem Bebrüten eine präformierte Struktur. Das Mikroskop hat die minuziöse Schilderung der frühen Stadien der Keimesentwicklung in gültiger Form zwar erlaubt, das Mikroskop hat eine Lücke geschlossen aber im Grenzbereich der Auflösung doch eben nicht vor Wunschbil-

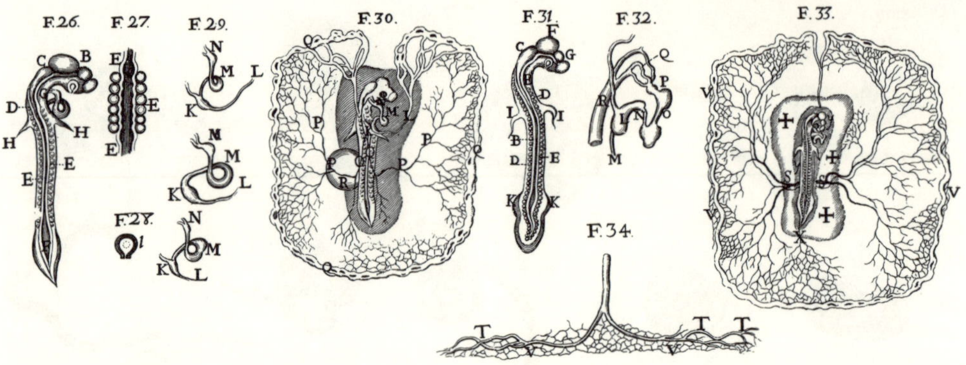

Malpighis Mikroskop eröffnet den Anschluss in den Bereich der ‹Lebenswerdung›. Mit Genuss erkennt der Fachmann, dass Malpighi bereits am ersten Tag schon deutlich die Neuralplatte zeichnet. Auf der Abbildung oben von links nach rechts: zweiter Tag (bis F. 30); dritter Tag (bis F. 33). Deutlich wird auch sichtbar, wie Malpighi den Kapillarkreislauf des Blutes, den Harvey lediglich postuliert hat, hier im Mikroskop demonstriert (F. 34); es ist einer der Hauptverdienste des grossen Meisters. Auch der Herzensbildung nimmt sich der Meister an (F. 29 und F. 32).

dern bewahren können. Baer schreibt 1828 in seiner «Entwicklungsgeschichte der Thiere»:

«Man hat in der That Scharfsinn und Phantasie bis zum Übermass angestrengt um den Moment des Lebensanfanges aufzuspüren. Vor allen Dingen schien es am glaublichsten, dass im Augenblicke der Befruchtung das neue Wesen wie durch einen elektrischen Schlag oder durch irgend ein magisches Kunststück entstehen müsse. Allein, wie scharf man auch die Microscope wählte, wie sehr man auch das Auge anstrengte, man sah gleich nach der Befruchtung nichts, was man nicht vorher gesehen hatte. [...] Man musste deshalb auf den Gedanken kommen, der Anfang falle vielleicht nicht mit der Befruchtung zusammen, sondern die Frucht sey schon vorher in den Ältern vorhanden und gelange nur in Verhältnisse, in welchen sie rascher fortwachse.»

Pflanzensamen sind Eier, «Plantarum semina sunta ova» hat Malpighi um 1675 geschrieben. Man hat dann im Ei gesucht, was man in den Samen gefunden zu haben glaubte: präformierte Strukturen, Embryonen, Keimchen, welche vorgebildet bis ins Detail nur noch auf das Ausspriessen, das ‹Aus-wickeln›, die ‹Evolution› eben warten. Es entratet interdisziplinärer Komik nicht, dass erst nachdem die Anatomie auf die Pflanze gekommen war, sich über Analogie-Schluss eine ‹moderne› Entwicklungstheorie für Mensch und Tier hat durchsetzen können. Falsche Hypothesen sind oft ‹nützlicher› gewesen als richtiges, aber heimatloses Beobachten. Auch an der Geschichte des Eies lässt sich zeigen, dass die Eingangspforten der Sinne das Denken steuern, das Denken die Sinne strikte wiederum kontrolliert. Wie in den zeitlosen Mythen– auch in den Wissenschaften stabilisiert sich das Ritual durch solche Wechselbeziehungen. Wie in den Mythen – auch in den Wissenschaften wird Konstanz durch Rückkoppelung zwischen Sinn und Übersinn möglich. Konstanz garantiert Kultur. Nicht der Fortschritt.

«EMBOÎTEMENT» ODER DAS EI IM EI

Im Kampf gegen die Fesseln des ‹Aristotelismus› hat der Jahrhundert-Trend der Präformation den Vorteil der ungebrochenen Stosskraft auf seiner Seite. Die Faszination rasch sich mehrender Befunde im magischen Lichtkreis des Mikroskopes nährt die ‹modernen› Theoriengefüge. Die ‹Epigenetiker› sind nun in der Opposition: Einerseits sind sie der Geschichte, andererseits abstrakten Annahmen verpflichtet (das Phänomen der ‹Befruchtung›, kleinste Strukturen, ‹Formfindung› etc.). Ohne konkretes Wissen um die Zellstrukturen (Zellkern, Chromosomen, Ribosomen) bauen sie auf dem Sand rein geistiger Vorstellungen bar jeder sinnlichen Entsprechung.

Paradigmen setzen sich im Widerstreit durch. Die Präformations-Szene hat ihre Gegnerschaft aus den eigenen Reihen rekrutieren können und sich nicht mit der Epigenese aristotelischer Provenienz herumgeschlagen. Die mikroskopischen Ereignisse folgen sich. Schlag auf Schlag. 1672 findet Reinier de Graaf seinen ‹Graafschen-Follikel› im Säugetiereierstock.

Nicht nur Insekten, Fische, Amphibien, Reptilien und Vögel legen Eier – auch die lebendgebährenden Tiere ‹legen› Eier. Nicht nur Harvey, auch Redi (1668) hat die Präformationsbühne zu früh mit dem ‹Omne-vivum-ex-ovo›-Satz möbelieren wollen. (Der Graafsche Follikel wird bis Baer 1827 als Säugetierei angesprochen, obwohl es sich um einen, das Ei transportierenden Zellverband handelt.) Nicht nur das ‹Graafsche Ei›, auch die Entdeckung der Spermien revolutionierte die Präformationstheorie. 1677 entdeckte Jan Ham in Arnhem (NL) im Ejakulat des Menschen unter dem Mikroskop «Spermatozoen». Antony van Leeuwenhoek in Delft macht diese Beobachtungen publik und verallgemeinert mit Beobachtungen aus dem Tierreich; als renomierter Mikroskopiker – er erreicht mit seinen einlinsigen Mikroskopen Vergrösserungen von mehr als 250fach – steht er in brieflichem Kontakt mit der Royal-Society in London.

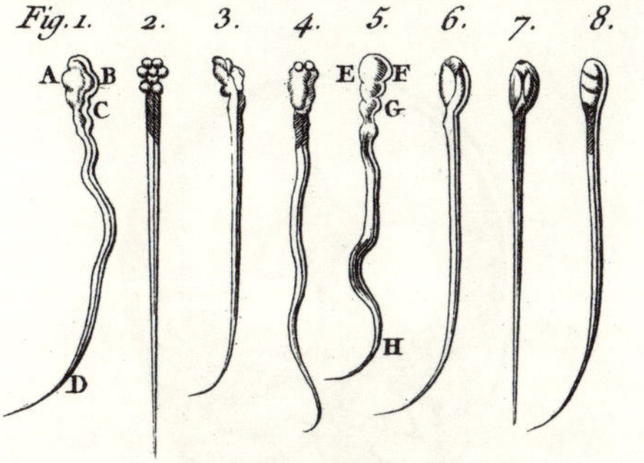

Die ersten Samentierchen Leeuwenhoeks sahen noch so aus. Es scheint, dass sich der emsige Autodidakt hat von seiner Akribie mitreissen lassen. Je mehr er beobachtet hat, desto deutlicher sah er bald Beine, bald Köpfe in den Spermien.

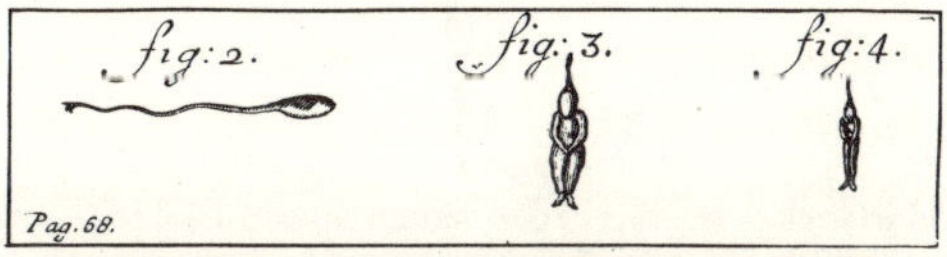

Viel sehen, heisst oft zu viel sehen: Das Mikroskop hat nicht nur Fortschritte gebracht – es hat auch zu Phantastereien verleitet. Die Seeleute, die die Welt gesehen haben, brachten ja auch Geschichten mit nach Hause. So schwankt Leeuwenhoek, von seinen ausgedehnten, einsamen Reisen in die Welt der Mikroskopie zurückgekehrt, denn auch zwischen Phantasiekonstrukten und nüchternem Rapport.

Nicolas Hartsoeker, auch er ein Holländer, ‹sieht› 1680 im Spermienkopf einen Homunkulus, ein Männchen und wird dadurch zum Gegenpol innerhalb der Präformationstheorie: Animalkulisten und Ovulisten stehen sich bis in das 19. Jahrhundert gegenüber. Die Diskussion im Präformations-Lager ist vital; die Epigenetiker – obwohl gute Argumente für ihre Sache sprachen – werden übergangen.

Die Beobachtung von männlichen Spermien in den inneren Geschlechtsorganen der Frau, Harvey blieb in dieser Suche, wie wir gesehen haben, erfolglos, hat den Animalkulisten gewaltigen Vorschub gebracht. Buffon (1750) schreibt:

«Der berühmte Ruysch, welcher die Gebährmutter einer im Ehebruch betroffenen und auf der Stelle getödteten Frau geöfnet, versichert,

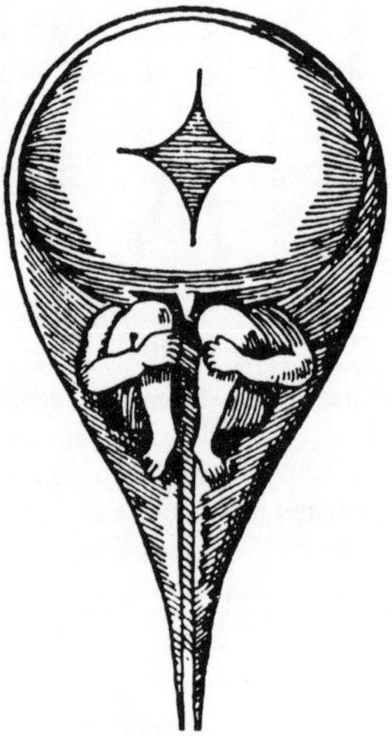

Hartsoeker zeichnet 1680 seinen Spermien-Homunkuli gar makrocephale Schädel mit Fontanellen ein. Wie sich gegen Wissen wehren, das ‹man› in Ermangelung der Instrumente nicht verifizieren kann? Als die ersten Elektronenmikroskop-Aufnahmen in unserem Jahrhundert aufgetaucht sind, war das nicht anders: Wer eine Reise tut, will etwas erzählen. Wer nicht mitreist, muss glauben.

wie sich nicht allein in der Gebährmutter selbst, sondern auch in den Muttertrompeten, einen guten Vorrath männlicher Samenfeuchtigkeit gefunden. Kann man nach dem glaubwürdigen Zeugnis so grosser Zergliederer wohl noch zweifeln, dass Harvey in diesem Punkt sich sehr betrogen habe?»

Buffon allerdings überbordet alsogleich, weil er auch im Eiter solche Samentierchen beobachtet haben will, was ihm ein Argument für Urzeugung und Epigenese ist. Nun: die Spermien gelangen in die weiblichen ‹Inkubations-Organe› hinein, das wird vielfach, auch im Tierreich festgestellt. Die Animalkulisten sind im Aufwind. Der Präformation allerdings wächst aus ihren ‹allgegenwärtigen› Samentierchen Widerspruch: Auch in verderbendem Fleisch, auch in Blut und Eiter entstehen «Cercarien». Spermien und Bakterien werden nicht auseinandergehalten. Obwohl Francesco Redi die Urzeugung widerlegt, indem er demonstriert, dass steriles Fleisch keine Maden erzeugt, vermengen sich die Keimchen Buffons, nachdem sie aus organischer Marterie entstanden sind und bilden neue Strukturen, neues Leben. Wiedergeburt der Epigenese: Das Mikroskop führt in die Irre und dennoch in die Zu-

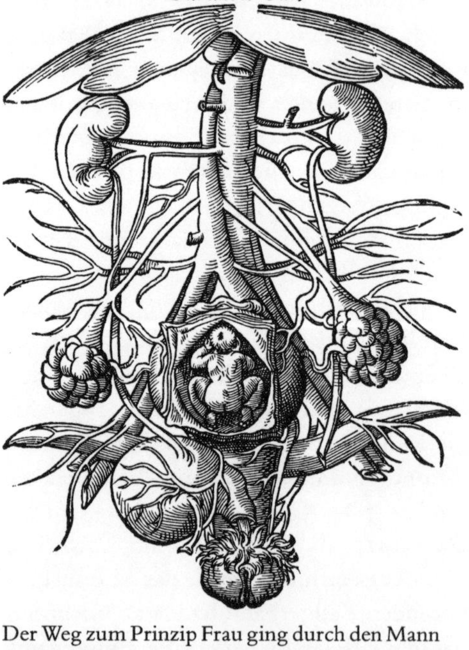

Der Weg zum Prinzip Frau ging durch den Mann und dann führte er über die Schweiz in die Welt hinaus. Selbst die Geschlechtsorgane der Frau waren zunächst züchtig nach innen verlegte männliche Glieder. «Umb der ursach willen / hab ich diese contrafactur und erklärung der Geburtglieder eines jeden Weibsbild / wie solche innerlich gestalt und gelegen seyen / sampt den Gefessen des Samens / niemand verhalten woellen.» (Nach Vesal.)

kunft. Caspar Friedrich Wolff beschreibt 1759 mit der Präzision des Militärarztes, dass im Hühnerei kein Keim präformiert vorliege, dass sich vielmehr epigenetisch eine Keimscheibe bilde und sich der Kükenfet dergestalt langsam neu formiere («Theorie von der Generation»). Untersuchungen über die Individualentwicklung der Tiere und vergleichende Beobachtungen von Missbildungen führen ihn zu Vererbungsproblemen hin. Wolff bleibt allerdings Einzelgänger, ein ‹ in der Zeit Verirrter›: Auch wenn Haeckel im 19. Jahrhundert meint, Wolff hätte der Präformation den Todesstoss erteilt, haben diese epochalen Untersuchungen kaum Wellen geworfen. Wortreich beklagt Haeckel:

«So unterlag denn damals, wie so oft in der Geschichte der menschlichen Erkenntnis zu geschehen pflegt, die emporstrebende Wahrheit dem übermächtigen Irrthum, der durch die Macht der Autorität getragen wurde.»

Als Haeckel diese erkenntnistheoretischen Zeilen geschichtlicher Dimension verfasst, ist er bereits der autoritären Despoten selber einer. Die Suche nach Wahrheit erstarrt in den Modellen der Wahrheit. Immer wieder. Nicht nur die Wahrheit, auch das Denken über die Wahrheit dreht sich im Kreis. Immer wieder.

Mit Cassendi und Malebranche (1673: «Wir müssen annehmen, dass alle zukünftigen Körper von Menschen und Tieren, welche noch geboren werden, bis an das Ende der Welt, vom Anbeginn an als Schöpfung vorgelegen haben.») wird das biologische Modell der Präformation mit in das Gedankengut der Philosophie eingebacken; durch Leibniz erhält besonders der Animalkulismus allgemeine Akzeptanz. Die Samentierchen verführen dann allerdings rasch zu ausscherenden Modellgefügen, die in das epigenetische Lager führten und die altgriechische «Panspermie», deren ‹moderne› Höhepunkte uns mit Darwin und Arrhenius entgegentritt, lebt wieder auf. (Im 20. Jahrhundert noch lässt dieser Nobelpreisträger den ganzen Äther des Weltraums durch Spermien, Lebenskeimchen kontaminieren.) Trotz aller Widerlegung geht auch die Urzeugung wieder in den Köpfen um. Vor und nach der mikroskopischen Inspektion werden Spermien in Milch oft lange stehen gelassen: Koriphäen wie Buffon und andere beschreiben nach Tagen, Wochen ‹neu entstandene› Lebewesen. Wolff dagegen begründet eine Entwicklungsmechanik durch die Beobachtungen der Keimscheibe auf dem Eidotter: Epigenese bedroht die Präformation, und damit ineins bedroht der «Vitalismus» die mechanische Weltanschauung der Präformisten. Das Establishment drängt den Outsider ab, der sich in der Zeit verirrt, nicht aber in der Sache geirrt hat. Wolff erhält trotz Gesuch keine Vorlesungen an der Uni Berlin, liest deshalb privat vor Zirkeln, welche ohne jeden wissenschaftlichen Einfluss sind. Die Modell-Schübe verstäten sich burlesk, nicht mehr Jahrtausende überschlagend, aber stets noch Jahrzehnte überspringend. Die Geschichte der Naturgeschichte erscheint uns als ein Zopfmuster: Bald erscheint der eine, bald der andere Theorien-Strang goldbraun gebacken und mundig an der Oberfläche, bald verschwindet die eine, die andere Ansicht unter dem Neuen, das so neu eben auch nicht ist. Alles im Zopf ist ein Kontinuum: Vom dicken Anfang bis an das so oft überspitzte Ende.

Aber auch die ‹Wesen›, nicht nur die Theorien über diese Wesen bilden eine Kette: die Stufenleiter-Vorstellung der Antike wird – wieder – aktuell. Das ist die philosophische Kulisse für die Theorie des ‹emboîtement› Bonnets. «Tout est systematique dans l'Univers, tout y est combinaison,

Tom. I

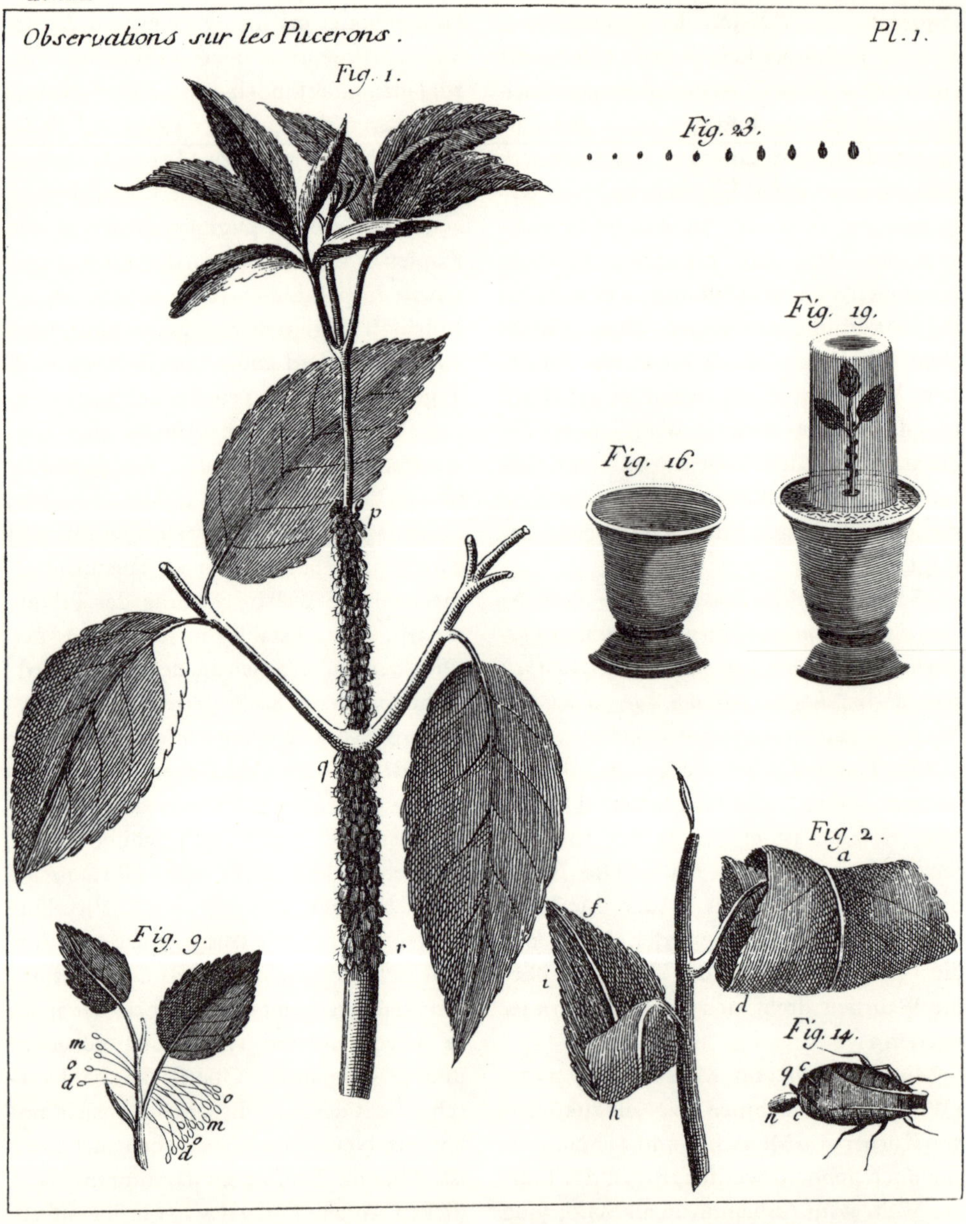

Dass es just in der Schweiz und just durch Blattläuse geschah, mag verblüffen, aber Bonnet in Genf und Haller in Bern verhalfen dem Eierlager der Welt zum Durchbruch: Ihnen ist alles wie aus dem Ei gepellt. Mit blossen Händen schlug der erfahrene Jurist zu und – überzeugte. Die Versuchsapparatur: ein Rasierbecher. Denkkonsequenz: das «Emboîtement» im Ei der Weibchen, der Frau. Mehr Gewicht hatte das Prinzip Frau nie; vor Bonnet nicht, nach Bonnet nicht mehr.

rapport, liaison, enchaînement», schreibt der charismatische Jurist, Philosophe, Physiologe 1764 in «Contemplation de la Nature». Die Einschachtelungstheorie muss als kraftvolles Aufbäumen einer alternden Schule vor dem Hintergrund des sich artikulierenden Erfahrungsdruckes gesehen werden.

Bonnet stützt sich auf einer jungfräulichen Blattlaus ab, die «in klösterlicher Zucht, vor jeder männlichen Gesellschaft geschützt, 94 Töchter gebar». Das Phänomen heisst Parthenogenese, Jungfernzeugung und wurde in der Zwischenzeit in fast allen Tierstämmen beschrieben und Lazzaro Spallanzani (1785) beobachtet vaterlose Keime in der Pflanzenwelt mit Experimenten an kastrierten Pflanzen der Gattungen Cucurbita und Cannabis. Eine kaukasische Eidechsenkolonie soll trotz männlicher Absenz gedeihlich, glücklich vielleicht gar leben, überleben jedenfalls. Das ist ein echter Weibchen-Staat: Der Mann wird an diesem Beispiel, Echsen stehen uns näher als Bonnets Läuse, ad absurdum geführt. Weibchen aus Weibchen: ein Ei im Ei. Unglücklicher allerdings sind die Truthennen: Es sollen aus unbefruchteten Gelegen um 30–40% Truthahn-Feten sich zu entwickeln beginnen, vereinzelt auch schlüpfen. Aber eben: Hähne aus Hennen, Hoden warten im Ei.

Bonnet's Theorie des ‹emboîtement› war ein Erfolg: die galante Beredsamkeit des Inaugurators war ausschlaggebend, wohl weniger die Naivität der Sache. Auch der Patrizier Haller aus Bern – zwei Schweizer verteidigen im eher männlich-animalkulistischen Europa das Ei und damit die Frau – wird autoritärer Verfechter des ‹Babuschka-Modelles›. Aus Bibeldaten errechnet er exakt, eine verlorene Wissenschaft findet in den Schoss ihrer Kirche heim, wie viele Millionen Eier durch den Schöpfer der Urmutter Eva haben eingeschachtelt werden müssen, damit der Vorrat bis heute ausgereicht hat und noch ausreichen wird bis zum jüngsten Tag. Er legt seinen Berechnungen ein ‹biblisches Alter› der Erde von 6000 Jahren zugrunde. Der deutsche Theologe Bengel hat noch 1741 den Schöpfungsakt auf den 18. November 2349 v. Chr. errechnet. Auch Buffon hat sich nicht mit der Kirche anlegen wollen – zu seiner Zeit war offiziell bereits aber ein Alter von 168000 Jahren zugelassen. Der Bestseller-Autor leistet sich den Luxus von 500000 Jahren für den Hausgebrauch. In Schweden kommt Linné als Kommissionsmitglied für die schwedische Bibelübersetzung in arge Verlegenheit, weil er gerne, das fortschrittliche Schweden liegt in Führung, die Erde noch älter gesehen

2.

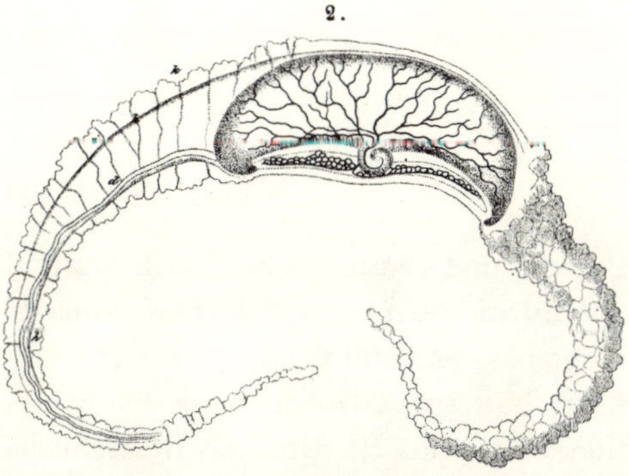

Während Haeckel mit seinem «Biogenetischen Grundgesetz» vermutlich über die ‹Hagel›-Schnüre hinaus gehauen hat, dürfte Karl Ernst von Baer, ein Gegner Darwins, mit seinem zurückhaltenden ‹Baerschen Prinzip› recht behalten haben: «Die morphologischen Merkmale eines Organismus treten in der Embryogenese um so früher auf, je ‹höher› sie im natürlichen System verankert sind.»

hätte, als die heidnischen Chinesen, welche 19 Millionen Jahre veranschlagt hatten. (Heute ist sie um 4,5 Milliarden Jahre alt geworden, unsere müde Mutter Erde und die Kirche ist müde geworden. Jahrtausend um Jahrtausend sich abtrotzen zu lassen.)

Zwei Stossrichtungen des Angriffs sollen demonstrieren helfen, wie der Schachtel-Regress Bonnets sich gegen Angriffe verteidigt hat. Haller gibt unumwunden zu, dass eine Schwachstelle der Theorie darin liege, dass man die ersten präformierten Strukturen im Ei nicht sehen könne. Aber das ist nun einmal so: Selbst im Mikroskop sind die präformierten Strukturen zuerst unsichtbar und werden dann Organ um Organ sichtbar. Von dieser zentralen Lücke profitieren die Animalkulisten, welche ihrerseits nun eben auch damit beginnen, ihre Homunkuli in den Spermientierchen einzuschachteln. Trotz Bonnets keuschen Blattlausmüttern, trotz Spallanzanis vaterlosen Keimlingen. Man sieht's in den Eiern ja auch nicht – das zentrale Anliegen, das präformierte Keimchen bleibt theoretisches Konstrukt ohne beobachtbares Korrelat. Baer, im 19. Jahrhundert immer noch gegen solche Abstrusitäten anrennend, ereifert sich:

«Hatte man sich einmal an Wunderbarem erhitzt, so wurden alle Schwierigkeiten, wenn auch auf Kosten des gesunden Menschenverstandes, leicht überwunden: Wer also eine Mandel verspeist, der würde nicht nur diesen einen Mandelbaum im Keimzustand essen, sondern alle die vielen Billionen und Trillionen eingeschachtelter Mandel-Bäume.»

Ein anderer Angriff erwuchs aus den Geburts-Monstren, den Abnormitäten. Kann ein göttlicher Gott die Kaltschnäuzigkeit haben, einer Mutter umsichtig planend auch Krüppelkinder einzuschachteln? Die Präformation findet es kleinlich, der Umsicht Gottes nur gesunde Individuen zur Auflage machen zu wollen. Die Logik auch dieses Arguments vermochte nicht zu stechen.

«NULLUM VIVUM EX OVO»

Prévost und Dumas sehen noch 1824 in Spermienköpfen ein perfekt präformiertes Nervensystem und Cuvier stirbt 1832 im unerschütterten Glauben an die Präformation. 1827 entdeckt Baer das menschliche Ei: Es ist eine Zelle. Das 19. Jahrhundert versteift sich auf den Wandel: Alles ist ‹Evolution›. Die Epigenese wird wieder wahr. Zürichs erster Hochschulrektor Oken lässt das Ei vor applaudierendem Publikum weder einen Keim, noch andere organische Grundteilchen, noch sonst etwas Materielles zum neuen Individuum beisteuern: «Nullum vivum ex ovo. Omne vivum e vivum.» Leben ist eine ‹Idee›. Die Naturphilosophie betont die Einzigartigkeit des Individuums – sprengt die Ketten, die Gefängnisse der ‹Schachteln›, die präformierte Sturheit. Die Urzeugung ist wieder allgegenwärtig. 1829 entdeckt Rathke, dass die Embryonen sowohl von Vögeln als auch von Fischen gleich erwachsenen Fischen Kiemenspalten besitzen. (Wolff erlebt eine Wiedergeburt: Schon er hatte betont, dass sich die Embryonen mehr als die entsprechenden Tiere gleichen würden.) Haeckel nimmt die Beobachtung auf, stilisiert zum biogenetischen Grundgesetz hoch. Die Lebewesen durchlaufen während ihrer Individualentwicklung die Stadien der Stammesentwicklung. Wir sind nicht präformiert, wir sind gewachsen, einfacheren Vorstufen entwachsen.

Die «Entwicklungsmechanik» der Embryogenese wird in unserem chemischeren Jahrhundert zu einer «Entwicklungsphysiologie». Der Streit zwischen Epigenese und Präformation ist in sich zusammengebrochen. Es ist nicht die einzige naturwissenschaftliche Auseinandersetzung, die in unserem Jahrhundert überflüssig geworden ist. Kirchhoff soll geunkt haben, dass es ebenso unmöglich gewesen wäre, zu richten, welches der beiden Lager denn recht gehabt habe, wie es gewesen wäre, sich dafür zu entscheiden, ob «die Engel im westlichen oder im östlichen Himmelsraume leben.» Ob Bonnets ‹emboîtement› als Antizipation der Keimbahntheorie Weismanns interpretiert werden darf, bleibe dahingestellt; die Präformation des Organismus ist der Präformation der Information gewichen. Die Vererbungsgesetze haben das Polarisieren in die antipoden Lager der Animalkulisten und Ovulisten als grundsätzlich falsch entlarvt. Das Kontinuum des Lebens zurück bis in die Anfänge ist uns geblieben, doch wurde die «Stufenleiter der Wesen» dynamisch. Der Kreationismus wurde überwunden und als grundsätzlich falsch erkannt. Durch das individuelle Programm, durch die Information in uns wissen wir uns aber immer noch ohne Unterbruch mit den allerersten Lebewesen verbunden. Wir wurden den ersten Lebewesen wohl aber eben doch nicht eingeschrieben. Man hat sich am Hühnerei lange zerstritten, hat Samentierchen bemüht und mit ihnen zerbrechliche Modellgebilde gebastelt. Es ist erstaunlich, wie wenig konkret der Unterschied zwischen Botschaft und ihrem Effekt, zwischen Plan und Maschine, zwischen

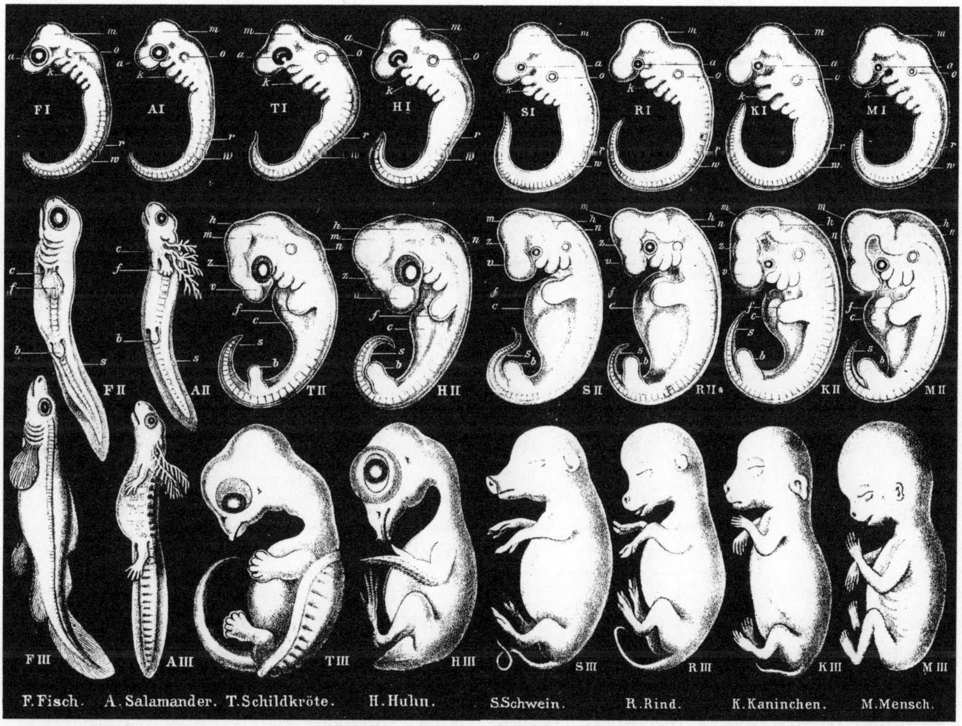

Fisch was Vogel – alle Wirbeltiere rüsten für ein Kiemenleben. Haeckel war nicht der erste, der die Ähnlichkeit der Wirbeltier-Embryonen beobachtet. Aber der Künstler Haeckel hat die Vergleichsstadien besonders aufdringlich drapiert und der Philosophie-Tribun Haeckel hat die Beobachtung am renitentesten für seinen Darwinismus vereinnahmt: Es vollzieht sich in Tagen, was wir als Stamm in Jahrmillionen hinter uns gebracht haben. Jedes Individuum lebt seine Geschichte.

Caroll-Diagramm: Epigenese / Praeformation

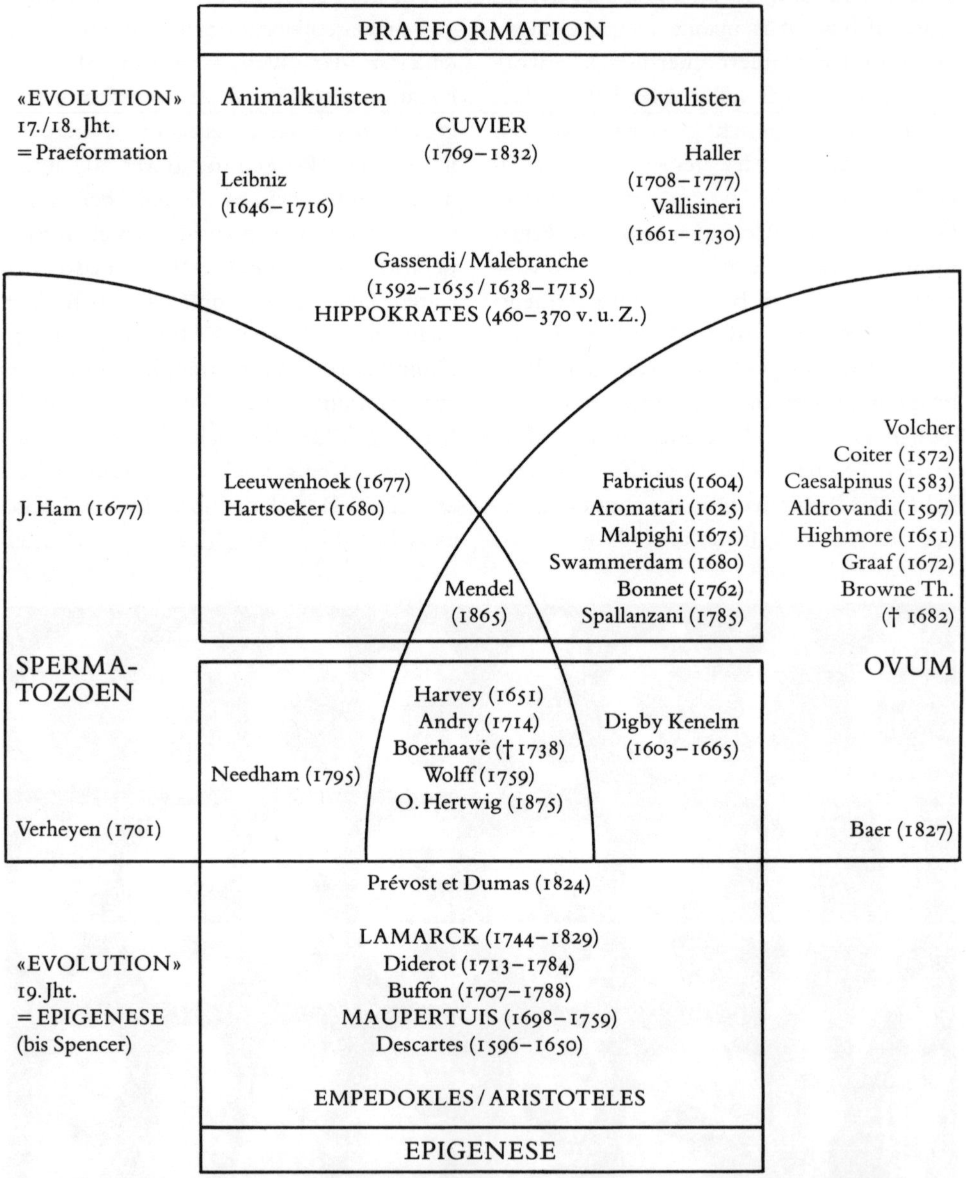

Information und der Konstruktion unterschieden worden ist. Aristoteles hat das noch gemacht. Die Zergliederer haben dann aber beobachtet. Und sie haben den Phänomenen gehuldigt, haben bevorzugt haptisch Erfassbares für intellektuell überzeugende Modelle vereinnahmt.

Wir wissen heute wohl mehr, als man je wusste. Es wird uns wieder wunderbarer, dass ein unbelebtes Ellipsoid zu piepsen, zu wackeln beginnt, bevor sich das Küken durch die harte Schale aus dem Ei in das Leben zu uns hinüber schlägt. Denn die Sicherheit der Henne ist aus unserem Menschen-Programm gefallen. Wir hören es eben nicht nur und sehen es eben nicht nur, das Leben – wir sind dazu verurteilt ruhelos nach dem Hintergrund zu fragen. Wir sind heimatlos, wenn wir nicht suchen, obwohl wir wissen, dass wir mit den Augen nur suchen können, was wir in Gedanken schon gefunden haben.

U(h)rwerk Venus

Hundert Jahre vor Darwin – Hundert Jahre nach Darwin: Darwinscher als Darwin. Doch die Biologie ignoriert hartnäckig ihren phänomenalen Theoretiker:

Pierre Louis Moreau de Maupertuis, (1698–1759).

DIE MASCHINE MENSCH

Der mechanischen Welt der Materie und der Bewegung hat Descartes die Welt der Seele gegenübergestellt: Einzig im Menschen seien beide Welten miteinander durch die bis in unsere Tage rätselhafte Zirbeldrüse verbunden. Jedes Organ hat seine Bedeutung, denn jeder Bestandteil einer Maschine hat seinen Zweck. «L'homme machine»: Julien Offroy de La Mettrie, ein Armeechirurg, setzt 1748 den konsequent pragmatischen Titel wie ein Programm über die Zukunft des Menschen. Das Hirn produziert Gedanken – die Leber produziert Galle: Mit Baron d'Holbachs Bibel des Materialismus («Système de la Nature», 1770) wird die Symmetrie von Geist und Materie hinfällig. Auch die metaphysischen Phänomene lassen sich nun als bewegte Materien erklären.

Bereits Newton hat den Mechanismus der Maschine Weltraum enträtselt. Eine neue Zeit orientiert sich im neuen Raum. Die Wissenskonserven der Antike haben sich nun endlich doch noch erschöpft: Im Beweisdruck der Erfahrung haben sich die Widersprüche nicht mehr mit Ergänzungen und philologischen Deutungen auffangen lassen. Der Bruch ist tief. So meint Bernard de Fontenelle zum Beispiel, den Alten nur noch dadurch verpflichtet zu sein, weil sich ihre Theorien wiederlegen liessen.

Diderot hingegen erklärt um 1750 in der

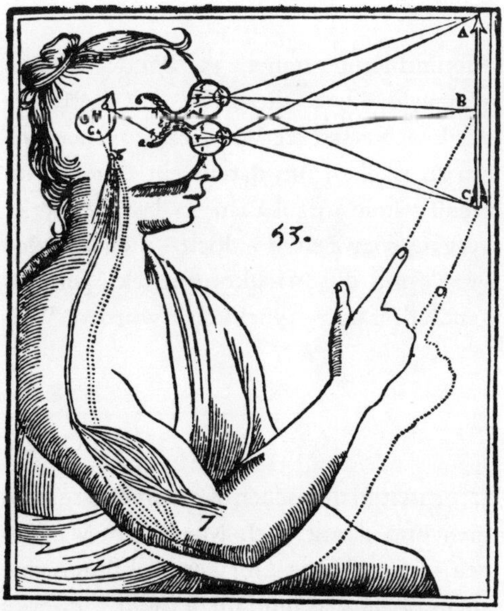

Der Mensch als Maschine: eine Reflexmarionette aus Regelkreisen. Auch mit seinem Menschenbild, nicht nur mit seinem Weltbild hat Descartes im 17. Jahrhundert entscheidende Impulse ausgelöst.

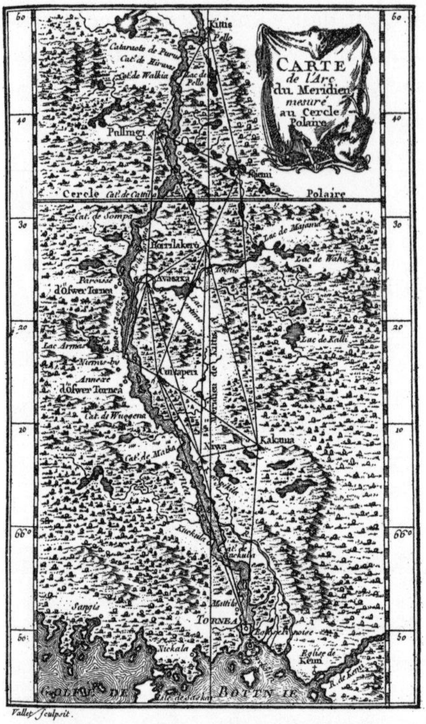

Maupertuis vermisst erfolgreich die Form der Welt. Man zollt ihm dafür Anerkennung. Für seine Interpretation der Natur der Welt bezichtigt ihn Voltaire, ebenso erfolgreich, der Vermessenheit.

Ankündigung seiner 35 Bände starken «Enzyclopédie», alles über die Oberfläche der Erde verstreute Wissen zusammenführen zu wollen, um daraus ein allgemeines Denksystem aufzubauen, so dass die Werke vergangener Zeiten – doch – nicht nutzlos seien, und die Nachkommen klüger, tugendhafter und – glücklicher würden. Wissensanhäufung allein aber genügt nicht, die so euphorisch formulierten Ziele zu erreichen: «Allein durch Vervollkommnung der Erziehungsmethoden kann der Mensch glücklich und erfolgreich gemacht werden.» Des Philosophen Helvétius' Postulat – der Denker, nicht sein Traum, starb vor 200 Jahren – zeigt, wie sehr man der kirchlichen Gefüge, wie sehr man selbst Leibniz' «besten aller möglichen Welten» überdrüssig geworden ist. Descartes Wirbel, seine Theorie macht Entstehung und Bewegung der Planeten durch Wirbel verständlich, fielen Newtons Gravitation zum Opfer. Die Gesetze der Welt sind auch Gesetze des Firmamentes. Was sich nicht demonstrieren lässt, wird hinfällig. Die Natur ist den Sinnen zugänglich. Der frühe Materialismus wird zur erfolgreichen Arbeitsmethode. Weltraumwirbel sind Visionen. Die Gravitation dagegen ist messbar: grossangelegte Expeditionen nach Peru und Lappland (1736) bestätigen durch aufwendiges Vermessen die Abflachung der Polkalotten, eine postulierte Konsequenz der Newton'schen Gravitation. Der Mensch besitzt seine Erde nicht mehr nur, er beginnt seinen Planeten zu begreifen. Der Mondstaub, den die Wissenschaft unserer müden Tage geschürft hat, hilft kaum, die Siegesstimmung zu verstehen, welche das 18. Jahrhundert ergriff, nachdem es die Natur der Natur zu erfassen begonnen hat.

DIE LOGIK DES LEBENS

Dem materialistischen Mut sind Organismen und damit auch Menschen Maschinen, erforschbare Uhrwerke, kompliziert aber ergründbar, und nicht mehr Urwerke einer ausserhalb rezenter Gesetze waltenden Macht. Doch rasch verzahnt sich die neue Erkenntnismethode, einem pauschalen Atheismus verpflichtet, mit der noch starken Kultur der Kirche. So hat der ätzende Holbach zum Beispiel gar einen Voltaire dazu gebracht, auf das «System der Natur» mit einer Verteidigung der Religion zu antworten! Trotzdem: die Arbeitsmethode des Materialismus hat im Kielwasser der extremen Philosophie des Materialismus rasch gültige Resultate gezeitigt. Dies wohl auch deshalb, weil sich mathematische Logik in die Gefilde des Lebens vorgewagt hat.

Pierre Louis de Maupertuis, Soldat und Privatgelehrter, hat sich auf dem noch cartesianischen Kontinent für Newton's insulare Physik stark gemacht. Unter seiner Führung wurde die erwähnte Lappland-Expedition Ludwig des 15. zum revolutionierenden Erfolg. (Dass auch Darwins Durchbruch, hundert Jahre später, mit einer Vermessungsexpedition begonnen hat, provoziert den Vergleich: Darwin, ein Sammler, hat allerdings eine bemerkenswerte Abstinenz beobachtet, wenn es um die komplexen trigonometrischen Zusammenhänge des Kartographierens ging. Mathematik ist ihm Horror geblieben.)

Der Erfolg der Expedition war durchschlagend: Maupertuis wird Leiter der Akademie der Wissenschaften in Berlin. Mit zunehmender Popularität leidet er jedoch zunehmend unter der Wasserträgerrolle, Newton's Physik in Kontinentaleuropa salonfähig gemacht zu haben. Wohl deshalb betont er die fundamentale Bedeutung seines «Prinzipes der kleinsten Wirkungen» unablässig. (Das «Prinzip» – Maupertuis formuliert es um 1744 – wird oft Euler, Lagrange oder Hamilton zugeschrieben; diese haben daran aber lediglich weitergearbeitet.) Erst aus der Perspektive der Quantenmechanik unseres Jahrhunderts konnte die Tragweite voll gewürdigt werden. So charakterisiert es Glass (1947) als «one of the very greatest generalizations in the realm of physical science».

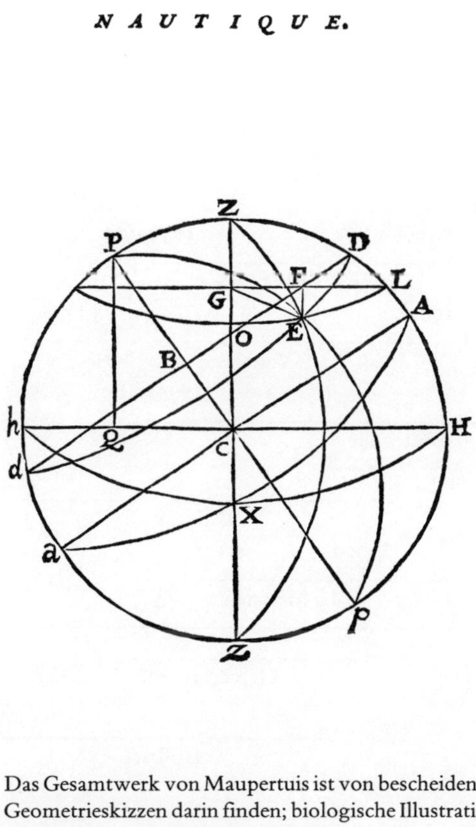

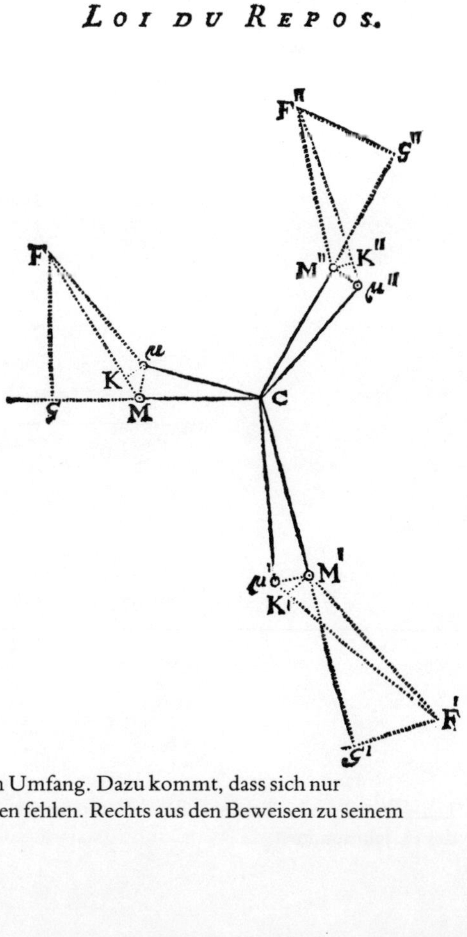

Das Gesamtwerk von Maupertuis ist von bescheidenem Umfang. Dazu kommt, dass sich nur Geometrieskizzen darin finden; biologische Illustrationen fehlen. Rechts aus den Beweisen zu seinem «Gesetz».

Doch fasst das Prinzip in seiner Zeit nicht Fuss – es wird im Gegenteil Anlass gehässiger Querelen, die den Genius Maupertuis lächerlich und damit mundtot machten. Voltaire – er überlebt seinen einstigen Schützling um entscheidende 19 Jahre! – kämpft mit sarkastischen Schmähschriften, denen Maupertuis nicht gewachsen ist. Neid pervertiert Freundschaft; Hochachtung schlägt um in Hohn. (Der Kulturmagnet Friederich der Grosse hat aufgrund wohlwollender Empfehlungen seitens Voltaire Maupertuis seinerzeit nach Berlin berufen.) Am Prioritätsanspruch des «Prinzips» hat sich der Streit entzündet. Perfidie und Effizienz des Voltairschen Vernichtungswerkes stehen in der Geschichte der Wissenschaften einzigartig da. Dies obwohl das Streitobjekt, ein Brief, der belegt hätte, dass Leibniz der eigentliche Entdecker gewesen sei, nie beigebracht werden konnte. (Leibniz war, der Bezug ist psychologisch wichtig, um 1700 Gründer und erster Präsident der Berliner Akademie.) Ein ehemaliger Schüler hat seinen grossen Lehrer Maupertuis aus Missgunst verleugnet: Dieser nichtige Anlass war dem populären Voltaire Grund genug, den ‹Exil-Landsmann› zu vernichten. Noch im grossen Larousse der Jahrhundertwende wird Maupertuis lediglich als «géomètre français» gewürdigt, ausführlich wird der epochale Streit beschrieben und lakonisch wird vermerkt, dass seine Werke «peu nombreux» gewesen seien. Die Titel-Auswahl ignoriert das gesamte biolo-

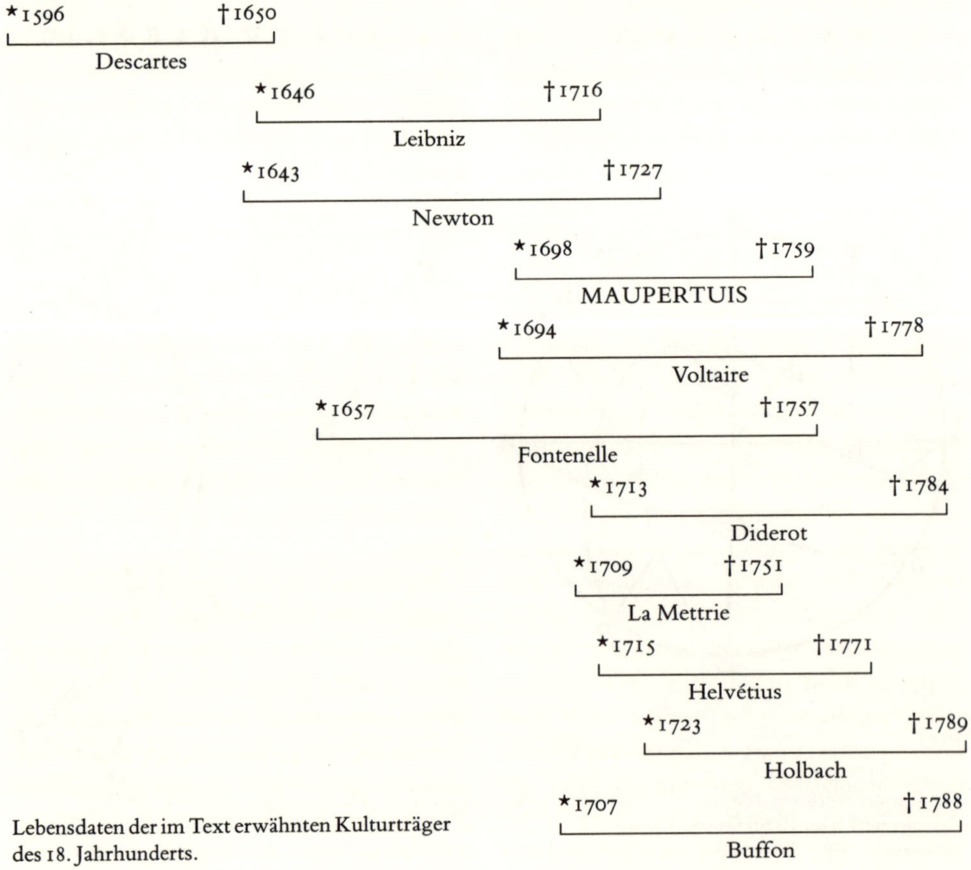

Lebensdaten der im Text erwähnten Kulturträger des 18. Jahrhunderts.

gische Schaffen. Der Lexikonartikel hinterlässt den Eindruck, als ob ein linkischer Streithahn sich mit seiner Zeit überworfen hätte. (Unter dem Schlagwort Voltaire findet sich kein Hinweis auf den Disput: Maupertuis wird neben vielen anderen – Voltaire soll mehr als 10000 Briefe geschrieben haben – lediglich als Briefempfänger aufgelistet.)

Das zeitadäquate Schaffen auf dem Gebiet der Physik, der Mathematik und der angewandten Vermessung konnte Voltaire nicht tilgen, die biologischen Denkstrukturen Maupertuis' waren jedoch dermassen unortodox, dass sie durch Überzeichnung leicht haben lächerlich gemacht werden können. George Louis Leclerc Comte de Buffon, seit 1739 Direktor am Jardin du Roi, hat die Naturerscheinungen populär, galant und verständlich in seinem 44 Band starken Werk «Histoire Naturelle» formuliert. Maupertuis hat die Phänomene des Lebens durch Logik zu erschliessen versucht. Obgleich auch Buffon auf metaphysische Anleihen hat verzichten können («Leben ist eine physikalische Eigenschaft der Materie!»), hat der Bestseller-Autor darauf geachtet, nicht mit Traditionen zu brechen. Und die Kulturträger der Zeit haben sich an Buffon orientiert. Kein Haushalt gebildeter Stände, der auf seinen vielbändigen Buffon hätte verzichten können. Maupertuis aber wurde trotz seiner zentralen Stellung als Chef der Berliner-Akademie zum Outsider – trotz aller Vorteile des deutschen Raumes, wurde Maupertuis zum Dissidenten. Viele der biologischen Gedankengänge des französischen Kulturingenieurs sind durch die unerbittliche Logik mathematisch geschulten Denkens seiner Zeit weit voraus. Sie haben keine Resonanz gefunden. Die Salon-Biologie des 18. Jahrhunderts verweilt in den Koordinaten ihrer Epoche. Die Revolutionen der Physik haben nur verbal in die Naturgeschichte durchgeschlagen, die Physik hat die Biologie nicht revolutioniert. Die enzyklopädische Akribie Buffons hat die kühnen Gedanken erstickt. Maupertuis – obwohl er im Rampenlicht steht – zündet nicht.

DENKMODELLE GEGEN MODEDENKEN

Maupertuis kann sich nicht mit Kompromissen begnügen; er muss der Welt zeigen, dass er seinem Ruhm gerecht wird. Im Kielwasser Newtons ist seine Kapazität gereift – es gilt nun zu demonstrieren, dass sich seine Persönlichkeit auch im Neuland bewährt. Er analysiert die Naturgeschichte seiner Zeit sorgfältig, wägt umsichtig Vor- und Nachteile der Zeitwahrheiten gegeneinander ab. Die Elle, mit der er misst, ist die Natur. Es werden keine Einzelbeobachtungen zu einem abstrakten Ganzen extrapoliert – die präzise Einzelbeobachtung aber wird dazu benützt, die aufgeblasenen Theoriengebäude zur Ader zu lassen. Ein Berufswissenschafter denkt sich in die Natur des Lebens vor: einer, der sich an der Physik trainiert und gestählt hat, nimmt Kurs zwischen Szylla und Charybdis, zwischen den streitumbrandeten Brückenköpfen gängiger Lehrmeinungen hindurch auf offenes Wasser hinaus.

Maupertuis nimmt wesentliche Teile der mendelschen Genetik vorweg. Er hat die Darwinsche Lehre – kompromissloser als Darwin selbst – in wesentlichen Teilen vorweggenommen. Er hat das Wesen der de Vries'schen Mutation erkannt und hat die Isolation und andere Voraussetzungen zur Populationsdynamik präzise angepeilt. Das Phänomen der Rassen- und Artbil-

dung wird diskutiert und konsequent auf diese Erkenntnisse zurückgeführt.
Maupertuis hat, auch das unterscheidet den Fachmann eben doch nicht immer vom Laien, Distanz zu seinen Modellen. Alle Gedankengänge werden hinterfragt. Wissenschaftlicher Charme leuchtet aus vielen Formulierungen: «In einer so undurchdringlichen Materie sind wir bereits zufrieden, wenn die hier vorgeschlagenen Lösungen auf weniger Widersprüche stossen, als die der anderen.» (Système de la Nature, XIII. 1751). Allerweltserklärungen sind leer: Maupertuis spielt das Spiel der Wissenschaft Zug um Zug – wohlwissend, dass es nicht nur richtige und falsche Überlegungen gibt. Er fürchtet sich davor, Gefangener seiner eigenen Ideen zu werden:

«Die Systeme sind Hemmnis für den Fortschritt der Wissenschaften: ein Theoretiker sieht nicht mehr die Natur, sondern nur noch sein System! Alles was der Vorhersage nicht total widerspricht, bestätigt diese und die Widersprüche werden zu nebensächlichen Ausnahmen!» (Lettre VII.).

Die Art und Weise, wie Maupertuis mit Leibniz abrechnet gibt deutlichen Einblick in die Denkmechanismen: «Einige wenige Gedanken von Leibniz haben immens dicke Wälzer gefüllt. Es war ein grosser Geist, gewiss, aber leider wurde er durch seine Anhänger vergöttert.» Der deutsche Denker akzeptiert die Lebewesen noch nicht als reine Maschinen und muss daher, dem Vitalismus verpflichtet, «Monaden», kleinste Lebenseinheiten bemühen. Ohne auf diese Monadenlehre näher einzugehen, setzt Maupertuis solches Mode-Denken matt:

«Weil das Denksystem von Leibniz auf unsichtbaren Wesen gründet, die sich weder manifestieren, noch durch irgend ein Phänomen widerlegt werden können, wird es immer unmöglich sein, dasselbe zu falsifizieren, was den Leibniz – Anhängern bestätigt, wie richtig es ist.» (Zitate aus Lettres, 1752).

Zweihundert Jahre nach Maupertuis hat Sir Karl Popper in seiner «Logik der Forschung» geschrieben: «Ein empirisch-wissenschaftliches System muss an der Erfahrung scheitern können.» Physik und ‹Metaphysik› anerkennen ihren Maupertuis – die Biologie ignoriert ihn beharrlich.

«DER WEISSE NEGER»

Waren Adam und Eva schwarz? James Cowles Prichard, Arzt aus Edinburgh, erkennt in seiner Dissertation «De Humani Generis Varietate» (1813 unter dem Titel «Researches» erweitert verlegt), dass die Menschheit ursprünglich schwarz gewesen sei: Die weisse Hautfarbe sei unter dem Einfluss der Zivilisation entstanden. Weil Albinomutanten unter Negern ungleich häufiger zu beobachten sind als schwarze Kinder weisser Eltern, kommt Maupertuis bereits um 1744 zum umgekehrten Schluss: Das genetische Erinnerungsvermögen der Neger ‹vergisst› die weisse ‹Ur-Farbe› nicht. Maupertuis erkennt, dass Humangenetik stets tückenreicher ist als Tierzucht. Nicht nur dass das Erbmerkmal der Sechsfingerigkeit durch Operation zum Verschwinden gebracht wird – «mais tous ceux qui ont vu naître les enfants nègres savent qu'ils ne naissent point noir.» Auch den Schwarzen sieht man die genetische Schwärze, bei der Geburt jedenfalls, nicht an. Im Gegensatz also zu ‹weissen Negern› könnten ‹schwarze Weisse›, weil sie nach und nach erst eindunkeln, nach der Geburt dem Interesse der Öffentlichkeit entzogen werden, besonders wenn es sich um «pa-

DISSERTATION
PHYSIQUE
A L'OCCASION
DU
NEGRE BLANC.

.... *Quæ legat ipsa Lycoris.*
Virg. Eglog. X.

A LEYDE,

M. DCC. XLIV.

Die Evolution der Evolution findet ohne Maupertuis statt: der frühe ‹Weisse Neger› fasst in der galanten Gesellschaft, nicht aber in den Wissenschaften Fuss.

rens considérables» handelt. Humangenetik ist stets tückenreich: das Phänomen ‹schwarzer Weisser› ist unter dem ‹Volk› häufiger verbreitet, als unter den Kindern der ‹grands›. Seine Recherchen ergeben, dass je schwarzem Säugling eines weissen ‹grand Seigneur› um 1000 Negerkinder des Volkes geboren werden. Dass mit solchen Angaben statistische Mendelgenetik unmöglich wird, ist klar. Immerhin erkennt Maupertuis die Erblichkeit beider ‹Vererbungs-Unfälle›, und er führt diese Phänomene auf rationale Effekte zurück. Dann nützt er die Überlegungen für einen klugen, kirchenpolitischen Schachzug aus: Nur durch das ‹Maupertuis-Modell›, nicht aber durch die Modelle der Einschachtelung, liesse sich belegen, dass sehr wohl aus dem ersten Menschenpaar Adam und Eva verschiedene Rassen entstanden sein können. Man muss nur logisch denken: Auch der Kreationismus der Bibel ist letztlich Evolution. Im Menschengeschlecht, jedenfalls und darum werden diese Gedankengänge so wichtig.

Einen fünfjährigen Neger-Albino-Knaben, in den Salons von Paris als Attraktion herumgereicht, würdigt Maupertuis als Titelfigur seines biologischen Erstlings «Dissertation physique à l'occasion du Nègre blanc». Dass der ‹weisse Neger› dem mathematischen Biologen nicht gehobene Jahrmarktsbelustigung geblieben ist, dass das Experiment der Natur als solches erkannt wird und zum Kristalisationspunkt eines kausalen Theoriengebäudes wird, das ist eine Abstraktionsleistung, die auf der Biologie-Bühne des 18. Jahrhunderts absurd wirken muss.

Schon im Inhaltsverzeichnis der «Dissertation» zeigt sich, wie besonnen Maupertuis ans Werk geht: sorgfältig, fast pedantisch sichtet der Mathematiker das biologische Wissen der Zeit, bevor er zu seinen Schlüssen ansetzt. Die Liebenswürdigkeit einer gereiften Persönlichkeit schlägt – auch im Stil – immer wieder durch. Der gewiefte Didakt versucht seine Leserschaft behutsam an das Problem heranzuführen. Im Vorwort schreibt er:

«Wir haben ein kurzes Leben erhalten, das wir verlieren werden. Es ist weise, das Intervall zwischen Geburt und Tod gut auszufüllen. [...] Oft fragen wir, was kommen wird, doch ist es ebenso interessant zu erfahren, was gewesen ist.»

Maupertuis ist wohl auch aus politischer Klugheit kein Gottesleugner: Ohne Religion hätten wir überhaupt keine Kunde von dem, was vor uns war und nach uns sein wird. Es bedarf der Metaphysik aber nicht, «den Ursprung des Körpers und die

Stadien, die er durchläuft zu erforschen». Maupertuis verspricht, sich dabei lediglich auf die Anatomie zu berufen. Er fordert den Leser auf, sich nicht daran zu stossen, wenn er sage, dass jeder Mensch ein Wurm, ein Ei oder eine Art Schlamm gewesen sei. Dann schildert er kurz das Liebeswerben und den Rausch der körperlichen Vereinigung. Maupertuis signalisiert, dass es ihm verständlich sei, nach solchem ‹Sinnen-Taumel› sich vor den Kopf gestossen zu fühlen, wenn das Wunder der Zeugung wissenschaftlich angegangen wird:

«Wie verwandelt sich dieser ‹séjour enchanté› in das düstere, vom unförmigen Embryo bewohnte Gefängnis? Worin liegt der Grund für so viel Sinnenfreude, wo ist der Anfang eines so vollkommenen Wesens?»

Wenn nötig, so kündigt der Forscher an, werde er um das Mysterium erklären zu können auch Vögel, Fische und Insekten untersuchen.

Sein Überblick beginnt in der Antike: der Embryo entsteht aus der Verschmelzung weiblicher und männlicher Säfte. Der weibliche Anteil liefert das Baumaterial, der männliche Anteil die ‹Form›. Harvey hat die epigenetische Komponente dieses Gedankengutes im 17. Jahrhundert wieder aufgenommen; Maupertuis huldigt diesem Autor ausführlich. Allein – die Bedeutung der Spermien bleibt ihm in der Harvey-'schen Theorie zu verworren: Ob die Spermien das Ei lediglich zum Leben ‹erwekken›?

Das Vererbungskontinuum ausschliesslich über je entweder die mütterliche Linie

Buffon illustriert 1778 seine wirren genetischen Spekulationen mit dem Bild des hübschen, achtzehnjährigen Negeralbino-Mädchens Geneviève und dem alles übertreffenden Dokument der gescheckten Marie-Sabina, Kind eines Weissen und einer schwarzen Sklavin. Die Ansätze Maupertuis werden ignoriert, die Bebilderung entartet – wieder – zum voyeuristischen Zeitvertreib.

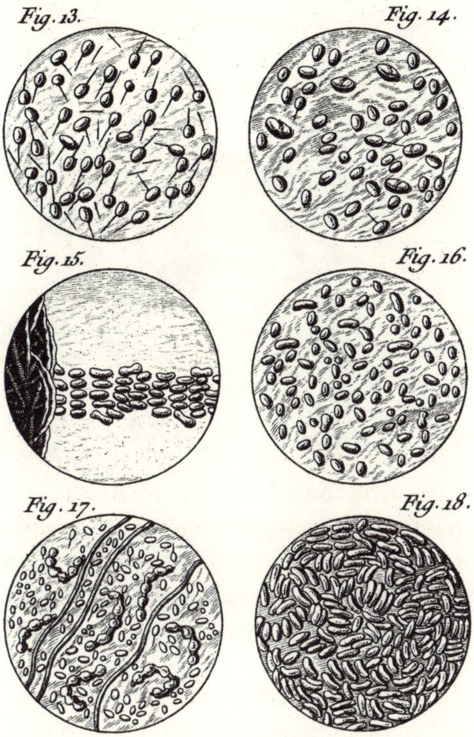

im Ei oder andererseits ausschliesslich mit den im Mikroskop sichtbaren Spermien erklärlich zu machen, muss uns als Rückfall erscheinen, der durch die Faszination des Mikroskopes verständlich wird. Beobachtungswidersprüche provoziert auch das Lehrgebäude der Präformation. Maupertuis bekennt sich zur Epigenese. Wie Buffon erkennt er, dass ein ‹Paradigmenwechsel› not tut. Zeitlich vor Buffon entwickelt er seine revolutionäre Theorie. Buffon konstruiert eine naive Samentierchen-Theorie. Den allgegenwärtig sind sie, Buffons Lebenskeimchen Leibniz'scher Provenienz: In Aufgüssen, im Eiter, in den Samenflüssigkeiten von Mann und Frau.

Maupertuis illustriert nur seine geometrischen Abhandlungen. Seine biologischen Gedanken sind nicht bebildert. Buffon sieht und dokumentiert Samentierchen in allen Flüssigkeiten – man muss sie nur lange genug stehen lassen.

MYTHOS UND COMMON SENSE

Erst im Kapitel siebzehn des «Nègre blanc» spielt der Autor mit seiner logischen Kraft: die einleitenden Erörterungen haben ihm lediglich dazu gedient, den Leser davon zu überzeugen, dass alle diskutierten Systeme zu absurden Konsequenzen führen, wenn man sie an der tagtäglichen Erfahrung spiegelt. Kinder gleichen nie nur der Mutter oder nur dem Vater: Stets sind Merkmale beider Elternteile in ihnen zu erkennen. Ist es nicht auch so, dass Eigenschaften der Grosseltern in den Enkeln sich wieder manifestieren, obwohl in keinem der Eltern eines der Merkmale zu beobachten war? Obwohl dieses Phänomen nicht immer zu beobachten wäre, sei es viel zu häufig, als dass dies ein Zufall sein könnte. (Der Begriff des Zufalls hält Einzug in der Biologie!) Mischlinge zeigten dies noch deutlicher: nie seien es ‹nur› Neger oder ganz und gar Weisse. Mischlinge sind, auch wenn ein Merkmalspaket dominiert, offensichtlich Gemische beider Elternteile. Weitere Belege sind die Maultiere (Kreuzungen aus Stuten mit Eselhengsten) und die Maulesel (Eselstuten wurden mit Pferdehengsten gedeckt): Wer würde leugnen können, dass nicht ‹Mischungen› vorlägen? Dass diese Bastarde steril sind, zeigt doch auch deutlich, daß ein Vermischen der Erbmerkmale zu verkümmerten Organen führen kann, weil die Erbstrukturen verschiedener Arten bei der Befruchtung nicht richtig zueinander fänden. Meistens lassen sich Tierarten überhaupt nicht kreuzen, Maupertuis hofft, dass neben Esel und Pferd solche Experimente noch mit anderen Tieren lebensfähige ‹Monster› ergeben würden: noch klarer könnte in Zukunft dann belegt werden, dass beide Eltern – offensichtlich – Erbinformationen beisteuern würden. Einfache Beobachtungen widerlegen die Theorien der Einschachtelungen beider Pole klar. Einmal mehr aber wird ersichtlich, dass schöne Theorien nicht durch überzeugende Beobachtungen gestürzt werden können. Die harte Logik der Mathematik hat von der Naturgeschichte noch keinen Besitz ergriffen: Triviale Erfahrungen aus der Umwelt werden durch die ri-

Von dem Maulesel.

Das Rezept war seit der Antike bekannt: Man mische Pferd und Esel. Mit Gesner beginnt sich auch die Wissenschaft für das bauernschlaue Schöpfungsexperiment zu interessieren. Allein, ihn beschäftigt das Einhorn in den Wäldern noch ebenso sehr wie das pferdeartige Monstrum in den Ställen. Maupertius ist der erste, der klardenkend diesen Merkmalsmix vernünfig interpretiert – Bonnet allerdings wird das Maultier wieder verquer für seine Einschachtelungstheorie vereinnahmen. Aller Logik zum Trotz.

gorosen Zerrspiegel der Theorie betrachtet, ignoriert oder als ‹unerklärliches› Phänomen beiseite geschoben. Der Common Sense mag ein schlechter wissenschaftlicher Berater sein, trotzdem ist es erstaunlich, dass gestelzte Gedankengebäude mitten im Sinnenwiderspruch errichtet werden können und als Modell zur Deutung der Welt – allem Erleben zum Trotz – beharrlichen Fortbestand haben. (Es ist zu ergänzen,

dass Kreuzungen zwischen Arten und selbst Gattungen im Pflanzenreich leichter möglich sind; dieser Umstand hat dazu verleitet bis in die Zeit Mendels bevorzugt nur schwer zu deutende Bastarde zu züchten.)

Im nächsten Kapitel nimmt Maupertuis auf einen anderen Jahrhundertstreit Bezug: Abnormitäten haben die Phantasie schon immer beflügelt – zwischen Lemery und Winslow haben die Auseinandersetzungen gar zu einem Akademiestreit geführt: Vertrat jener die Ansicht, Monster wären präformiert, plädierte dieser dafür, dass es sich um Beschädigungen der Keime handeln würde. Die beiden Kontrahenten versuchten sich mit rhetorischen Argumenten gegenseitig zu widerlegen: «Fand es der eine

Von dem Esel.

Asinus. Esel.

skandalös anzunehmen, der liebe Gott habe Anomalien willentlich eingeschachtelt, so sah der andere gerade darin einen Ausdruck für die unberechenbare Allmacht Gottes». Maupertuis rapportiert – Partei ergreift er nicht, «wo doch beide Streithähne in etwa gleichweit vom Ziel entfernt sind». Im gleichen Zusammenhang geht der Archivar biologischer Vorurteile auch das Problem der Schwangerschaft an. Wohl anerkennt er die intime Verbindung zwischen Mutter und Kind: Erschrickt die Schwangere, wird der Herzschlag des Feten intensiver. Der Mär aber überführt Maupertuis, dass durch die Nabelschnur Sinneseindrücke oder gar Gelüste in die Kindsgestalt projiziert werden könnten.

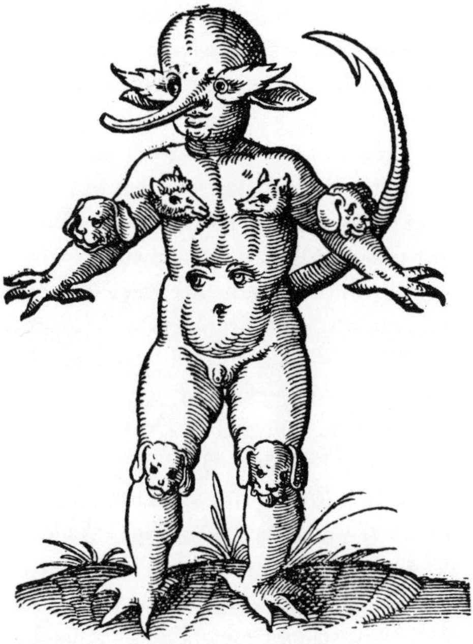

Wo liegen die Grenzen der Mischbarkeit? Dieses Monstrum ist ein Kind der Angst.

Das «Monstrum biceps» aus Tulp demonstriert eine noch intimere Verbindung zweier Keime – oder hat sich eine Anlage gespalten? Die Diskussion von Geburtsabnormitäten hat eine lange biologische Tradition.

«Sur les Monstres»: Buffon lässt sich seitenlang, dem Stil der Zeit verpflichtet über die täglich sich Helène (links) und Judith (rechts) stellenden Probleme aus; die Mädchen sind immerhin 21 Jahre alt geworden, nachdem sie ein Priester von ihrem Jahrmarktsschicksal durch Aufkauf befreit hat.

Wie sollte ein unbefriedigtes Verlangen nach Rüben eine rübenförmige Wucherung am Rücken des Kindes erzeugen können? Wie soll ein Neger, der den Weg der Schwangeren kreuzt, wie gar der Traum von Tigern die Farbe des Feten beeinflussen? Mit Mutterwitz und intellektuellem Schalk weist der erfahrene Empiriker darauf hin, dass wohl kaum ein Gelüst, wohl kaum eine unheilvolle Begegnung, wohl kaum ein böser Traum der werdenden Mutter während den langen neun Monaten erspart bleiben würde – in der Erinnerung jedenfalls würden sich stets wohl genügend ‹Gründe› finden lassen, welche die Geburtsanomalien auf diese Weise ‹erklären› helfen würden.

Eine Spina bifida, ein fehlerhaftes Einrollen des Neuralrohres, wird 1652 als rübenförmiger Tumor von Tulp operiert, was eine Querschnittslähmung zur Folge hat. Das Entstehen des Rübengeschwüres interpretiert er als unerfülltes Schwangerschaftsgelüst. Hohe Präzision der Beobachtung kontrastiert die naiv-primitive Interpretation. Solche Ammenmärchen haben ein zähes Leben. (Tulp steht in Rembrandts Gemälde «Anatomie Lektion» als Demonstrator im Mittelpunkt.)

Das Büchlein ‹Der weisse Neger› wird seinem werbewirksamen Titel nicht ganz gerecht: Das Rätsel des Albino-Knaben bleibt ungelöst. (Das Phänomen sprunghafter Veränderungen körperlicher Merkmale, die erblich sind, geht Maupertuis erst ein Jahr später in seiner «Venus Physique» an.) Die Quintessenz dieser ersten Studie aber ist trotzdem erstaunlich: Maupertuis überwindet die je einseitigen Perspektiven der Vererbung als Primat des einen oder anderen Geschlechtes. Er huldigt kompromisslos der epigenetischen Theorie und postuliert klar Erbeinheiten, welche die Chromosomentheorie der Vererbung erahnen lassen. Information und Informationsträger, Resultat und Ursache allerdings werden nicht klar getrennt. Dem Theoretiker sind keine konkreten Zellstrukturen bekannt. (Der Zellkern wird 1833 durch Robert Brown, das Chromosome 1879 und die Zellteilung 1882 durch W. Flemming beschrieben. Der Hinweis mag wichtig sein, dass Mendel 1865 seine mathematischen Gesetzmässigkeiten ebenfalls ohne anatomische Beobachtungen als Abstraktion aus der Beobachtung von Blütenfarben induziert hat.) Leider hatte Maupertuis mit seinen Feldstudien Pech (auch Züchtungen mit Tieren verschiedener Arten wollten ihm nicht gelingen): Mit

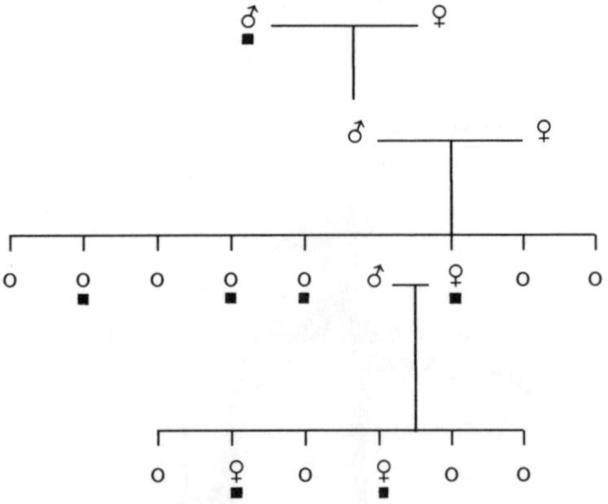

Die Polidactylie tritt in der Bevölkerung mit einer geschätzten Häufigkeit von 1 : 5000 auf. Maupertuis analysiert die Berliner Familie Ruhe. Das 1 : 1 Verhältnis der dritten Generation, es entspricht einer Rückkreuzung, wird durch das ihn verwirrende 2 : 1 der nächsten Generation entwertet. So nahe ist bis Mendel keiner mehr an der genetischen Wirklichkeit gewesen. (Kreis: unbekanntes Geschlecht; Punkte: erkrankt)

der Polydactylie, einer dominanten Erbkrankheit mit sechs Fingern, hat er ein Beispiel analysiert, dessen Penetranz stark schwankt; das heisst, dass die Ausbildung der sechsten Finger und Zehen nicht dem ‹Alles-oder-nichts›-Gesetz gehorcht, das die unabdingbare Grundlage darstellt, damit sich eindeutige Zahlenverhältnisse ergeben können. (Mendel, der Zufall war ihm hold, benützte Merkmale, die eindeutig ‹mendelten›.) Viel, das muss betont werden, hatte nicht gefehlt und Maupertuis hätte die mendelschen Gesetze entdeckt. Seine Analysen jedenfalls waren bis kurz vor den Durchbruch gediehen, was man von Darwins fleissigen Züchtungen nicht sagen kann, die er im Wälzer «Die Wirkungen der Kreuz- und Selbst-Befruchtung im Pflanzenreich» (1876) referiert hat.

Der Vergleich mit Darwin drängt sich auch aus der Perspektiven der ‹Chromosomen-Ahnung› auf. Die Leistung Maupertuis kann erst gewürdigt werden, wenn sie mit Darwins Versuch, neun Jahre nach den «Origins» verglichen wird: in seinem zweibändigen Werk «Das Variieren der Tiere und Pflanzen im Zustande der Domestikation» (1868) formuliert der inzwischen weltberühmte Engländer seine «Pangenesis-Theorie»; die Ähnlichkeiten mit Buffons Vision sind penetrant. Weil der Darwinismus ohne jede konkrete Grundlage auf der Ebene der Zellstrukturen entwikkelt worden ist, lastete die Absenz jeglicher konkreter Vorstellung darüber, worin das Phänomen der Kontinuität von Generation zu Generation zu suchen wäre, als schwere Hypothek auf dem jungen Theoriengebäude des Darwinismus. Darwin hat sich, ein grosser Mann verfiel cäsarischer Überheblichkeit, eine Lückenbüsser-Theorie naiver Form ersonnen. Johannes Hemleben qualifiziert in seiner würdigen Darwin-Biographie (1968) diesen Versuch als «linkisch, um nicht zu sagen dilettantisch». Darwin hat seine der griechischen Welt entnommenen «Pansperme» als seinen eigentlichen grossen, originalen Wurf betrachtet. Maupertuis hat sehr wohl auch Anleihen in der Antike gemacht (Anatomismus), Maupertuis aber hütet sich vor ungelenken Trugschlüssen. Sowohl im Ei als auch im Spermium habe es «sich entsprechende Teilchen, welche dazu bestimmt sind, das Herz, den Kopf, die Eingeweide, die Arme zu bilden». Maupertuis will diese Vorstellung als Modell verstanden wissen. Er ist sich dessen bewusst, dass seine Wissenschaft noch weit von einer geschlossenen System-Vorstellung entfernt ist. Dennoch:

«Wir verlieren die Hoffnung nicht, auch die schwierigsten Probleme zu lösen.» Er leitet aus dem theoretischen Anforderungskatalog an die Erbeinheiten ab, dass *«die sich entsprechenden Teilchen sich weitaus*

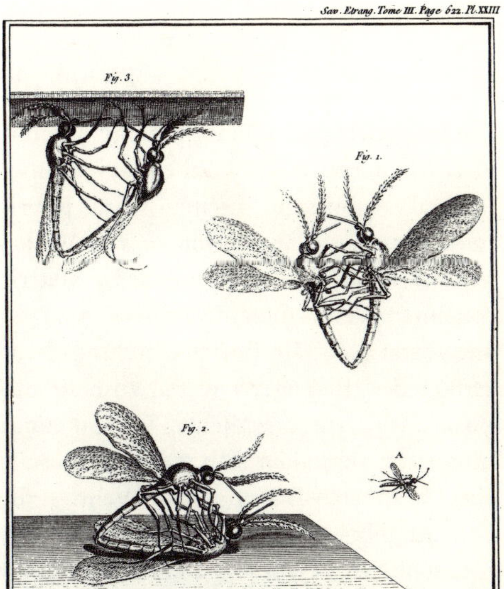

In der Paarung manifestiert sich ein biologisches Grundgesetz: Entsprechungen finden in wunderbarer Art und Weise zueinander. Man weiss heute mehr darüber, wie sich homologe Insekten, als darüber, wie sich homologe Chromosomen finden, um die Maupertuis freilich noch nicht gewusst hat. Aber das Problem hat er erkannt.

besser zusammenfinden würden (‹rapport d'union›) als mit anderen und sich so für die Gestaltbildung des Tieres nachbarlich zu paaren hätten, so dass der Fet geformt wird, selbst wenn er tausendmal komplexer organisiert noch wäre, als er dies ohnehin schon ist.»

Ein Kapitel «Zweifel & Fragen» beendet das Werk. Bis heute ungelöst sind die Mechanismen, welche die Chromosomen während der Reduktionsteilung sich paaren lassen: Maupertuis erkennt das zentrale Problem. Wir verzeihen, dass seine diesbezüglichen Erklärungen kindlich anmuten, die moderne Wissenschaft hat in diesem Punkt nur wenig mehr zu bieten. «[...] sollte das Vermögen, das im Instinkt der Paarung von geschlechtsreifen Individuen zum Ausdruck kommt, ein allgemeines Prinzip der Materie sein?»

Ein anderes Problem, das des Kontinuums des genetischen Materiales, drängt sich auf: Die Einschachtelungstheorien hatten doch wenigstens in diesem Punkt plausible Erklärungen geboten. Maupertuis nimmt kristallklar die Keimbahn vorweg, wie sie erst von Carl Wilhelm von Nägeli in der Keimplasmatheorie und in ihrer gültigeren Form von August Friedrich Weismann im Werk «Das Keimplasma» (1892) formuliert wird. Es gibt namhafte Historiker, welche das zitierte Buch Weismanns als den wichtigsten theoretischen Beitrag zur Biologie überhaupt bezeichnen. Maupertuis hat viele Probleme der Evolution und damit der Vererbung vorzeitig zielgerichtet erkannt und hat mit gutem Gespür und einfühlsamem Denken solide Problemlösungen vorgeschlagen.

EVA VERSUS VENUS

Ein Jahr nach dem «Weissen Neger» publiziert Maupertuis – obwohl entlarvt immer noch als Anonymus – seine «Venus physique» (1745), die immerhin so viel Wellen geworfen hat, dass der Zyniker La Mettrie mit einer «Venus metaphysique» (1752) geantwortet hat. Die Einschachtelungstheoretiker des ‹Ei-Lagers› waren zumeist oppositionslos im kirchlichen Gedankengut integriert; sie haben sich auf die biblische Eva bezogen. Die barocke Venus, die Schaumgeborene, wird zum Gegensymbol menschlicher Genese. Der Begriff der ‹Evolution› wird von Maupertuis noch nicht benützt, der kühne Buchtitel aber signalisiert, dass auch für Maupertuis der Mensch ein Uhrwerk darstellt dessen Steuerungs-Logik mit der Denk-Logik entschlüsselt werden können müsste. Newton hat die Physik revolutioniert; Maupertuis will mit einer grossen Geste Gleiches in der Biologie erreichen. (Das Unterfangen ist bis heute, misst man am ‹Standard› der Physik, nicht gelungen.)

Der ganze erste Teil der «Venus», das Kapitel «Sur l'origine des animaux» ist eine, nur geringfügig veränderte Fassung des «Weissen Negers»: trotz der Wiederholung ist das Bändchen ‹dünn› geblieben. Es gehört zum Wesen des Denkers Maupertuis, dass er stets nur schmale Werke publiziert. Sein ganzes Werk liess sich in vier kleinoktav Bändchen zusammentragen. Maupertuis ist ein Meister der entwaffnend klaren, konkreten und von jedermann überprüfbaren Argumente. Seine Beispiele sitzen. Seine Schlüsse sind konsistent. Maupertuis überzieht den Aussagebereich nie. Seine Ableitungen mögen uns oft fast banal erscheinen – vor dem Hintergrund seiner Zeit sind sie bewundernswert stringent.

Das Hauptthema der «Venus» ist die scheinbare Widersprüchlichkeit von Erbkonstanz und Erbsprüngen. Man dürfe, so beruhigt er kirchliche Kreise, ruhig annehmen, dass die Menschheit von einem Menschenpaar abstammen würde. Man müsse ein neues System aber anerkennen können, wenn es weniger Widersprüche aufweise, als die alten Systeme aufgewiesen hätten. Er propagiert nicht, alle Ungereimtheiten gelöst zu haben, fordert aber dazu auf, neuen Gedanken gegenüber offen zu sein, falls diese «mindestens so wahrscheinlich» wären, wie die alten dies waren. Diese ‹Wahrscheinlichkeit› wird in Anzahl und Ausmass der ‹Widersprüche› quantifiziert. Menschenfrauen gebären Menschenkinder: Die Einschachtelungstheorie klärt das – wissenschaftlich gar nicht so selbstverständliche – Phänomen scheinbar widerspruchslos. Eine Negerfrau gebärt einen weissen Jungen. Die Einschachtelungstheorie erklärt das Phänomen nicht widerspruchslos. Das Albino-Syndrom lässt sich auch im Tierreich beobachten. Maupertuis führt Amseln, Raben, Hühner an. Diese spontan auftretenden Varietäten bilden Rassen (‹espèces›: Der Rasse- und der Artbegriff wurde trotz Linné noch lange Zeit diffus vermengt), falls sie ‹kultiviert› würden. Züchter hätten weisse Hühner bevorzugt. Weil die weisse Farbe erblich ist, führte diese Bevorzugung zu einer neuen ‹Art›. Für Maupertuis ist die weisse Farbe aber nur eine Nebensächlichkeit, ein Phänomen, das durch seine sinnliche Aufdringlichkeit jedoch Signalcharakter bekommt:

«[...] es ist sehr wahrscheinlich, dass der Unterschied von weiss zu schwarz für die Natur kein Problem darstellt. Eine leichte Veränderung im Fell des schwärzesten Rappen lässt einen schneeweissen Schimmel entstehen, ohne dass irgend eine Übergangsfarbe sichtbar würde.»

Das ist nicht die einzige Stelle, die belegt, wie klar das Phänomen der Mutation erkannt wird. (Die Mutation wird 1884 in «Mechanisch-physiologische Theorie der Abstammungslehre» durch Nägeli definiert und 1900 durch de Vries im Werk «Mutationstheorie» end-gültig dargestellt.) Hundert Jahre vor Darwin beschreibt ein Darwinist die Evolutionsmechanik, die als Neo-Darwinismus noch hundert Jahre nach Darwin ihre Gültigkeit hat:

[...] Jede Stufe eines Irrtums hat eine neue Art verursacht: & durch diese wiederholten Seitensprünge (‹à force d'écarts répétés›) sind die unendlich vielen verschiedenen Tiere entstanden, welche wir heute sehen, deren Vielfalt sich vielleicht heute noch mit der Zeit vermehrt [...].»

Kompromissloser als Darwin (im erwähnten Werk «Das Variieren der Tiere und Pflanzen» hat Darwin klar und wiederholt rein lamarcksche Erklärungen benützt!) widerlegt Maupertius den Lamarckismus, bevor der Lamarckismus formuliert worden ist: Lamarck ist eben erst ein Jahr alt geworden, als sein ihm von der Geschichte zugeordnetes Modell ad absurdum geführt wird. (Lamarck formuliert in seiner «Philosophie Zoologique» 1804 den «Lamarckismus» beiläufig – aus praktischen Gründen der Gegenüberstellung heisst der Lamarckismus nun eben Lamarckismus, seit Darwin auf dessen Unzulänglichkeit erstaunlich gehässig hingewiesen hat.) Erworbene Eigenschaften werden nicht vererbt: «[...] denn gestutzte Schwänze und Ohren haben sich nicht zurückgebildet oder gar vererbt, obwohl sie über Generationen zurückgeschnitten worden sind.» Das Erscheinen unerwarteter ‹Produkte› ist vorerst «accidentelle». Im Gegensatz zu solchen Zufällen lässt sich die Vererbung nicht durch künstliche Eingriffe gezielt erzwingen: Chinesische Frauen gebären normalfüssige Mädchen, obwohl die Füsse der Mütter über Generationen durch

Bandagen zur Verkrüppelung gebracht worden sind. Klar gilt es demgegenüber die erwähnte ‹Sechsfingerigkeit› abzugrenzen: Spontan erscheint die Deformation der Hand, genealogisch lässt sie sich in den Stammbäumen jedoch dann verfolgen.

Darwins grosse Idee war das Zusammenspiel von Umwelt (Selektion) und einer stets auftretenden Variationsbreite innerhalb einer ‹Art›. Genau wie Darwin gelangt auch Maupertuis über den Modellfall der ‹Züchtung› zum Schlüssel, der das Phänomen des Entstehens neuer Arten erklärlich macht: Bauern haben weisse Hühner, (‹Monster›, die auch in der freien Wildbahn entstehen, jedoch nicht selektioniert werden), bevorzugt zur Zucht verwendet. Der Preussenkönig hat grosswüchsige Soldaten ausgehoben: Diese Hühnen haben – durch Vererbung ihres zufällig grossen Wuchses – zum grossen Menschenschlag der Preussen geführt. Im stilistischen Mummenschanz der Epoche verquer mag die Erklärung der ‹zonierten› Erscheinung der Menschenrassen anmuten. Das Beispiel wird abschliessend aufgeführt, weil es zeigt, an welchen Stellen die zeitgenössische Kritik der zynischen Ignoranz ansetzen konnte, obwohl heuristisch durch und durch solides Gedankengut in komprimierter Form vorliegt. Immer wieder seien spontan Riesen, Zwerge, Neger unter normalen Menschen geboren worden. Diese Deformierten wurden von den zahlreichen Normalen aus Angst in unwirtliche Gefilde verbannt. Die Zwerge haben sich in die Arktis zurückgezogen, die Riesen haben sich an der Magellanstrasse gefunden, die Schwarzen bevölkern die feuchten Zonen.

Maupertuis beobachtet Illustrations-Abstinenz. Der Zeitgenosse Buffon macht das Rennen, indem er an die mittelalterliche Jahrmarktstradition anknüpfend die Arsenale exotischer Spektakel ausreizt. Der Affenmensch hat sich direkt aus Gesner (16. Jht.) herübergerettet. Maupertuis muss vor solcher Kulisse gewürdigt werden. Er hat trotz ihr Bestand.

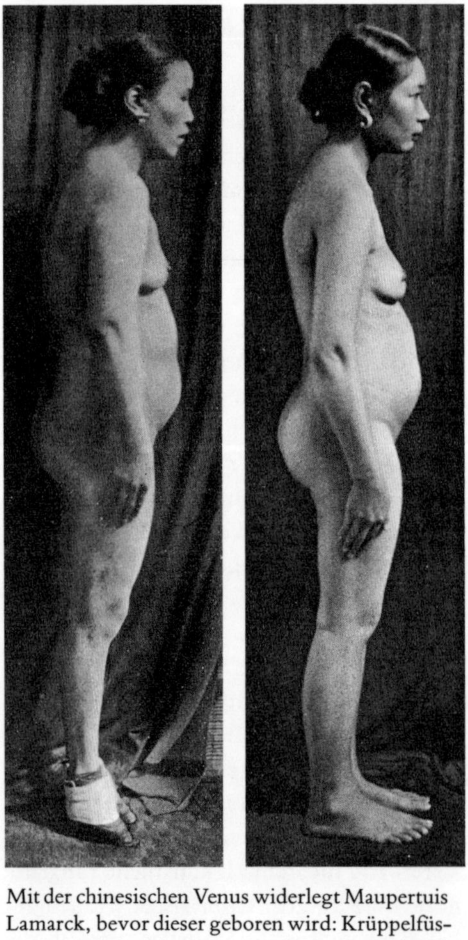

Mit der chinesischen Venus widerlegt Maupertuis Lamarck, bevor dieser geboren wird: Krüppelfüsse, trotz Jahrhunderte alter Tradition des Einbandagierens, werden nicht vererbt.

Die Biologie unserer Tage ist mit sich selbst beschäftigt. Ihre Geschichte besteht aus Geschichten. Nach wie vor. Die Physik hat begonnen, unter dem Schlagwort der Erkenntnistheorie ihre Geschichte neu zu schreiben. Auch die Geschichte der Chemie ist im Umbruch: Ihre Paradigmenwechsel werden rege diskutiert. Es ist an der Zeit, dass die Biologie nachzieht. Maupertuis wäre ein Ansatz.

«ZWEIFEL & FRAGEN»

Im letzten Kapitel der ‹physikalischen Venus› fasst Maupertuis zusammen und setzt an zu seinem Programm. In geschürzter Fassung werde hier dieses «Chapitre dernier: doutes & questions» vorgestellt.

«Ich glaube nicht, dass mein schwacher Versuch eines Systemes zur Erklärung der Bildung der Tiere jedermann gefallen wird; ich selber bin noch nicht ganz zufrieden damit. Ich gebe ihm lediglich den Teil einer Zustimmung, den er verdient. Letztlich habe ich nur Vermutungen und Zweifel formuliert. Vorerst müssten um Licht in das Dunkle der Materie zu bringen, folgende Fragen gelöst werden, falls man diese je wird lösen können.»

I.

«Dieser Instinkt der Tiere, der sie suchen lässt, was ihnen bekommt, und fliehen lässt, was ihnen schadet, ist er (dieser Instinkt) nicht auch den allerkleinsten Teilchen eigen, aus welchen die Lebewesen zusammengesetzt sind? Dieser Instinkt, obwohl in die Teile der Samen (semence: Gameten), und weniger stark im übrigen Organismus verteilt, genügt er (dieser Instinkt) nicht zur Erklärung der notwendigen Vereinigung dieser Teilchen? [...]»

II.

«Ist dieser Instinkt wie in einer Demokratie auf alle Teile des Körpers verstreut oder wie in einer Monarchie auf einen unteilbaren Bereich (partie indivisible) konzentriert?»

«Im letzteren Fall wäre dieser Teil das, was das Tier programmiert (ce qui constitue proprement l'essence de l'animal), während dem die anderen Teile Hülle oder Kleider der Arten wären.»

III.

«Könnte dieser Teil nach dem Tod nicht überleben? Könnte er nicht von allen andern Teilen entblöst, seine Essenz unveränderlich konservieren? Immer bereit einen neuen Körper zu produzieren, oder um das besser zu formulieren, wieder zu erscheinen, eingekleidet in einem neuen Körper, nachdem er in der Luft, oder im Wasser verteilt, in den Blättern der Bäume, oder im Fleisch der Tiere versteckt, sich wieder in den Samen (semence: Gameten) des Tieres gefunden hat, welches sie reproduzieren sollten.»

IV.

«Könnte dieser Teil für immer nur eine Tierart reproduzieren? Könnte er nicht alle anderen möglichen Arten bilden, durch die Möglichkeit der verschiedenen Kombinationen der Vereinigung?»

Mit dem Zitat: «Non omnis moriar; multaque pars meî Vitabit Libitinam. (Q. Hor. Carm. lib. III.)» endet die «Venus physique». In der Überzeugung, dass sein «Nachruhm ihn überlebe» (Inhalt des Schluss-Zitates) hat Maupertuis sich stärker getäuscht, als in der Überzeugung, dass seine Modelle ergiebiger seien, als alle Modelle vor ihm gewesen wären und lange nach ihm noch bleiben würden.

Der Abschluss leidet unter seiner Kompaktheit. Die Ableitungen im Buch sind oft klarer als dieser Abganges ist. Dennoch: in I. wird deutlich, dass sich der Autor mit der Schwachstelle der Epigenese auseinandersetzt. Wie vereinigen sich entsprechende Strukturen aus männlichen und weiblichen Gameten? Das Problem bleibt bis heute bestehen: Die Paarung der homologen Chromosomen am Anfang der Meiose, ist weitestgehend ungeklärt geblieben. In II. wird das vergängliche ‹Soma› vom unvergänglichen ‹Informationsmaterial› abgegrenzt. Produkt und Botschaft: Das Problem wird als logische Denk-Konsequenz im Prinzip aufgespürt. In III. wird die Keimbahn Weismann's formuliert. Die ‹vitalistisch› eingefärbte Zwischenstufe der diffus in die Winde zerstreuten Teilchen wirkt ‹irritierend›. Die Suche aber nach dem ‹genetischen Kontinuum› ist trotzdem eine beachtliche Leistung. In IV. wird die Evolution in das System eingegliedert: Konstanz des Erbmaterials einerseits und deren ‹Wandelbarkeit› als Voraussetzung der Evolution andererseits – Maupertuis erkennt auch dieses scheinbare Entweder-oder 150 Jahre vor der Zeit dieses Problemes.

Ein Physiker hat Biologie-Geschichte machen wollen; wir erfassen erst heute, was er eigentlich formuliert hat. Das Maupertuis-Fiasko lässt sich nur verstehen, wenn man versucht, sich in die Maupertuis-Zeit einzufühlen. In unseren Händen werden seine Bändchen zu grossen Programmen. Die Naturgeschichte hat eine Chance verpasst. Wissenschaft lässt sich nur in der Zeit, nie gegen die Zeit verstehen; Wahrheit ist immer Wahrheit in der Zeit. Maupertuis lag seinerzeit falsch; er wurde in Teilen richtig. Die Sache ist rehabilitiert, der Mann noch nicht.

Alessandro Botticelli und Maupertuis wurden alle beide mit der Schöpfung ihrer Venus nicht glücklich: Leonardos rauhe Polemik verhinderte für dreihundert Jahre die Reputation des einen, Voltaires zynische Eifersucht die Anerkennung des andern. Noch hat Maupertuis seine Zeit nicht abgesessen.

Mythos Mendel

«In der Wissenschaft ist es mehr als in irgendeinem anderen menschlichen Tätigkeitsbereich notwendig, die Vergangenheit zu erforschen, um die Gegenwart begreifen und die Zukunft beherrschen zu können.»

John Desmond Bernal, (1901–1971)

MISSVERSTÄNDNIS MENDEL

Die Erkenntnistheorien des zwanzigsten Jahrhunderts werden von Physikern geschrieben – die Biologie feiert ihre Jubiläen stets noch mit dem trägen Pathos historischer Ausschliesslichkeit, huldigt ihren Helden stets noch mit dem naiven Pomp von Schlachtenfeiern.

Mendels Entdeckung ist zerredet worden. Jahrzehntelang. Man hat Mendel rehabilitiert. Immer wieder. Man hat in das Mendelmissverständnis hinein unverdaute Biologiegeschichte projiziert. Immer wieder. Man hat Mendel zum Mythos hochstilisiert, aus Mendel den Märchenprinzen gemacht, der nach Jahrhunderten des Schlafes der verwunschenen Prinzessin Sciencia den erlösenden Kuss verpasst hat.

Der Mönch Mendel war schwertgewaltig und mutig; er hat wucherndes Gestrüpp umsichtig und kühn durchdrungen. Mendel war seiner Mathematik mächtig, doch wortlos. Schlafwandlerisch ist Mendel im schlafenden Schloss umgegangen. Geküsst hat der Mönch die Schlafende allerdings nicht, obwohl er in ihr Gemach vorgedrungen ist.

Die Entdeckungsgeschichte der mendelschen Mendelgesetze ist zerredet worden. Man hat meines Wissens aber bislang nicht darauf aufmerksam gemacht, dass Mendel sprachlos war. Die biologische Mathematik Mendels war revolutionär. Gewiss. Wissenschaft aber ist Sprache – in Formeln und Gleichungen lässt sich nur fassen, was in Worten auch beschreibbar wäre. Mendel aber hat Zeile um Zeile gezeigt, dass seine mathematische Vision ‹leer›, sprachlos geblieben ist.

Mendel hat mit der ungebrochenen Genialität des Dilettanten fundamentale Vererbungsgesetzmässigkeiten gefunden und deren Entdeckung gleichzeitig verunmöglicht. Neben kristallklaren Verhältnissen sucht der Genetiker unserer Tage Gesetze, die heute in jedem Lehrbuch unter dem Namen Mendels figurieren, mit Mühe in der Originalarbeit aus verschleiernden Anhäufungen heraus. Mendel hat gerechnet. Wortlos. Man hat Mendel immer wieder gefeiert; man hat Mendel dabei gründlich verpasst. Es scheint, als ob man Mendels Zahlen hypnotisiert mit unseren Worten umtucht gelesen, skandiert hätte. Immer wieder. Man hat Mendel dabei gründlich verpasst. Denn was uns Mendel hinterlassen hat, ist die Erkenntnis, dass Wissenschaft Wort ist und nicht Zahl sein kann, dass Zahlen erst sprechen, wenn Zahlen komprimierte Sprache geworden sind. Man muss Wissenschaftsgeschichte vorurteilslos betreiben, immer wieder, damit die Wissenschaft uns die «Zukunft beherrschen» hilft.

MENDEL EIN MÜNDEL

Wie erinnerlich: der Augustiner-Pater Johannes Gregor – sein Klostername – Mendel referiert im angesehenen Naturforschenden Verein von Brünn, einem kulturellen Zentrum der damaligen Zeit mit 80000 Einwohnern, am 8. Februar und am 8. März 1865 seine epochalen Erkenntnisse über die Vererbung diskreter Merkmalseinheiten an Erbsen. Der Vortrag findet, entgegen eingebürgerter Ansicht, rege Beachtung: selbst die Tagespresse rapportiert ausführlich.

Wie erinnerlich: die Ergebnisse werden im November 1866 in den Verhandlungen des Naturforschenden Vereines Brünn publiziert: mitten in Kriegswirren, militärischen Schlachten zum Trotz. (Königgrätz, 3. 7. 1866, liegt 150 km von Brünn entfernt; Besatzung von Brünn mit 50000 Mann; Cholera bricht aus: 3000 Tote.)

Wie erinnerlich: Mendel weiss um die wissenschaftlichen Rituale. Er sucht deshalb den Kontakt zur ‹scientific community›. Er sendet je einen seiner 40 Separatdrucke an Anton Kerner von Marilaun nach Innsbruck und an Carl Wilhelm von Nägeli nach München. Der Beleg des Innsbrucker Wissenschafters wird später unaufgeschnitten vorgefunden – mit Nägeli entspinnt sich ein asymmetrischer, seitens Nägelis ignorant-arrogant geführter, stets aber in der Form höflich, vertröstender Briefwechsel, der später von Correns veröffentlicht wird und ein beredtes Zeugnis davon ablegt, wie alle beide, der etablierte Hochschuldozent sowohl als auch der botanisch dilettierende Doppler-Schüler Mendel davon weit entfernt waren, zu erkennen, womit sie spielten. In Nägelis zeitbedingtem, zeitbedingendem ‹Epos› der Abstammungslehre, es erscheint im Todesjahr Mendels, findet die epochale, überzeitliche Mendelarbeit keine Erwähnung. («Mechanisch-physiologische Theorie der Abstammungslehre», 1884). Weshalb hat der exilierte Zürcher Botaniker die ästhetische Logik der Mendelschen Formeln nicht entschlüsseln können?

Wie erinnerlich also: Mendel wird von der Wissenschaft zeitlebens ignoriert, bleibt auch vom mathematisch denkenden Nägeli unverstanden. Warum hat sein Name dennoch überlebt?

MONOLITH MENDEL

Ganz so unbeachtet, wie es die Legende will, verschwand die Pionierarbeit Mendels nicht von der Bildfläche.

Der Bremer Arzt Wilhelm Olbers Focke entschliesst sich, das Wissen um die Pflanzen-Bastarde, das aufgrund von Darwins Evolutions-Theorie und dem daraus resultierenden Bedürfnis, den Art-Begriff endlich verpflichtend zu definieren, in das unermessliche angeschwollen ist, zu sichten und zu ordnen. Sein ausführliches Sammelwerk «Die Pflanzen-Mischlinge, ein Beitrag zur Biologie der Gewächse» (1881) berücksichtigt auch die Mendelarbeiten. Focke soll gegenüber Haeckel geäussert haben, «[...] und der Reiz in Darwins Werk (‹The Origins›) liegt für mich hauptsächlich darin, dass es zeigt, wie so viel Naheliegendes übersehen ist.» (Brief vom 22. 4. 1863). Dass Focke die technisch besonders schwierigen, theoretisch jedoch unergiebigen Habichtskraut-Experimente (Genus Hieracium) als «besonders lehrreich» qualifiziert, zeigt uns, dass auch Focke über «so viel Naheliegendes» gestolpert ist. Wie alle anderen auch. Einschliesslich Mendel.

Der bekannte Mikrobiologe Martinus Willem Beijerinck kreuzt seit 1876 Getreidesorten; er kennt die Mendel-Arbeit aus einem Sonderdruck und macht Hugo de Vries darauf aufmerksam. Offensichtlich hatten also auch die Austausch-Exemplare des Brünner-Vereines und Mendels Separata überlebt. De Vries übersendet seine Arbeit «Sur la loi de disjonction des hybrides» vom 26. März 1900 an Carl Erich Correns. Dieser publiziert allsogleich eigene Resultate mit dem geharnischten Hinweis: «Man kann das eine Merkmal das dominierende, das andere das recessive nennen, wie das seinerzeit Mendel that und durch einen merkwürdigen Zufall nun auch de Vries thut.» («G. Mendels Regel über das Verhalten der Nachkommenschaft der Rassenbastarde»). Noch während der Korrektur der Druckfahnen aber veröffentlicht de Vries im gleichen Organ eine Arbeit, in welcher er zu seiner Quelle steht. Doch welcher ‹Zufall›: Ein französischer Pflanzenzüchter (Sagéret) hat den Begriff «dominieren» bereits 1826 verwendet. Dieser Praktiker hat mit Melonen gearbeitet und klar Merkmale erkannt, welche sich «nicht vermischen».

Um die Jahrhundertwende wird aber noch ein dritter Forscher, wie Correns über Focks Werk, auf Mendel aufmerksam gemacht: Erich von Tschermak-Seysenegg. In seiner Biographie widmet der streitbare Praktiker dem «Kampf gegen die Staffelung der Wiederentdecker Mendels» eine offenbar berechtigt verbitterte ‹Breitseite›. Er betont, dass er bereits im Jahre der Wiederentdeckung die Publikation «Versuche über die Pflanzenhybriden» zur Aufnahme in der Reihe «Ostwalds Klassiker der exakten Wissenschaften» vorgeschlagen hätte. (Der kommentierte Reprint erscheint 1901; im gleichen Jahr wie der Abdruck in «Flora», wo Tschermak tatsächlich ignoriert wird.) Im Übrigen charakterisiert Tschermak den Kollegen Correns wie folgt:

«Correns hatte, soweit ich ihn kennenlernte, kein glückliches Temperament: er schloss sich nur schwer an Kollegen an, besuchte nur ganz selten Kongresse und war über seinen langsamen Aufstieg bei Pfeffer verstimmt und erregbar.»

Trotz intensiver Querelen bezüglich der Erstentdeckung der intermediären (‹nicht mendelnden›, weil von Mendel bewusst als verwirrende Fehlerquelle ausgeschlossenen) Vererbungslogik, würdigt Tschermak jedoch Correns «hervorragende» Leistungen ausdrücklich.

Mendel wird nach 33 Jahren des Vergessens zum Mythos: Mendel als Mumie – ein Mummenschanz gestelzter Redlichkeit beginnt. Denn drei Koryphäen, jeder einzelne nicht vom Typ des ‹kleinen Wissenschafters›, wachen eifersüchtig darüber, dass der inzwischen verstorbene Heros Mendel zum Herold der Vererbungswissenschaften wird. Mendel wird zum Monolithen: Wir hätten uns freilich auch daran gewöhnt, dass Erbmerkmale ‹gevriest› hätten, ‹correnstem› oder gar ‹tschermakten›. Nun: Seit Correns, de Vries und Tschermak mendeln Erbmerkmale – das Schicksal hat es mit Mendel doch noch gut gemeint. Er wird von Jubiläum zu Jubiläum geboten: Seine Geburtstage, seine Todestage, die Daten seiner Referate und Publikationen werden gefeiert. Immer wieder. Welcher Festredner aber hat seinen Mendel gelesen? Es scheint nun doch, dass auch «hundert Jahre ohne Mendel genug sind». Endlich. Denn Mendel hat ein würdigeres Schicksal verdient, denn als Schulbuchgespenst umgehen zu müssen. Unantastbar, unanfechtbar und fleischlos unsterblich.

MENDEL MÄRCHEN

Es wurden Bibliotheken mit dem Problem gefüllt, weshalb Mendel ignoriert worden ist. Der versteckte Publikationsort, Missgunst der Fachgelehrten, die Kirchenfeindlichkeit der Zeit, die ungewohnt rechnerische Auswertung, diffuse Vortragsbesprechung in der lokalen Tagespresse und anderes mehr wurde als Erklärung ersonnen.

Ernster als solche Hirngespinste ist der Ansatz von Barthelmess zu gewichten: «Mendel stand ausserhalb der organischen Entwicklung der Biologie.» Mit den Worten F. von Wettsteins: «Der Boden war damals noch nicht vorbereitet.» Je intensiver man sich mit der zweiten Hälfte des 19. Jahrhunderts beschäftigt, desto mehr jedoch verliert dieses Argument an Stichhaltigkeit. Mendel stand mitten in der organischen Entwicklung seiner Zeit; der Boden war bestens bestellt: Darwin hat aufgrund der mathematischen Überlegung von Malthus zum Sturm in die Zukunft geläutet, die Sexualität wird zum Motor der Evolution, das Mikroskop gehört zum Laboralltag, die Urzeugung stirbt, Virchows Zellen beherrschen das Feld. Hier beschäftigt die Frage, ob der Grund der Resonanzlosigkeit nicht in Mendels Arbeit selber liegt. Vielleicht hat Nägeli Mendel eben deshalb nicht verstehen können, weil Mendel, beim Wort genommen, von einem Fachmann gar nicht verstanden werden kann.

Bevor in drei Ansätzen demonstriert werden soll, wie unzulänglich über weite Teile Mendels Arbeit war, sollen zwei Muster belegen, wie ignorant über Mendel heute noch verfügt wird.

1. Karl Mägdefrau schreibt in seiner «Geschichte der Botanik», einem empfehlenswerten Lehrbuch, auf Seite 197: «Für die Individuen der zweiten Bastardgeneration sind also bei Selbstbestäubung die Kombinationen

1 AA + 2 Aa + 1 aa

zu erwarten, was dem gefundenen Verhältnis 3:1 entspricht.» Wobei Mendel dominierende Eigenschaften mit grossen, rezessive mit kleinen Buchstaben bezeichnet. Mägdefrau betreibt Geschichtsklitterei, denn Mendel (auf Seite 30 der Originalarbeit) schreibt auf Bruchstrichen wie folgt:

$$\frac{A}{A} + \frac{A}{a} + \frac{a}{A} + \frac{a}{a}$$

und erklärt:

«Das Ergebnis der Befruchtung lässt sich dadurch anschaulich machen, dass die Bezeichnung für die verbundenen Keim- und Pollenzellen in Bruchform angesetzt werden, und zwar für die Pollenzellen über, für die Keimzellen (Eizellen) unter dem Striche.»

Und nun kürzt Mendel dreist:

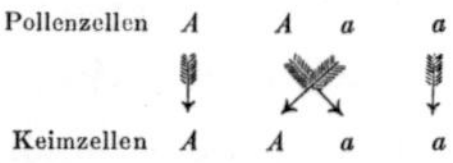

Das Ergebniss der Befruchtung lässt sich dadurch anschaulich machen, dass die Bezeichnungen für die verbundenen Keim- und Pollenzellen in Bruchform angesetzt werden, und zwar für die Pollenzellen über, für die Keimzellen unter dem Striche. Man erhält in dem vorliegenden Falle:

$$\frac{A}{A} + \frac{A}{a} + \frac{a}{A} + \frac{a}{a}$$

Bei dem ersten und vierten Gliede sind Keim- und Pollenzellen gleichartig, daher müssen die Producte ihrer Verbindung constant sein, nämlich *A* und *a*; bei dem zweiten und dritten hingegen erfolgt abermals eine Vereinigung der beiden differirenden Stamm-Merkmale, daher auch die aus diesen Befruchtungen hervorgehenden Formen mit der Hybride, von welcher sie abstammen, ganz identisch sind. Es findet demnach eine wiederholte Hybridisirung statt. Daraus erklärt sich die auffallende Erscheinung, dass die Hybriden im Stande sind, nebst den beiden Stammformen auch Nachkommen zu erzeugen, die ihnen selbst gleich sind; $\frac{A}{a}$ und $\frac{a}{A}$ geben beide dieselbe Verbindung *Aa*, da es, wie schon früher angeführt wurde, für den Erfolg der Befruchtung keinen Unterschied macht, welches von den beiden Merkmalen der Pollen- oder Keimzelle angehört. Es ist daher

$$\frac{A}{A} + \frac{A}{a} + \frac{a}{A} + \frac{a}{a} = A + 2\,Aa + a.$$

Mendels Mix aus Genotypen und Phänotypen, welche er durch dreistes Kürzen erhält. Kopie aus der Original-Arbeit.

$$A + 2\,\frac{A}{a} + a$$

Mägdefrau unterschlägt uns dieses Schlussresultat, weil er wohl weiss, dass der unvoreingenommene, qualifizierte Mendel-Interpret bei nüchterner Betrachtung solche Manipulationen nicht nachvollziehen kann. Oberstudienrat Dr. Fritz Knievel – auch Mendel war ja Gymnasiallehrer – macht in seiner klugen Arbeit «Ein Druckfehler bei Mendel oder die Schwierigkeit, Mendel zu verstehen» eindringlich auf dieses Problem aufmerksam. Was zu zeigen war: Ein anerkanntes Lehrbuch verzerrt, weil es gerade die Stellen benützt, welche Mendels Unvermögen manifestieren; Belege für eine Leistung, die Mendel nie erbracht hat, werden suggestiv aus dem Ableitungszusammenhang gerissen, das Schlussresultat, die Zwitterformel aus Phäno- und Genotyp und/oder aber Haplo- und Diplonten wird dem Leser vorenthalten. Mägdefrau spricht von ‹Kombinationen› wie AA oder aA. Mendel aber schreibt: «Bei den Gliedern mit gleichartigen Keim- und Pollenzellen, müssen die Producte ihrer Verbindung constant sein, nämlich A und a.» Nur das ‹Aa› der ‹mittleren Glieder› stellt einen Genotypen dar, wird allerdings als ‹Vereinigung› auf Zeit interpretiert.

II. Jahn et al. geben in ihrer umfassenden, entsprechend der politischen Verpflichtung gewichteten, aber dennoch umsichtigen «Geschichte der Biologie» ein weiteres Zeugnis der herrschenden ‹Mendel-Blindheit›. Auf Seite 434 zitieren sie das bekannte

$$9:3:3:1$$

Verhältnis (2 Merkmalspaare; beide dominant/rezessiv; ungekoppelt; F-2; Phänotyp). Mendel hat zwar ausgiebig ein 1:2:4-Verhältnis in der F-3 nach Selbstung diskutiert (Seite 20) – das so zentrale 9:3:3:1-Verhältnis aber hat er aus den Ergebnissen nicht herausdestilliert (Seite 19 der Mendelarbeit). Wäre es Mendel um die Mendel-Gesetze gegangen, er hätte hier einhaken müssen – das wissen die Mendel-Interpreten sehr wohl.

Schwerwiegender jedoch ist folgende Verzerrung in Jahn:

«Dadurch erhielt Mendel Ergebnisse von regelhafter Bedeutung:

dass die erste Bastardgeneration stets ein gleichförmiges Aussehen hat (entweder nur das ‹dominierende› Merkmal aufweist, wie bei Erbsenbastarden, oder eine Mittelform, wie bei der Blütenfarbe der Bohnenhybriden), [...].»

Hier wird suggeriert, dass Mendel neben der dominant-rezessiven auch die intermediäre Vererbung diskutiert hätte. Das ist falsch. Tschermak und Correns teilen die Ehre des «Mais-Types» der Vererbung. Worauf stützt sich denn die erwähnte Stelle? Wir lesen bei Mendel (Seite 32): «Ein anderer Versuch mit zwei sehr verschiedenen Phaseolus-Arten hatte nur einen theilweisen Erfolg.» Später heisst es:

«So gering auch der Erfolg dieses Versuches für die Feststellung der Zahlenverhältnisse sein mag, so bietet er doch anderseits den Fall einer merkwürdigen Farbenwandlung an den Blüthen der Hybriden dar.»

Dann beschreibt Mendel: «[...] verschiedene Abstufungen von Purpurroth bis Blassviolett.» Wo bleibt hier die ‹Uniformität›; wo die Gegenüberstellung der Vererbungstypen? Mendel erachtet intermediäre Versuche als gescheitert. Er hat strikte dominant-rezessive Merkmale selektioniert und beobachtet. Das war sein Glück – das war sein Pech. Erstaunlich ist nur, wie Mendel in den Schlussbemerkungen Kölreuter und Gärtner zitiert, nach deren übereinstimmenden Befunden «die Hybriden der äusseren Erscheinung nach entweder die Mittelform zwischen den Stammarten, oder dem Typus der einen oder der anderen näher gerückt» sind. Mendel verrät uns, weshalb er intermediäre Bastarde konsequent meidet: «Gärtner gesteht selbst, öfter grosse Schwierigkeiten zu haben, indem viel auf die subjective Anschauung des Beobachters ankommt.» Der Ausschluss intermediärer Hybriden bleibt Mendel-Manko: Die «erzwungene Verbindung differierender Elemente» in den Hybriden «Aa» führt in den Schlussbemerkungen denn auch zu diffusen Erklärungen.

III. Neben solchen Unterstellungen – die Beispiele liessen sich vermehren – fällt oft auf, wie die mendelsche Arbeit hochstilisiert wird. Seltsam unkritisch; verunsichernd irreal. Alfred Kühn, der Verfasser eines Zoologischen Lehrbuches, das Generationen von Studenten begleitet hat, formuliert: «Die Kürze der Publikation ist nicht Vorläufigkeit, sondern Präzison knapp darstellbarer endgültiger Erkenntnis.» In diesem Punkt wäre Czihak, Mitherausgeber eines monumental-katechetischen Biologie-Lehrbuches, wohl eher beizupflichten, der 1985 in Zürich demonstrierte, wie schwerfällig Mendels Ausführungen auf die Zuhörer gewirkt haben müssen. Prof. Becker, Wien, dagegen vertritt die überzeichnende Ansicht: «Die nicht einmal 50 Seiten umfassende Publikation ist in jeder Hinsicht so vorbildlich, dass man sie allen Studierenden als Muster einer wissenschaftlichen Abhandlung geben möchte.» Quo vadis? Sind nicht eben die Definitionen erstes Gebot jeder wissenschaftlichen Arbeit? Becker führt zwei Beispiele an, weshalb er sich zu solchem Lob veranlasst fühlt. Eine Meiose-Ahnung Mendels wird qualifiziert: «Kürzer, klarer und korrekter war es nicht auszudrücken.» Im Zusammenhang aber erscheint gerade diese Stelle barock, weil Mendel zeigen will, dass die Hybridform «Aa» als ‹neue Einheit› auf Zeit und nicht als ein Nebeneinander zweier Faktoren anzusprechen ist.

Eine zweite Stelle wird hervorgehoben: «besonders hübsch» erscheint dem Laudator die Rückkreuzung von Pisum-Bastarden mit zwei Merkmalspaaren. Mendel erhält das Habitus-Verhältnis von

$$1:1:1:1.$$

In der Tat: eine Meisterleistung wissenschaftlicher Voraussage. Die Rückkreuzungen gehören heute noch zum didaktischen Ritual jedes Biologie-Unterrichtes. Vergebens aber sucht man in der Mendelarbeit die entsprechende Rückkreuzung eines F1-Bastarden:

$$Aa \times aa.$$

Das Ergebnis hätte das

$$1:1$$

Verhältnis ergeben, welches in der Geschlechterverteilung realisiert ist. Mendel hätte das erkennen müssen: Diese einfache, viel weniger anspruchsvolle Kreuzung hat er aber nicht ausgeführt, die Chance verpasst, seine Pisum-Experimente als Grundlagen eines theoretischen Lehrgebäudes zu etablieren. Aus Konsequenzgründen hätte Mendel doch auch eine einfache Rückkreuzung ausführen müssen. Er hat es nicht getan. Er hat komplizierteren Ableitungen nachgehangen – und dabei viel Naheliegendes verpasst. Nicht in jeder Hinsicht ist die Arbeit so vorbildlich. Studenten sollen angehalten werden, dem Naheliegenden auch zu huldigen.

MENDEL: VON MANN ZU MANN

Im Brief vom 27. September 1870 an Nägeli wird erwähnt, dass bei den zweihäusigen Melandrien (Lychnis) ein Geschlechtsverhältnis von 151 weiblichen zu 52 männlichen Pflanzen, mithin ein

3 : 1

Verhältnis zu beobachten gewesen wäre. *«Ist es bloss Zufall»*, schreibt Mendel, *«oder hat dieses Verhältnis die selbe Bedeutung wie in der ersten Generation der Bastarde mit veränderlichen Nachkommen? Ich möchte das Letztere anzweifeln, schon wegen den sonderbaren Folgerungen, die sich in diesem Falle ergeben würden.»*

Mendel betont dann aber, dass die Vermutung nicht von der Hand zu weisen wäre, dass die geschlechtlichen Anlagen bereits in den Gameten bestimmt gewesen wären. «Ich will die Sache deshalb doch nicht ganz fallen lassen», verspricht er. Die ‹Sache› wurde aber fallen gelassen: Nägeli antwortet auf den Brief erst am 30. Mai 1871, offenbar ohne Bezug auf das Geschlechtsverteilungsproblem, sendet statt dessen eine Photographie seiner Person.

Was hat Mendel mit den «sonderbaren Folgerungen» gemeint? Correns, der Herausgeber der Mendelbriefe, ist der Sache 1905 nachgegangen. Er diskutiert, dass die Voraussetzung zum 3 : 1-Verhältnis ein dominant-rezessiver Erbgang ist. Erhalten wird das phänotypische Verhältnis in der F_2 Generation bei Mendel durch Selbstung

Aa × Aa.

Hierin müsste A für den dominierenden weiblichen Faktor stehen. Das ist eine «absurde» Voraussetzung: «Und damit stürzt das ganze Kartenhaus zusammen», meint Correns, eigenartigerweise aber erst, nachdem er sorgfältig weiterentwickelt und erkannt hat, dass bereits die *«dritte Generation nur mehr aus zweierlei Individuen besteht, nämlich aus 1/2 Homozygoten mit der Anlage für männlich und 1/2 aus Heterozygoten, die beide Anlagen, für männlich und weiblich enthielten und, infolge der Dominanz der Anlagen für weiblich, weiblich wären, und so würde es sich in Zukunft halten.»*

Correns hat da das Rückkreuzungs-Schema erhalten, in welchem stets

weiblich × männlich

Aa × aa

das Verhältnis von

weiblich zu männlich

1 : 1

ergibt. Das ist ja, man schaue sich um und um und um, der Schlüssel zum jahrtausendealten Problem, dass in etwa gleich viele Menschenmädchen wie Knaben (tatsächlich sind diese allerdings heterozygot: xy) auf die Welt kommen. Hat Mendel die Voraussetzung als «sonderbare Folgerung» qualifiziert oder hat Mendel bereits die Ableitung von Correns gemacht, die ihn ebenfalls zum «unmöglichen» 1 : 1 geführt hat? Correns zitiert Strasburger, welcher belegt hat, dass Mendels Geschlechtsverhältnis 3 : 1 ein reiner Zufall ohne jeden Aussagewert dargestellt hat. Strasburger findet bei Melandrium 129 : 100. Correns überprüft und berichtet von 112 : 100, dann wieder von 246 : 100, 183 : 100 und anderen Verhältnissen mehr.

Es erstaunt nicht: Correns bezweifelt, dass es sich bei der Vererbung des Geschlechtes ebenfalls um diskrete Erbeinheiten habe handeln können, wie bei der Vererbung der Farbe: «Ich glaube aber, dass sich die Spaltungsregel überhaupt nicht auf die Geschlechtsverhältnisse anwenden lässt, sowenig wie die Dominanzregel.»

Tabelle LIII.
Phaseolus multiflorus

Nr. des Topfes	Gekreuzte Pflanzen	Selbst-befruchtete Pflanzen
	Zoll	Zoll
I.	87	84 6/8
	88	87
	82 1/8	76
II.	90	76 1/8
	82 1/8	87 1/8
Total in Zollen ...	430,00	411,75

Mendels Leistung an Darwin spiegeln: Auch der grosse Darwin hat sich intensiv und gänzlich erfolglos mit den ‹Vererbungsgesetzen› beschäftigt: hier zählt er die Wuchshöhen zusammen. Wozu?

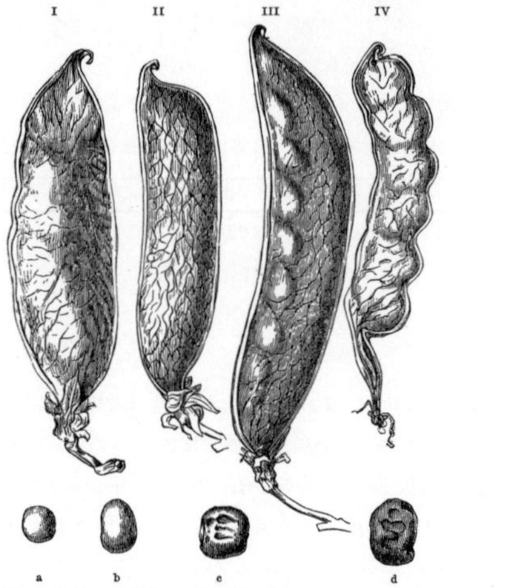

Fig. 41. Schoten und Erbsen. — I. Queen of Dwarfs. II. Americanische Zwergerbse. III. Thurston's Reliance. IV. Pois géant sans parchemin. a Dan O'Rourke-Erbse. b Queen of Dwarfs-Erbse. c Knight's Tall White Marrow. d Lewis's Negro Pea.

Darwin sieht bei der Erbse «beinahe alle Farbtöne» und die Samen «differiren auch sehr in der Form; sie sind glatt und sphärisch, glatt und oblong, beinahe oval, nahezu cubisch und runzelig in grösseren Sorten». Die Prinzessin Darwin sitzt auf ihrer Erbse und spürt so gar nichts.

Hier spricht der Fachmann, vierzig Jahre nach Mendel, zu Beginn unseres Jahrhunderts, nachdem er sich und der Nachwelt den Schlüssel zu einem der ungelösten Menschheitsrätsel abgeleitet und gleichzeitig belegt hat, dass die kapriziösen Melandrien als Belege für diese Sache wohl kaum in Frage kommen.

Correns' Unvermögen darf Mendel nicht angelastet werden. Es ist aber offensichtlich: Mendel war 1870 der Geschlechts-Sache näher als Correns um 1905. Für den einen sowohl wie für den anderen gilt doch sehr klar: Solange man in den Sternen Abwegiges sucht und vergisst am Nächstliegenden zu messen, solange sind Zahlenberge sprachlos. Mendel hat sein 1 : 1 schon gar nicht experimentell bearbeitet; Correns als «1/2 und 1/2» verdeckt. Der Geschlechtsverteilungsschlüssel für eine erdrückende Mehrheit zweigeschlechtlicher Individuen scheiterte an der Zufälligkeit einer Beobachtung. (Im Jahre 1907 enträtselt Correns das Phänomen der Geschlechterverteilung dann endlich doch noch, obwohl er sich 1905 sehr weit von den Tatsachen wegbewegt hat.)

MENDELTE MENDEL?

Seit 1936 wird das Zahlenmaterial des bis dahin integeren Forschers wiederholt diskutiert: Das Buch «Betrug und Täuschung in der Wissenschaft» (Broad und Wad) räumt dem statistischen Material Mendels denn auch neuerdings breiten Raum ein. Es ist bemerkenswert, wie eindringlich Autor Mendel wiederholt darauf aufmerksam macht, dass durch verschiedenste Einflüsse, die reinen, die theoretischen Reihen und Verhältnisse eben verfälscht werden könnten. Es erstaunt deshalb auch ohne statistische Analyse, wie nahe der Altmeister den theoretischen Werten trotzdem immer wieder gekommen ist. Wenn Mendel seine Resultate zuerst vor dem ‹geistigen Auge› sah, bevor er die Experimente ausgewertet hat, irritiert umso mehr, wie fahrlässig, wie amateurhaft Mendel an die Niederschrift seiner Arbeit gegangen ist.

Mendel zitiert wenig; verschweigt er Quellen? Die Bienenzucht hat frühe, vormendelsche Resultate gezeitigt. Mendel war Imker. Hat er wichtige Anregungen verpasst oder unterschlägt er? Wie dem auch sei – Mendel bleibt uns ein gewitzter Mathematiker und ein bewundernswert kluger, liebevoller Experimentator. Mendel aber war kein biologischer Theoretiker. Man kann, wenn man sich in den Text einfühlt, verzeihen, dass Mendel über das Phänomen der Diploidie (wie erwähnt durch naives Kürzen, grobschlachtes Wegzaubern homologer Faktoren) gestolpert ist. Es verblüfft aber, wie unbedarft der Schulmeister mit der Sprache wirtschaftet. So umsichtig die Auswahl der Erbmerkmale begründet, so detailliert die Kastration der schmetterlingsflügligen Erbsenblumen beschrieben wird, so dilettantisch beobachtet der ‹Revolutionär› absolute Abstinenz in Bezug auf Definitionen. Es ginge darum, die Information vom Informationsträger, das ‹Gericht vom Rezept›, den Genotypen vom Phänomen konsequent zu trennen; auch wenn noch kein mikroskopisches Korrelat bekannt ist, auch wenn weder Chromosomen noch Zellkernverschmelzung beobachtet worden ist. Mendel benützt ein burleskes Vokabular, das in biederer Schulmeisterart oft wechselnd den langweiligen Wortfluss wohl unterhaltsamer machen sollte. (Schulmeister neigen dazu, ihre Schützlinge anzuleiten, in Aufsätzen möglichst alle Wiederholungen zu vermeiden. Ob der Schlüssel zum Begriffs-Chaos der Mendelarbeit in dieser Berufsdeformation gesucht werden müsste?) Es ginge darum, in einer modernen Textanalyse zu zeigen, dass Mendel den professionellen Leser durch solche Verwirrspiele vor den Kopf gestossen haben muss. Wenn Meister Nägeli den Mönch Mendel beim Wort genommen hat, dann hat Nägeli Mendel nicht verstehen können; erst die Wieder-

«Kopf eines Japanesischen Maskenschweines»: Darwin diskutiert Züchtungsvariationen. Wenig konkret wird auf Merkmale Bezug genommen. ‹Aus Eindrücken› lassen sich jedoch keine Zahlenverhältnisse ableiten.

Lappohr × Hängeohr. Lappohren stünden «rechtwinklig» ab, schreibt Darwin und im gleichen Ansatz, dass «die Wahrscheinlichkeit fast ebenso gross wäre, als wenn [. . .]». Wesentliches und Unwesentliches, Diffuses und fast schon Präzises finden sich in einem Mix, in welchem Darwin untergegangen ist wie alle Forscher der Zeit.

entdecker, die sich nicht mehr haben verwirren lassen können, weil sie die Resultate und deren Interpretation bereits selbständig gefunden hatten, konnten Mendel trotz mendelscher Camouflage würdigen.

Eine kleine Auswahl von Begriffen, die ohne Definition abwechselnd für bald verschiedene, bald gleiche Sachverhalte benützt werden: «Form», «Combinationsform», «Hybriden», «Hybridenform», «Merkmal», «Stamm-Merkmal», «Charakter», «Charaktere», «Factoren», «Elemente», «Differenzen». Es kann dem Leser auch nie klar werden, was Mendel mit «zwei», «je zwei», oder «zweierlei» gemeint hat. Werden Farbe *und* Form, werden zwei Farbqualitäten wie gelb *oder* grün angesprochen?

Selbst wenn man genau weiss, welche Bewandtnis es mit welcher Mendel-Aussage nun auf sich hat, muss man sorgfältig lesen, damit einem die Freude am logischen Schliessen nicht durch sprachliche Rochaden und Rösselsprünge vergällt wird. Ein sorgfältiger Interpret aber, ohne das Wissen unserer Zeit, muss den roten Faden, den Mendel selber offensichtlich noch nicht gefunden hat, unweigerlich verlieren. Mendel hat, wie andere vor ihm, diskrete Erbeinheiten demonstriert, damit standen seine Folgerungen (Konstanz der Arten, Hybriden fallen in Stammformen zurück) quer zu Nägelis und Kerners Dogma (Artwandel durch Kreuzung). Dass das Mendel-Material trotz verblüffend einfacher Formelsprache nicht hat überzeugen können, liegt an Mendels letztlich wirren Aussagen. Pisum wird zum Einzelfall; Nägeli behaftet seinen Brieffreund Mendel stets darauf. Die Hierachien werden zu Kronzeugen von Nägelis neo-lamarckscher Evolutions-Dynamik. Mendel ist an seiner sprachlichen Unsicherheit gescheitert und wurde dann Opfer seiner Konzilianz. Seine Erklärungen verwirren. Seine Eingeständnisse verunsichern. Mendel macht bereits in der ersten Kampfschrift Kotau vor den gänzlich aus der Norm schlagenden Habichtskräutern.

DIE MISSION MENDELS

Mendel bekennt in den ersten Zeilen der «Einleitenden Bemerkungen», dass er, aus der Züchtungspraxis bunter Farbvarianten an Zierpflanzen angeregt, beabsichtigt, «die Entwicklung der Hybriden in den Nachkommen zu verfolgen». Er würdigt die Arbeit der Vorgänger «wie Kölreuter, Gärtner, Herbert, Lecocq, Wichura u. A.». (Was heisst hier u. A.?) Mendel will ein gültiges Gesetz aufstellen, das diese «Entwicklung der Hybriden» beschreibt.

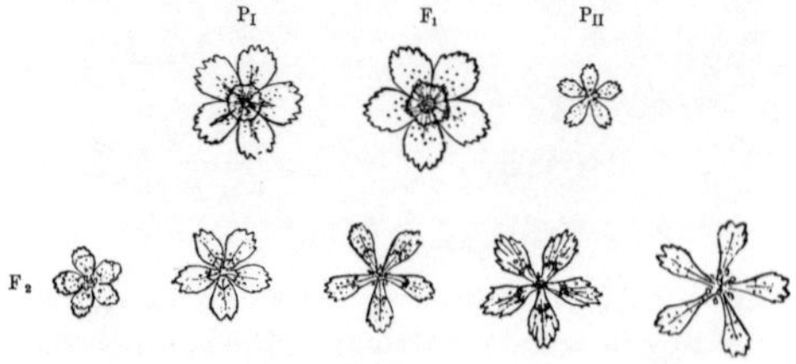

Aus Gärtners «Bastardzeugung im Pflanzenreich» (1849). Deutlich wird das unkontrollierte Aufspalten in der zweiten Filialgeneration dieser Kreuzungen zwischen Arten sichtbar. Hier zwei Nelkenarten

Und das ist Mendel gelungen: Er zeigt für den Spezialfall der Selbstung, wie rasch die hybriden Formen verschwinden:

Generation	*A*	*Aa*	*a*	in Verhältniss gestellt: *A* : *Aa* : *a*
1	1	2	1	1 : 2 : 1
2	6	4	6	3 : 2 : 3
3	28	8	28	7 : 2 : 7
4	120	16	120	15 : 2 : 15
5	496	32	496	31 : 2 : 31
n				2^n-1 : 2 : 2^n-1

In der 10. Generation z. B. ist $2^n-1 = 1023$. Es gibt somit unter je 2048 Pflanzen, welche aus dieser Generation hervorgehen, 1023 mit dem constanten dominirenden, 1023 mit dem recessiven Merkmale und nur 2 Hybriden.

Es gelingt ihm, dieses ‹Aussterben› mathematisch zu fassen und es gelingt ihm, diesbezügliche Voraussagen zu machen. Mendel liefert einen Beitrag zur Diskussion der Zeit: Die Bildung neuer Arten, ein Postulat des ‹Ur-Darwinismus›, aus der Kreuzung verschiedener Rassen oder Spezies als ‹Schmelztiegel› der Evolution zu betrachten, geht nach dem ‹Pisum-Modell› nicht mehr an.

Nägelis Forschungsobjekte (Habichtskräuter, Hieracien) sind etablierter Gegenpol: Auch Mendel verbeisst sich in der Folge im heuristisch verqueren Versuchs-Objekt. (Apomiktische, parthenogenetische Fortpflanzung von Art-Bastarden konserviert das genetische Material.) Nägeli hätte sich nur überzeugen lassen, wenn die ‹Pisum-Gesetze› auch in diesem Wildpflanzengenus mit aussergewöhnlich vielen Spielvarianten sich hätten bestätigen lassen. Tragisch mutet die Einsicht zu Beginn der klassischen Mendelarbeit an:

«Die Auswahl der Pflanzengruppe, welche für Versuche dieser Art dienen soll, muss mit möglichster Vorsicht geschehen, wenn man nicht im Vornhinein allen Erfolg in Frage stellen will.»

An den Hieracien-Versuchen ist Mendels Zahlengeflecht gescheitert: Pisum als Kulturpflanze hatte nicht den theoretischen Aussagewert der Wildgattung Hieracium. Mendel hat das geahnt, denn er verteidigte sich, bevor Angriffe kamen (Seite 36): «Niemand wird im Ernste behaupten wollen, dass die Entwicklung der Pflanze im freien Lande durch andere Gesetze geleitet wird, als im Gartenbeete.» Trotzdem hat Mendel in Zusammenarbeit mit Nägeli alles daran gesetzt, seine Pisum-Befunde auch auf das ‹Schulobjekt› der Hieracien zu übertragen. Dieses Unterfangen hat Schiffbruch erleiden müssen. Wäre Mendel seiner Mendelschen Sache sicher gewesen, er hätte sich darauf beschränkt, seine Sache zu vertreten.

MENDEL – EIN MENETEKEL

Mendel hat als erster gezielt, reproduzierbar und überzeugend den dominant-rezessiven Erbgang mit einem und zwei Faktoren bis in die n-te Generation verfolgt. Mendel hat als erster die genetische Kürzelsprache verwendet, welche allein die Entwicklungsreihen hat erklären können, indem das rezessive Merkmal (Kleinbuchstabe) neben dem dominanten Merkmal (Grossbuchstabe) diskreten Bestand hat und bei der Geschlechtszellenbildung (heute Meiose) wieder verteilt wird. Mendel hat klar formuliert, dass sich die Erbfaktoren (heute Gene) nach den Gesetzen des Zufalls verteilen: Er hat das mit ungekoppelten Faktoren belegt, indem er die Rückkreuzung eingeführt und das erwartete 1:1:1:1 Verhältnis erhalten hat. Neben den explizit angeführten 3:1 (in der heutigen F_2 Generation) und 1:2:1 (heute Genotyp der F_2 Generation) Verhältnissen, hat er implizit auch das (phänotypische) 9:3:3:1 Verhältnis mit zwei dominant-rezessiven Faktoren erhalten und wiederum mit dem Verhältnis der Erbfaktoren (heute Genotypen) erklärlich zu machen versucht.

Mendel verwendet aber keine einheitliche Sprache: Er verwendet die Begriffe, die er konsequent entweder für die Eigenschaft oder das Element, das diese Eigenschaft weitervermittelt, oft übers Kreuz. Mendel demonstriert zwar diskrete Erbeinheiten, kürzt diese jedoch in den «Stammformen» weg. Mendel klammert Resultate intermediärer Vererbung als fehlerhaft aus. Indem er seine Rückkreuzung nicht auch mit nur

Teilgebiete der Rassenhygiene:

I) **Quantitative Rassenhygiene**, betrifft den besten Umfang der Rasse, d. h. ihre optimale Individuen**zahl**, im einzelnen

- A) die **Geburtenhäufigkeit**
  - 1) in der Bevölkerung
  - 2) bei einer Mutter
- B) die **Sterbeziffer**,
- C) den **Geburten-Überschuss** (Zusammenhang mit dem Kampf ums Dasein der Rasse nach aussen

II) **Qualitative Rassenhygiene**, betrifft die Beeinflussung der **Beschaffenheit** der Individuen der Rasse und ihrer Keimstoffe, im einzelnen durch

- A) die **Auslese** der sich fortpflanzenden Eltern. (Auslese- oder Selektions-Hygiene) als Folge der
  - 1) **nonselektorischen Elimination**, d. wahllosen Ausschaltung tüchtiger und untüchtiger Individuen aus dem Leben der Rasse (durch Tod oder Unfruchtbarkeit),
  - 2) **selektorischen Elimination**, Ausmerzung, Ausjätung, der Ausschaltung der Untüchtigen aus dem Leben der Rasse,
  - 3) **Kontraselektorischen Elimination**, der Ausschaltung von Tüchtigen in Folge ihrer Tüchtigkeit (z. B. beim Kriege),
  - 4) **Kontraselektorischen Auslese**, die Auswahl Untüchtiger in Folge ihrer Untüchtigkeit (z. B. beim Ehestiften zwischen Blinden),
- B) die **Fortpflanzung** (Fortpflanzungs-Hygiene, Galton's Eugenik im weiteren Sinne)
  - 1) **Zeugung** (Zeugungshygiene, Eugenik im engeren Sinne),
    - a) **Vererbung** (z. B. Bedingungen des Durchschlagens des tüchtigeren Elters, bzw. der besseren Eigenschaft),
    - b) **Variabilität** (Degeneration, Keimvergiftung, Regeneration, progressive Variation),
    - c) **Geschlechts-Bestimmung**,
  - 2) **Schwangerschaft** (Einflüsse der Mutter und der indirekten Umgebung auf die Frucht, Versehen (?) etc.,
- C) die **Pflege** des heranwachsenden u. reifen Individuums in Bezug auf die Erhaltung seiner **Fortpflanzungskräfte** (der guten Beschaffenheit seiner Keime)
  - 1) während der **Säuglingszeit** (Stillen u.s.w.),
  - 2) während des **Heranwachsens**,
  - 3) während der **Zeit der Reife**,
- D) die **Pflege d. körperlichen u. geistigen Leistungs-Fähigkeit** zur Entfaltung aller in der Rasse gelegenen Kräfte für ihren Kampf ums Dasein nach **aussen**

(A. Ploetz)

Aus: «Fortpflanzung, Vererbung, Rassenhygiene. Illustrierter Führer durch die Gruppe Rassenhygiene der Internationalen Hygiene-Ausstellung 1911 in Dresden». In Erbsenbeeten hat begonnen, was dann gewetterleuchtet hat im Vaterlande.

einem Merkmal ausführt und so das 1:1 Verhältnis nicht erhält, das in der Geschlechterverteilung zum Beispiel des Menschen manifest wird (je um 50% Mädchen- und um 50% Knabengeburten), verpasst es Mendel, seinen Pisum-Versuchen den Stempel allgemeiner Gültigkeit aufzudrücken. Pisum bleibt eine gärtnerische Spielform. Mendel setzt selber alles daran, seinen Widersachern recht zu geben: Er züchtet Hieracien, welche seine Pisum-Resultate Lügen strafen. Mendel findet Konstanz der Arten mit seinen Objekten in einer Zeit, die vor Evolution trieft. Der Widerspruch zwischen Konstanz und Änderung der Arten liess sich im 19. Jahrhundert noch nicht erklärlich machen. Die Diskussionen waren alle phylogenetisch und darum hat auch Mendel eine Sache der wenigen Generationen vertreten, als ob es darum ginge, für oder gegen die Evolution Partei zu ergreifen.

Die experimentelle Disziplin Mendels und seine umsichtig kluge Auswertung stehen beispiellos da in der Geschichte der Biologie. Mendels Marketing-Fiasko aber zeigt sehr deutlich, dass auch sehr klare Zahlen nicht aus sich heraus zu sprechen beginnen – Wissenschaft ist immer Wort und nie Zahl; nur was aussprechbar ist, lässt sich in Zahlen kleiden. Mendel fand Formeln von epochalem Wert, Mendel aber hatte für seine Befunde keine Worte. Mendel hat nicht nur rapportieren wollen, nicht nur beobachtete Gesetzmässigkeiten zusammenfassen wollen, er hat diese auch rechnerisch entschlüsselt, nicht aber sprachlich erfasst.

Die befremdend eintönigen, überhöhten und pathetischen Mendelwürdigungen zeigen, dass die Biologie ihren Helden stets noch naiv gegenübersteht. Als ob die Trendsetter der Biologie nicht auch eine menschliche Behandlung verdient hätten. Endlich. Zweimal hat Mendel ein unwürdiges Schicksal erlitten: Zuerst wird er ignoriert, dann wird er zur sterilen Schulbuchmumie gemacht. Dabei lehrt uns keiner so deutlich wie Mendel, dass revolutionäre Zahlen erst wirken, wenn sie zu Wort gekommen sind. Mendel hat es verdient, dass wir uns mit ihm beschäftigen. Immer wieder.

Auch Wahrheit ist Mode

Wir suchen Wirklichkeit und ernten Wahrheit; Wirklichkeit ist das Ziel, Wahrheit bleibt Weg. Und darum: auch die Wahrheit ist Mode. Man trägt sie bald knielang, bald knöchellang. Was Konvention uns als veraltet erscheinen lässt, ist über's Jahr vielleicht schon wieder en vogue.

KRAFT UND STOFF

Das Wesen Mensch ist Sprache: die Geschichte des Menschen ist die Geschichte seiner Sprache. Die Evolution – Erkenntnis gewinnen, das heisst eine neue Sprache schaffen – etabliert sich in der Naturgeschichte erst, nachdem sie in der Sprachgeschichte als Gewissheit durchgebrochen ist (Johann Konrad Amman, 1727; Etienne Bonnot de Condillac, 1746; Johann Gottfried von Herder, 1772; Sir William Jones, 1786; Jakob Grimm, 1822.). Es mag mehr als ein Zufall sein: Fortschritt wird am Fortschritt manifest; das Schöpfungsdogma bricht auf, weil das Geschöpf Mensch durch seine Sprache selber Schöpfer wird; das Modell stammesgeschichtlicher Entwicklung kristallisiert sich im Medium Sprache, durch das Medium Sprache.

Der Mensch ist Sprache: sie definiert seine Unbegrenztheit und seine Begrenztheit zugleich. Die Geometrie der Sprache ist die Geometrie seiner Welt: beider Einheit ist der Satz. «Dieses durch die Integration untergeordneter Einheiten entstehende Sy-

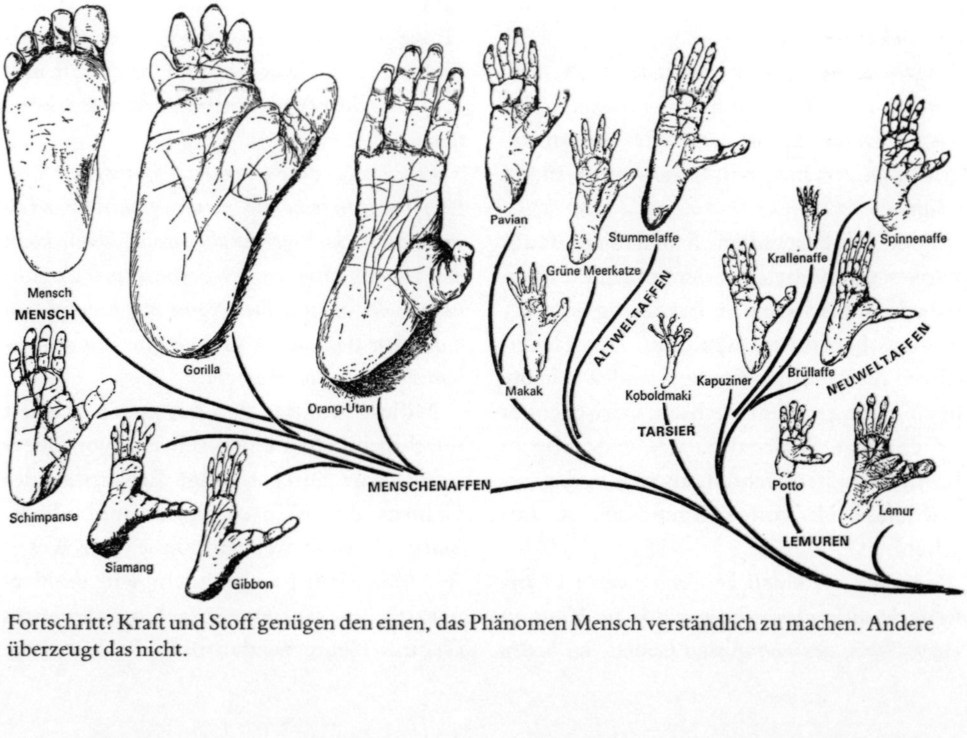

Fortschritt? Kraft und Stoff genügen den einen, das Phänomen Mensch verständlich zu machen. Andere überzeugt das nicht.

stem kann mit dem allgemeinen Begriff des Integrons bezeichnet werden.» Der Biologe Jacob spricht allerdings von ‹biologischen› Integrons – die nun mündige Biologie liefert Strukturmodelle, lange genug hat sie solche konsumiert! Wahrgenommene Natur ist gefilterte Natur. «Darum ist die Entwicklungsgeschichte der Sinne der Menschheit auch die Entwicklungsgeschichte ihres Verstandes.» Der hervorragende Physiologe Jacob Albert W. Moleschott, kurze Zeit auch Professor in Zürich (1856), leitet seine «Physiologie des Stoffwechsels in Pflanzen und Thieren» (1851) umsichtig ein!

Menschensprache hat Menschensinn despotisiert: In all unseren Sätzen tut ein Täter oder erleidet ein Erleider etwas. Wenn Benjamin Lee Whorf 1963 ausruft:

«Begreift man denn nicht, dass die Wissenschaften unbewusst die grammatikalische Struktur eines partikulären Sprachtypus auf das Universum projizieren und sie dann dort sehen, sichtbar gemacht als das Antlitz der Natur selber?», so artikuliert er nur, was Moleschott fast hundert Jahre vor ihm bereits erkannt und bekämpft hat:

«Die Kraft ist kein stossender Gott, kein von der stofflichen Grundlage getrenntes Wesen der Dinge. Sie ist des Stoffes unzertrennliche, ihm von Ewigkeit innewohnende Eigenschaft.»

Die Wissenschaften haben sich damit schwer getan, sich aus der sprachinduzierten teleologisch-finalen Erklärung des Phänomens Leben herauszulösen. Den Flegeljahren dieser Emanzipation sind wir heute noch nicht ganz entwachsen; erfrischender ist es, den Schlagabtausch verstorbener Kämpen zu beobachten, als sich in den zynischen Zank von Zeitgenossen zu mischen.

«Kinder und kindliche Völker, deren Vertreter nicht aussterben, denken sich die Kraft als einen Stoss, der von aussen kommt, im besten Falle als unsichtbaren Geist über, hinter, unter dem Stoffe. [...] Diese Lebenskraft soll die Verwandtschaften der Materie beherrschen, und niemand weiss, von wannen sie kommt. Niemand kennt ihre Träger. Sie ist eine wesenlose Abstraction oder ganz willkürliche Personification eines Zustandes, die keiner Bekämpfung mehr bedarf.»

Ludwig Büchner, Bruder des Georg, des Privatdozenten für vergleichende Anatomie in Zürich (1836), veröffentlicht 1855 «Kraft und Stoff»; ganz dem wissenschaftlichen Materialismus eines Moleschott verpflichtet, schleudert der praktizierende Arzt diesen nackten Titel in die Lebensgetriebe einer romantischen Umwelt. Bei allen chemischen Reaktionen bleibt die Masse konstant, Lavoisier hat das bereits im 18. Jahrhundert vermöge seines kompromisslos quantitativen Arbeitsstils bewiesen. Dass analog dazu auch die Kraft, heute eher Energie, konstant bleibt, hat der Arzt Robert Mayer 1841 in genial-intuitiver Weise belegt. Den Materialisten des 19. Jahrhunderts waren die beiden Erhaltungssätze Alibi, um das Leben von vitalen «Entelechien» (Aristoteles) freisprechen und durch das Wechselspiel von Kraft und Stoff erschöpfend erklärt wissen zu können.

«Wenn aber die Menge des vorhandenen Stoffes immer dieselbe bleibt, wenn sich die Kraft zum Stoff als Eigenschaft verhält, dann kann die Mannigfaltigkeit der Formen und Verrichtungen der organischen Natur nur bedingt sein durch den Wechsel der Grundstoffe, aus dem allein sich das Leben begreift.»

Moleschott war von der neuen Freiheit durchdrungen. Er war selbst davon überzeugt, dass durch richtige Ernährung des Gehirns der Mensch besser und glücklicher gemacht werden könne. Das Wesen des Menschen ist aber nicht sein wohlernährtes, es ist sein sprachimprägniertes Gehirn. Heute wieder mehr denn je: Eine junge Neo-Romantik erstarkt. Die Generation, der die Vergangenheit vermiest, die Zukunft systematisch vergällt wird, schöpft Kraft aus der Sprache. Wieder tun Täter und wieder erleiden Erleider. Das Wechselspiel zwischen Kraftstoff und Stoffkraft genügt ihnen nicht, um das Wunder des Lebens fasslich zu machen: Auf Kraft und Stoff wirkt Gott ein. Oder aber ein von Ihm ins Leben Delegierter. Materialisten und Vitalisten: Nachdem sich jene aus den Fesseln der Beschränktheit dieser befreit haben, befreien sich heute diese aus denen jener. Erkenntnis ist Spracherwerb. Dieser Prozess ist eine Entwicklung ohne Ziel.

HIRN UND HARN

Wir wissen um unser Wissen: Das Bewusstsein unterscheidet uns vom Tier. Gewiss, wir sind gewisser Gewissheiten nicht sehr gewiss: Das unterscheidet uns von Schamanen. Verzweifelnd suchen wir zu beweisen, was diese gelassen seit langem wissen. Vielleicht sind wir doch zu sehr dem Spiel der Methoden verpflichtet und vergessen darob Gehalte. (Wir verheddern uns im Netz – andere fangen den Fisch.) Man hat begonnen, Exoten um ihre somnambule Vertrautheit mit den Dingen hinter den Pappkulissen der Sinnenbühne zu beneiden.

Der Mensch hat sich über seinen Hintergrund erheben können, weil er gelernt hat, eine stets wachsende Anzahl von Handlungen an die Modelle seiner Bildwelt zu delegieren, bevor er sie realiter erprobt. Umwelt erreicht uns über verschiedene Kanäle: elektromagnetische Schwingungen, mole-

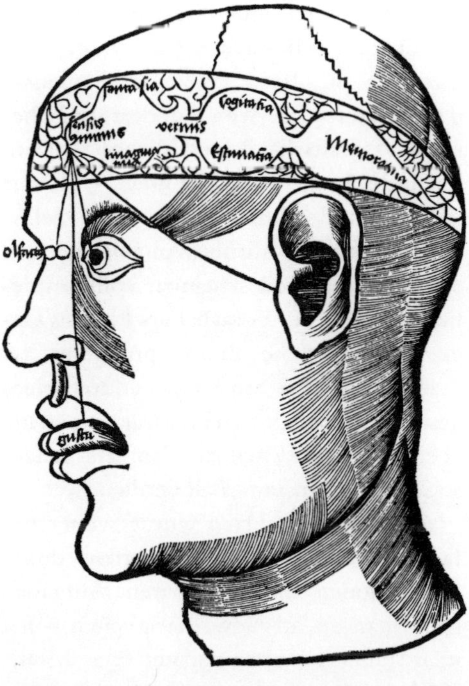

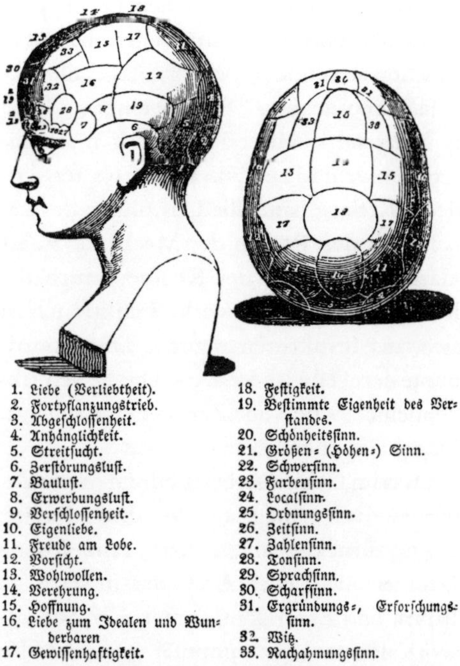

Hirnkartierungen: 1503–1838. Detaillierter, genauer – richtiger nicht. Links Darstellung der Hirnventrikel nach der «Margarita philosophica» des Gregorius Reisch; rechts Hirnregionen nach Gall.

kulare Bewegung, chemische Moleküle. *Wo* wird uns die Welt und *wie* wird uns die Welt wieder zur Ganzheit? Bereits die Stoiker forderten ein «Hegemonikon», ein überlegenes Organ der ersten Instanz! Bereits in Kroton (Unteritalien) spricht man das Gehirn als Zentrum der Sinneswahrnehmungen und des Denkens an; Hippokrates nennt es «Dolmetscher des Bewusstseins». Er kommt der Sache wohl näher als Platon, der die Vernunft zwar in den Kopf, Mut und Ehrgeiz aber ins Herz, Hunger und Begehrlichkeit in den Unterleib verweist. Demokrit, der Atomist, kann von Atomen nicht lassen und erkennt die «Seelenatome» als die beweglichsten: Sie durchdringen den ganzen Körper und bringen dadurch die Lebenserscheinungen hervor. Der autoritative, werbewirksame Aristoteles lässt sich etwas Besonderes einfallen: Das Hirn kühlte ihm überhitztes Blut. Ist Kroton heute rehabilitiert?

Im 16. und 17. Jahrhundert wurde man sich der Diskrepanz zwischen Lebensphänomenen und Lebensmodellen bewusst: Eine erstarkende Physik schlägt alle Lebensphänomene – Kompetenzen dreist ignorierend – kurzerhand dem mechanischen Inventar zu. Für Descartes (er entdeckt Reflexe) sind alle Leistungen des Lebens mit den Regeln der Mechanik zu erklären. Nicht nur der Kosmos, auch der Mensch ist ein Uhrwerk. Funktion lässt sich aus Strukturen deuten. Die Anordnung der Teile ist System. Die Seelen tikken. Die Stunde der Zergliederer schlägt. Sie schlägt noch heute.

Dass im Gehirn Arbeitsteilung herrscht – der Gedanke mag auf Vesalius (Padua, 1543) zurückgehen –, hat Franz Joseph Gall, ein deutscher Arzt, der in Paris zu Ruhm und Ehren kam, unter dem Schlagwort ‹Phrenologie› populär gemacht. Im Brockhaus von 1838 kann man die Früchte seiner Lokalisationslehre nachlesen; es werden Zentren der Hirnrinde unter anderen für Streitsucht, Baulust, Hoffnung und Freude am Lob präzise geortet. Der Lexikonartikler bleibt skeptisch: «Selbst angenommen, dass seine Schädellehre Täuschung und Erdichtung sei, so ist sie dennoch von historischem Interesse.» Um 1924 beginnt in Zürich Walter Rudolf Hess Katzen mit Hirnelektroden zu bestücken und nach seinen Stromstössen tanzen, schnurren und fauchen zu lassen (Nobelpreis 1949). Hess verwahrte sich gegen den Vorwurf, dass die Tiere wie Automaten reagierten, denn es handle sich bei den durch Strom induzierten Gefühlsausbrüchen nicht um Pseudowut, sondern um eine echte, erlebte Wut. (Die Umwelt erreicht die Laborkatze über eine Hintertüre; ihr «Hegemonikon» erarbeitet ein echtes Bild der Welt.)

Heute kann man die Aktivitäten der menschlichen Hirnrinde mit radioaktivem Xenon 133 (eingeatmet oder gespritzt) über Detektoren und Bildschirm sichtbar machen. Dem Betrachter fällt auf, dass das Stirnhirn in Ruhe besonders intensiv durchblutet wird. Wen wundert das? Hier muss spezifisch ‹Menschliches› sitzen: Flieht die Stirne der Affen noch, wölbt sie sich stolz und steil am Homoschädel. Selbst in Ruhe plant das Stirnhirn unablässig. Um so erstaunlicher die scheinbar vollkommene Genesung des Vorarbeiters Phineas Gage, dem 1848 bei einer Sprengung das Stampfeisen den Stirnlappen durchschlagen hatte. Als Jahrmarktsattraktion stellte er sich und sein Eisen jahrelang zur Schau, so seinen Lebensunterhalt verdienend.

An Kriegsversehrten wurde weiter Erfahrung gesammelt. Und an Affen – durch Frustrationen mit unlösbaren Aufgaben trieb man sie zu Gewalttätigkeiten – hat man trainiert. 1936 berichtet Egas Moniz (Nobelpreis zusammen mit Hess), dass er bereits 20 Patienten am Stirnhirn mit Erfolg operiert habe. Wüteriche wurden so kooperativ und ruhig. Mittels Patentmesserchen hatte er diesen Mitmenschen Stirnhirnteile verödet. Ein Boom – vergleichbar etwa mit der Bürstenschnittmode männlicher Haartracht – entstand: Bis 1954 wurden in den USA um 50000 ‹Patienten› solchermassen chirurgisch ‹repariert›. Der Einfluss Pavlovs («Psychische Leiden sind Krankheiten der Gesamthirntätigkeit und nicht einzelner Regionen») hat in den UdSSR ein frühes Verbot der Frankenstein-Exzesse bewirkt. In den frühen fünfziger Jahren lösten Psychopharmaka die chirurgischen Kastrationen des Menschlichen ab.

Wir wissen um unser Wissen: Was unterscheidet uns vom Tier? Nieren sezernieren Harn. Was produziert unser Menschenhirn? Weil sich die Nieren dramatischer rächen, operierten Chirurgen dort zurückhaltender als im Hirn, das unser überhitztes Blut kühlt.

DAS RETORTEN-PHLEGMA

Auch die Wahrheit ist nur Mode, denn wahrhaft wirklich sind uns Wirklichkeiten nie. Ob die Wahrheit nun wirklich oder die Wahrheit wahr oder doch nur wahrscheinlich ist, ob Wirklichkeiten immer wirken und wenn sie wirken, was sie be-wirken (Bewirklichkeiten?), entzieht sich der Analyse immer wieder. Sind Wahrheit und Wirklichkeit Pole einer Einheit, sind sie ein einig Dipol oder eine antipode Zweiheit zweier Monopole? Solange sich die Physik mit dem Magneten noch schwer tut, überlassen wir das philosophische Sezieren einer fernen Zukunft und bescheiden uns mit dem Ansatz, dass die Wahrheit das ist, was wir suchen, und die Wirklichkeiten sind, was wir gefunden zu haben glauben. Oder aber umgekehrt.

Die Manie, abstrakte Begriffe auf ihren haptisch erfassbaren Ursprung zurückzuführen, dokumentiert Unsicherheit. Obschon sowohl das Phlegma als auch die Retorte wohldefinierte Dinge sind, reizt die Geschichte ihrer Namen. Die Re-torte – auch Sprachgeschichte ist verzwackte Detektivarbeit – entstammt nicht der Begriffsfamilie runder Fladenbrote (torta). Auch haben Torten wenig mit dem Wortstamm der Tortur zu tun. Hausbackene Etymologie leitet den Hunger nach Erkenntnis zielgerichtet in die Irre! Dass die Kolbenflasche mit dem leidend rück-gekrümmten Halse (re-torquere) mittelalterliche Alchimisten an Foltern erinnert hat – wer wollte es bezweifeln!

Das Phlegma hat seinen Ursprung in der Hitze der Retorte – wen denn machte heisses Wetter nicht phlegmatisch? Das Kunstwort taucht im 16. Jahrhundert auf und wird im 18. Jahrhundert Qualifikation für geistesträgen menschlichen Charakter. Doch nun genug der babylonischen Gymnastik, geht es uns doch hier um die chemi-

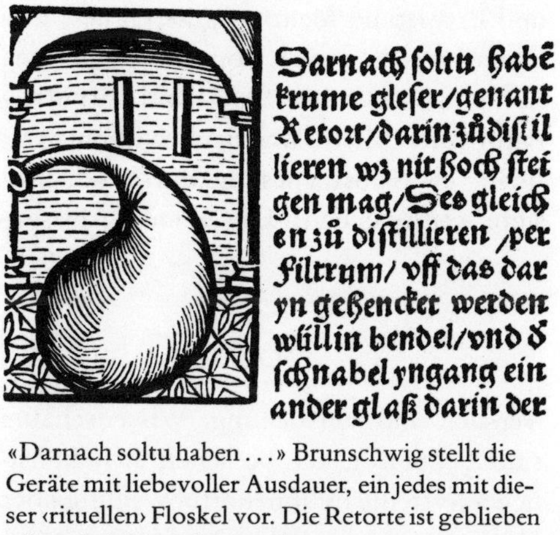
Darnach ſoltu habẽ
krume gleſer/genant
Retort/darin zů diſtil
lieren wz nit hoch ſtei
gen mag/Des gleich
en zů diſtillieren /per
Filtrum/ vff das dar
yn gehencket werden
wüllin bendel/vnd d
ſchnabel yngang ein
ander glaß darin der

«Darnach soltu haben ...» Brunschwig stellt die Geräte mit liebevoller Ausdauer, ein jedes mit dieser ‹rituellen› Floskel vor. Die Retorte ist geblieben – ihr Inhalt hat sich verändert.

sche Sache: Was sucht das Phlegma in der Retorte?

Georg Ernst Stahl, Professor für Medizin in Halle und Berlin, schreibt Chemiegeschichte: Vor Stahl war das Feuer eines von vier Elementen, durch Stahl wird das Feuer das Element der Elemente, wird das Feuer zum Reaktionspartner für alle, alle die andern Substanzen der physischen Welt. Eine falsche Denknorm wird durch eine nicht minder falsche Denknorm ersetzt. In der pragmatischen Welt der Technik sterben falsche Flugzeuge stets rasch aus. Das kann nicht Mass sein in der Welt der Kultur. Falsche Theorien gewinnen oft rasch an Höhe und kreisen oft stolz am Himmel, all ihrem Falschsein zum Trotz. Wissensfortschritt und Faktenvermehrung sind zweierlei; die Realität ist Denksystemen gegenüber toleranter als sie den Erfahrungsdateien gegenüber ist. Und so war die Stahl-Theorie der Feuermaterie ein epochaler Erfolg: Die melodramatische Dramaturgie mit alchemistischem Retorten-Teufel, dem ‹Hero-Trickster› Phlogiston war heuristisch aussergewöhnlich erfolgreich. Auf der Jagd nach Phlogiston wurde der Sauerstoff entdeckt und mit dem Sauerstoff wurde die moderne Chemie geschaffen. Stahl war Arzt: Er blieb so nahe an der chemischen Sache, dass der Hiatus zwischen Erfahrung und Erwartung nicht resignieren liess und entfernte sich so weit von der chemischen Sache, dass kreativer Spiel- und Disputierraum offen blieb. Was denn will ein Arzt mehr, als Selbstgenesung durch sein System ermöglichen? Die kranke Wissenschaft der überalterten Alchemie gesundete auf der gezielten Suche nach Phlogiston. Das Aristoteles-System der vier Elemente war intellektuell anspruchsvoll und gleichzeitig gefühlsgängig, es war fassbar und universell. Es war offen und leer, Laborgeräten jedoch kaum zugänglich. Aristoteles hat den alchemistischen Unfug nicht verhindert, Stahl hat ihn beendet. Aristoteles Ansatz war sinnengängig, Stahl hat gezwungen, Mass an der Natur zu nehmen. Es macht Mühe, aus heutiger Sicht seine Theorie überhaupt zu verstehen. Wo wir sagen, Quecksilber verbindet sich mit Sauerstoff zu Quecksilberoxid, formuliert Stahl, dass Phlogiston, die Feuersubstanz sinnlich wahrnehmbar aus dem Quecksilber entweiche, die dadurch entstehende Substanz ist das nun träge Phlegma des ursprünglich phlogistonreichen Quecksilbers. Es gelingt mit Hitze, das Feuer Phlogistons wieder in das Phlegma zurückzuzwingen; wir sagen, dass sich Quecksilberoxid thermolytisch wieder in seine Metallkomponente und das Sauerstoffgas spalten lasse. Quecksilber in der Retorte: Uns ist es ein Element, für Stahl und seine Zeit war Quecksilber die Verbindung von Phlegma mit Phlogiston. Aristoteles' System hat viele Jahrhunderte, Stahl viele Jahrzehnte überlebt. Manche Theorie unserer Zeit ist kurzlebiger geblieben. Hektik bringt uns zwar rascher mehr Wahrheiten in die Bücher, wohl aber kaum mehr Wissen um Wirklichkeit in die Welt. Man wünschte unseren Wissenschaften manchmal mehr Phlegma in ihre Retorten.

RÖNTGENS UND BLONDLOTS WELLEN

Versuch und Versuchung: Wissenschafter sind Seiltänzer. Sie bedienen sich künstlicher Systeme für ihre Fortbewegung hoch über sicherem Grund. «Der Mensch ist ein Seil, geknüpft zwischen Tier und Übermensch – ein Seil über einem Abgrund» (Nietzsche, «Zarathustra»). Hier spricht nicht der morbide Gehst-du-zum-Weibe-

Nietzsche, hier spricht der zu Unrecht von diesem Markenzeichen überschattete Erkenntnistheoretiker:

«Als er [der Seiltänzer] eben in der Mitte seines Weges war, öffnete sich die kleine Türe noch einmal, und ein bunter Gesell, einem Possenreisser gleich, sprang heraus und ging mit schnellen Schritten dem ersten nach. [...] Jener aber verlor den Kopf und das Seil; er warf seine Stange weg und schoss schneller als ein Wirbel von Armen und Beinen in die Tiefe.»

René Blondlot hat seine Strahlen überlebt. Die Orden sind ihm geblieben.

Wer Professor Paul K. Feyerabend an der ETH Zürich hört (bewusst gibt sich der neben K. Popper und Thomas Kuhn meistzitierte Wissenschaftsphilosoph der Gegenwart als ‹Narr› am Hofe starrer Rituale), dem wird das Traumatische der zitierten Bilderbuchwelt Wirklichkeit: Die Erkenntnistheoretiker haben begonnen, biedere Wissenschaft auf ihrem hohen Seil zu hetzen. «Ich beschwöre euch, meine Brüder, bleibt der Erde treu.»

«Es ist in der Tat erstaunlich, dass wir in solche Bereiche der Natur, die uns als biologische Organismen gewissermassen gar nichts ‹angehen›, überhaupt eindringen können.» (H. v. Ditfurth, 1973). Nun, ganz so erstaunlich ist das nicht für den, der erkannt hat, dass Kants Apriori im Prinzip richtig ist: «Der Mensch geht tatsächlich mit gewissen Anschauungs- und Denkformen an die Erscheinungen heran.» (Bavink, 1943). Es ist das Verdienst des Schweizer Zoologen Jean Piaget, eine biologische Theorie der Erkenntnis konstruiert zu haben, die als eine in drei Stufen sich verdichtende Rückkoppelung des Subjekts auf das Objekt interpretiert werden kann.

«Ich veröffentlichte zwischen 1911 und 1925 ungefähr 25 Studien über Land- und Wassermolusken. Dieses Training war für meine späteren psychologischen Untersuchungen ausserordentlich nützlich.»

In Schnecken also hat begonnen, was heute das erhellende Leuchten der Alma mater im Vaterland so verunsichert flakkern lässt!

Unser Erkenntnisapparat ist nicht nur Empfänger – er ist auch Projektor: Ein Beispiel aus dem Bereich der über alle Zweifel erhabenen Physik muss in dieser geschürzten Epistel genügen, das zu belegen.

Im ehrwürdigen Larousse der Jahrhundertwende findet sich unter dem Buchstaben ‹N› eine ausführliche Würdigung eines neuen Strahlentypus. Im gründlichen deutschen «Darmstädter» (Handbuch zur Geschichte der Naturwissenschaften und der Technik, 1908) bleibt die epochale Entdekkung aus Frankreich unerwähnt. Wer trotz Ausbildung noch nie etwas von N-Strahlen gehört hat, darf beruhigt sein: Die N-Strahlung war Einbildung. Ihr Entdecker, das sei mit Nachdruck betont, war weder senil (er hat seine Strahlung um gut 25 Jahre überlebt) noch ein Scharlatan (als hochdekoriertes Mitglied der Académie française gehörte er zur geistigen Elite). Die Physiker der Epoche quälten sich mit der Frage herum, ob die bei Gasentladungs-Experimenten entdeckte Röntgenstrahlung (1895) aus Teilchen oder elektromagnetischen Wellen bestehe. Bei Versuchen, die das klären sollten, ist der Physiker René Blondlot der Versuchung erlegen und hat eine neue Form elektromagnetischer Strahlung entdeckt (1903), die er zu Ehren der Universität Nancy «N-Strahlung» nannte. Die Köpenickiade wird vor dem Hintergrund des Aufbruchs ins 20. Jahrhundert verständlich: Die Radioaktivität – auch sie wurde in Frankreich geboren (1898) – reizte die Erwartung neuer Strahlenentdeckungen so sehr, dass man über Blondlots ‹Fund› geradezu erleichtert war. Ein Boom setzte ein: Wurden während der ersten Hälfte des Jahres 1903 in den «Comptes Rendus» vier Arbeiten über die N-Strahlen veröffentlicht, so waren es in der zweiten Hälfte bereits deren 54! (Zum Vergleich: 1904 erschienen lediglich vier Arbeiten über Röntgenstrahlen.) Dass ein Krieg um die Entdeckungspriorität entbrannte, macht die Episode noch theatralischer.

Das Phänomen war trotz transparenter Schilderung der Apparatur und der Versuchsbedingungen mit protokollarischen Belegen der Ergebnisse in Form von Photoplatten nur in Frankreich reproduzierbar. Dies führte zu Wallfahrten nach Nancy. Weil Ausländer sogar hier selten erleuchtet wurden, begannen chauvinistische Querelen aufzuflackern: Lediglich die Sensibilität von Franzosen war offenbar dem Nancy-Leuchten gewachsen. Die Angelsachsen seien im Nebel, die Deutschen durch den Genuss von Bier abgestumpft worden. Vive la France! Ein hintergründiger Possenreisser, der Physiker Robert William Woods (1868–1955. Eines seiner Bücher trägt den Titel «How to Tell the Birds from the Flowers»), veröffentlichte seine zwiespältigen Eindrücke aus dem obskuren Laboratorium von Nancy in der schon damals renommierten Zeitschrift «Nature» (19. Sept. 1904).

Dem Begründer der Theorie des Elektromagnetismus, James Clerk Maxwell, wird folgender Aphorismus zugeschrieben: «Einst glaubte man an die Korpuskulartheorie des Lichtes, heute glaubt man an die Wellentheorie – weil alle, die an die Korpuskulartheorie glaubten, tot sind.» Es bleibt zu ergänzen, dass heute auch niemand mehr an die reine Wellentheorie glaubt. Alle Wissenschafter werden mit ihren Wissenschaften alt. Und sterben. Und die Jungen werden – es mag uns Trost sein – auch alt werden. Mit ihnen wird auch ihre Wahrheit sterben.

NANNA UND DIE MAFIA

Baldr, der Leuchtende, Gott des Sommers und des Friedens, soll seine (spätere?) Gattin Nanna beim Baden belauscht haben: Nanna wurde durch den Physiker Professor Gustav Theodor Fechner zum Sinnbild der «vom Licht erschlossenen, frischbetauten Blüte» («Nanna oder über das Seelenleben der Pflanze», 1848). Dass kaum ein Vertreter aus der Innung der Futterpflanzenforscher (Botaniker, der Wortstamm ihres Tuns besagt das, beschäftigen sich mit Futterpflanzen und mit Weiden – Trauerweiden?) dieses Werk kennt, spricht weniger gegen dessen als gegen die Qualitäten der Ignoranten. Fechner unterscheidet die physikalisch-mathematische «Nachtansicht» von der «Tagesansicht» der beseelten Sinnenwelt. Dass die meisten der stur mathematisch sich gebenden ‹Lebensforscher› durch das erste, bescheidene Integral, das sich ihnen in den Weg schwingt, aus der Bahn geworfen würden, ist eine Unterstellung, die sich in den Laboratorien wohl nur schwer entkräften liesse: Fechner war infinitesimalem Denken gewachsen. Durch und durch.

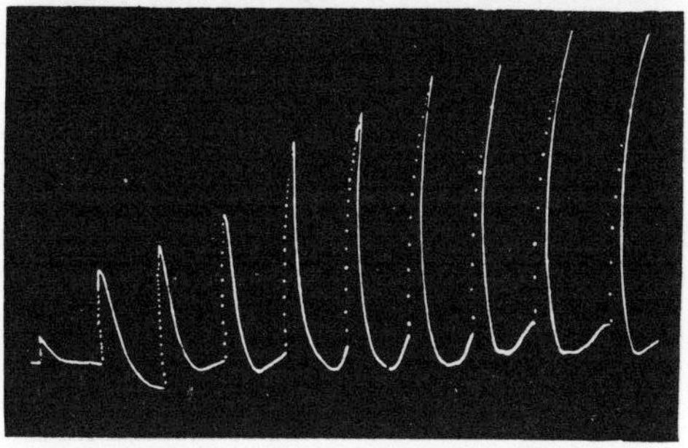

Die Photographie zeigt einen Bohnenkeimling in Schlafstellung und in ‹Arbeits-Stellung›. Mit dem Schlaf-Rekorder wies Bose nach, dass eine schlafende Pflanze auf Reize kaum, eine wache dagegen intensiv reagiert. Die auf der Russplatte protokollierte Kurve zeigt «das allmähliche Erwachen der Pflanze von acht bis zwölf Uhr vormittags».

Das hier angeschnittene erkenntnistheoretische Problem wird durch das Bild der belauschten Badenden deutlich. Wem wäre es noch nie passiert (es muss nicht unbedingt beim Nacktbaden geschehen sein), dass er plötzlich und mit Bestimmtheit gefühlt hätte: Jetzt werde ich beobachtet? Solche Sinnesatavismen überkommen uns in entspanntem Zustand: Kaffeehausatmosphäre. Die Erscheinung ist über jede Zufälligkeit erhaben – doch das Phänomen bleibt wissenschaftlich okkult. Denn die Wissenschafter müssen ignorieren, was sich nicht messen lässt. Und der Informationsfluss, der zwischen dem Sender Baldr und der Empfängerin Nanna fliesst, entwindet sich den Apparaturen der ‹Nacht› beharrlich. Darum: diese Wahrheit, Bestandteil täglicher Erfahrung, existiert wissenschaftlich nicht. Wer wollte leugnen, dass Zimmerpflanzen mit dem Pfleger leiden, siechen und sich dann erholen, wenn Freude wieder den Lebensraum erfüllt? Und trotzdem existieren solche Wahrheiten in den wissenschaftlichen Lehrbüchern nicht. Die eigendynamischen Regelkreise universitärer Inquisition bestimmen, was Wahrheit ist. Wie Mafiosi einen Staat im Staat erzwingen, ertrotzt sich Wissenschaft ihre Wahrheit in der Wahrheit dieser Welt.

Konferenzen haben in den letzten Jahren das weltweite Wäldersterben in den Fokus des Interesses gerückt: Wegen der Abgase unserer technischen Kultur gehen Bäume waldweise ein. Offenbar. Wir schreiben das Jahr 1986: In millionenschweren Experimenten (Kulturküvetten, integrierte Computerauswertung, leerlaufende Mannstunden und Prestigebauten) wird das Massensterben simuliert. Wir schreiben das Jahr 1986: Die Wissenschaft macht sich an die Arbeit, zu beweisen, was doch längst bewiesen war! Sir Jagadis Chandra Bose, der geniale Physiker (1895, ein Jahr vor Marconis Patent, übermittelte er elektrische Signale drahtlos durch Mauern!) und epochale Pflanzenphysiologe, wies bereits in den zwanziger Jahren eindeutig nach, dass und wie die Pflanzenkreatur unter den giftigen Gasen der Grossstadt leidet («Die Pflanzenschrift», 1928. Besonders aufschlussreich ist in dieser Ausgabe das hilflose Vorwort des Physiologen Molisch aus Wien). Alle Experimente des Bose-Institutes in Kalkutta waren transparent *und* reproduzierbar. Lange vor Einbruch der Elektronik ersann der Bengale Apparaturen, welche Mikrobewegungen von Pflanzen in über 100000facher Vergrösserung als kontinuierliche Protokolle in die Sprache der internationalen Laboratorien übersetzten. (Die Apparaturen trugen zwar ‹wohlklingende› Namen, wurden aber alle klar *und* kopierbar beschrieben.) Vor der ehrwürdigen Royal Society demonstrierte Bose auf Einladung bereits am 10. Mai 1901 Pflanzenexperimente, welche Pflanzenpulsationen, tierischen Lebensäusserungen vergleichbar, augenfällig belegten. Sir John Burdon-Sanderson, Entdecker eines ableitbaren elektrischen Stromes am unverletzten Blatt, der «grosse alte Mann Englands auf dem Gebiete der Physiologie» (man sucht seinen Namen in der Encyclopaedia Britannica heute vergebens; Bose wird immerhin mit Konterfei und 30 Zeilen gewürdigt), verwies den Physiker Bose in die Schranken seines Fachgebietes. Die Gesellschaft hat sich gebeugt: Boses Arbeit wurde in den «Proceedings» nicht veröffentlicht. Der Inder trug den Stempel des okkult Suspekten: Einer, der von Pflanzenseelen spricht und aus dem Lande der Yogis stammt, disqualifiziert seine Resultate. A priori. Auch wenn der ‹Yogi› infinitesimalem Denken gewachsen ist. Durch und durch.

Bose wurde 1917 in den Adelsstand erhoben: seine Botschaft war unüberhörbar. Und doch – Bose existiert in keinem Lehrbuch der Botanik. Es gibt die Pflanzenseele nicht. Und darum gibt es Bose nicht. Jungakademiker werden vor schädlichen Einflüssen geschützt. Auch wenn dadurch Wald stirbt. Vielleicht badet Nanna schon bald im Staub unserer Steppe.

Das Licht, die Luft: Leben

«Warum lehrt man nicht die Hubschrauber, aus der Sonne Honig zu saugen?»

Pablo Neruda, «Libro de las Preguntas»

Mit der Vergeschichtlichung des Lebens durch die Evolutionstheorie wurde unsere Existenz geschichtlich. Durch und durch. Nicht nur der Weg unserer Kultur, auch der Weg unseres Wesens und damit all unser Wissen hinter uns und vor uns sind Geschichte.

Warum eigentlich hat man die Helikopter nicht Sonnenhonig saugen gelehrt? Die hektischen Energiediskussionen hinter uns haben gezeigt, dass wir uns immer noch entlang jener Grenzen bewegen, die das Perpetuum mobile des Tüftlers aus den Welten der Physik ausschliesst. Wir haben dennoch erkennen müssen, dass die Sonne eben just da, wo sie benötigt würde, kraftlos auf uns einwirkt. Im Meer hat es ja auch Wasser: Wasser zuhauf. Und doch verdursten wir mit Meerwasser, weil das Wasser im Meer für unsere Zellen zu stark mit Salz verdünnt ist. Diese Tatsache kann man drehen wie man will – es erfordert sehr viel Energie, aus dem Salzwasser der Meere Trinkwasser herzustellen. So entratet denn das Verdursten inmitten von Wasserwüsten der apokalyptischen Komik kaum. Ein wenig vielleicht ist es mit den Ozeanen wie mit der Sonne: Es ist viel da, aber es ist dünn da. Es ist kostspielig zu konzentrieren. Es scheint, dass in der Schweiz alle grossen Konzerne nun ihre Sonnensegel gestrichen haben. Was zu erwarten war: Es will nur den Pflanzen gelingen, Sonnenenergie rentabel in edle Energieformen zu transformieren. Auch das ist Geschichte: Wir kommen dann wieder in den Anfang zurück. Und entdecken, jetzt, wo die Wälder zu sterben begonnen haben, das Blatt. Die Sonne mag Helikopter erwärmen, besonders die schwarzen, Sonne zu saugen haben ihre Rotoren jedoch noch nicht gelernt. Was zu erwarten war. Und sie bewegt sie doch: Das Knowhow des grünen Blattes, nicht Energiekonvertierungsmaschinen, machen das möglich. Wie eh und je, wie damals schon, als es noch keine Helikopter gab.

Es war für die Wissenschaft ein weiter Weg, der Pflanze den Platz ganz nahe am Weltall, ganz vorne an der Sonne zu finden. Es ist faszinierend nachzuvollziehen, welche Mühen es bereitet hat, dem ‹Phänomen› Energie auf die Schliche zu kommen und den «vitalen Furor», das Perpetuum mobile des Lebens aus der Zelle zu verbannen. Uns ist Energie ein Alltagserlebnis geworden – die Energie allerdings haben wir uns erfinden müssen. Wir haben keinen ‹Energiesinn›. Wir mögen kalt haben ohne Feuer, hungrig sein ohne Nahrung, müd werden beim Bergaufgehen – einen eigentlichen ‹Draht zur Kraft› haben wir aber nicht. Die Geschichte hinter uns zeigt das. Die Geschichte um uns zeigt das wohl deutlich eben auch.

Die Pflanze steht an der Leere des Weltraumes in den dünnen Gasen der Luft, in der homöopathisch dünnen Sole des Bodens. Auch die Luft haben wir uns machen müssen und das Salz im Boden haben wir entdecken müssen. Viele der Zusammenhänge, die wir unsern Kindern mit der überheblichen Selbstverständlichkeit des Neureichen durch die Rituale der Bildung impfen, waren uns gestern noch fremd. Ganz und gar. Wir haben gelernt, uns in der Natur zu bewähren, jetzt geht es darum zu lernen, die Natur zu bewahren. Wir sind der Vermaschung gewahr geworden; jetzt geht es darum, in dieser anthropogenen Kopfwelt leben zu lernen. Zeitverzugslos. Der Kinder wegen, die wir mit Gerede beimpfen.

Die Vulkane haben uns immer wieder demonstriert, wie beschränkt der Raum auf der Welt ist, in dem wir leben. Der Krakatau hat aus der Atmosphäre eine Stube voll Staub gemacht, hat in den Weltenmeeren gerüttelt, als ob die Ozeane in Eichenbottichen wären. Wir sind auf solche Spektakel angewiesen. Immer noch. Jetzt, da uns die Lungen zu schmerzen beginnen – wir sind auf Spektakel angewiesen – beginnen wir zurückzugreifen in die Arsenale der Wissenschaft. Viel Rezeptur steht bereit; vieles, was hätte bereitgestellt werden müssen, fehlt. Die Vernunft, die mit uns gewachsen ist, die Vernunft der Geschichte, wird Gebot der Stunde. Die Wissenschaften haben nicht nur die Zeitprobleme gebracht, die Wissenschaften haben uns auch gelehrt, diese zu erkennen. Katastrophenszenarien haben begonnen, in immer rascheren Wechseln sich abzulösen. Die Geschichte der Zukunft wird heute geschrieben: in die Luft, in das Wasser, in den Humus der Erde. Unsere Wahrheit wird an der Wirklichkeit stranden, wenn wir uns nicht wieder in die komplexen Geflechte der Wirkmechanismen einordnen, wenn unser mühsam erworbenes Wissen Mass bleibt und nicht wieder Mass nimmt. Wenn es uns nicht gelingt, aus dem technischen Unverstand zurückzufinden in die Lebensvernunft, werden wir Geschichte gewesen sein. Eine traurige Geschichte, allerdings.

Wie die Biologie zur Sonne fand

Der nächste Winter kommt bestimmt; dann wird uns wieder vorgerechnet, wo und wie Energie zu sparen wäre. Wussten Sie aber, dass wir nur gerade etwa einen Milliardstel der gesamten Sonnenenergie nutzen? Der Rest verpufft im Weltraum: Diesem Abusus wäre energisch entgegenzutreten, indem der Jupiter demontiert und um die Sonne als isolierende Parabolschale installiert würde. Physiker im Vollbesitz ihrer fachtechnischen Kräfte berechnen uns solches. Bis wir von der Zukunft eingeholt werden, gilt es aber, sich mit dem Minianteil Sonnenscheines zu begnügen, der uns hienieden von Schicksals wegen zusteht.

MASSLOS

Im Ursprung, da, wo sich die Spuren des Menschen im Tierreich auflösen, wägen die Wissenschafter Zahn gegen Zahn und Augenwulst gegen Augenwulst ab: Als ob ein Backenzahn etwas über Menschenwürde, als ob ein Augenwulst, mehr oder minder ausgeprägt, etwas über das, was den Menschen zum Menschen macht, aussagen würde. Vielleicht ist der Mensch durch das Feuer definiert: Kein anderes Wirbeltier legt einen Teil der Verdauung vor sich hin in die Pfanne und auf den Grill. Werkzeuge, man hat das erkennen müssen, basteln sich, wenn auch selten, Tiere ebenfalls. Ein anderer Ansatz, den Menschen als Händler vom Tier abzugrenzen, dürfte ergiebiger sein. Handel bedarf des Masses: soviel Salz für soviel Kupfer, soviele Muscheln für soviel Tuch. Handel und Mass, überprüfbares Mass, sind untrennbar miteinander verbunden. Es gibt in exotischen Ethnien Formen des Handels, die gänzlich ohne Kommunikation im Sinne von Worten auskommen. Ohne das Mass aber ist Handel undenkbar. Die Wissenschaften sind ohne Mass möglich, sie haben es über Jahrhunderte bewiesen! Wissenschaft gründet im Wort, nicht im Mass. Masse, Dimensionen des profanen täglichen Lebens, hielten nur zögernd Einzug in die Elfenbeintürme der Denker. Dass der Geometrie eine Sonderstellung zugestanden werden muss, liegt auf der Hand: An Axiomen hängend, bewegen sich ihre Sätze ohnehin schwebend wie Mobiles im Raum. (Man hätte sie wohl auch, an anderen Axiomen, anders in die Welt hängen können.)

Bei Theophrast, Schüler und Nachfolger von Aristoteles, steht das Wort gleichberechtigt neben der sinnlichen Wahrnehmung. Denkinhalte und Sein bilden eine gleiche Erkenntnisstufe – sie sind aufeinander abbildbar. Das vermittelnde Experiment aber ist sophistisches Tabu: Greift der Mensch künstlich in den Ablauf der Natur ein, so stört er das natürliche Verhalten der Dinge. Nicht die Natur würde untersucht, sondern ‹Kunst›. Manchem Zeitgenossen könnten solche Gedanken, als Mahnung über dem Laborkorpus hängend, dienlich sein. Denn ganz sicher ist man im biologischen Experiment nie: Beobachtet man nun Artefakte oder den natürlichen Zusammenhang? In der «Historia Plantarum» (das Werk wird irrtümlich meist dem Gründer des Peripatus, Aristoteles, zugeschrieben) werden das Blatt und die Ernährung der Pflanze erörtert. Dabei schützen die Blätter die Blüten und beschatten den Boden, bewahren somit die Wurzeln vor Trockenheit.

Der mediterrane Denker meditiert im Schatten der Wandelhalle oder im kühlen Gras unter Laubkronen. Man schützt sich und sein Denken vor der sengenden Sonne, welche die Haut des Plebejers gerbt und den Acker aufbricht. Hätten unsere Kulturwiegen im Norden gestanden, die Sonne wäre vielleicht früher in die Biologie eingebracht worden.

Theophrast beschreibt das Blatt ausführlich, vergleicht die Blattformen, streift Erkenntnis, die erst im 18. Jahrhundert diskutiert wird, meidet das Wesentliche aber sofort wieder. Es ist wie beim Ostereiersuchen, doch niemand hat dem Weisen aufmunternd zugerufen: «Wärmer, wärmer, heiss!»

«Bey allen Blättern ist aber ein Unterschied der oberen und unteren Fläche. [...] Einige glauben, dass die Nahrung der oberen Fläche durch die untere zugeführt werde, weil diese immer feucht und wollig ist, aber mit Unrecht. Dies erfolgt aber wahrscheinlich unabhängig von der eigenen Natur, weil beide Flächen nicht auf gleiche Weise von der Sonne beschienen werden. Die Nahrung wird beiden Flächen auf gleiche Weise durch die Fasern und Adern zugeführt: doch geht sie wahrscheinlich nicht von der einen zur anderen Fläche, da sie keine Gänge und keine gangbare Dicke haben. Aber eine ander Untersuchung ist's, durch welche [Organe] die Nahrung zugeführt werde.»

Die Pflanzen geben keinen «Unrat» ab wie die Tiere; den Pflanzen dienen Erde und Erdwärme als «Bauch». Man lasse sich nicht täuschen: auch wenn es scheint, dass sich die Pflanze nur mit Wasser ernährt, nimmt die Pflanze Humus auf. Denn: «Alles ernährt sich von dem, woraus es besteht.» Solche Aussagen überzeugen. So kurz und so bündig solche Slogans sind: Oft sind sie grundfalsch. Eine Prise Wissenschaftlichkeit verbrämt den Denkkalauer:

«Die Wurzeln sind für die Pflanzen das Oben, denn von hier aus verbreitet sich die Nahrung bei den Gewächsen, mit ihnen nehmen sie dieselbe auf, wie die Tiere mit dem Munde.»

Ein Analogie-Joker wird ausgespielt. Der sticht. Man tut gut daran, sich immer wieder zu erinnern, dass das Kulturgut, mit dem wir unsere Kinder mästen, jung ist; die Wissenschaften wurzeln nicht im Humus kausaler Logik: Die erfolgreiche Spielform unseres technologischen Verständnisses ist ein Pfropfreis am mächtigen Stamm unseres archaischen Erlebens.

MASSNAHMEN

Obwohl oft «sehr betrogen», war Aristoteles während annähernd 2000 Jahren Garant für Denk-Kontinuität und Geborgenheit des Verstandes. Heimat kann nie richtig, Kultur nie falsch, Aristoteles nicht wirklich sein. Zaghaft erstarkt Widerstand im 17. Jahrhundert. (Gegen die Humustheorie wird Liebig noch im 19. Jahrhundert kämpfen.) Doch haben auch Rebellen und mit ihnen auch die Revolutionen stets einen Stammbaum.

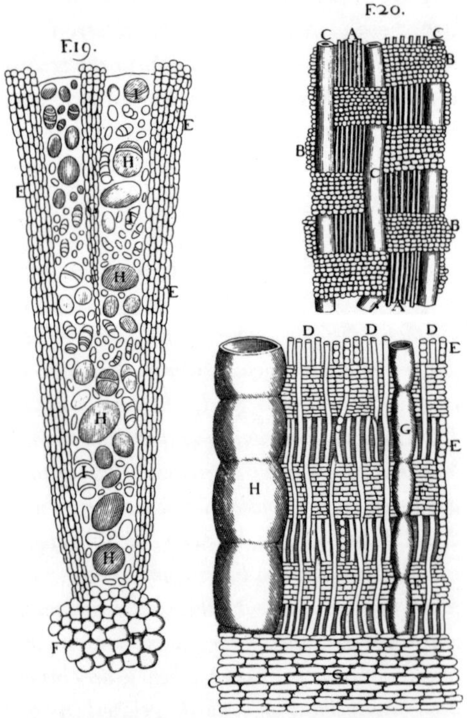

Eine frühe Wurzel: dem Zergliederer Malpighi erschliesst sich im Mikroskop eine neue Welt. Die Blätter ernähren ihm bereits die ganze Pflanze, trotzdem nimmt er sich auch des Wurzeldetails in zeitloser Treue an.

Kardinal Nikolaus von Kues, Mathematiker und Philosoph, schlägt Massnahmen vor, wie an der Natur, auch an der Natur Mass zu nehmen wäre. Am klösterlichen Stehpult entstehen Programme: Kopfwerk. Dabei wäre Natur mit der Hand zu erfassen gewesen: Handwerk. Eigenschaften haben ihren Stoff; Qualitäten sind nie frei von Quantitäten. Unser heutiges Weltbild ist sehr haptisch geworden: Auch der Zeiger der Waage lässt sich ertasten. (Wiederholt ist in der Literatur darauf hingewiesen worden, dass unsere Zeit-Wissenschaften nur noch einverleiben, was in eine Tastwelt hinüber gedolmetscht worden ist: Der quantifizierbare Ausschlag hinter den Gas-Chromatographen wird uns Geruch, der Zeigerausschlag des Photospektrometers macht einen Stoff bunt, und so weiter und so fort.) Wir verdrängen, dass des Kusaners um 1450 verfasste Schrift «De statics experimentis» (Versuche mit der Waage) die Epochenschwelle schlechthin gewesen ist. Es hat dann noch 200 Jahre gedauert, allerdings, bis ein Arzt sich der gemessenen Sache angenommen hat.

Jan Baptista van Helmont begehrt auf, trutzig noch in den Gefängnissen der Inquisition (1648, deutsch 1683): «Und wie, wenn ich hernach beweisen werde, dass aus

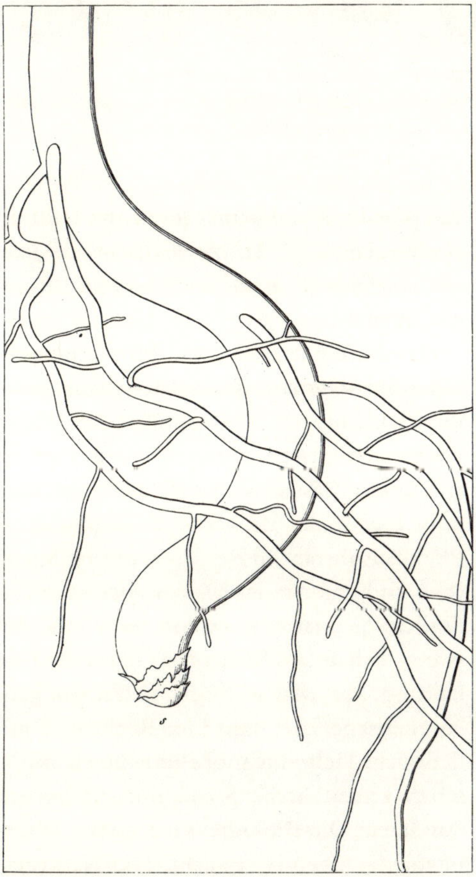

Die Humustheorie wurzelt in der Antike; man hat sie immer wieder ausgerottet, diese Irrlehre, dass Pflanzen Erde ‹fressen› würden. (Pandanus mit Wurzelhaube)

dem einigen Element des Wassers unmittelbar alle greiffliche Cörper herkommen?» Spross einer adligen Familie, gläubiger Katholik, als Philosoph von den Neuplatonikern beeinflusst, als Arzt und Naturforscher dem legendären Paracelsus verpflichtet, wird der Niederländer zum Vorreiter einer frühen ‹wissenschaftlichen› Chemie: Er verwirft die vier Aristotelischen Elemente, meint, dass Feuer gar keine Materienform darstelle und dass Erde aus Wasser gebildet werden könne. Die beiden ursprünglichen Elemente sind für ihn Wasser und Luft, welche nicht ineinander umwandelbar sind; Dampf und Gas (der Begriff wird von Paracelsus' ‹Chaos› abgeleitet) sind besondere Erscheinungsformen von Wasser und somit nicht identisch mit ‹Luft›. Dass aus Wasser alle «greiffliche Cörper» entstehen können, dazu bedarf es einer «würkenden Ursache», des «Urhebs», wie Helmont seine Enzym-Ahnungen nennt:

«Und also hab ich nach fleissiger Untersuchung aller Dinge befunden, dass ein natürlicher Cörper nicht anders als nur von zwoen Ursachen herrühre, nemlich von der Materie und der würckenden Ursache; so inwendig in ihm zu finden. Und das zwar dahero, dass diese zwo vor sich und vor andere Dinge übrig genug sind, und den gantzen Bau und Ordnung, Bewegung, Entstehung, Siegel und Zeichen, auch Eigenschafften der Dinge, und endlich alle Regeln was zu derer Wesen und zu der Fortpflanzung erfordert wird in sich enthalten.»

Ein Gedankenexperiment bringt den klug denkenden Arzt zur Annahme des vitalistischen Urhebs; eine «handgreiffliche Probe», ein Experiment beweist ihm, dass «nemlich aus seinem einfachen Wasser ein jedes Ding seinen Beginn hat.» Weil «in einem einigen Garten wol an die vierhundert [verschiedene] Kräuter und Gewächse wachsen», hat sich Aristoteles in der Annahme wohl sehr «betrogen», dass alles den Stoff aufnimmt, woraus es besteht. Der Widerspruch ist offenkundig: ohne Urheb kann es aus *einer* Art Erde nur *eine* Art Pflanzen geben. Aristoteles ist widerlegt. Wie aber lässt sich zeigen, dass die Pflanzen

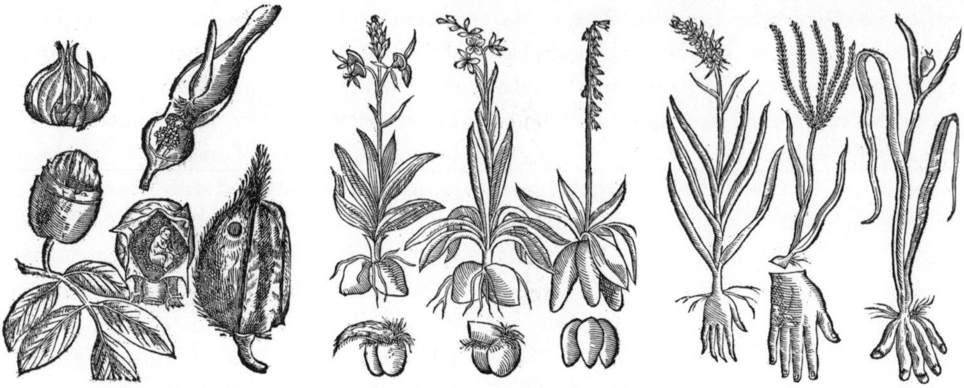

Hier zeichnet kein Kind: Der Autor dieser Formentsprechungen ist Erfinder der Linsen-Kamera. Über die spielerischen Formanalogien schloss er auf die pharmakologische Potenz der Drogen (Signaturen). Kausale Wissenschaftlichkeit hat sich aus solchem Mummenschanz nur langsam zu befreien gewusst.

Wasser und nichts als Wasser metabolisieren?

«Ich habe ein irden Geschirr genommen, und auf die zweyhundert Pfund Erden darein gethan, die ich im Backofen lassen dürr werden. Dieselbe hab ich mit Regen-Wasser angefeuchtet, und einen Weiden-Stamm drein gepflanzet, welcher fünf Pfund wog. Endlich aber nach fünf Jahren ist ein Baum daraus geworden, der 169 Pfund schwer war und ohnegefähr drey Untzen. Das irdene Geschirr aber liess ich allezeit, wenn es vonnöthe war, mit Regenwasser, oder mit destilliertem Wasser begiessen. Und damit der umherfliegende Staub sich nit unter die Erde mengete, hatte ich ein eisernes verzinntes Blech, so voller Löcher war, oben drüber schlagen lassen. Ich habe aber nicht gerechnet das Gewicht der Blätter, so in diesen vier Jahren alle Herbste davon abgefallen. Endlich habe ich die Erd aus dem Gefässe wieder gedörrt, und befand eben die zweyhundert Pfund wie vor etwan zwo Untzen weniger. Und waren die 164 Pfund Holz, Rinde und Wurtzeln allein und bloss aus dem Wasser hervorgewachsen.»

Da eine Unze um 28, ein Pfund um 450 Gramm entspricht, ist der Messfehler Helmonts kleiner als ein Promill. (Die Asche berücksichtigt er nicht: Über den Verlust an Topferde lässt er sich nicht aus.) Quantitativ wurde der Zuwachs an organischer Pflanzensubstanz in Relation zum Humusschwund gesetzt; das Wasser aber wird lediglich qualitativ – «wenn es vonnöthe war» – behandelt. Weder das Gesetz der Erhaltung der Masse, noch Überlegungen energetischer Art sind hier Realität. Und dennoch: Helmont möbeliert die alchimistisch aristotelische Szene mit modernen Ansätzen: Die Biologie wird ‹exakt› lange bevor die Chemie erwacht. Die Naturge-

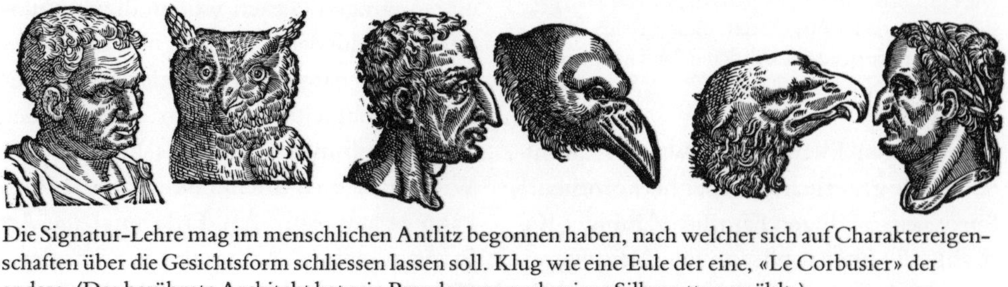

Die Signatur-Lehre mag im menschlichen Antlitz begonnen haben, nach welcher sich auf Charaktereigenschaften über die Gesichtsform schliessen lassen soll. Klug wie eine Eule der eine, «Le Corbusier» der andere. (Der berühmte Architekt hat sein Pseudonym nach seiner Silhouette gewählt.)

schichte der Lebewesen hätte der Chemie bedurft, die Chemie hat lange, zu lange auf sich warten lassen. Die Biologie hat sich darum ihre eigen-sinnige, brauchbare Chemie schaffen müssen. All ihrem okkulten Urheb zum Trotz. Denn wie Marktweiber reale Fischleichen wägen, Bauern brauchbare Nahrung ernten, Winzer Wein keltern, so hat der Arzt begonnen, die Natur zu erfassen, weil er hat lernen müssen, konkrete Krankheiten zu lesen. Man kann über der Natur über die Natur nachdenken, aber man kann nur in der Natur die Natur erleben; man kann sich hintersinnen und sie besinnen: behändigen kann man Realitäten nur, wenn man sie anfasst. Unser Weltbild ist dem Handwerk entwachsen; dazu mussten die unergründlichen Tiefen der Seelen und die akkurate Logik der Köpfe überwunden werden. Helmonts Bresche in Mythos und Logos kann nicht tief genug qualifiziert werden, auch wenn sein Denkschluss mindestens ebenso falsch wie richtig war. Er hat eine falsche Aussage (Pflanzen nehmen Humus auf) durch eine andere falsche Aussage (Pflanzen metabolisieren Wasser, nichts als Wasser) ersetzt; er hat die Waage zwar benützt, mit dieser Waage aber just das, was interessieren musste, das Wasser, nicht gewogen. Eine Revolution? Ja, weil Revolutionen nicht Falsches durch Richtiges, sondern stets Überholtes durch noch nicht schon ebenso sehr Überholtes ersetzen.

Das Erscheinen des «Ortus» fällt mit dem Ende des Dreissigjährigen Krieges zusammen. In Nürnberg finden die Friedensfeiern statt. Viele sind es nicht mehr, die feiern: Die Bevölkerung Deutschlands wurde in den 30 Jahren der Wirren von 17 auf acht Millionen reduziert. Der Adel schickt seine Kinder auf Ritterakademien: die Fächer sind Reiten, Fechten, Tanz. Descartes stirbt. Rembrandt malt «Christus heilt Kranke». Die Trunksucht greift um sich. Das Taxi (Fiaker) wird eingeführt. Philosophisch heisst die Zeit Rationalismus, literarisch blüht in Frankreich die Klassik, in der Kunst barockt's. Das ist der Hintergrund, vor dem Helmont arbeitet und kämpft:

«Die verblümten Redens-Arten (Metaphorae) aber hasse ich in der Beschreibung der Natur. Denn dadurch ist so viel Irrthums, so viel streitens und disputirens in die Schule eingeschlichen, und hat man darüber den Aristotelem gleichsam als einen Gott angebetet.»

Klar wird gefordert:

«Und dieses alles (die Rechen-Kunst das ist die Algebra oder die Ober-Mess-Kunst, ferner die Welt-Beschreibung, und die Feld-Messerey, die Lehre von der Natur, und anderes mehr) sollten sie [die jungen Leute] lernen, nicht aus blossen Beschreibungen, wie man es in der Vernunft-Kunst vor hat: Sondern durch würcklichen Augenschein und Hand-Arbeit im Feuer. Denn die Natur misset alle ihre Wercke ab durch Destillieren, Anfeuchten, Trucknen [...].»

MEHR LICHT

Helmont wettert gegen die «verblümten Redensarten» eines Aristoteles, führt selber aber ‹verblümte› Begriffe in sein Denksystem ein, welche auf wackligen Füssen stehend, nicht «messbar», somit kaum beweisbar und schon gar nicht zu widerlegen sind: Sein «Fermentum», der «Urheb» ist *das* zentrale Argument, welches allein das Phänomen erklären kann, dass Pflanzen sich offensichtlich lediglich aus Wasser aufbauen. Eine andere Schwachstelle im System des forschenden Arztes ist, dass die Pflanzenorgane keine Funktion haben: Helmont verpasst die Luftphase, verpasst die Energiequelle des Lichtes, weil er den Blättern, die Jahr um Jahr abfallen, so das Wachstumsexperiment ärgerlicherweise verfälschend, keine Aufmerksamkeit zollt.

Edme Mariotte, Prior eines Klosters bei Dijon, der berühmte Physiker (Hydro- und Aerostatik) nimmt sich, beiläufig allerdings, ebenfalls der Pflanze an, wobei der experimentenstarke, klardenkende Kleriker seine Denkpotenz voll ausreizt. In einem Brief (1679, gedruckt 1717) gibt sich das berühmte Mitglied der französischen Akademie der Wissenschaften vornehm zurückhaltend: «Ich wage nicht, Ihnen zu versprechen, mehr Licht in diese Sache zu bringen.» Der Bittsteller war an Mariottes Meinung in Bezug auf die «Art und Weise, wie sich die Pflanzen ernähren» interessiert. Mariotte nimmt ‹Grundstoffe› an, welche sich in der Pflanze verschieden zum Pflanzenkörper mit den so vielfältigen Pflanzenstoffen zusammensetzen:

«Wenn man ein Pfropfreis der Birnensorte ‹Bon Chrétien› auf eine Wildbirne setzt, erzeugt derselbe Saft, der in letzterer sehr kleine Birnen schlechten Geschmacks hervorbringt, auf dem Pfropfreis sehr grosse Birnen von hervorragendem Geschmack. Aber wenn man auf einen Zweig dieses Pfropfreises von neuem ein Pfropfreis der Wildbirne setzt, wird dieses sehr kleine Birnen von schlechtem Geschmack erzeugen. Daran lässt sich erkennen, dass es immer derselbe Saft ist, der sich im Baumstamm befand, welcher einer verschiedenartigen Bestimmung unterliegt.»

Helmont hat gezeigt, dass Wasser von der Pflanze aufgenommen wird und dass aus ebendiesem Wasser offenbar der Pflanzenkörper entsteht. Hier tat Urheb not. Mariotte zeigt, dass ein immer gleicher Saft verschiedene Birnenqualitäten erzeugen kann, je nach «Bestimmung». Das Pfropfexperiment entratet der Kühnheit nicht, solange dieser «Saft» aber nicht genauer untersucht wird, solange bleibt die Beobachtung vielen Interpretationen dienlich. Wäre es nicht auch ein Beweis für Helmonts Theorie von «Wasser» und «Urheb»? Mariotte hat das Stossgesetz mit Hilfe von zwei an Fäden aufgehängten Kugeln bestätigt. Es ist aber eine ganz andere Sache, das Verhalten zweier Kugeln zu beschreiben, als das Wachstum und die Synthese der Aromastoffe der Birnensorte ‹Bon Chrétien› zu erfassen. Die kluge Denkkunst aus der physikalischen Landschaft versagt in den biologischen Koordinaten. Noch fehlt zwischen der Basis der nun doch schon beachtlich exakten Physik und den zunehmend präziser interessierenden Lebenserscheinungen das tragfähige Mauerwerk einer tauglichen Chemie; die Pfropfbirnen waren denn letztlich auch nicht ein physiologischer Ansatz, sondern lediglich Indikatoren, Apparate, die sinnlich erkennbar die Hypothese stützen, dass sich alles aus Grundsubstanzen aufbaut, welche ihrerseits übrigens wiederum aus Bauteilen zusammengesetzt sind. «Je nach Bestimmung» wird aus einem und demselben «Saft» einmal Qualitätsobst entstehen, ein andermal gedeihen unbrauchbare Wildfrüchte. Das Birnenexperiment ist kein Pflanzenexperiment: Die Birnenpfröpflinge ersetzen die Retorte des Alchimisten. Die reifenden Birnen sind Beweis einer noch unreifen chemischen Hypothese. Den «Urheb», allerdings, überwinden die Birnen auch nicht. Der immer gleiche Saft unterliegt «verschiedenartiger Bestimmung». Ob diese, aus dem gleichen Saft guten oder schlechten Birnengeschmack erzeugende Bestimmung, «in jedem Pfropfreis steckt oder ob durch eine eigentümliche Struktur der Fasern und Poren, dieser Saft in Zusammenstellungen und Zustände gebracht wird», bleibt offen.

Das Weidenexperiment Helmonts findet bei Mariotte eine Entsprechung; da wo jener Hand angelegt hat, kombiniert dieser aber lediglich. Helmont hat die Erde und den Baum gewogen; das Wasser, wie erinnerlich, hat er – weshalb wohl? – quantitativ ignoriert. Mariotte unterscheidet organisches Material (Erde) von den Salzen der Asche (fixes Salz). Helmont hat gezeigt, dass Erde nicht gezehrt wird; den Aschenanteil hat er aber übergangen. Auch um die Asche geht es jedoch bei Mariotte. Und um die Menge des Regens. Man denke sich, so Mariotte, einen Topf mit sieben oder acht Pfund Erde. Jede Pflanze, die man hineinsetzt, wird wachsen; sie wird aus dem Regen und der Erde alle Grundbestandteile ziehen, die sie benötigt. Man stelle sich nun vor, dass man dreitausend oder viertausend verschiedene Pflanzen setzen könnte – nicht alle zusammen, aber jede einzelne würde für sich im Topf gedeihen. Das Gewicht aller so gedachten viertausend verschiedenen Pflanzen würde nach vier Monaten zusammengerechnet sicherlich gegen 500 Pfund ergeben. Dieses als Gedankenexperiment erhaltene Gesamtgewicht ist ein vielfaches der Masse der Erde im Topf (acht Pfund) und des während den vier Monaten über einem Topf gefallenen Regens. Daraus, so Mariotte, folgt zwingend, dass die Baustoffe nicht in der Topferde und dem Regenwasser für alle viertausend verschiedenen Spezies mit ihren so verschiedenen «Ölen, Salzen, Erden» tel quel vorgelegen haben können. Das logische Experiment macht vielmehr deutlich, dass die Grundsubstanzen in einem Zustand vorliegen, welche es dann den verschiedenen Organismen gestatten, dieselben vielfältig neu zusammenzusetzen.

Die Luft als Quell für die «Erde», aus welcher die Pflanze besteht und das Licht als Motor des Wachstums fehlen bei Mariotte. Die zentrale Wahrheit in Helmonts «Leben aus Wasser»-Ansatz wird wieder bedrohlich nahe an den aristotelischen Humus-Glauben (Pflanzen verdauen Erde) gerückt. Was bleibt unter dem erkenntnistheoretischen Strich, welche Wissensbilanz gilt es zu ziehen? Von Helmont behalten wir den Willen zur Waage, von Mariotte den Mut, auf leere Begriffe zu verzichten. Das Gesetz der Erhaltung der Masse lässt noch bis in das 18. Jahrhundert auf sich warten (Lomonossow und Lavoisier): Urheb und Wunder gehen noch um. Davor sind weder der Arzt noch der Physiker gefeit. Es wird noch mehr Licht, Sonnenlicht in diese Sache gebracht werden müssen. Helmont und Mariotte sind Anfänge im luftleeren Raum; man muss den Pflanzenkörper zergliedern lernen: Die Interessen an der Natur sprengen nun den engen Raum der Medizin und finden trotzdem aus philologischen Luftschlössern zurück auf die Bühne der Welt.

FRISCHER WIND

Der Anatom erfasst Strukturen. Die Physiologie untersucht die Funktion dieser Strukturen. Wenn der Anatom untersucht, sind die Funktionen gestört; unter dem Mikroskop, im Seziersaal wird fast stets an toten Objekten gearbeitet. Die Befunde der Physiologie lassen sich selten direkt auf die Bilder der Anatomie projizieren. Je kleiner die untersuchte Struktur wird, je präziser die physiologische Fragestellung geschürzt wird, desto schwieriger wird es, Struktur und Funktion in Übereinstimmung zu bringen.

Marcello Malpighi befasst sich als Mediziner ausführlich mit den Pflanzen. Er besinnt sich auf das philosophische Prinzip Nikolaus von Kues' zurück, der kontemplierend gefordert hat, man müsse das

Unbekannte mit dem Bekannten vergleichen.

Wieder ein Arzt, der sich um Pflanzen bemüht?

«Da aber die Sache von eigentümlichem Dunkel umhüllt, noch im Finstern liegt, so bedarf sie der Vergleichung mit einfacheren Verhältnissen, und so winkte mir sogleich die Untersuchung der Insekten: Schliesslich, da auch diese ihre Schwierigkeiten boten, habe ich mich auf die Erforschung der Pflanzen gelegt, um so nach langer Beschäftigung mit diesem Reich meine Schritte wieder zurückzuwenden und über die Stufe der Pflanzenwelt den Weg zu den früheren Studien (Anatomie der höheren Tiere!) zu gewinnen.»

Bonnet, wir kommen auf den Forscher zurück, machte es umgekehrt: er hat sich der Pflanzenphysiologie erst gewidmet, als seine Augen, strapaziert durch das Erforschen der Insekten, ihren Dienst zu versagen drohten.

Noch hat keiner den Blättern je eine physiologische Funktion zugeordnet. Malpighi entfernt alle Blätter eines Kürbiskeimlings: Die Pflanze geht ein. Gelöst vom Wissenswust der Zeit, folgert er, dass durch das Sonnenlicht (er beobachtet die Bewegung der Blätter in Richtung der Sonne: Phototropismus) in den Blättern die Säfte der Wurzeln versetzt und mit bereits vorliegenden Substanzen vermischt werden. Vor dem Wissenshintergrund unseres Jahrhunderts erscheint die so formulierte Ahnung erstaunlich tiefgründig. Auch dass Luft, neben dem Wasser, in der Pflanze transportiert wird, sieht der umsichtige Forscher: Die Gefässe erinnern ihn an Tracheen der Insekten. Obwohl Malpighi an verschiedenen Stellen die Spaltöffnungen beschreibt, lässt er seine Pflanzen Luft noch aus den Wurzeln, durch die Tracheen transportiert, holen.

Nehemiah Grew, auch er ein Arzt, nimmt die Gedanken des italienischen Freundes auf. Beide haben viel Gleichartiges unabhängig voneinander erforscht. Einmalig in der vor egozentrischen Querelen strotzenden Geschichte der Naturwissenschaften, pflegen beide eine tiefe, gegenseitige Verehrung. Malpighi verzichtet gar auf weitere botanische Studien: Er benützt die Werke seines Freundes, übersetzt diese zum eigenen Gebrauch in das Lateinische. Grew formuliert in der philosophischen Einleitung das ihn bewegende Grundphänomen:

«Alle Pflanzen wachsen auf fast dem gleichen Boden, unter dem gleichen Regen, unter der gleichen Sonne. Alle Pflanzen sind ähnlich aufgebaut, aus Wurzeln und Stengel und Blättern. Wie kommt es, dass die Pflanzen so verschiedene Flüssigkeiten und andere Inhaltsstoffe aufweisen, dass sie so verschieden riechen, schmekken, so verschieden gefärbt sind?»

Grew, dem Detail peinlich exakt verpflichtet, lässt seiner Fachphantasie freien Lauf:

«Wie die Haut der Tiere über Poren verfügt, entweder für die Aufnahme (Reception) oder die Abgabe (Elimination) von Stoffen (of something) für den Nutzen des Körpers, so haben die Häute (Skins) zumindest der meisten Pflanzen auch Öffnungen (Orfices) oder ‹Wegöffner› (Passports), dies entweder für bessere Verdunstung überflüssigen Saftes oder die Aufnahme von Luft.»

Beides ist richtig: Wasserdampf wird abgegeben, Luft wird aufgenommen. Auf derselben Seite wird der Begriff ‹Parenchym› (Grundgewebe) zum erstenmal in der Literatur verwendet. Nicht nur Grews Begriffe, auch Grews Modellahnungen haben Bestand.

Trotz Relevanz – die Aussagen sind spekulativ: Über Analogieschlüsse wird Funktion in die Struktur hineininterpretiert. Unbekanntes wird eben mit Bekanntem verglichen. Stephen Hales ist der erste grosse Pflanzenphysiologe. Er ist ein vor-

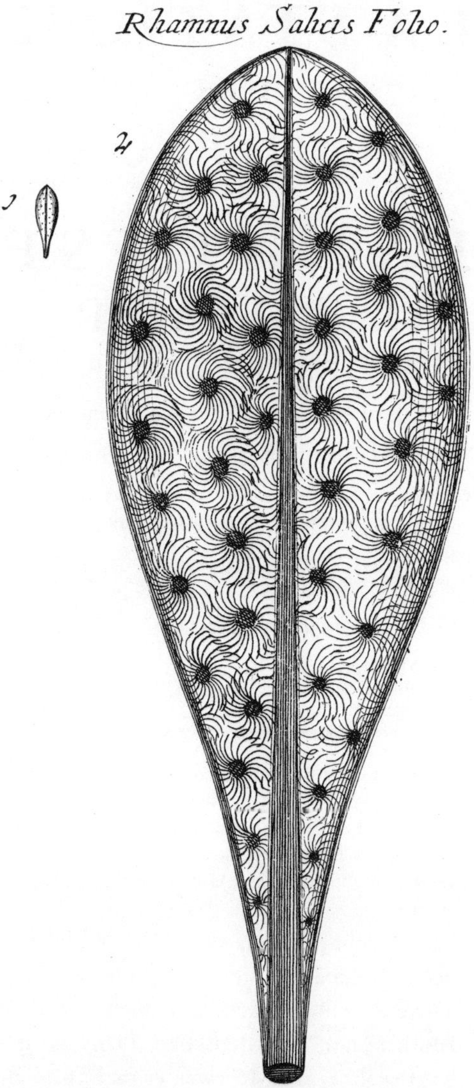

Funktionelle Analogie: aufgrund der Poren in der Epidermis der Blätter (Spaltöffnungen) schliesst Grew auf die Transpiration der Pflanze.

bildlicher Gemeindepfarrer, daneben ein unbestechlicher Forscher. Unter dem Einfluss seines Lehrers Newton ist er bestrebt, die Lebenserscheinungen rein mechanisch zu erklären, ohne unbeweisbare Spekulationen zu benützen. Gott und die Schäfchen seiner Gemeinde auf der einen Seite, seine Forschung und die gestrenge Royal Society auf der anderen – ihm bricht die Welt nicht auseinander. Hales beschäftigt sich, ohne seine kirchlichen Pflichten zu vernachlässigen, vorab mit der Transpiration (der Begriff stammt von ihm) und der Zusammensetzung der Luft. Zählen, wägen, messen: das ist das Credo des Seelenhirten. Er erkennt klar die grosse Oberfläche pflanzlicher Körper: er vergleicht mit dem Menschen. Der «Unrath» wird über die Nieren, sie wirken als Sieb, bei Pflanzen über die Blätter ausgeschieden. Die Herzen der Tiere «mehren als ein Triebwerk des Bluts Geschwindigkeit». Da ein Herz bei Pflanzen fehlt, sucht er den Motor des Safttransportes im Transpirationsstrom. Die grosse Aussenoberfläche des Blattwerkes wird erklärlich: Nur so entsteht genügend Sog. Erstmals wird auch die Luft in einen Zusammenhang mit der Ernährung gebracht: «Immassen hören ohne Luft auch Pflantzen zu wachsen auf, nicht weniger, als thierische Körper, kommen sie ohne Luft um.»

Die Blätter werden als Ort des hauptsächlichen Stoffwechsels angesprochen. Die Blätter reinigen wie die Nieren, dazu «können wir heut zu Tag mit Gewissheit sagen, was man vorhin lange Zeit gemuthmasset hat, dass die Blätter dem Pflantzenwercke eben die Dienste thun, als die Lungen dem thierischen Geschlechte». Hales knüpft gar auch an Newtons Überlegungen an:

«Sollte aber nicht auch das Licht durch seine Wirckung in die breite Fläche der Blätter und Blumen, und nach der Freyheit, die es hat, durch sie zu dringen, des Pflantzwercks Bestandtheile annoch veredlen? Der Ritter Newton saget doch mit gutem Grunde: dass Körper in Licht und Licht in Körper verwandelt werde, ist doch der Natur Lauf gar gemäss, welche am liebsten mit Verwandlungen (Transformations) zu schaffen hat.»

Ausdauer, Intuition, Belesenheit, Geschick im Experiment und immer wieder das Sichzurückbesinnen aufs Messen und Wägen haben Hales zum überragenden

Forscher modernen Zuschnitts gemacht. Diese Würdigung wäre nicht ganz vollständig ohne die Seite ‹Hales der Eiferer›. Das ‹Feu sacré› der Besessenheit flackert, unter den Scheffeln hervorgeholt, im Winde der Publizität oft bedrohlich. Hales hat nicht nur den Pflanzen, Hales hat auch in die Transporträume von Sklaven- und Truppentransportschiffen, in die Stollen von Bergwerken und in Destilliervorrichtungen hinein frischen Wind gebracht. In zahllosen Abhandlungen propagiert er ‹seine› Ventilatoren. Wissenschaftlich untermauert wird frische Luft zum Gesundheitselixier im Kampf gegen Typhus und Trunksucht. Neben den «Vegetable Staticks» beschäftigt sich der universelle Gelehrte in «Haemostaticks» auch mit dem Blutkreislauf des Menschen. Daneben gelingt es ihm, aus Meerwasser mehr und effektiver Süsswasser vermittelst belüfteter Destillation zu machen. Dass der Sitzungsraum der ‹Society of Arts› ebenfalls mit Ventilatoren des Systems ‹Hales› bestückt worden wäre, wie der greise Neuerer ein Jahr vor seinem Tode noch in einem sehr eindringlichen Brief gefordert hat, erlebte er nicht mehr. Wohl aber, dass eine Kommission eingesetzt worden ist, welche den Ventilatoren-Vorschlag prüfte. Jahrelang.

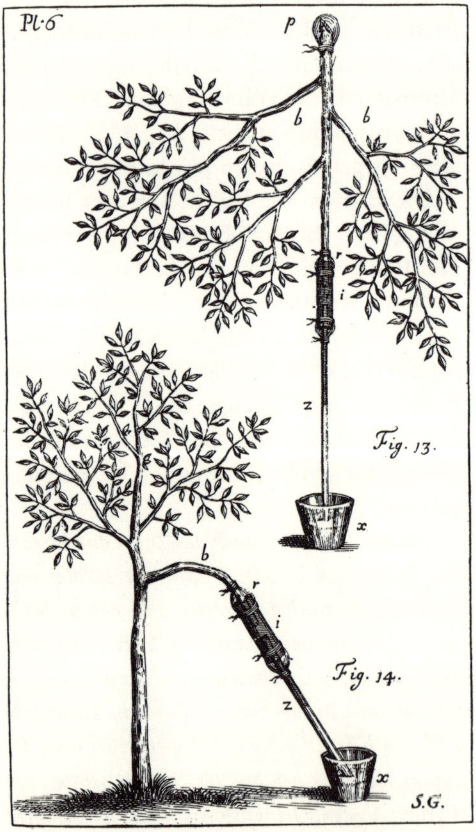

Zwei von 124 Experimenten zum Safttransport in den Pflanzen: Hales setzt klug an, arbeitet akribisch und speditiv, folgert konsequent. Das Boden-Luft-Kontinuum des Wasserfadens, früh erkannt, beschäftigt die Forschung noch im 20. Jahrhundert.

LA STATIQUE
DES
VEGETAUX,
ET
L'ANALYSE
DE L'AIR.
EXPERIENCES NOUVELLES
Lûes à la Societé Royale de Londres.
Par M. HALES D. D. & Membre de cette Societé.
Ouvrage traduit de l'Anglois, par M. DE BUFFON, *de l'Académie Royale des Sciences.*

Charles Bonnet.

A PARIS,
Chez DEBURE l'aîné, à l'entrée du Quay des Auguſtins, du côté du Pont Saint Michel, à Saint Paul.

M. DCC. XXXV.

Bonnet war im Besitz der Halesschen Erkenntnisse. Fortschritt wäre hier, wie so oft, als ein von den Tatsachen Fortschreiten und nicht, was wir stets implizieren, ein auf die Tatsachen Zuschreiten zu verstehen. (Titelseite mit Unterschrift Bonnets)

AUF EINEM ANDEREN BLATT

Hales gelang der Sprung auf den Kontinent rascher als seinem Lehrer Newton: Der berühmte Franzose Buffon war begeistert und übersetzte das Werk. Die Experimente des Pionier-Briten wurden kopiert, wiederholt, variiert – die gedankenscharfen Folgerungen aber wurden ‹überwunden›, zum Teil ignoriert oder einfach beiseite geschoben. Die Methoden wurden Allgemeingut des experimentellen Repertoires.

Man kann klug fragen, die Natur reagiert immer mit einer diffusen Zeichensprache, die wir mehr oder minder rigoros gefiltert aufnehmen und dann in unser ‹Denksystem› (unser Betriebssystem) übersetzen. So ist es eben durchaus auch möglich, ‹dumm› zu fragen: Die Natur reagiert immer, irgendwie. Es gibt wohl für jedes Beispiel, wo kluge Fragen (geschickte Experimente) zu wichtigen Ant-Worten geführt haben, ein Gegenbeispiel, wie ebenso gezielte Experimente zu falschen Theorien verleitet haben.

Hales hat gezeigt, dass der Blutkreislauf der Tiere keine Entsprechung im Pflanzenreich findet, wo ein Transpirationsstrom das Wasser aus der Bodenphase in den Luftraum transportiert. Hales hat den Gasaustausch über die Blattoberfläche nachgewiesen. Wie kommt es dazu, dass im Jahre 1835 F. J. F. Meyen, der Schiffsarzt und Botaniker aus Berlin, für eine Arbeit «Über die Neuesten Fortschritte der Anatomie und Physiologie der Gewächse» mit einem Akademiepreis in Haarlem ausgezeichnet wird, weil oder obwohl er (unter anderem) feststellt:

– dass *«das Circulations-System in den Pflanzen, wie das in den Thieren, aus einem eigenthümlich organisierten Saft (dem ‹Lebenssaft›) besteht, welcher sich in eigenen Gefässen bewegt»*

– dass *«es nicht wahr ist, dass die Pflanzen eine Respiration haben, welche derjenigen der Tiere zu vergleichen ist»*

– dass *«ex analogia sich schliessen lässt, dass die Blatthaare ähnlich den Wurzelhaaren zum Aufsaugen der Feuchtigkeit bestimmt seien»*

– dass *«die meisten Phytotomen, sowohl der älteren als auch der neuesten Zeit, sich für eine Öffnung in den Hautdrüsen ausgesprochen haben, und diesen» (öffnungslosen Drüsen, wie Meyen in zahllosen, ausserordentlich sorgfältigen mikroskopischen Zeichnungen ‹beweist›) «dadurch die Benennungen Spaltöffnungen oder Poren zuertheilten»*.

Die Preisarbeit wird unter dem Motto:

«VERE SCIRE, EST PER CAUSA SCIRE»

verliehen. Meyen ist kein Träumer: Während 15 Jahren hat er fast 6000 Druckseiten publiziert. Er hat nach Mägdefrau «dank seinem scharfen Verstand und seiner vorzüglichen Beobachtungsgabe unsere Kenntnis von der Histologie der Pflanzen bedeutend gefördert». Der Atlas zum dreibändigen Werk «Neues System der Pflanzen-Physiologie» (1838) besticht durch

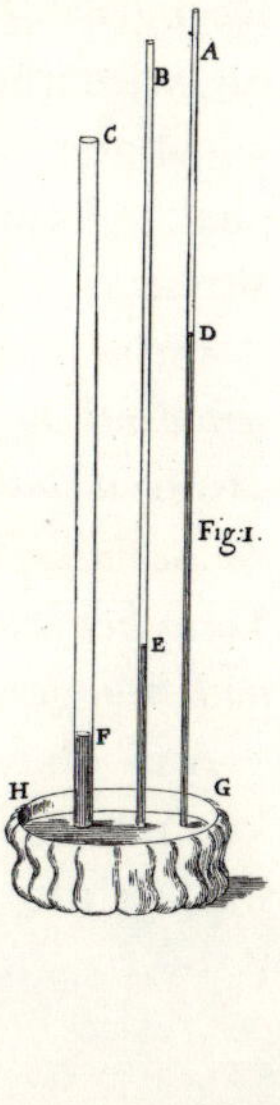

Kapillarkräfte werden hier bei Hooke im 17. Jahrhundert demonstriert. Kapillarer Wassertransport im Pflanzenkörper wird in der Folge wider alles bessere, experimentell abgestützte Wissen unausrottbar bis in unsere Zeit immer wieder für den Wasserhub haftbar gemacht.

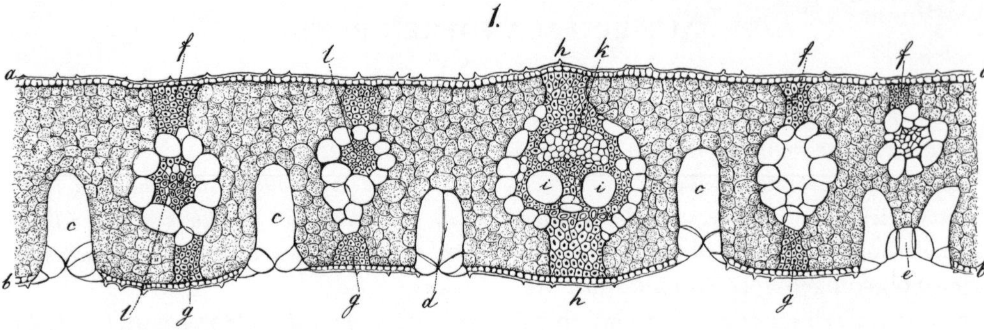

Und dann werden aus den Spaltöffnungen im 19. Jahrhundert, notabene, wieder Drüsen: Wie weiland bei Hooke vor dreihundert Jahren. Die akademische Wettbewerbs-Arbeit Meyens wird ausgezeichnet. Ausgezeichnet sind die mikroskopischen Protokolle der ‹Drüsen›: wer da keine Öffnungen erkennt, dem wäre kaum mehr zu helfen. Meinen wir. Eine ‹starke Theorie› ist immer stärker als das Auge. Meyen sah Drüsen.

Exaktheit der Zeichnung: Hübscher lassen sich Spaltöffnungen – hier ‹Blattdrüsen›! – nicht darstellen. Die Natur hat es sich gefallen lassen, dass man sie abbildet, für das beschreibende Wort ist sie nicht haftbar zu machen. Im Unterschied zu so vielen Naturwissenschaftern beobachtet Meyen selber am Mikroskop, schreibt nicht nur ab. Impulsiv setzt er sich für einfache Geräte ein: «Zu wünschen wäre es noch, dass die Herren Verfertiger der neuen Mikroskope eine Menge von eigentlich unnützen Anhängseln wegliessen.» Meyen arbeitete mit einem einfachen, englischen Mikroskop von 200facher Vergrösserung, im Wassertropfen, ohne Deckglas. Viele Versuche aus der Literatur wiederholt er. Belesen, kennt er alle wichtigen Autoren. So auch Hales («Capitel: Aushauchung des überflüssigen Wassers», 1838):

«Seine Versuche zeichnen sich durch so ausserordentliche Genauigkeit und Umsicht aus, dass sie wenig zu wünschen übrig lassen. Selbst die Schlüsse, welche Stephen Hales aus seinen Versuchen zog, sind, bis auf wenige Punkte, noch heutigen Tages gültig.»

Auf diese «wenigen Punkte» aber kommt es doch wohl an: Hales' zeitlos richtiger Transpirationsstrom wird verworfen, dafür Dutrochets Osmose (1837) als Motor für den Wassertransport angesprochen. Diese ersetzt die noch 1835 verfochtene Akademie-Preisansicht:

«Zwar haben die Pflanzen kein Herz, doch mit allem Rechte nennt man die Bewegung des Lebenssaftes in den Pflanzen eine Circulation, wenn gleich das Gefäss-System derselben ohne Centralität ist. [...] Die Propulsions-Kraft allein bewegt die kreisende Flüssigkeit.»

Vitalistischer Zeitgeist schlägt durch: Was sind «Propulsions-Kräfte»? Hales kausalmaterialistische Denkansätze werden geächtet. Wen erstaunt, dass auch Humus wieder – trotz diffus erwähnter Kohlenstoffassimilation – «verzehrt» wird. Vorhalessches, aristotelisches Gedankengut blüht wieder auf den nun als Huminsäuren identifizierten Substraten moderner Wissenschaft: «[...] daraus folgt denn, dass alle Stoffe der Dammerde, sowohl die organischen als auch die anorganischen, ganz nach dem Grad ihrer Lösung, von den Wurzeln der Pflanzen in unverändertem Zustande aufgenommen und zur Ernährung der Pflanzen verbraucht oder anderweitig ausgeschieden werden.»

Wissenschaften sind keine Perlenketten, die Trouvaille an Trouvaille, Wahrheit an Wahrheit reihen. Fast 200 Jahre nach Helmont wird wieder Erde verdaut; 150 Jahre nach Malpaghi und Grew werden Spaltöffnungen zu Drüsen; 100 Jahre nach Hales schlägt in den Pflanzen wieder ein unsichtbares Herz. Solches Patchwork von Fehlern und Richtigkeiten nennen wir Fortschritt; diese Mosaike blühender Phantasie und kargen Rapports nennen wir Wahrheit. Die Modelle wissenschaftlichen Erkenntnisgewinns, sie wurden aus der Physik destilliert, sind für die Biologie zu linear: Biologische Erkenntnis ist ein unverlässliches Tau aus brauchbaren und mürben Schnüren, überwundenen und neuen Paradigmen. Wenn der Leser an der Relevanz des zitierten Meyen zweifelt, soll er in den Werken des wohl über jeden wissenschaftlichen Zeit-Zweifel erhabenen Augustin De Candolle nachlesen (1826):

«Die wichtigste Funktion der Blätter ist die wässerige Ausdünstung; gleichermassen als Konsequenz daraus ist eine zweite Aufgabe das Beenden des Saftaufstieges in der Pflanze.»

Als dritte Aufgabe folgt die Dunstaufnahme, als vierte die Zersetzung von gasförmiger Kohlensäure im Licht, wobei Sauerstoff ausgeschieden und der Kohlenstoff aufgenommen wird. Als fünfte Aufgabe wird die Sauerstoffaufnahme in der Nacht und sechstens die Bildung des Kambiums angeführt. Und siebtens:

«Die Blätter setzen dem Winde Widerstand entgegen, dadurch bewegen sich die Äste, was den Saftstrom im Stamm erleichtert.»

Schon die Reihenfolge zeigt, dass die Wichtigkeit der Kohlenstoffassimilation durch die Photosynthese nicht erkannt wird (an anderen Stellen wird denn auch der Kohlenstoffaufnahme durch die Wurzeln wieder gehuldigt); die Blattbewegung führt zur lächerlichen Vorstellung eines mechanischen Pumpens durch Astwippen. (Der Fön-Effekt des Haartrockners, er bewirkt eine Steigerung der Konvektion, ist wohl nicht gemeint.) Auch De Candolle demonstriert, dass in der Biologie alte Systeme mit jungen Hypothesen zu einem ganzen Naturverständnis zusammengebacken werden. Es sei so wenig zu entscheiden, ob Magen oder Lunge, wie zu entscheiden ist, ob Wurzeln oder Blätter wichtiger wären. Allegorisch wird der physiologische Mix von Vergangenheit und Zukunft manifest: Sind nun die Blätter endlich Mägen geworden, oder bleiben die Wurzeln Pflanzendärme?

Der Genfer Jurist und begüterte Privatgelehrte Charles Bonnet ist durch seinen cha-

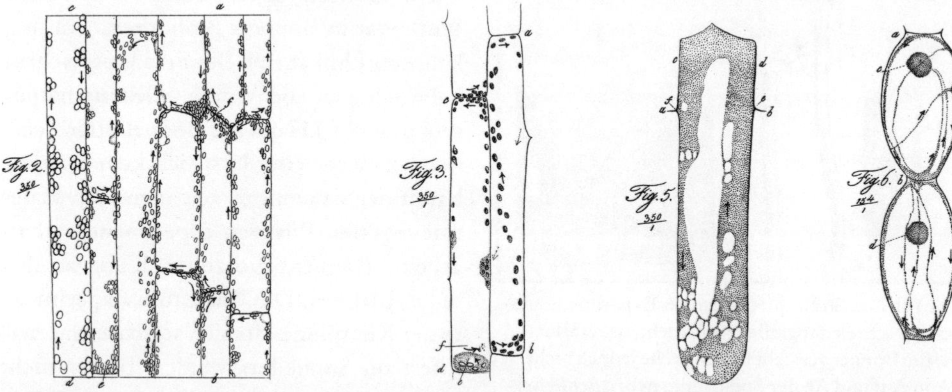

Die bis heute rätselhafte Plasmaströmung hat den Vitalisten mächtig Auftrieb gegeben: Alles und jedes wurde dann wieder mystisch. Auch das, was mechanistisch durchaus erklärbar zu sein scheint.

rismatischen Epochen-Einfluss nicht ganz unerheblich mit dafür verantwortlich, dass die Biologie der Photosynthese vom Weg der wissenschaftlichen Tugend abgekommen ist und sich in den erwähnten Gefilden naturschwärmerischer Fehlinterpretationen ergangen hat, welche allerdings stets gewissenhaft auf augenfällige Experimenten-Serien abgestützt worden sind.

Fachkollegen sind oft ungerechte Schiedsrichter; Fachgeschichte, die von Laien zusammengestellt wird, ist aber ebenso sehr mit Vorsicht zu interpretieren. Hier soll Julius Sachs «Geschichte der Botanik vom 16. Jahrhundert bis 1860» als Orientierungshilfe herangezogen werden. (Sachs nimmt klipp und klar auf seinen Fach-Standpunkt von 1875 Bezug, wenn er rigoros richtet. Sein Wissensstand ist aber eben in wesentlichen Teilen auch schon längst Geschichte geworden.) Lassen wir den Botaniker trotzdem zu Wort kommen:

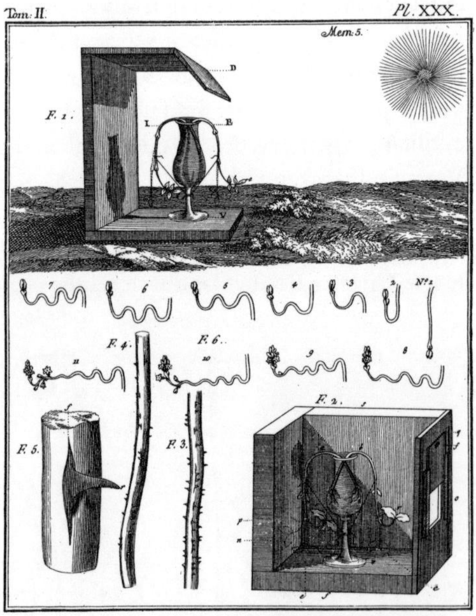

Die Pflanzen in Bonnets galanten Experimentspielereien schreien förmlich nach Licht; der einflussreiche Bonnet versteht ihre Sprache jedoch nicht. Vom Auf und Ab der Forschung: neben Schlüsselaussagen die nebensächlichen Dornenstudien. Dornenreich.

«Bonnet, der sich um die Biologie der Insekten verdient gemacht, namentlich die ungeschlechtliche Fortpflanzung der Blattläuse entdeckt und sich dabei die Augen verdorben hatte, hielt es für einen passenden Zeitvertreib sich mit allerlei Experimenten an Pflanzen zu beschäftigen. Unter vielem ganz Unbedeutendem kam dabei auch allerdings Manches zu Tage, was später von urtheilsfähigeren Personen benutzt werden konnte, denn auch das wenig Brauchbare, was Bonnet über die mit dem Wachsthum verbundene Krümmung der Pflanzen beobachtete, zeigte von einem auffallenden Mangel an Urtheil. Dasselbe tritt aber nicht minder bei denjenigen Beobachtungen hervor, welche Bonnet über die Ernährungstätigkeit der Blätter anstellte. Es war ein Zeichen der Zeit, dass eine so ganz gedankenlose Zusammenhäufung unverdauter Tatsachen, wie sie 1754 in Bonnets ‹Recherches sur l'Usage des Feuilles› enthalten ist, damals allgemein für eine bedeutende Leistung gehalten werden konnte.»

Tatsache aber bleibt, dass Bonnets Einfluss bis in das 19. Jahrhundert hinein gross war; wir verstehen es wohl, dass Sachs, einem neu erstarkten Materialismus verpflichtet, über den «Dilettanten», den «Philosophen» dergestalt grobschlacht herfällt. Mag ein wenig Eifersucht mitschwingen; der Sachssche Mut zur Klarheit imponiert dennoch.

Die Buffon-Übersetzung von Hales' Werk war in Bonnets Bibliothek. (Im makellosen Unikat mit Bonnets Unterschrift habe ich vergebens nach ‹Gebrauchsspuren› gesucht.) Hales hat Bonnet offensichtlich ‹irritiert›. Hier lässt sich kein Stammbaum der Erkenntnis zeichnen. Wo Hales mit intakten Pflanzen experimentiert hat, arbeitet Bonnet bevorzugt mit abgeschnittenen Blättern. Die Wachstumsexperimente der Keimlinge, die sich so schreiend manifest zur Sonne hin wenden, führen nicht hin zur ‹Photosynthese›. Die Spaltöffnungen kennt Bonnet nicht, er mikroskopiert seiner schlechten Augen wegen nicht mehr. Grew wird nicht zitiert; Malpighi, der die Spaltöffnungen fünfzig Jahre vor Bonnet auch beobachtet hat, wird nur einmal in Bezug auf die Leitbündel erwähnt (Tracheen und Ligninfasern). Die Arbeit de Saussures «Sur l'écorce des Feuilles» erscheint erst 1762. Und Hales? Der Stier wird an den Hörnern gepackt. Auf Seite eins der «Recherches» lesen wir:

«Die Blätter, so variationsreich in ihren Formen, ihren Unterschieden & ihrer Verteilung, sind den Pflanzen keineswegs nur gegeben worden, sie zu schmücken: sie haben viel wichtigere Bedeutungen, welche den Absichten der über-geordneten Weisheit *(Hervorhebung im Original) auch eher entsprechen. Unter diesen Bedeutungen ist eine der wichtigsten, den Nährstoffsaft emporzuheben, wie Herr Hales (Statique des Végétaux) in seinen schönen Experimenten festgestellt hat.»*

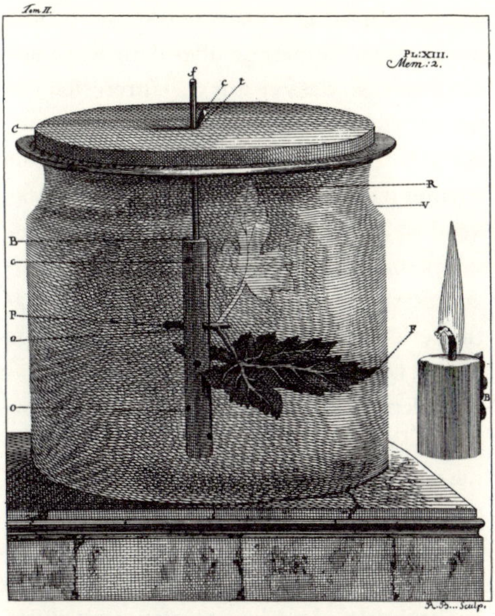

Bonnet stellt sein Licht nicht unter den Scheffel, er stellt es neben ein Weckglas. Trotzdem führt er vom Licht weg, vom Transpirationsstrom weg, vom mechanischen Pflanzen-Verständnis weg. Bonnet war richtungsweisend. Er wies in die falsche Richtung.

Die Zubereitung dieses Saftes, die Einführung von Luft in den Pflanzenkörper und die Tauaufnahme sind andere Blattaufgaben, die es jedoch noch näher zu untersuchen gilt. Bonnet zitiert Hales auf Seite 53 in der Erstausgabe nochmals: «Die Experimente von Herrn Hales zeigen, dass die Blätter das wichtigste Agens (agent) des Saftanstieges und dessen Transpiration aus der Pflanze heraus sind.» Mais ... Bonnet lässt sich nicht verunsichern; Hales wird wohl nur deshalb mit Namen genannt, damit die Kompetenz nicht angefochten werden kann. Denn nachts, so Bonnets Resultate, saugen die Blätter den aus der Erde emporsteigenden Tau auf und leiten ihn in den Stamm zurück; tags steigt der Nahrungssaft aus den Wurzeln in die Blätter, wo er an der Blattunterseite verdunstet. Hales klare Transpirationsstrom-Hypothese, sie wird im 20. Jahrhundert physikalisch bewiesen (Kohäsionstheorie), weicht einer «kindlichen Spielerei» (Sachs). Gasaustausch der Blätter wird verneint; zahlreiche Wachstumsexperimente auf anderen Substraten als auf Erde (Moos, Schwämme) zeigen positive Resultate – die Blätter, da mögen sie sich noch so gierig in die Richtung der Sonne orientieren, haben keine ernährende Funktion. Der Einfluss der Autorität Bonnets war lange Zeit gross. Viel zu gross.

ENDLICH GELÜFTET

Einen würdigeren Nachfolger als auf dem Kontinent findet Hales auf den Britischen Inseln in den eigenen klerikalen Reihen: Joseph Priestley, welcher ein kompromissloser Freigeist und Wegbereiter der französischen Revolution, aber als Pfarrherr wenig erfolgreich ist. Das Haus wird ihm von seiner eigenen Gemeinde über dem Kopf angezündet, so dass er mit 61 Jahren sich genötigt sieht, seine nackte Haut rettend, nach Amerika auszuwandern, wo er als Farmer nach zehn Jahren stirbt. Beeindrukkend ist jedoch seine Schaffenskraft, beeindruckend auch ist die Weite seines Horizontes; so hat er eine erfolgreiche Grammatik verfasst, die noch weit über seinen Tod hinaus benützt worden sein soll.

In den Biologie-Lehrbüchern hat Priestley als Entdecker der Lufterneuerung durch die grünen Pflanzenteile einen festen Platz erobert, methodologisch wird er als Erfinder der Pneumatischen Wanne aufgeführt und in der Chemie als Mit- oder Beinaheentdecker des Sauerstoffes getröstet. Priestley, nach seiner hervorragendsten Leistung befragt, hätte wohl seine Erfindung künstlich hergestellten Sprudelwassers genannt. Es ist rührend, dass er seinem wichtigen Werk «Experiments and Observations on different Kinds of Air» (London, 1774) diese aus den Pflanzenversuchen hervorgegangene Verfahrenstechnik beibinden lässt. Den Ruhm an seiner Messvorrichtung tritt Priestley jedoch bescheiden an Hales ab; er schreibt im Vorwort, dass man unschwer erkennen könne, dass der von ihm benützte Apparat «nichts anderes sei, als die von Dr. Hales benützte Mess-Anordnung». Es gelang Priestley nie, nachzuweisen, dass die grünen Pflanzenteile nur im Licht «fixe» Luft erneuern würden, in der Dunkelheit jedoch wie die Tiere «Lebensluft» zehren und wie beim Gären in den Brauereien «fixe» Luft abgeben können. Als in seinen Apparaturen aber gar grünes Wasser, unter dem Mikroskop als «a filmy matter» erkannt (später als «Priestleysche Materie» benannt) die Luft zu verbessern begann, entfernte sich der wohl eben doch in zu vielen Gebieten bewanderte Gelehrte weit vom Wesen der

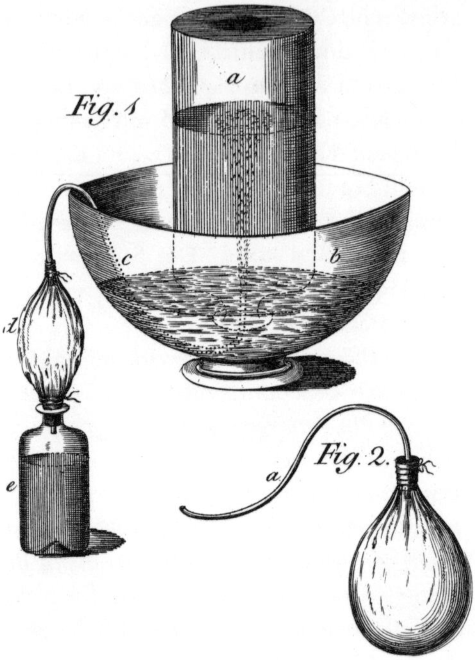

Bemerkenswert: Priestley ist besonders stolz auf seine Apparatur, mit der er Sprudelwasser herstellen konnte. Vielen grossen Gemütern geht das Vermögen ab, ihre historischen Beiträge hierarchisch gültig gliedern zu können.

Photosynthese, welche ein komplexes Lebens-Phänomen darstellt und nicht abiotisch erklärlich gemacht werden kann. Priestley war der Phlogistontheorie zutiefst verpflichtet, stellte die «Lebensluft» zwar dar (1774, aus Quecksilberoxid: Ein Jahr nach Scheele, der jedoch mit seinem Verleger Schwierigkeiten hatte, so dass Priestley früher publizieren konnte), verpasste den Schritt in die moderne Chemie Lavoisiers trotzdem gründlich. Priestleys Verdienste werden überhöht dargestellt. Wie er selber eben sagt, ist es auf der Jagd oft so, dass nicht der eiferigste Jäger das üppigst Wildbret erlegt. In der Gedankenwelt des kontinentalen Phlogistonsystems gefangen, gelingt es ihm nicht, das Phänomen der Lufterneuerung reproduzierbar zu demonstrieren. Während sich ihm das Naheliegende beharrlichst entzieht, beschäftigt er sich mit den grossen Dingen der Welt und frägt sich, ob nicht die Wellenbewegung der Meere und grösserer Seen zur Reinigung der Atmosphäre beitragen würde, indem die verbrauchte Luft vom Wasser gelöst und von Wasserpflanzen aufgesaugt oder auf andere Art zersetzt würde.

Es war Ingenhousz, ein holländischer Arzt, der das Rätsel um Priestleys launisches Experimentenglück gelöst hat. Ein Meister seines Ärzte-Faches, impft er die kaiserliche Familie 1768 in Wien gegen Pocken. Ein Meister auch der biologischen Beobachtung: Als Entdecker der Algen-Schwärmsporen gelingt es ihm, die Priestleysche Materie als Algenkulturen zu identifizieren. Er formuliert, bereits der Titel des Buches ist ein Plakat, mit der Präzision des überlegenen Denkers, dass er das Geheimnis der Lufterneuerung gelüftet habe: «Experiments upon vegetables discovering their great power of purifying the common air in the sunshine and of inpuring it in the shade and night, to which is joined a new method of examining the accurate degree of the atmosphere» (London 1779). Als Arzt interessiert ihn – wir erinnern uns an Hales – die Güte der Luft. Seine Sachbezeichnungen sind noch immer die des Phlogiston-Mummenschanzes. Das Inhaltsverzeichnis aber und das ausführliche Vorwort, es entspricht in der Form einer modernen Zusammenfassung, zeigen, dass Ingenhousz experimentell nachgewiesen und erkannt hat,

– dass Lichtenergie und nicht Wärme die dephlogistisierte Luft freisetzt,

– dass in der Dunkelheit die Pflanzen jedoch fixe Luft abgeben würden, genauso

FIG. I.

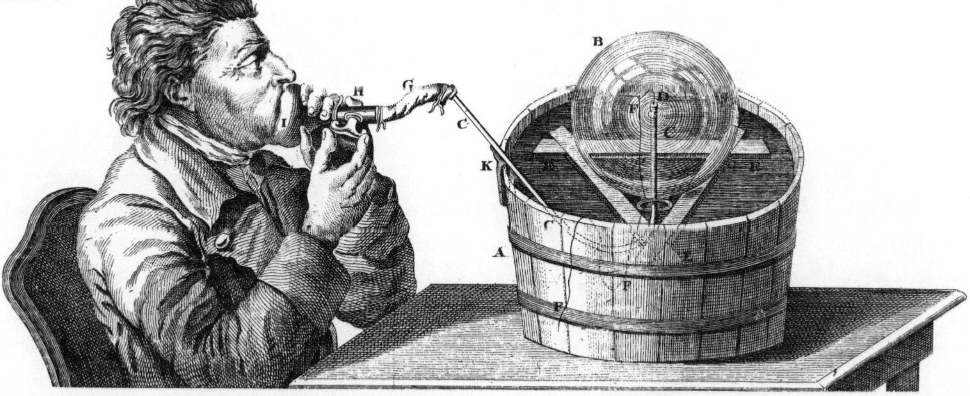

FIG. II.

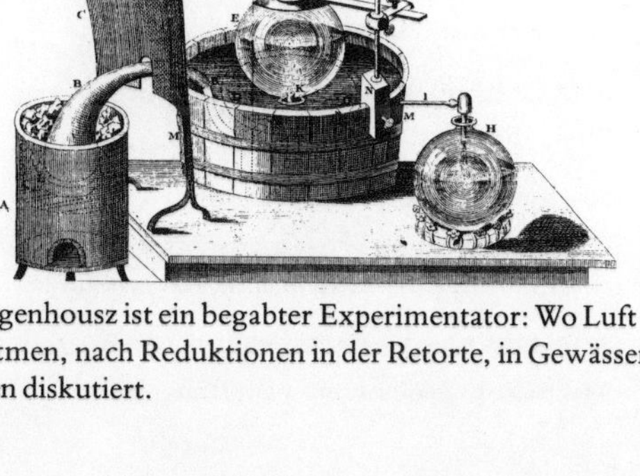

Ingenhousz ist ein begabter Experimentator: Wo Luft entsteht, wird sie aufgefangen – in den Lungen beim Atmen, nach Reduktionen in der Retorte, in Gewässern als Sumpfgas. Selbst die Winde des Darmes werden diskutiert.

wie die Lungen der Tiere, die Pilze und Wurzeln im Licht auch die Luft verschlechtern,

– dass es Lebewesen sind, welche die Luft im «grünen Wasser» verbessern,

– dass die «fixe Luft» sich in der Atmosphäre mit dephlogistisierter Luft mische und deshalb nur in geschlossenen Räumen dem Menschen gefährlich werden könne.

Ausführlich wird Priestley zitiert, aber auch Helmont, Hales und selbst Bonnet werden gewürdigt. Nachdem Lavoisier

1777 gezeigt hat, dass bei Verbrennung von organischer Substanz fixe Luft und Wasser entstehen;

1781 die qualitative und quantitative Zusammensetzung der fixen Luft bestimmt und diese als Kohlensäure benannt hat,

und nachdem Cavendish

1783 demonstriert hat, dass beim Verbrennen von Wasserstoff Wasser entsteht,

konnte 1785 die Phlogistontheorie durch den neuen Lavoisier-Ansatz (Oxidationen sind Verbindungen mit Sauerstoffgas) ersetzt werden. Ingenhousz gesteht 1796, dass er 1779 die Zusammenhänge zwischen Atmung und Photosynthese noch nicht habe in der ganzen Klarheit erkennen können. In der Zwischenzeit aber hat der Genfer Theologe Senebier, angeregt durch Bonnet, sich das chemische Zeitwissen angelesen und durch eigene Untersuchungen ergänzt. Um 1800 wird in epischer Weit-

PHOTOSYNTHESE

Thales von Milet –624 –548		Wasser als Urgrund aller Dinge
Aristoteles –384 –322		Wasser Erde Luft Feuer: die vier peripatetischen Qualitäten
Theophrast –371 –287		«... dass die Bäume unter Würmern und dem Einfluss von Sonnenstrahlen leiden»
Nikolaus von Kues 1401–1464	1450	DE STATICS EXPERIMENTIS Quantitäten mit der Waage bestimmen
Jean Baptiste van Helmont 1577–1644	1648	ORTUS MEDICINAE Das Experiment mit der Waage: Pflanze entsteht aus Wasser. Transmutation
Edme Mariotte 1620–1684	1679	[1717] IN EINEM BRIEF Überwindung der Humustheorie durch Gedankenexperiment: Birnenpfröpflinge
Marcello Malpighi 1628–1694	1675	ANATOME PLANTARUM Ohne Blätter sterben Pflanzen
Robert Hooke 1635–1703	1665	MICROGRAPHIA Kapillartheorie des Wassertransportes; Wellentheorie des Lichtes. Atmung analog Verbrennung
Nehemiah Grew 1641–1712	1682	THE ANATOMY OF PLANTS Mikroskop: beobachtet Spaltöffnungen

Georg Ernst Stahl 1660–1734	1697	ZYMOTECHNIA Phlogistontheorie: Feuer als wägbares, stoffliches Prinzip
Stephen Hales 1677–1761	1727	VEGETABLE STATICKS Volumetrische Messungen: Gasaustausch in Blättern; Transpirationsstrom
Charles Bonnet 1720–1793	1754	SUR L'USAGE DES FEUILLES Kein Gasaustausch der Blätter; kein Transpirationsstrom
	1764	CONTEMPLATION DE LA NATURE Konstanz der Masse; Umwandlung der Stoffe durch Organismen; Nahrungskette
H. B. de Saussure 1740–1799	1762	SUR L'ÉCORCE DES FEUILLES Spaltöffnungen und Drüsen
Joseph Priestley 1733–1804	1775	EXPERIMENTS ON DIFFERENT KINDS OF AIR 1771: Minzenexperiment 1774: Pneumatische Wanne; Pflanzen verbessern Luft; Experiment ist nicht reproduzierbar
Jan Ingenhousz 1730–1799	1779	EXPERIMENTS UPON VEGETABLES Nur im Licht und nur grüne Pflanzenteile verbessern Luft
Jean Senebier 1742–1809	1783	RECHERCHES SUR L'INFLUENCE DE LA LUMIÈRE SOLAIRE POUR MÉTAMORPHOSER L'AIR FIXE Antizipiert noch im Phlogistondenken verhaftet die Kohlenstoffassimilation; nach Lavoisiers Revolution passt er seine Photosynthese-Theorie sofort an
Antoine L. Lavoisier 1743–1794	1789	TRAITÉ ÉLÉMENTAIRE DE LA CHIMIE 1781: Sauerstofftheorie der Verbrennung – überwindet Phlogiston
Théodore de Saussure 1767–1845	1804	RECHERCHE CHIMIQUE SUR LA VÉGÉTATION Mineraltheorie der Ernährung
Jean Baptiste Dumas 1800–1884	1824	CHLOROPHYLL Zusammenhang mit Assimilationsprozess
Augustin Pyrame de Candolle 1778–1841	1832	PHYSIOLOGIE VÉGÉTALE Spaltöffnungen sind Drüsen
Robert Mayer 1814–1878	1845	GESETZ VON DER ERHALTUNG DER ENERGIE Lichtenergie wird in der Form von chemischer Energie gespeichert
Julius Sachs 1832–1897	1860	STÄRKE als erstes nachweisbares Photosynthesen-Produkt

schweifigkeit die fünfbändige «Physiologie végétale» publiziert. In den «Vermischten Schriften» (1784) nimmt Ingenhousz auf die gehässige Inanspruchnahme Senebiers der ‹Entdeckungsrechte› in souveräner Art Stellung. Senebier hat keinen Schulbuchplatz erobern können: Sachs hat in bekannt grobschlachter Weise nach Bonnet auch über Senebier hergezogen:

«Manches immerhin Wertvolle versteckt sich sich hier in einem Schwall von unbedeutenden Einzelheiten und langwierigen rhetorischen Stielübungen, die meist den Nagel nicht auf den Kopf treffen» (Sachs, 1875).

In seiner «Physiologie des Stoffwechsels in Pflanzen und Tieren» (1851) legt sich Moleschott weniger kollegiale Zurückhaltung auf: «Senebiers Untersuchungen sind ein Muster der Forschung für alle Zeiten.»

Sachs hin, Sachs her: Es scheint, dass Senebier belesener, rascher die modernen Lavoisier-Interpretationen der Chemie auf die Biologie angewendet hat und so früher die Kohlenstoffassimilation aus dem Kohlendioxidgas der Luft als zentraler Ernährungsbeitrag des Blattes unter dem Einfluss des Lichtes angesprochen hat. Das folgende Zitat aus Senebiers «Recherches sur l'Influence de la LUMIERE SOLAIRE pour métamorphoser l'air fixe en air pur par la végétation» (1783, Seite 385, im Schlusskapitel «Réflexions» an zentraler Stelle) zeigt, wie präzise, noch in der Terminologie Stahls, Senebier die Pflanzenernährung über die Gasphase erkannt hat:

«Es ist sehr wahrscheinlich, dass nicht alle reine Luft, die in der Pflanze aus der getrunkenen fixen Luft entsteht, dieselbe durch die Blätter wieder verlässt, sondern sich mit Phlogiston verbindend alle schleimigen, zuckrigen, harzigen, gummigen Substanzen produziert; dies zumindest so lange, als man nicht vorzieht anzunehmen, dass diese (Substanz-) Veränderungen der (Zusammensetzung der) fixen Luft zuzuschreiben ist, welche sich selbst zerlegt.»

So klar hat sich Ingenhousz dem Assimilationsproblem der Kohlenstoffernährung nie angenommen. Trotzdem antwortet er überlegen («Uiber die Ökonomie der Pflanzen», in «Vermischte Schriften», 1784):

«Ich blieb hartnäckig dabey, auf alle nur ersinnliche Arten den Gegenstand zu suchen, der mich schon seit so vielen Jahren beschäftigt hatte, und als ich sogar in den Finsternissen dasjenige suchte (die Atmung), was ich darin zu finden können hoffte, öffnete sich meinen Augen endlich das Licht.»

Licht und Luft hat man dergestalt Erleuchteten wohl vergebens strittig machen wollen; wie das Zitat aber demonstriert,

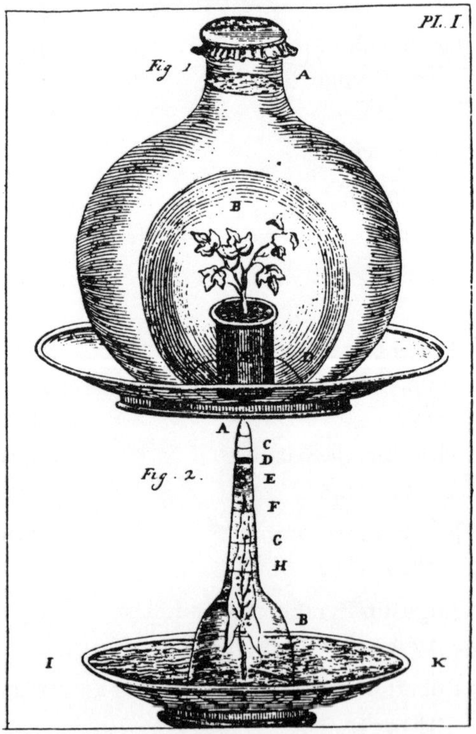

Mit Senebier wird die Photosynthese auch Kohlenstoffassimilation im Licht – historischen Querelen zum Trotz: er war der erste. Vor ihm reinigte die Pflanze lediglich Luft. Gehässig kämpft er um Ansehen und legt seinem einstigen Förderer Bonnet verbittert sein wichtiges Werk in die Hände.

hat Senebier den Pflanzenbaustoff als erster klar erkannt. Und damit den eigentlichen Zweck des pflanzlichen Gasstoffwechsels: Wachstum. Wobei wir wieder bei Hales wären: Sein Gasaustausch war eine Folge des Blattwachstums. Die Rehabilitation Senebiers würde auch Bonnet aufwerten: Er hat Senebier entdeckt.

IM RECHTEN LICHT

Im 18. Jahrhundert wurde den Pflanzen das Licht gefunden: Die Sonne sorgt für die Gleichgewichte zwischen dem giftigen Kohlendioxid und dem Lebensspender Sauerstoff in der Atmosphäre:

«So war es denn die übergeordnete Weisheit, welche uns die atmosphärische Luft in einer mittleren Güte beschert hat, so dass das tierische sowohl als auch das pflanzliche Leben unterhalten werden kann.» (Ingenhousz, 1779)

Dem 19. Jahrhundert bleibt die organische Substanz, der Baustoffwechsel vorbehalten. Wir verlassen Ingenhousz im Bewusstsein, dass die Humustheorie wieder wird ausgerottet werden müssen, dass das Phänomen der Energie («Kraft und Stoff») noch wird erkannt werden müssen. Wir verlassen ein Wegstück Biologiegeschichte da, wo die zentrale Bedeutung der Luft um uns voll erkannt worden ist:

«Die Luft um uns, dieses unsichtbare Medium, ohne das wir nicht leben können, ist heute mehr denn je Gegenstand der Untersuchung und des Nachdenkens und nie hat das Publikum mehr Interesse daran gezeigt als heute, [...] denn es ist die einzige Substanz mit dieser absoluten Notwendigkeit als Grundlage des Lebens.» (Ingenhousz, 1779)

Das 19. Jahrhundert vergisst die Luft: Die Industrielle Revolution bricht herein. Ingenhousz hat für gesunde Luft gekämpft, hat seine Apparate propagiert (wie weiland Hales seinen Ventilator), mit denen er die Güte der Luft nachweisen konnte; weil er verschiedenste Seuchen auf verbrauchte Luft hat zurückführen wollen. Wir haben die Luft dann, wieder, vergessen. Neue

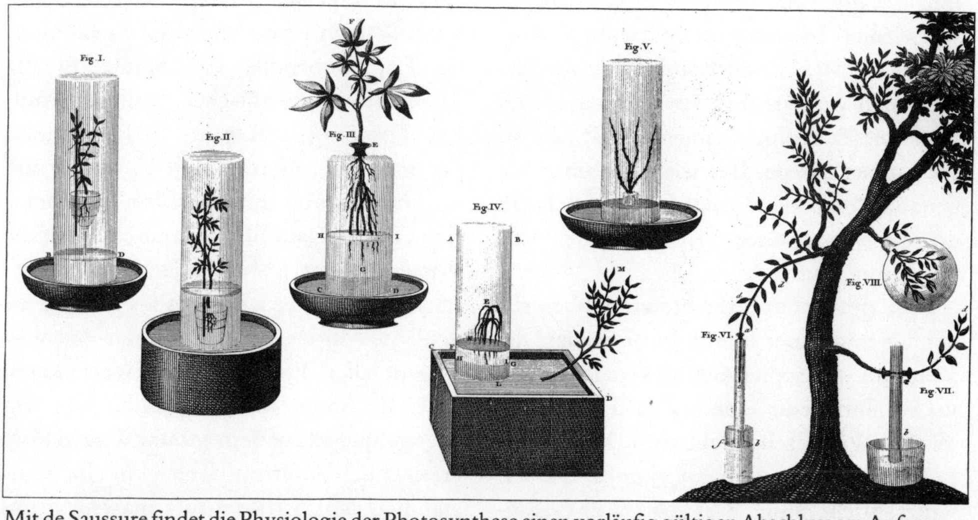

Mit de Saussure findet die Physiologie der Photosynthese einen vorläufig gültigen Abschluss am Anfang des 19. Jahrhunderts.

Apparate sind erfunden worden, welche die Güte der Luft messen, weil verschiedene Seuchen auf verbrauchte Luft zurückzuführen, wir wieder gelernt haben. Wir haben viele Umwege hinter uns. Viele Umwege liegen nicht mehr vor uns: Wenn wir warten, auf jedes Licht, das sich die Wissenschaft aufgehen lassen will, kommen wir zu spät dorthin, wo die Zukunft stattfindet. Wer nicht weiss, was Wissenschaft ist, kann auch nicht mit Wissenschaft umgehen. Es ist heute notwendiger denn je, dass wir den Weg hinter uns betrachten, damit wir den Weg vor uns finden können. So vieles liegt auf der Hand, und wir suchen und suchen und suchen. Es ist spät. Der effektivste Sonnenkollektor heisst Blatt. Allem Umweg zum Trotz.

Für Ingenhousz war die Luft noch «Gegenstand des Nachdenkens»; spät nun wird sie uns Anlass vorauszudenken.

Die Sonne und das Leben

DER SCHÖPFER UND SEIN SAUERSTOFF

Piloten vertrauen ihrem künstlichen Horizont – sie werden trainiert, dem Apparat zu glauben und nicht ihrem im Nebel irren Gefühl. Man soll sich daran gewöhnen können, entgegen einem inneren Bild zu handeln. Die geglückte Landung gibt der Maschine recht.

Die modernen Wissenschaften spielen mit Gehalten, die unserem biologisch gewachsenen Intellekt unvorstellbar sind. Man kann sich an Übersinnliches gewöhnen, man vergisst mit der Zeit auch, dass man mit Zusammenhängen spielt, die so weit ausserhalb des Bereiches der Sinne liegen, dass man keine inneren Bilder dafür in den Arsenalen unserer Jahrmillionen alten Erfahrung findet.

1642 (im Geburtsjahr Newtons) berechnet der Engländer John Lightfoot, dass die Welt am 17. September des Jahres 3928 v. Chr. um neun Uhr erschaffen worden sei. Die Wissenschaft lebt vom Disput. Der Erzbischof von Armagh, James Ussher, widerspricht einige Zeit später: Er errechnet das Schöpfungsdatum auf den 23. Oktober 4004 – auf die Uhrzeit will er sich nicht festlegen. (Dieser Termin wurde dann über ein Jahrhundert lang von der Kirche vertreten.) Neue Methoden ergeben neue Daten. Die Erde ist heuer 4500001986 Jahre alt (ob im Herbst erschaffen, immer noch?).

Fragen kennen keine Grenzen. Wie alt ist das All? Eine Kinderfrage weist uns den Weg: Warum ist der Himmel nachts dunkel? Es gibt unendlich viele Sterne – die Erde müsste im kosmischen Grill verdampfen. Die Frage stellte im 19. Jahrhundert der Schweizer Astronom de Cheseaux und unabhängig von ihm der Deutsche Heinrich Olbers: Das Olbers-Paradoxon hat die Wissenschafter über ein Jahrhundert beschäftigt – länger jedenfalls als die fragengeplagte Mutter, die sich mit der Antwort elegant allen Problemen entziehen kann: «Weil die Sonne schläft.» Hubble (am 2,5-Meter-Spiegel auf dem Mount Wilson löste er 1925 den Andromedanebel in eine selbständige ‹Milchstrasse› auf) analysierte das Licht der Sterne: Ihre Helligkeit wird durch

Uns erfolgt die Geburt des Alls durch einen Knall; diesem Kupferstecher spuken noch die Wolken-Wirbel von Descartes im Kopf herum. (Aus Buffon: 1774)

eine Verschiebung in das Rot des Spektrums geschwächt. Die Erklärung liefert ein an uns vorbeibrausender Zug: Beim Herannahen tönt sein Geräusch heller, als wenn er sich entfernt. (Das Phänomen gilt auch für den Zugsinsassen: Die Bahnhofglocken haben immer den Stimmbruch, wenn man an ihnen vorbeirast.) Wie die Schallwellen, so werden auch die Lichtwellen gestreckt oder gestaucht – je nachdem, ob ein strahlender Körper sich entfernt oder sich nähert. Die Rotverschiebung weit entfernter Sterne ist die Folge ihrer Fluchtbewegung. Quantitativ lässt sich anhand der Lichtqualitätsänderung sogar errechnen, mit welcher Geschwindigkeit das All auseinanderstiebt. Rechnet man rückwärts, so ergibt sich aus Distanz, momentanem Tempo und der Verzögerung das Datum des Urknalls. Das Universum ist zwischen 10 und 20 Milliarden Jahre alt (zwei- bis fünfmal älter als die Erde also).

Zwei verschiedene Strategien führen zu Daten über die Geburtsstunde des Universums: Modellrechnungen und die Suche nach kosmischen Überresten. Dabei deckt der Computer auf, wonach überhaupt gesucht werden müsste – oder er macht bislang unverstandene Beobachtungen erklärbar, gestattet es, Bruchstücke zusammenzusetzen. Die Modellrechnung simuliert – Einzelmessungen fossiler Phänomene quittieren die Richtigkeit. Es ist klar, dass im Sinne unserer Schullogik so keine Kausalbeweise möglich werden: Man kann weder klar verwerfen noch klar beweisen. Indiziengeflechte bleiben grobmaschige Netze. Stupende Korrelationen lassen uns aber langsam glauben, dass der uns vorgerechnete «Horizont» ein Bild tatsächlichen Geschehens zeichnet – auch wenn dieses Geschehen weit ausserhalb unserer Vorstellungspotenz liegt. Fernrohre sind Zeitrohre: sie empfangen Dramen, die sich zum Teil lange vor unserer Zeit, lange bevor es die Erde gab, abspielten.

Aus der Hitze des Urknalls wurde Materie: Das Material des Weltraums ist Wasserstoff, nur etwa sieben Prozent entfallen auf Helium. Unsere Weltrauminsel Erde besteht aus über 90 Elementen, die sich zu einigen Millionen Verbindungen verbinden. Zu über 50 Prozent besteht die Welt aus Sauerstoff. (Über 25 Prozent entfallen auf Silicium, acht Prozent auf Aluminium, fünf Prozent auf Eisen – der Rest der Elemente teilt sich in die verbleibenden Prozente.)

Sauerstoff ist reaktionsfreudig – er verbindet sich mit Metallen (Eisen rostet), mit Kohlenstoff (Benzin explodiert) und mit Wasserstoff (zu Wasser): Der Sauerstoff der Urerde lag in energiearmen Verbindungen vor. Luftsauerstoff, das Atmungselixier, gelangte erst durch die grünen Pflanzen vor noch nicht zwei Milliarden Jahren in die Atmosphäre und erst vor knapp 100 Jahren (1789) in unsere Köpfe. War im Anfang nicht das Wort? «Dieses Gas, welches Priestley, Scheele und ich fast gleichzeitig entdeckten» (die richtige Reihenfolge ist: Scheele 1773, Priestley 1774, dann im gleichen Jahr Lavoisier selber), «hat der erste dephlogistisierte Luft, der zweite Feuerluft genannt; weil es eine seiner wichtigsten Eigenschaften ist, Säuren zu bilden, will ich ihm den Namen Sauerstoff geben.» (Lavoisier, 1789). Damit erhielt der lebensfrohe Täufling einen durch und durch unglücklichen Namen. Aber wir atmen doch.

MIT MAUS UND MINZE

«Wir wissen nicht – wir raten.» Das Fazit eines Physikers: Schlachtruf oder Schwanengesang? Gewiss, nicht alle teilen den Ansatz; es ist verständlich, dass nicht alle Wissenschafter zu diesem Schluss kommen. «Die Natur antwortet nicht, wenn sie nicht gefragt wird.» Im gleichen Buch, der gleiche Mann: Sir Karl Popper legt den Finger auf den wunden Punkt unserer Zeit, denn Fragen präjudizieren die Antwort, sie ‹gängeln› das Resultat. Fragen sind Brillen, durch die jeder Forscher seine Welt betrachtet. Brillen übrigens, die wie Scheuklappen nur sehr schmale Einsichten in das runde Ganze gestatten. Wer den Mut aber nicht hat, sich eine Forschungs-(Scheuklappen-)Brille aufzusetzen, kommt nie zu wissenschaftlichen Aussagen. Wissenschaft ist nicht die Summierung von umfassenden Erlebnissen, sondern «eine Idee, ein kühner Gedanke, eine unbegründete Antizipation, mit der wir die Natur einzufangen suchen».

«Dieses Universum kann seinen Ursprung nicht im blinden Zufall haben.» Ingenhousz kommt zu diesem Schluss, nachdem er die delikaten Konzentrationsverhältnisse in der Gasphase erkannt hat. Es gibt für uns keine Flucht, es sei denn, die Flucht in die Vernunft. Sonst gehen wir unter: mit Maus und Minze. (Der Stich ist wohl ein Scherz Flammarions: 19. Jahrhundert, und stammt kaum aus dem Mittelalter.)

Eine Maus stirbt über kurz oder lang unter einer Käseglocke. Sie erstickt. Eine zweite Maus, in diese Luft gebracht, verendet augenblicklich. Joseph Priestley hatte um 1771 die Idee, die Natur zu fragen, wie sich eine Pflanze in der von der Maus verbrauchten Luft fühle. Wo die Maus starb, gedieh ein Minzenspross jedoch prächtig. Minzen verbessern die Luft und heilen – nicht umsonst greifen wir zu Mentholbonbons, wenn wir Mundgeruch bekämpfen. Selbst Mäuse fühlten sich im Verein mit Minzenzweigen behaglich.

«Aus dieser Wahrnehmung schloss ich, dass die Pflanzen, statt die Luft auf nemliche Art anzustecken wie das thierische Athemholen, den Effekt der Athmung umkehren und danach streben, die Atmosphäre mild und heilsam zu erhalten, wenn sie durch Thiere verdorben war [...]»

Dass die aromatische Ausdünstung die

Ursache dieser «merkwürdigen Wirkung sey», hat er mit «Melissenstängeln und Kreuzwurzeln» ausgeschlossen. Seinem Freund Benjamin Franklin, dem Erfinder des Blitzableiters und Mitbegründer der Vereinigten Staaten von Amerika schreibt er euphorisch: «Ich hoffe, dies wird dem Wahnsinn ein Ende bereiten, Bäume in der Nähe von Häusern zu fällen.»

Das Forscherglück verliess jedoch den kühnen Experimentator. Die Rückschläge häuften sich im Herbst. Winters starben alle Versuche: mit Maus und Minze. Priestley ging das Licht nicht auf; einem andern war es vergönnt, den Pflanzen die Sonne – wieder – zu finden.

Es ist verfehlt, aus heutiger Sicht überheblich zu urteilen. Die fachliche Verzweiflung der Zeit äussert Scheele (1777 in «Chemische Abhandlung von der Luft und dem Feuer»):

«Einige Forscher halten dafür, dass die Elemente der Körper auszuforschen gar keine Hoffnung mehr übrig sei. Schlechter Trost für diejenigen, welche ihr grösstes Vergnügen in der Untersuchung der natürlichen Dinge zu haben glauben.»

Das den Sinnen so zugängliche Feuer ist für Scheele, für Priestley, für alle Wissenschafter der Zeit eine Materie – die den Sinnen so wenig zugängliche Luft wird nur auf Umwegen (quantitativ mit der pneumatischen Wanne) und mit ‹Analyse-Apparaten›, die ihrerseits auch noch gänzlich rätselhaft sind (qualitativ: mit Maus und Minze) als Gasgemisch erkannt. Priestley weiss nie so recht, ob es ihm nun um die Maus oder um die Luft geht, ob er die Pflanze untersucht und sie vermittelst Luft misst, oder ob es ihm um die Luft geht, welche er mit der Pflanze erfassen will. Wir wissen es nicht, wir müssen raten. Scheele, der Apotheker, bekennt Farbe: Er will die Luft enträtseln; ihm sind Kerze, Tier und Erbsensamen Detektoren.

«Folgendes sind die allgemeinen Eigenschaften der gewöhnlichen Luft:

1. *Das Feuer muss eine gewisse Zeit in einer gegebenen Menge Luft brennen.*
2. *Alle Arten von Tieren müssen eine gewisse Zeit in einer abgeschlossenen Menge Luft leben.*
3. *Samen, z. B. Erbsen, müssen in einer gegebenen Menge Luft mit Hülfe von etwas Wasser und einer mässigen Wärme sowohl Wurzeln schlagen, als auch eine gewisse Höhe erreichen.»*

Wie unzuverlässig sich das ‹Luftanalyse-Gerät Erbse› in Wirklichkeit verhält, hätte er nach Priestley ahnen müssen: Zuerst produziert die Pflanze fixe Luft (nach Scheele: Sauergas), dann konsumiert sie fixe Luft und produziert Lebensluft. Manchmal, und manchmal auch nicht.

Die unter der Käseglocke sterbende Maus wurde zum Appell: Leben nicht auch wir Menschen unter einer Käseglocke? Gelten die Gleichgewichte des Messmodelles nicht auch im Grossen? Die Maus zeigt es: Der Mensch lebt nicht vom Brot allein. Schlechte Luft macht krank (Malaria). In guter Luft leben wir gesund: Kapitän Cooks Weltumseglung dauerte drei Jahre und 18 Tage – er verlor lediglich einen Matrosen und der hatte die Lungenentzündung mit an Bord gebracht. Die Einwohner von Gibraltar und auf Malta «sind den Krankheiten sehr wenig unterworfen und gelangen zu einem recht hohen Alter» (Aus Ingenhousz: 1780). Der Mensch wird Mass für Luftqualität. Ingenhousz konstruiert ein Luftgütemessgerät (Eudiometer, S. 240): Der Arzt wird zum Präventivmediziner. Im Artikel «Uiber die Seeluft» äussert er sich erstaunt: «Es befremdete mich etwas, zu finden, dass bey meiner Rückkehr im Oktober nach London, die gemeine Luft von einer besseren Beschaffenheit als im Sommer war.» Schuld an dieser positiven Überraschung waren Ulmen, wie der

Autor vermutet. Er fordert: «Das einzige Mittel, um sich zu versichern, was daran ist, dass mehrere Physiker, alle mit einem Luftgütemessgerät des gleichen Baues versehen, sich miteinander verabredeten.» Vor 200 Jahren wird ein Messnetz vorgeschlagen.

Wir haben uns dann trotzdem überraschen lassen. Die Luftgütemesser, die wir Hals über Kopf aufgestellt haben, schlagen Alarm. Wir leben unter einer Käseglocke endlicher Dimensionen. Wie Priestleys Maus mit ihrer Minze. Wie Priestleys Minze mit der Kerze. Wir raten nicht, wir wissen: Wir wissen, wieviele Kerzen wir brennen lassen, wieviele Barrels Öl wir verbrennen. Jahr um Jahr. Die Natur hat begonnen zu antworten, obwohl wir vergessen haben zu fragen. Jahrzehntelang.

KLEISTER UND KLEBER

Hemdenkragen und Rüschchen verhalfen der Substanz Stärke zum stolzen Namen. Nomen omen est? Nicht doch: Stärke wird in grossen Mengen zu Klebstoff verarbeitet. Ja: Stärke klebt. Dies aber darf nicht dazu verleiten, der Stärke auf den Kleber zu kriechen. Kleber ist Eiweiss; Stärke ist ein Gemisch von Kohlenhydraten. Der Stärke Leim heisst Kleister. Und nicht stark macht die Stärke, sondern fett. Kohlenhydrate bestehen aus Zucker. Essen wir Zucker, kandieren wir nicht, sondern verfetten. Das wussten schon die Römer. Der Deutsche Julius Sachs hat das auch gezeigt: im Jahre 1859. Nach Christus.

Unser täglich Brot ist ein Schaum aus Stärke und Eiweiss, aus Kleister und Kleber. Die fixe Abluft der Hefezellen ist im Teig drin gefangen. Beim Backen dehnt sich das Hefegas aus, es verpufft, ein Fladen entsteht, wenn der Kleber nicht zusammenhält. In der Hitze koaguliert das Eiweiss: Es wird weiss, wie das Ei in der Pfanne. Im frischen Brot ist das Wasser im Kleister. Im harten Brot ist das Wasser im Kleber. Beim Aufbacken treiben wir das Wasser zurück in den Kleister. Dinkelkörner machen das Brot trocken: Dinkel hat viel Eiweiss. Das ist gesund. Aber im frischen Brot ist das nicht erwünscht.

Dass der Kohlenstoff, welcher den Pflanzenkörper aufbaut, aus dem Kohlendioxid der Luft stammt und durch die grünen Blätter im Sonnenschein eingebaut wird, wusste man seit der Jahrhundertwende – die Frage aber nach dem ersten, dauerhaften Einbauprodukt blieb bis in das Jahr 1865 offen. Julius Sachs wiederum fand mit der Nachweismethode der Jodfärbung, dass Stärke als erstes Speicherprodukt der Photosynthese im Blatt eingelagert wird. Wie auf Photopapier liess sich mit Schablonen oder Negativen ein ‹Lichtbild› herstel-

Eine Elephantenschablone wurde im Licht auf einem photoaktiven Blatt exponiert; dieses wird im Alkohol gebleicht und mit Jodlösung entwickelt. (Lugoldsche Lösung: Es geht aber auch mit der Jodtinktur aus der Hausapotheke. Vor dem Experiment ist das Blatt einen Tag im Dunkeln hungern zu lassen!) Der reduzierte Kohlenstoff des aufgenommenen Kohlendioxidgases wird in Form der Stärke (Amylose) blau gefärbt.

len. Durch die Kraft der Sonne wird der Kohlenstoff reduziert – ein analoger Vorgang (Reduktion von Silberionen) wird in der Schwarzweissphotographie genutzt. Heute ist die Forschung am Knowhow der grünen Pflanzenzelle interessiert: Man hat erkennen müssen, dass sehr viel spezifisch biologische Komplexität der pflanzlichen Einbauapparatur vonnöten sind, damit die Photosynthese überhaupt ordentlich funktionieren kann. Aus dieser Sicht ist der Vergleich mit dem Lichtbild dürftig.

Wurde im 18. Jahrhundert das Licht noch eher als ‹erstaunliche› Randbedingung für den Gasumwandlungsprozess der grünen Pflanze zur Kenntnis genommen, beschäftigt sich das 19. Jahrhundert mit der ‹Kraft›, der Energie hinter den Lebenserscheinungen. Ein erbitterter Kampf der Mechanisten gegen die Vitalisten entbrennt. «Der Wilde, der eine Lokomotive ein lebendes Tier nennt, ist nicht unwissender als der Naturforscher, der von Lebenskraft im Organismus spricht,» wettert Matthias Jacob Schleiden 1845. Buffon war ein solcher Wilder: «Die Materie kann und soll untergehen – nur die Seele ist immer.» (périr / impérissable) Moleschott unkt (1851):

«Kinder und kindliche Völker denken sich die Kraft als einen Stoss, der von aussen kommt, im besten Falle als unsichtbarer Geist über, hinter, unter dem Stoffe. [...] Die Kraft ist aber kein stossender Gott, sie ist des Stoffes unzertrennliche, ihm von Ewigkeit innewohnende Eigenschaft.»

Und Robert Mayer (1845) holt aus: «Sprechen wir es aus, die grosse Wahrheit: Es gibt keine immaterielle Materie.» Und er fährt fort: «Die Natur hat sich die Aufgabe gestellt, das der Erde zuströmende Licht im Fluge zu haschen und die beweglichste aller Kräfte, in starre Form umgewandelt, aufzuspeichern.» Die «Lebenskraft» und andere «Reste aus der griechischen Götterwelt» werden ausgerottet. Eine noch offene Rechnung wird beglichen: «Es findet in der Pflanze nur eine Umwandlung, nicht eine Erzeugung von Materie statt.» Der freigesetzte Sauerstoff ist die eine, die gehortete Stärke die andere Materienkomponente der «chemischen Differenzen, welche die Pflanzen fortwährend erzeugen».

Die Kraft der Stärke ist Sonne: Die Energiebilanz geht auf. Je intimer die Forschung unserer Tage den Photosynthese-Apparat entschlüsselt, desto geheimnisvoller erscheint uns «diese ökonomische Fürsorge, an welche das Menschengeschlecht unzertrennlich geknüpft ist.» Jeder Versuch, das Blatt zu kopieren, ist bislang kläglich gescheitert. Wir haben diffuse Naturphilosophie überwunden und erkennen – heute klarer als je – was Mayer vor 150 Jahren formuliert hat:

«Die Natur ist in ihrer einfachen Wahrheit grösser und herrlicher, als jedes Gebild von Menschenhand und als alle Illusionen des erschaffenen Geistes.»

So einfach, allerdings, scheint die Wahrheit der Natur auch wieder nicht zu sein, wie Mayer angenommen hat im Rausch materialistischer Erkenntnis. Damals.

DES ORDENTLICHEN ZÜRICHS UNORDNUNG ODER ABFALL IST DER MOTOR DES LEBENS

Ruhm oder Schmach, Fortschritt oder in Formeln erstarrte Resignation – wer wollte richten: unbestritten aber belegen die Fakten, dass das Prinzip weltendurchdringender Unordnung in Zürich zum wissenschaftlichen Satz geadelt und dadurch dem diffusen Status tagtäglicher Pein enthoben wurde. Zürich machte das Trauma des Abfalls zum Motor des Lebens. Das heisst, einem Pommer (Zürich, deine Zürcher!) gelang dieser Durchbruch: Gastarbeiter schlagen die epochalen Breschen, bauen uns Strassen durch unwegsame Gebirge und Wissenschaften.

Das eidgenössische Polytechnikum beweist, dass man auch als Lückenbüsser Schule machen kann. 1855 wurde es als Ersatz für das (wohin?) entschwundene Projekt einer gesamtschweizerischen Universität eröffnet. Eine Anzahl von Universitätslehrern wurde dadurch beansprucht. Die Doppelprofessuren waren eine heikle Sache: Ingenieure bedürfen einer anderen Physik als Mediziner (gibt es verschiedene Physiken?). Rudolf Clausius jedenfalls wurde von der Kgl. Artillerie- und Ingenieursschule in Berlin weg nach Zürich berufen. Während der ersten Weltwirtschaftskrise (1857) arbeitete er hier; als die Deutschen Paris besetzten (1871), forschte er bereits wieder in Deutschland. In Zürich

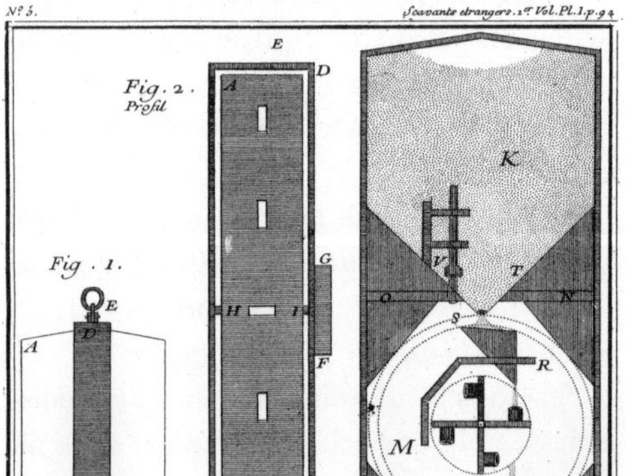

Eine Sanduhr: durch das ‹Auf-den-Kopf-Stellen› ist sie wieder aufgezogen. In der Physik sind viele Vorgänge umkehrbar – Leben aber ist irreversibel.

hinterliess er den leidlich renommierten Doktoranden W. C. Röntgen und die Unordnung.

Wer eckte nicht täglich an ihr an: Strassenwischer kämpfen gegen sie, genervte Mütter und heisere Feldweibel ringen mit ihr – vor lauter Um-uns-Sein wurde sie wissenschaftlich erst recht spät entdeckt. Es war Darwin, der Bewegung in die Gemüter gebracht hatte. Mit der Geologie wird die Biologie, mit der Schöpfung wird die ganze Welt dynamisch. Festgefahrene Karren werden mobil. Auch die Physik erhält einen Anfang und ein Ziel. Gleichgewichte definieren den Tod; Organismen sind Ordnung auf Zeit. Unordnung ist die Erfüllung aller Existenz. Man gibt solcher Erwartung einen würdigen Namen. Entropie. Und befreit das Prinzip Leben von allen okkulten Mänteln. Physik, nur sie erklärt den Motor jenes Phänomenes, das man so lange aus sich heraus sich betreiben hat lassen. Die Biologie hat der Physik neue Lebenkraft gegeben, nun nimmt die Physik der Biologie die Lebenskraft weg. Endgültig. Spinner nur verwahren sich dagegen: Schopenhauer nennt das Polemisieren gegen die Lebenskraft «dumm». Dubois Reymond bezichtigt die Befürworter der Lebenskraft der Denkträgheit, denn «solche Köpfe sind niemals bis an die Grenzen ihres Denkens vorgedrungen». Und Büchner ruft in seinem epochalen Werk «Kraft und Stoff» mit Haeckel aus: «Das metaphyische Gespenst der Lebenskraft ist nun für immer verbannt.»

Wie kommt aber Ordnung in eine Welt, die unausweichlich der Unordnung zustrebt? Robert Mayer, ein Arzt aus Heilbronn, hat, auf einem holländischen Kriegsschiff vor Batavia dümpelnd, dieses Geheimnis vor Clausius gelüftet. Besser allerdings wäre es dem Söldner-Arzt bekommen, er hätte sich wie die andern mit Spielkarten und Rum oder der exotischen Botanik beschäftigt. Denn aus Tradition haben die Physiker den Jungärzten etwas zu sagen; als aber dieser Mediziner den Physikern den Weg ins 20. Jahrhundert weisen wollte, ignorierten sie seine Arbeiten zuerst und diskutierten ihn später spitalreif. Seine Ehrungen haben ihn in der Irrenanstalt eingeholt. Doch das Opfer war sinnlos – wir wären um keinen Satz ärmer ohne Mayer. (Fast immer ist die Zeit eben reif, wenn wissenschaftliche Sätze geerntet werden: Pflückt sie dieser nicht, fallen sie jenem in den Schoss. Grüne Früchte, der Zeugnisse sind viele, erzeugen – werden sie überhaupt beachtet – höchstens einen kürzeren Durchfall.) Joule, der uns gegenwärtig mit der Entthronung der Kalorien nervt, kam unabhängig der Sache auch auf die Schliche. (Dem robusten Bierbrauer machte es wenig, das die ‹Gentlemen-Wissenschafter› der Royal Society seine Erkenntnisse vorerst ebenfalls abblockten. Und auch Friedrich Mohr, ein Schüler Liebigs, durfte nicht in den Annalen der Physik und Chemie publizieren, obwohl auch er Wesentliches zu sagen hatte: «Wärme ist keine besondere Materie, sondern die Bewegung der kleinsten Teile der Körper.») Nun aber zum Sätzchen: Kraft (heute Energie) ist so unzerstörbar wie Materie. Mayer, das ist suspekt, fand bei Bluttransfusionen heraus, «dass während der Lebensprozesse nur eine Umwandlung so wie der Materie, so der Kraft, niemals aber eine Erschaffung der einen oder andern vor sich gehe.» Die Sonnenenergie wird in Form chemischer Energie gespeichert:

«Es bleibt also eine Aufnahme von Licht die conditio sine qua non des Reduktionsprozesses. Die Fähigkeit der Pflanzen, eine Umwandlung physischer Kraft vorzunehmen, scheint somit auf die Metamorphose des Lichtes (und der Elektrizität?) beschränkt.»

Ein steter Fluss solchermassen fixierter Energie durchströmt die Lebewesen. Stufenweise wird Energie zur Leistung biologischer Arbeit freigesetzt. Das Qualitätsgefälle zwischen verwertbarer Sonnenenergie und wertloser Entropie ist der Motor des Lebens. Individuen, die das Gleichgewicht schlägt, sind tot. Leben ist das Vermögen, Ordnung kontrolliert zu entwerten. Die Muster (komplexe Strukturen) belebter Systeme verhindern, dass sich im Organismus ein Gleichgewicht einstellt: eingespannt zwischen die energiereichen Moleküle der Nahrung und den produzierten Abfall, wird fein dosiert und stetig aus Ordnung Unordnung. Gleichgewichte – Ende jeder chemischen Reaktion – sind Zusammenbruch.

WEGHOLZ UND HOLZWEG

«Messieurs, je me nomme Buffon!» Dann wurde der Sohn des grossen Naturbeschreibers, obwohl der Name jedem bekannt war, enthauptet. Eine Zeit hat sich überwunden. Buffon war ein Ende.

Die Revolution aber frisst nicht nur Kinder, sie zeugt auch. Sadi Carnot, der zweite Sohn des grossen Carnot der französischen Revolution – mit 36 Jahren stirbt er an der gleichen Choleraepidemie, die auch den Katastrophen-Verfechter Cuvier dahingerafft hat – wird zum Wärme-Kraft-Theoretiker der Jetztzeit. Das Geschlecht Carnot war ein Anfang. Wir sind das Ende jenes Anfangs, weil wir in den Distanzorgien zu ersticken beginnen, die Carnot ausgelöst hat. «Messieurs, je me nomme Otto.» Aber das wäre eine andere Geschichte.

1824 schreibt Carnot: «Der Wärme müssen die grossen Bewegungen zugeschrieben werden, welche uns auf der Erdoberfläche ins Auge fallen.» («Réflexions sur la puissance motrice du feu et sur les machines propres à développer cette puissance.») Was hier – noch nicht – ins Auge gefallen ist: Die kleinen Bewegungen auf der Erdoberfläche, die mechanische und chemische ‹Bewegung› der Lebewesen, ist nicht auf Wärme zurückzuführen. Carnot selber demonstriert, dass es auf die Differenz, auf die Höhe des Temperaturgefälles ankommt. Das aber weiss jeder Radfahrer, im Prinzip, dass die Steilheit der Gradienten entscheidet! Und deshalb ist Wärme eine technische Grundkraft-Form geblieben, konnte Wärme nicht Lebenskraft-Form werden. Der technische Baustoff Metall erlaubt das Erzwingen steiler Temperaturgradienten, im Unterschied zu den Baustoffen des Lebens, welche hitzeempfindlich sind. Die Energieform der Wärme ist den Lebewesen stets energetischer Abfall, der bei der Umwandlung verschiedener Energieformen entsteht, wie Carnot erkennt, als er den theoretischen Wirkgrad der Wärmekraftmaschinen berechnet und bereits ganz, ganz am Anfang der motorischen Mobilitäts-Revolution zeigt, wie bescheiden die Kraftbilanz in Wärmekraftmaschinen trotz hohen Arbeitstemperaturen ausfällt, vom Wärmekraftprinzip her gezwungenermassen gering ausfallen *muss*. «Überall, wo ein Temperaturunterschied besteht, kann die Erzeugung von bewegender Kraft stattfinden.» Diese Aussage, jeder Neuerer ist Eiferer, ist kein Rückfall in die Wärmelehre des Mittelalters – hier, wir haben die Gründe dis-

derselbe

Lamarck hat geschwärmt: «Die Ananas hat einen Geschmack, der allen europäischen Früchten vorzuziehen ist.» Geschmacklos würde ihm ein Jahrhundert erscheinen, das beginnt, solche Gottesgaben zu verheizen. Weder Ananas noch Zuckerrohr haben sich als Brennstoff allerdings durchgesetzt: Erdöl blieb zu wohlfeil.

kutiert, übertreibt der Revolutionär lediglich etwas.

Carnot spricht von einem «ungeheuren Reservoir, aus dem wir die für unsere Bedürfnisse erforderliche bewegende Kraft schöpfen können». Weniger das Reservoir, als vielmehr unsere Bedürfnisse haben sich in der Folge dann als ‹ungeheuer› erwiesen, weil mit der Entwicklung der Wärmekraftmaschinen sich unser Distanzbedürfnis so unvorhersehbar, so ungeheuer masslos entwickelt hat. Es scheint, dass nur Distanz, die schmerzt, uns in die Schranken weist. «Der Zweck der Wärmemaschinen besteht darin, diese bewegende Kraft zu entwikkeln und unserem Gebrauch anzupassen.» Liberté: der Vater hat sie gefordert, der Sohn hat sie ermöglicht. Egalité: in der Masslosigkeit drohen wir nun zu ersticken. Wer aber hätte das ahnen können. Damals. Als der Weg noch gepiesackt hat. Alle.

«Die Natur liefert uns allerorten Brennmaterial» und damit «die Möglichkeit, stets und überall bewegende Kraft zu erzeugen.» Kohle, Öl dann und Holz: mit Robert Mayer wurde auch der Erkenntnisschritt gemacht, dass wir hinter den Blättern an den unerschöpflichen Energiequellen des Weltraumes hängen. Hochwertige, aber ‹dünne› Lichtenergie strahlt ein, entwertete Wärme strahlen wir ab. Energie fliesst. Materie kreist: aus Kohlendioxidgas wird Stärke, dann Holz, Kohle vielleicht, vielleicht Öl. Allerorten liefert uns die Natur das Brennmaterial nicht, nicht mehr jedenfalls. Man kann Ernährungsplantagen nicht einwalden; man kann die Welt nicht mit Energieplantagen überziehen. Man müsste die Bundesrepublik Deutschland mit um 30% zusätzlicher Waldfläche möbelieren, wollte man den fossilen Treibstoffverbrauch durch Wegholz substituieren. Während wir Steuer-Promille noch ahnden, gibt es bereits Staaten, die Alkohol-Prozente fiskalisch fördern: Nicht an Steuern, aber im Tank. Zuckerrohr, unter intensiveren Sonnen, auf billigerem Boden kultiviert, hat sich als Benzinpflanze aufgedrängt. Ingenhousz (1784) bereits hat jedoch auf die Ananas aufmerksam gemacht:

«Eine Pflanze der Ananas lieferte mir eine Luft von der ausgesuchtesten Güte.»

Die Intensität der Sauerstoffabgabe ist uns heute noch Massstab für die Photosynthese-Rate. Neuere Untersuchungen haben der Ananas grössere Effektivität bescheinigt – sie ist zudem, besonders was den Regen anbelangt, bescheidener und damit rentabler als das Zuckerrohr. Bereits sind aber Wüstenpflanzen im Gespräch, die noch genügsamer noch billigeren Boden unter noch kraftvollerer Sonne mit Bio-Energiekollektoren zu bestücken hätten. Die Ananas, heute im Tank, war gestern noch Weihnachtsdessert. Vielleicht demonstriert kein Gedankenschnörkel überzeugender: Der Weg ist uns Droge geworden.

HELLSEHER IM ZWIELICHT

Wissenschaftliche Modelle sind wie Fahrräder: Nicht in Fahrt, stürzen sie um. Je emanzipierter eine Wissenschaft ist, desto pragmatischer bedient sie sich ihrer Systeme: Ansichten, die sich eigentlich ausschliessen müssten, werden nebeneinander geduldet, werden oft gar gleichzeitig benützt. Man erklärt, was sich erklären lässt und erklärt, was vorerst unerklärlich blieb, anschliessend mit den Ansätzen der Konkurenz. Emanzipierte Wissenschaft schwingt sich in den sachdienlichsten Sattel. Je nach Weg.

Seit Euklid breitet sich das Licht geradlinig im Raum aus und bricht sich in voraussagbaren Winkeln beim Wechseln von Medien. Das erscheint uns naheliegend, banal; in einer Welt, in der Feuer noch Materie bleibt, ist aber erstaunlich, dass Licht sich so ökonomisch, so rational benimmt. So früh schon, so modern? Dass die Strahlen des Lichtes in Hellas, so gerade sie sich bewegt und so gehorsam sie sich gebrochen haben, von den Griechen weg sich auf das Gegenüber und nicht vom Gegenüber, sich auf den betrachtenden Griechen zu bewegt haben, mag uns beruhigen. Also doch noch ein aristotelisches Schnippchen. Der Araber Alhazen (Abu Ali Al Hasan) hat die Strahlen um die Jahrtausendwende umgedreht, so dass auch die Augen Europas zu Fenstern wurden, und ihrer Funktion als Hellraumprojektoren enthoben wurden. Snellius (1612) konnte dann Euklids Strich-Strahlen mit ihren Brechwinkeln ‹richtig› benützen. Das Licht als Linie: So vieles lässt sich mit einfachen Modellen diskutieren. Die Sonne schickt uns Strahlen: Das lässt sich zeichnen, aber zwingt noch lange, auf das Licht als Kraft zu warten. Der ‹Strich› des Geometers, das Strahlenbündel des Mathematikers ist dem Chemiker kein Signal. Andreas Tacquet hält sich, 1653, für den ersten Diavortrag bereit (die Griechenaugen sind jetzt ja Lichtfallen und keine Projektoren mehr), nachdem Giambattista della Porta im 16. Jahrhundert die Camera obscura erfunden und Robert Hooke sich in seiner «Micrographia» (1665) langatmig mit den ‹Newton-Ringen› zweier Glasplättchen beschäftigt hat. (Wohl jeder Referent kennt die lästigen Ringe in den Regenbogenfarben beim Projizieren: Es ist tragisch, aber Newtons Widersacher Hooke hat diese Ringe zuerst beschrieben.) Quatb Al Din Al Shirazi nimmt sich 1275 der Regenbogenfarben an: Er interpretiert die Himmelserscheinung als zweimalige Brechung und einmalige Reflexion des Sonnenlichtes in den Wassertröpfchen der Wolken. Der persische Regenbogen beweist es: Licht besteht aus einem Gemisch von bunten Lichtern. In Europa geht noch Aristoteles um: Weisses Licht ist einfaches Licht, die Farben sind ein Gemisch von zusammengesetztem Licht und Dunkel. Der

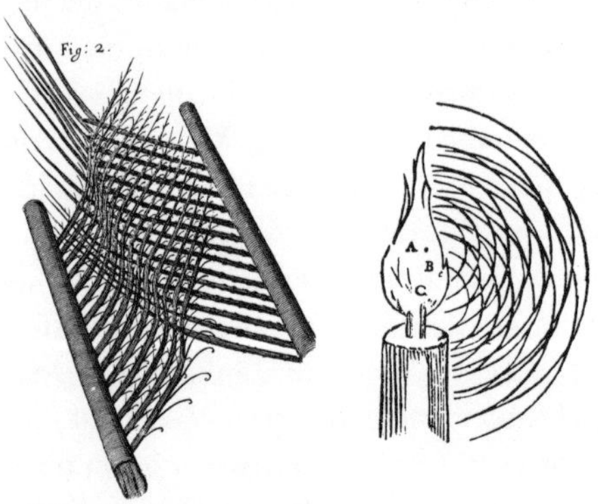

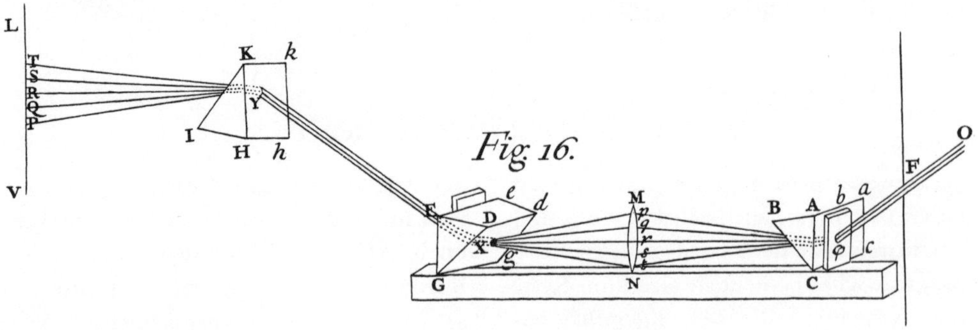

An Vogelfedern hat Hooke, mit der Kerze hat Huygens den Wellencharakter des Lichtes verteidigt; Newton belegt den Korpuskelcharakter auf der optischen Bank mit mehrfacher Brechung an Prismen.

Böhme Marcus Marci erschütterte die Ansicht vermittelst Prisma: Weisses Licht streut in den Spektralfarben des Regenbogens. Im Erfahrungsdruck der Experimente beginnt die antike Physik sich nun langsam doch noch aufzuweichen.

Robert Hooke, der virtuose Mikroskopiker der ersten Stunde, beobachtet die Spektralfarben dünner Plättchen (Feldspat und anderer, feinsplitternder Mineralien), von Naturseide und Vogelfedern unter dem Mikroskop. Er fand zu einer ‹Wellentheorie des Lichtes›, einer Art Schwingungsbewegung, wie sie vom Schall her bekannt war. (Der Bezug ist faszinierend, weil Abbe, Inhaber der Firma Carl Zeiss, im 19. Jahrhundert in seiner Abbildungstheorie des Lichtmikroskopes und beim Berechnen des Auflösungsvermögens auch wieder auf die Wellentheorie zurückgreifen muss.) Wir wollen den physikalischen Standard Hookes freilich nicht überschätzen: Seine Abbildungstheorie der Farben auf der Retina ist naiv, so naiv wie diejenige Newtons in etwa auch geblieben ist.

Die physikalische Autorität Newton besteht auf dem Korpuskel-Charakter des Lichtes (1672): Die Zerlegung des weissen Lichtes durch das Prisma in die Spektralfarben belegt, dass es sich hier um eine Entmischung, nicht um eine Wellenwandlung handelt. Hooke reagiert rabiat; Newton wartet. Erst nach dem Ableben dieses Spiegelfechters publiziert er seine «Opticks» (1704). Hooke hat Unterstützung durch Huygens erhalten, welcher 1678 die Wellentheorie vor der Pariser Akademie der Wissenschaften souverän vertritt: Lichtkegel grosser Intensität durchdringen sich gegenseitig, ohne sich zu stören. Das Phänomen lässt sich nur durch Annahme des Wellencharakters erklären, Korpuskeln würden sich in die Quere kommen müssen und würden sich gegenseitig schwächen. Huygens verzichtet aber, auch in seinem Werk «Traité de la Lumière» (1690) auf eine Erklärung der Farben. Hübsch liess sich jedoch bei Huygens die geradlinige Ausbreitung durch Überlagerung der Wellenfronten glaubhaft machen. Newtons Erfolg mit der Theorie der Gravitation dürfte den Ausschlag gegeben haben: Das ganze 18. Jahrhundert war ein Jahrhundert der Lichtkorpuskeln. Nur wenige, Euler zum Beispiel, hielten der Wellentheorie die Treue.

Um 1900 wiederum, wir haben Abbe erwähnt, war die Wellennatur des Lichtes erwiesen. Dann schlugen in Experimenten Heinrich Hertzens im 20. Jahrhundert wieder Lichtkorpuskeln zu: die Photonen. Prinz Louis Victor de Broglie demonstriert, dass nicht nur Schusterssöhne hart arbeiten und locker denken können, indem er zeigt, dass Elektronen schwingen. Für einmal ein Prinz, der das Wesentliche nicht nur mit dem Herzen sah: Das Elektronenmikroskop hat diese Theorie bestätigt. Elektronenstrahlen lassen sich wie Lichtstrahlen im Vakuum bündeln, brechen, sichtbar machen. Warum also ein stursicheres ‹Entweder-oder›, weshalb nicht das pragmatisch tastende ‹Sowohl-als-auch›? Emanzipierte Wissenschaften bedienen sich bald der einen, bald der anderen Theorie. Je nachdem. Und ihre unbenützten Räder fallen nicht einmal mehr um, weil aus den Zweirädern abgestützte Vielräder geworden sind. Da sind Pannen nicht mehr so gefährlich wie in der Pionierzeit, wo man mit der Ausschliesslichkeit des Erstentdeckerstolzes sich auf sein Hochrad gesetzt hat.

Der Stickstoff, den wir leben

Dem Menschenmut, der selbst im Mondstaub Stapfen hinterlässt, ist alles machbar. Ist alles machbar, nur weil Menschenmut im Mondstaub Stapfen hinterlässt?

Das erklärte Ziel der grünen Revolution war es, die Täler aller – der lebenden und der noch nicht lebenden – Menschen ergrünen zu lassen. Viel grüner Idealismus trug gestern noch echte Hoffnung stramm in eine Zukunft, die Vergangenheit wurde, noch bevor die Gegenwart anbrach. Komprimiertes Wissen zeitigte rasch konkrete Resultate. In den Händen der Forschergeneräle war die Erde Wachs – ihnen war die Welt kein System verflochtener Gegebenheiten, ihnen war die Welt ein Magazin noch zu optimierender Möglichkeiten.

Durch Kreuzung wird Ertrag gesteigert, Qualität dem Geschmack verschiedener Ethnien angepasst, die Wuchshöhe so eingestellt, dass weder durch Wind noch durch Erntemaschinen Verluste entstehen können, und die Physiologie wird so verändert, dass selbst empfindliche Exoten recht herben Klimaten zu trotzen vermögen. Fleiss. Knowhow. Feu sacré. Anfänglich hetzen sich die Ernterekorde. Fortschritt ermöglicht Wachstum. Gift schüttelt Schädlinge gezielt aus den Kulturen. Chemische Sensen jäten verlustlos. Was-

Solartechnologen an der Arbeit: Die Sonnenenergie ist eingefangen, Kohlenstoff ist reduziert, der Stickstoff ist fixiert worden. Nun gilt es, im Stall das Rohprodukt Heu noch zu veredeln. Sieben Personen arbeiten, das Ferienkind aus der Stadt und die Photographin nicht mitgerechnet. Die Kollektorfläche: eine Waldlichtung. Im Sinne moderner Ökorendite: ein Bild hoher Effektivität. («Das letzte Fuder im Sommer 1920»; im Mittelgrund meine Urgrosseltern, meine Grossmutter mit Hund.)

Stickstoff in seiner appetitlichsten Form: ein prächtiger Pfingstochse. Manchem Esser war ein solcher Proteinschub notwendige Ergänzung im Kohlenhydrat Alltag. (Mein Grossvater mit Wetzstahl und Berret übernimmt ein Rind vom Bauern. Wila um 1920.)

serpumpen pumpen Wasser aus Urgrund in die wüsten Wüsten und machen Mondlandschaften zu grünen Erdentälern. Wachstum ermöglicht Wachstum. Wachstum wird Selbstzweck. Wachstum wächst nach eigenen Gesetzen in eine tote Zukunft, Fortschritt krümmt sich in sich selbst zurück. Der Fluch der Hoffnungslosigkeit begleitet uns in das nächste Jahrtausend: Wir wurden nicht nur aus dem Paradies, wir haben uns auch aus dem Fortschritt vertrieben. Wir leben mit Blei in der Luft und mit Öl im Wasser. DDT und Penicillin – sie haben uns als gigantische Experimente die Modelle des synthetischen Neo-Darwinismus illustriert. Es beunruhigt, wenn es auch nicht überrascht: Selbst der so lange so brave Stickstoff schlägt zurück. Als Synthesekomponente in Babyschnullern, als Dünger im Salat und in Trinkwässern, als ätzendes Gas aus Verbrennungsmotoren.

Wir waren eifrig; wir waren vielleicht zu eifrig. Die Erde leidet; sie leidet wie ein Untertan. Wir haben kaum einen anderen Bibel-Befehl so wörtlich genommen. Die Aufforderung richtet sich wohl an die Trägheit mediterraner Bauern; nördliche Eiferer nun scheinen sie hingerichtet zu haben. Dabei sind andere Kulturen vor uns durch Blei im Wasser, Salz in den Böden und Humuserosionen eingegangen.

«An reichbesetzter Tafel schmaust eine bunte Schar von Gästen. Das Laub dem Rehe, das Gras dem Häschen, das Korn dem Menschen! Wenn aber der Tisch geleert ist, wer deckt ihn wieder für die folgende Generation der Gäste?» Es sind die Mikroorganismen, welche den Stickstoff aus der Gasphase in den Boden vermitteln; das aber wusste der hier mit magistralem Pathos fragende Schleiden selber noch nicht.

DAS ALTER NAIVER ALTERNATIVEN

«Wenn die Jugend der Frau vorüber ist, erneuert sich die dem Alter versagte Gebärkraft nicht mehr, auch wenn das Leben selbst noch lange weiterdauert. Ganz anders ist das bei der Erde – wenn sie durch den Willen des Menschen oder durch Zufall brachgelegen hat und dann wieder in Pflege genommen wird, entschädigt sie den Bauern mit reichem Zins. Die Schuld an den geringen Ernteerträgen ist also nicht das Alter der Erde, denn auch wenn Vergreisung eingetreten ist, kann sie sich wieder verjüngen und zu neuen Kräften kommen.»

Columella von Cádiz polemisiert im Jahre 60 (n. u. Z.); seine Worte richten sich gegen den Landwirt Tremelius Scrofa, der im Einklang mit der damaligen Lehrmeinung die Erde als «verbrauchte Frau» dargestellt hatte. Aber Ruhe und Pflege – Columella erprobt dies eigenhändig – regenerieren die Fruchtbarkeit des Bodens. Es hat gegen 2000 Jahre gedauert, bis man verstanden hat, warum sich der Boden durch Brachliegen erholt. Das Resultat wird mit latinischer Schläue geortet – die Phänomene werden jedoch nicht zu Ende gedacht. Die Leibesfrucht der Frau ernährt sich aus dem Blute der Mutter; die Gewächse – wer würde zweifeln, Aristoteles schon hat das erkannt – ernähren sich analog durch den Verzehr von Erde! Es macht die Geschichte verlogen, wenn wir mit spitzen Fingern vor dem Hintergrund unseres Zeitwissens Versatzstücke ‹richtiger› Erkenntnis aus dem Zeitwissen vergangener Epochen hervorklauben und damit eine vermeintlich lineare Entwicklung dessen konstruieren, was wir Wissenschaft nennen.

Die Pflege des Bodens beschreibt Lucius Iunius Moderatus Columella mit der Liebe der alternativen Hingabe: Er gibt Rezepte für Düngung und für das Pflügen. Er fordert, dass nach der Ackerarbeit den Rindern «der Hals massiert werden soll, und falls diese geschwitzt haben, soll den Zugtieren reiner Wein in die Kehle gegossen werden – zwei Schoppen wären dabei genügend. Je Tier». Bereits empfiehlt er auch die Hülsenfrüchtler, besonders Lupinen, weil diese magere Böden bevorzugen und die «geringste Arbeitskraft» einvernahmten. Nicht nur unseren Zugvorrichtungen schenken wir nicht mehr reinen Wein ein, und doch sind die Überlegungen, wie im Landbau Energie eingespart werden könnte, aktueller denn je. Wir berücksichtigen nicht mehr die Mondphasen zum Säen und Einbringen der Frucht (was heisst in diesem Zusammenhang aber «wir»?), wissen jedoch um die Kausalitäten hinter der Düngkraft der Leguminosen. Präzise Rezepte – man muss allerdings gewillt sein, abwegige Ratschläge wie das Alkoholisieren von Haustieren zu ignorieren – zur ‹Gründüngung› beschreibt der frühe Gewährsmann korrekt. Sein Interesse gilt dem Ertrag. Erst spät erwacht in der Menschheit das Fragen nach dem kausalen Warum.

Drei Hauptdüngarten werden aufgelistet: Vogelmist, Vierfüsserdung, Kot und Urin des Menschen. Sorgsam wird gewichtet. Der beste Dünger der Vierfüsser stammt vom Esel – denn die Esel fletschern besonders ausdauernd. Kuhmist – Kuhställe soll man nur bei Regenwetter ausmisten (o du mein Augias: wie steht es mit den Niederschlägen im Mittelmeerraum?) – soll mindestens ein Jahr lagern. In den Miststock soll ein Eichenpfahl getrieben werden, damit keine Schlangen angelockt werden. Hier flunkert uns der homerische Autor wieder etwas vor: Die Altphilologen finden nirgends einen Hinweis, dass Eichenholz die Schlangen vertreiben würde. Doch übrige Beschriebe halten auch moderner Erkenntnis stand, denn Asche empfiehlt Columella als Dünger und menschlichen Urin. Es erstaunt ihn nicht, dass sowohl Nichtstun als auch die Lupine, dass sowohl Asche als auch Harn die müde Erde wieder munter machen.

MIST WIRD CHEMIE

Vor der chemischen Moderne ist im 18. Jahrhundert mit Hales, Priestley, Ingenhousz, Senebier, de Saussure die physiologische Jetztzeit angebrochen. Doch jede Revolution setzt Gegenkräfte frei. Im deutschen Raum werden rationale Errungenschaften durch naturphilosophische Gedankengänge wieder verschüttet. Im 19. Jahrhundert geht es weniger darum, Neues zu entdecken, als vielmehr darum, altes Gedankengut aus hochgetürmtem Schutt zu befreien. Das tabufreie, unerschrockene Wesen Jugendlicher als Motor wissenschaftlichen Fortschrittes ist unentbehrlich. Freiherr Justus von Liebig wird mit 21 Jahren Professor. Er räumt mit der aristotelischen Humustheorie auf (Pflanzen ‹fressen› Humus) – die Theorie ist allerdings bereits im frühen 17. Jahrhundert durch van Helmont experimentell klar widerlegt worden; die lexikographischen Historienschreiber ignorieren den Pionier zu recht, dieser Befund beeinflusste das Denken der Zeit nicht. Auch die Wissenschaft bedarf eines gerüttelten Masses an Reklame – Liebig war ein erfolgreicher Werber seiner Ideen. Er erfindet den Fleischextrakt und das Backpulver. Er hat genügend Autorität, klare Begriffe zu setzen. Zum Wohltäter der von Furcht gebeutelten Menschheit aber wird er durch seinen Beweis, dass sich ein lebender menschlicher Körper nicht spontan entzünden könne – die scharfsinnigen Untersuchungen seines

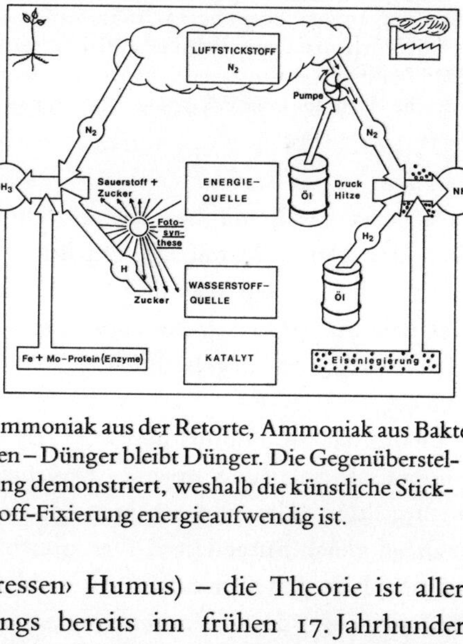

Ammoniak aus der Retorte, Ammoniak aus Bakterien – Dünger bleibt Dünger. Die Gegenüberstellung demonstriert, weshalb die künstliche Stickstoff-Fixierung energieaufwendig ist.

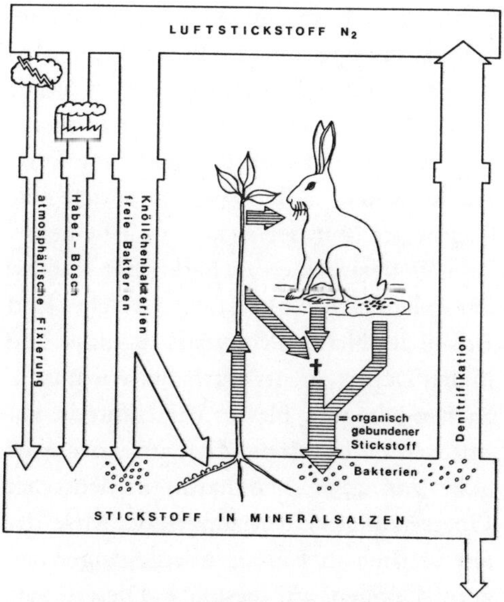

Der Stickstoff-Kreislauf besteht aus zwei ineinander vernetzten Kreisläufen: Der grosse mit seinen drei ‹Säulen› der Stickstoffzufuhr aus der Gasphase, der kleine, der aus der Stickstoffassimilationsleistung der Pflanze gespeist wird. Der Input in die Biosphäre wird durch die Fixierung limitiert: Bereits werden je rund 50 % natürlich und künstlich eingebracht. Die geochemische Fixierung durch Gewitter darf mit unter 5 % wohl vernachlässigt werden.

Leguminosen (A) und Hafer (B) je ohne (O), mit Phosphat (KP)-, mit Phosphat-Stickstoffdünger (KPS) aufgezogen. Es springt ins Auge: Stickstoffgaben fördern den Ertrag bei Stickstoff-Fixierern nicht. Malpighis anatomische Beobachtung findet spät eine physiologische Erklärung. (Experiment aus dem Jahr 1891!)

24. Briefes («Chemische Briefe», 1858) sind eine kleine Kriminalgeschichte wissenschaftlichen Gepräges und lassen erahnen, dass bis vor Liebig dann und wann ein Mensch ab- und ausgebrannt ist. So, einfach so.

Liebig hat die Humustheorie durch die Mineralsalzernährung ersetzt. Das heute noch gültige «Gesetz des Minimums» hat er dabei gleich mitgeliefert. Der streitbare Freiherr lässt sich aber auf Grund wohl der Widerlegung des ‹Überhitzungsphänomens› beim Menschen dazu verleiten, zu behaupten, dass Pflanzen, die stets recht kühlen, überhaupt nicht atmen würden. Das ist ein wissenschaftlicher Rückschritt, denn schon Hooke hat, im 17. Jahrhundert, Atmung und Verbrennung als im Prinzip gleichsinnige Vorgänge interpretiert. Die Autorität Liebig läuft Amok: Er kann es sich leisten, zwei Jahrhundert ‹richtiger› Befunde zu ignorieren.

An der ‹Humusfront› ist es dem Kämpen Liebig gelungen, ebenso mit de Saussure zu verfahren. Dieser hat im Jahre zwölf (1804 in der Zeitrechnung, die dann doch gebräuchlicher geblieben ist!) in seinen «Recherches Chimiques sur la Végétation» die Humustheorie bahnbrechend widerlegt – der alternde Berufswissenschafter lässt sich jedoch durch den jungen deutschen Haudegen dazu hinreissen, zum Verteidiger aristotelischen Gedankengutes zu werden. Arbeiteten die Wissenschafter nur in stillen Kammern, sie würden dem ‹Seilzugeffekt› nicht unterliegen. In hitzigen Debatten zerren sie jedoch so kraftvoll an den Stricken ihrer Sache, dass sie im Absurden überpurzeln, wenn die bekämpfte Gegenpartei überraschend mit ihrem Gegenzug nachlässt.

Liebigs Wirken ist deshalb erfolgreich, weil er es versteht, begabte Schüler um sich zu scharen. Überzeugend vertritt er den Standpunkt, dass jeder Bauernjunge das verstehen könne, was die moderne Chemie lehrt. Allerdings schränkt er ein: «Falls der Lehrer ganz bestimmte Gränzen in seinem Vortrag strenge einhält.» Er wird zum Motor der industriellen Revolution, wenn er rügt, dass der «moderne Ackerbau nichts von Fehlern und deshalb nichts vom Fortschritt weiss». Alle Gewerbe hätten eine Geschichte, nur der Ackerbau habe keine! Sein Wetterleuchten ist berechtigt – selbst das «Manuel du Cultivateur», welches «auf Befehl des Nationalconvents abgefasst und in den Departements vertheilt» wird, ist in Sachen Düngung blasser Verschnitt des römischen Fachwissens! Zitat aus einer Ausgabe von 1796 (Leonhardi) in deutscher Übersetzung: «Überhaupt ist der Mist, der am meisten in Fäulnis übergegangen ist, zum Düngen am besten.» Diesen Satz könnten wir auch Columella entnommen haben: Stagnation des Wissens trotz aller politischen Revolutionen. Auch der ‹ländliche Sokrates› Jakob Gujer, genannt Kleinjogg der Musterbauer, der durch den Report des Zürcher Stadtarztes Hirzel «Kleinjogg, oder Tun und Denken eines naturnahen glückseligen Bauern» (1774) jäh in das

Gespräch des gebildeten Europa geworfen wurde, bewegte sich in den engen Grenzen des antiken Wissens. Revolutionär war der Kitsch der ihn besuchenden Literaten (alternative Bauern waren seit ehedem Ziel wallfahrender Städter), revolutionär war sein Schaffen dem Belesenen nicht. Selbst Hirzel rügt, dass der sehr erfolgreiche Bauer sich nicht angewöhnt habe, seine Begriffe deutlich zu machen und genaue Mengen anzugeben. «Die Klarheit der verwendeten Begriffe genügten wohl ihm selber, sind aber nicht geeignet, auch anderen einen richtigen Begriff beizubringen.» Kleinjogg der Heckenkiller rodete unnützes Gebüsch und streute die Asche über die Felder; was dem Naturburschen Pioniertat war, ist heute Frevel.

Liebig setzte klare Begriffe:

«In der wissenschaftlichen Landwirthschaft existirt kein ‹Mist› mehr, denn die Begriffe, die sich an dieses Wort knüpfen, sind verbraucht: an dessen Stelle sind für jede Pflanze ganz bestimmte Nahrungsmittel getreten, aus deren Zusammenwirkung der Ernährungsprocess der Pflanze erklärt werden muss.»

Liebig formuliert das «Gesetz des Ersatzes» und meint damit die Notwendigkeit, dass den Feldern die Bodenbestandteile wieder zugeführt werden müssen, welche durch das Abernten entzogen wurden. Ihm sind die Chinesen (Liebig lässt sich von Chinareisenden belehren) nachahmenswertes Beispiel:

«Der Chinese weiss nichts von Latrinen, sondern hat im ahnsehnlichsten Theil seiner Wohnung einen irdenen Kufen, und der Begriff der Nützlichkeit beherrscht so völlig seinen Geruchssinn, dass dasjenige, was in jeder civilisirten Stadt Europas als Missstand angesehen würde, dort von allen Classen mit dem äussersten Wohlbehagen betrachtet wird. Die Schätzung dieses Düngers geht soweit, dass jedermann weiss, was ein Tag, ein Monat, ein Jahr von einem Menschen abwirft, und der Chinese betrachtet es als mehr denn eine Unhöflichkeit, wenn der Gastfreund sein Haus verlässt und ihm einen Vortheil verträgt, auf den er durch seine

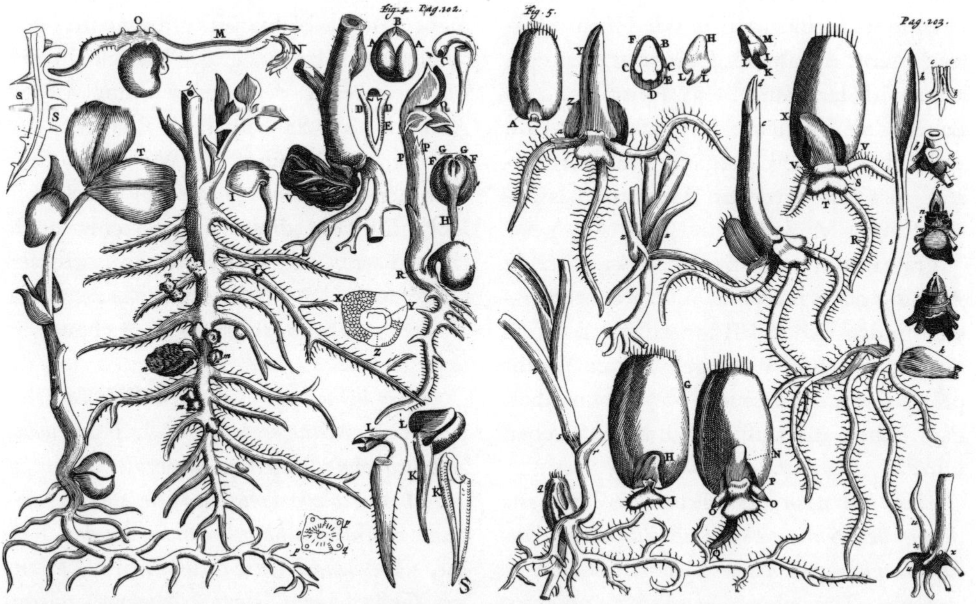

Links eine Leguminose, rechts ein Getreidekeimling. In kräftigem Strich, mit feinen Sinnen und über jeden Zeitgeschmack erhaben, protokolliert Malpighi Gesamterscheinung und Detail. Deutlich sind die Wurzelknöllchen sichtbar, die er als Gallengeschwüre fehl-interpretiert.

Bewirthung einen gerechten Anspruch zu haben glaubt.»

Stickstoff-Recycling. Das «civilisirte Europa» träumt heute davon – die Geruchsimmissionen würden wir aber immer noch als Belästigung empfinden. Aus welchem Grunde Liebig behauptete, dass die Pflanzen den Stickstoff als Ammoniakgas aus der Luft über die Blätter aufnähmen, bleibt schleierhaft. Bereits um 1723 hat Wolff («Vernünftige Gedanken von den Wirkungen der Natur»), Vallemont zitierend, gesagt, dass Salpeterdüngung (Salpeter ist ein Stickstoffsalz) so nützlich sei wie Hörner und Klauen von Tieren! Und de Saussure hat nachgewiesen, dass die Pflanzen über die Blätter nur Sauerstoffgas und Kohlendioxidgas aufnehmen, die Mehrzahl unter ihnen aber den Luftstickstoff überhaupt nicht assimilieren könnten, obwohl man Stickstoff immer in der Analyse der Pflanzensubstanz nachweisen kann.

DIE ELEMENTE EINES ELEMENTES

Achtzig Prozent der Erdatmosphäre ist Stickstoffgas: Ein Element des Elementes Stickstoff ist die Luft. Wie aber findet das Gas seinen Weg in den Boden, wo es Salz wird (Ammonium, Nitrit, Nitrat), und wie findet das Salz seinen Weg in Pflanze und Tier, wo es organische Materie wird (Eiweiss, Fleisch, Plasma, Membrankomponenten; Wirkstoffe wie Enzyme und Hormone; Strukturstoffe wie Horn, Haare, Federn; Alkaloide, Harnstoff, Erbsubstanz und Harnsäure)? Gas, Kristall und im Leben – die Elemente des Stickstoffes sind vielschichtig, die Übergänge sind verworren, spät erst wird sein Kreislauf wissenschaftliches Modell.

Erste Intuitionen, die sich als konsistente Ahnung des Kreislaufes interpretieren lassen, finden sich bei Bonnet (1781). Noch weiss der Genfer Privatgelehrte nicht sehr präzise, was ein Element ist. Er ahnt aber, dass Leben aus Luft und Luft aus Leben wird:

«Luft ist nach dem Feuer das kräftigste Agens der Natur. Die Luft durchdringt die Organismen und bestimmt deren Zusammensetzung. Von ihrer Elastizität entblösst, vereinigt sie sich mit den Partikeln, welche diese Körper zusammensetzen, und erhöht dadurch ihre Masse. Aber unwandelbarer als Gold wird Luft wieder, ihrer ersten Natur gemäss, Luft, wenn die Körper sich wandeln oder wenn Organismen sich zersetzen.»

Die Physiologie der Zeit Bonnets rätselt am Photosynthesenphänomen. Man erkennt, dass der C-Pool in Form des Kohlendioxides die Luft ist. Direkt wird der Kohlenstoff über die Blätter aufgenommen. Andere Nährstoffkomponenten gelangen als Salze über die Wurzeln in die Pflanze. Nach der Verbrennung bleibt Asche zurück. Sie enthält die Elemente der Pflanze, welche über die Wurzeln aufgenommen wurden. Doch der Stickstoff fehlt. Obwohl dieser die Forscher noch lange narrt, erfasst Bonnet mit grosser Geste auch den Stickstoffkreislauf, wenn er die «Nahrungskette» der Lebewesen skizziert:

«Alles in der physikalischen Welt ist Umwandlung (Metamorphose) – die Form wandelt sich ohne Unterlass, aber die Quantität der Materie bleibt konstant. Die gleiche Substanz durchfliesst hintereinander die drei Reiche, wird Schritt um Schritt Mineral, Pflanze, Insekt, Reptil, Fisch, Vogel, Vierfüsser, Mensch.»

Die Geburtsstunde des Stickstoffes lässt

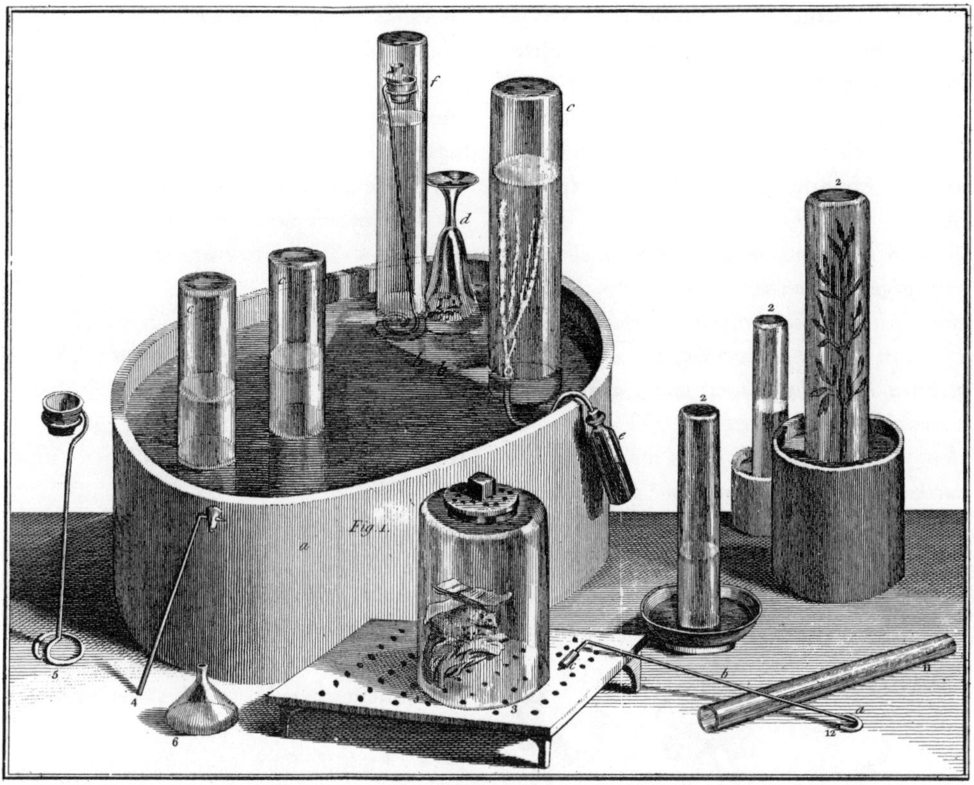

Wir ersticken in der Kohlensäure-Luft; wir ersticken auch im Stickstoff. Erstere liegt mit einer Konzentration von um 0,03 %, letztere mit um 80 % Volumenanteil vor. Die Biologie hat sich zuerst gezielt mit dem Kohlendioxid beschäftigt, der inerte Stickstoffanteil versteckte sich. Die Nadel im Heuhaufen hat man diskutiert – das Heu wurde übersehen. Priestleys akkurate Apparatur (Pneumatische Wanne) hat wesentliches Verdienst an der Luftentdeckung.

sich nicht sehr genau datieren: Die Forschung suchte im ‹Element› Luft nach den Komponenten der Photosynthese und erforschte den zur Atmung notwendigen Anteil an «Lebensluft». Die fast 80 Prozent Stickstoffgas blieben unbeachtet – die wenigen Promille (0,03 Prozent) «fixe» Luft wurden eifrig diskutiert. Das träge Stickstoffgas, ein unübersehbarer Happen, versteckte sich durch seine Reaktionsabstinenz. Der schwedische Apotheker Scheele, der englische Geistliche Priestley und der französische Berufschemiker Lavoisier müssen sich den Ruhm des Entdeckens wohl teilen. Erkenntnistheoretisch wichtig war der praktische Beitrag des streitbaren Landpfarrers Priestley: Er konstruierte die ersten routinemässig bedienbaren pneumatischen Wannen (Vorrichtungen zum Auffangen von Gasen, die heute noch benützt werden). Als «Nitrous Air» und später als «Azote» geistert Stickstoff durch die Literatur: Selbst Hermann Kopp («Geschichte der Chemie», 1845), der minuziöse Geschichtsschreiber, tut sich im Definitionswirrwarr schwer – lieber spricht er vom Ammoniak und vom Salpeter, also von Stickstoffverbindungen.

Wie gelangt der Stickstoff aus der Gasphase in die Lebewesen? Die anatomische Besonderheit der Hülsenfrüchtler wurde schon früh durch eine resolute Theorie in ihrer «Funktion» erklärt: Marcello Malpighi (1675) deutet diese Knöllchen als Gallen. Frühe, klare Antworten auf komplexe Fragen lähmen den Fortschritt oft für lange Zeit. Wer will es dem Entdecker der Gallengeschwüre verargen, dass er alles knollenhafte Fremdgewebe als Gallen interpretiert:

«Den Insekten ist in den Pflanzen ein fettes Erbe gegeben,denn die Natur hat den Insekten eine solche Geschicklichkeit verliehen, dass die Pflanzen gezwungen werden, den an ihnen abgelegten Eiern den Uterus und sozusagen die nährenden Brüste zu ersetzen. Diese Dienstleistung der Pflanze erfolgt nun nicht anders als durch ihre eigene Verunstaltung, indem kranke Geschwülste auftreten, die wir mit dem Namen ‹Gallen› belegen wollen.»

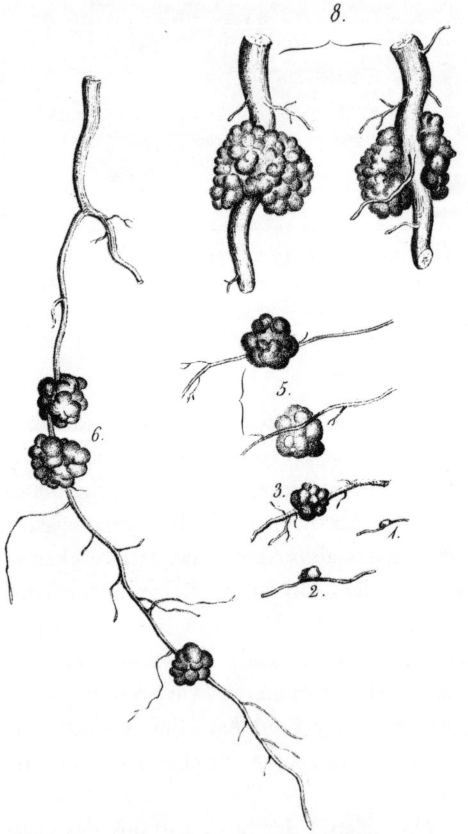

Wurzelanschwellungen der Lupine und der Schwarzerle sind noch 1866 «anomale, krankhafte Wurzelauswüchse, deren Ursache in der Entwicklung stäbchenförmiger Körper zu suchen ist». Wie man sieht: die Ökologie ist ein Kind der Pathologie!

Im 17. Jahrhundert findet sich auch ein Hinweis, dass Erlenbäume über gleiche Fähigkeiten verfügen wie die Leguminosen: «The alder, whose fat shadow nourisheth – Each plant set neere to him long flourisheth.» (William Browne, «Britannias Pastorals», 1613).

Die Wissenschaft ruht über lange Zeiträume, um dann in konzentrierten Sprüngen Fortschritt zu erzwingen. Die folgenden Jahreszahlen sollen das belegen:

1675 Malpighi: Wurzelknöllchen sind Gallen.

1838 Boussingault, der französische Vater der Landwirtschaft, will beweisen, dass Leguminosen Stickstoff über die Wurzeln direkt aus der Luft assimilieren. (Kann sich gegen den deutschen Monolithen Liebig nicht durchsetzen.)

1853 Ludolf Christian Treviranus erkennt, dass die Knöllchen nicht «krankhaft» sind, wie noch de Candolle behauptet hat.

1866 M. Woronin vergleicht die «Wurzelanschwellungen» von Erlen und Leguminosen mikrobiologisch und morphologisch.

1884 Hellriegel und Wilfarth: Wurzelknöllchen sind Symbiosen. Sie fixieren Stickstoff.

1888 M. W. Beijerinck züchtet die symbiontischen Bakterien.

1889 Adam Prazmowsky infiziert Leguminosenwurzeln mit solchen Reinkulturen. (Noch heute versucht man andere Arten, zum Beispiel Getreide, zu infizieren – die Erfolge sind trotz Gentechnik noch nicht durchschlagend.)

Wesentlich mehr Schwierigkeiten hat ein anderer Weg der Stickstoffixierung bereitet. Es gibt Mikroorganismen, welche frei-

In jeder rechten Galle sitzt der Wurm – Malpighi interpretiert die parasitenlosen Knöllchengeschwüre an den Wurzeln der Leguminosen kurzerhand auch als Gallen. Als was denn sonst? (Eichengalle: «Quercum gemmae»)

lebend über das Knowhow des direkten Zugriffes in das Reservoir der Luft verfügen. Nach der Explosion der Vulkaninsel Krakatau (1883) waren es diese Winzlinge, welche als erste Pioniere nachgewiesen werden konnten. Es sind solche Bakterien, welche den Boden regenerieren, wenn man ihn brachliegen lässt.

Dass die Mikroorganismen lediglich das Prinzip, nicht aber die Details ihres Funktionierens preisgegeben haben, demonstrieren unüberschaubare Lawinen von Fachpublikationen. In einem Artikel (1980) über den Metabolismus der Knöllchensymbionten zählt man unter 400 zitierten Titeln nur zwei, die vor 1950, und nur 15, die vor 1965 erschienen sind. Wissenschaft ist hastig geworden. Man wird nirgends so rasch alt wie an der Front des Wissens! Und doch – die Knöllchen narren durch Widersprüche in den Indiziengeflechten die Detektive immer noch.

DIE DRITTE SÄULE

Kunstdünger! Vergelstert denkt der aufgeschreckte Bürger dabei an schwere Packen schieren Giftes. Als ob! Als ob es nun darauf ankäme, ob Bakterien oder Fabriken den Luftstickstoff anzapfen. Nitrat ist Nitrat. Zu wenig Nitrat ist zu wenig – zu viel allerdings ist schädlich. Das beschönigt kein Fachmann: Es wurde zu lange, zu viel Dünger in die Böden eingebracht. Trotz Spreng-, Kunststoffproduktion und Lackherstellung ist es Ausdruck der Dünge-Orgien, dass für die Vereinigten Staaten von Amerika seit den siebziger Jahren die Ammoniaksynthese mit erklecklichem Abstand vor allen andern Industriechemikalien steht. (Ammoniak um 65 Kilogramm pro Kopf, Stahl um 40, Zement um 35. Zahlen für 1980). Jetzt wollten wir bremsen – doch fällt der Dünger uns aus allen Wolken: Auch der Stickstoff-Dünger-Eintrag, verursacht durch die Autoabgase, wurde zu lange unterschätzt. Der Regen düngt uns in naher Zukunft vielleicht in den Hunger.

Die exotherme Reaktion

Stickstoff + Wasserstoff gibt Ammoniak

$$N_2 \quad + \quad 3H_2 \quad \rightarrow \quad 2NH_3$$

kann wie in den Gewittern der Atmosphäre (der Ammoniak, der von de Saussure und von Liebig festgestellt wurde) über einen Flammenbogen oder mit Hitze erzwungen werden. Beide Verfahren sind energieaufwendig: Was Mikroorganismen in aller Stille machen, benötigt in der ‹Technosphäre› den Aufwand der Schwerindustrie:

1. Die Ausgangsprodukte müssen beschafft werden. Nur scheinbar ist der Luftstickstoff ‹gratis›. Die Luft muss ‹gereinigt›, der Stickstoff muss rein dargestellt werden. Wasserstoff wird entweder durch Elektrolyse von Wasser (in der Schweiz als Kriegsvorsorge in Bereitschaft oder aus

Erdöl gewonnen. Bereits die Beschaffung der Rohstoffe, der Edukte, ist Energieverschleiss! (Bakterien nehmen den Wasserstoff aus dem Zucker; Bakterien müssen die Luft nicht in die Komponenten trennen; der Sauerstoff wird an ein ‹Hämoglobin› gebunden, das die Wirtspflanze zur Verfügung stellt.)

2. Der Stickstoff muss reagieren können. Luftstickstoff ist reaktionsträge. Er verfügt über eine Dreifachbindung $N \equiv N$. Bakterien ‹knacken› diese Bindung mit Enzymen; die Technik behilft sich mit Katalysatoren (poröse Eisenlegierungen). Diese Katalysatoren aber sind wenig spezifisch. Hitze wird benötigt, damit die Reaktion beschleunigt wird.

3. Durch die Hitze wird das Gleichgewicht der Reaktion aber nach links verschoben: Einmal gebildeter Ammoniak wird wieder in Stickstoff und Wasserstoff zerlegt. Durch Druck kann dieser Effekt aufgehoben werden. Druck zwingt die Reaktion in Richtung des Produktes. Druck aber erfordert nicht nur Energieunkosten, sondern auch apparative Investitionen, und verfahrenstechnische Raffinesse.

Haber hat im Jahre 1905 die Grundlagen für das geschilderte Verfahren gelegt. Ammoniak ist zu einer der wichtigsten grosstechnischen Ausgangssubstanzen geworden. Durch Oxidation wird es zu Nitrat. Nitrat und Ammoniak ergeben das Ammonium-Nitrat-Salz, welches in seiner Neigung zur Explosion deutlich demonstriert, dass ihm Energie innewohnt. (1921 explodierte ein Düngerlager in Ludwigshafen: 600 Menschen starben. Man mischt dem Ammonsalpeter deshalb Schieferstaub bei – er macht den Dünger träge.) Stickstoff – Lebensstoff und Sprengstoff: Soldaten arbeiteten mit ihm früher als Bauern. Kanonen und Äcker: Stickstoff ist in beiden die treibende Kraft.

Vermutlich gelangt bereits heute mehr Stickstoff in die Böden dieser Welt über die Fabriken als über die natürliche Bodenflora («Global 2000»-Report). Solche Zahlen lassen aufhorchen. Das ‹Nitratgespenst› signalisiert ein Unbehagen. Überschussnitrat im Grundwasser. Nitrat im Gemüse. Ob im Darm Nitrit entsteht? Ob Nitrosamine gebildet werden, die Krebs erzeugen? Das Experiment hat gigantische Dimensionen. Wir düngen nicht mehr Äcker, wir düngen unsere Welt. Der Fachmann weiss es. Ob es gelingt, die Wachstumseuphorie ohne akuten Kollaps zu redimensionieren? Auf die dritte ‹Düngersäule› jedenfalls können wir nicht verzichten: Wir sind zu viele geworden. Wir können dem Boden die Ruhe, die Columella forderte, nicht mehr gönnen. Ist die Erde nun doch eine Mutter geworden, deren Fruchtbarkeit sich im Alter erschöpft?

Die Katastrophenkrabbe Krakatau

Am 27. August 1883, einem Montag um 4 Uhr 40 in der Frühe, kollabiert der Vulkan Krakatau nicht ganz überraschend: Die Katastrophe hat sich am 20. Mai schon angekündigt. Bereits wurden Aschenfontänen elf Kilometer hoch geschleudert – die Detonationen sollen in einem Umkreis von 200 km vernehmlich gewesen sein. Frühe Aktivitäten sind im Mai 1680 protokolliert. Dann aber hält sich die Krabbe in der Sundastrasse zwischen Sumatra und Java während 200 Jahren ruhig. Rakata, die immer noch offizielle Bezeichnung der Hauptinsel mit ihrem 832 m hohen Gipfel, soll altjavanisch ‹Krabbe› bedeutet haben und durch Seeleute auf Krakatau (Krakatoa) abgewandelt worden sein.

Der Vulkan Perbuatan leitet die Jahrhundertverheerung ein; im Juni 1883 rumort auch der Krater Danan: Beides sind markante Erhebungen des Inselteiles, der schliesslich in die Luft geprustet wird. Die vulkanischen Detonationen werden in Singapur und Australien gehört. Am 28. August ist der Spuk vorüber. 18 km³ Bimsstein und Asche sind bis 80 km hoch geschleudert worden, der Ascheregen bedeckt eine Fläche von 827 000 km². Die Wassermassen, die in das durch den Zu-

Des Vulkanes Krakatau wegen, der in der Sundastrasse geprustet hat, zitterte die Welt. Er sprach laut und deutlich. Man hat ihn nicht verstehen wollen. Wir merken es erst jetzt: die Welt ist eine Stube. Die Frage bleibt, wie diese Stube denn zu lüften wäre.

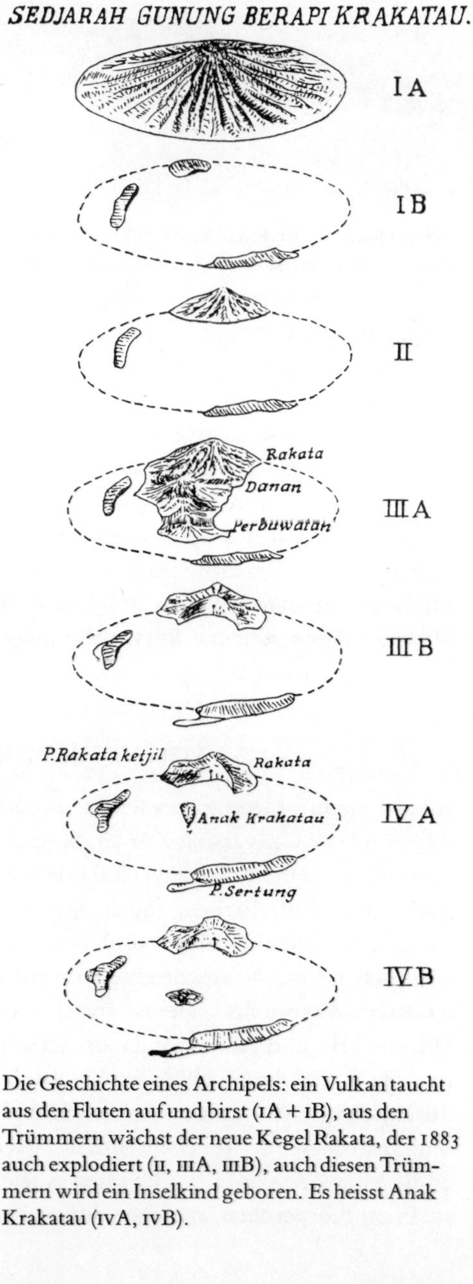

Die Geschichte eines Archipels: ein Vulkan taucht aus den Fluten auf und birst (IA + IB), aus den Trümmern wächst der neue Kegel Rakata, der 1883 auch explodiert (II, IIIA, IIIB), auch diesen Trümmern wird ein Inselkind geboren. Es heisst Anak Krakatau (IVA, IVB).

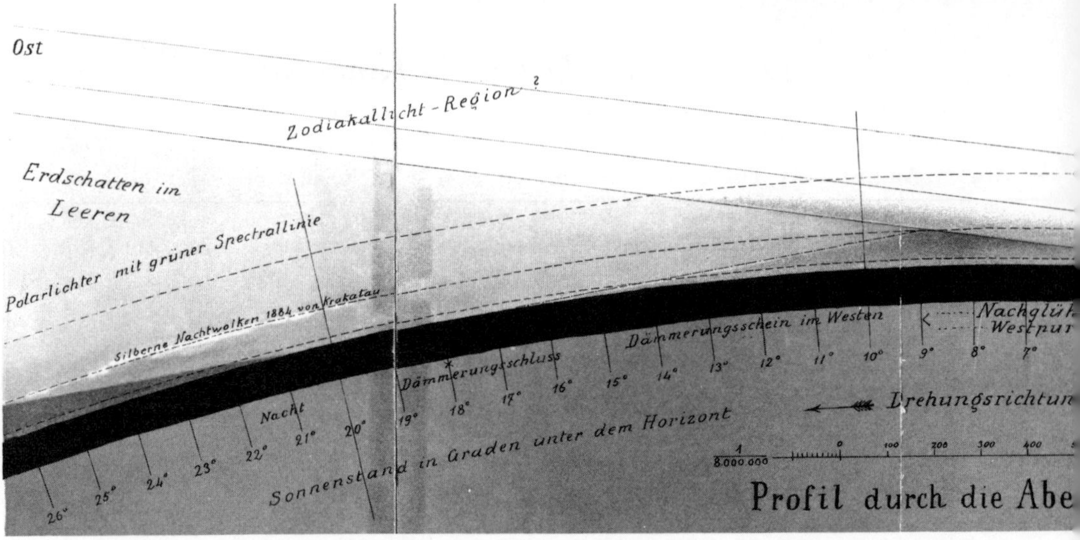

Albert Heims Profil durch die Abenddämmerung. Man beachte im Osten, weit im Erdschatten, ‹hoch› über der Atmosphäre die «silbernen Nachtwolken des Krakatau». Das kolorierte Original besticht durch

sammenbruch entstandene Loch stürzten, haben über 20 m hohe Sturmwellen ausgelöst und gegen 40 000 Menschen an den umliegenden Küsten getötet. In der flachen Javasee dringt die Sturmflut mit gebrochener Gewalt vor; immerhin werden in Batavia (Jakarta) während 26 Stunden 18 Flutwellen gezählt, deren höchste zwei Meter aufweist. Im tiefen Wasser des Indischen Ozeans pflanzt sich die Stosswelle ungehemmter fort: Noch am gleichen Tag findet die Flut den Weg in den nordatlantischen Ozean. Sie wird in Panama, San Francisco und sogar Le Havre registriert. Der Krabbe Krakatau wird das Weltmeer zum Teich, und die Luft der Erde wird zur Stube: Die Luftdruckwelle umrundet den Erdball in allen Richtungen dreimal mit einer Geschwindigkeit von 1000 km/h, was z. B. in Berlin gemessen werden kann.

SCHATTEN ÜBER DER SCHWEIZ

Albert Heim, Geologieprofessor an der ETH und der Universität Zürich, beschäftigt sich in seinem 1912 veröffentlichten Bändchen «Luft-Farben» auch mit den leuchtenden Nachtwolken und dem Bischopschen Ring, beides direkte Folgen des Krakatau-Ausbruchs. Heim zeigt, dass Himmelblau und Abendrot davon herrühren, dass die Atmosphäre nicht absolut durchsichtig ist, sondern reflektierende und absorbierende Teilchen enthält, seien es die Moleküle der Luft oder seien es feinste Fremdkörperchen, an denen diffuse Reflexion und Beugung der Lichtstrahlen stattfindet. Da der vulkanische Rauch stark elektrisch geladen ist (Berichte schildern Elmsfeuer an den Masten weit entfernter Schiffe während des Ausbruchs), werden die Aerosole am Absinken gehindert, abgestossen gar und bleiben dadurch monate- und jahrelang in der Schwebe. Auf dem Niveau zwischen ‹Stickstoff- und Wasserstoffatmosphäre› breiten sich vulkanische Staubwolken in Höhen von 70 km aus. Heim zitiert Beobachtungen, nach denen der Krakatau-Staub in acht

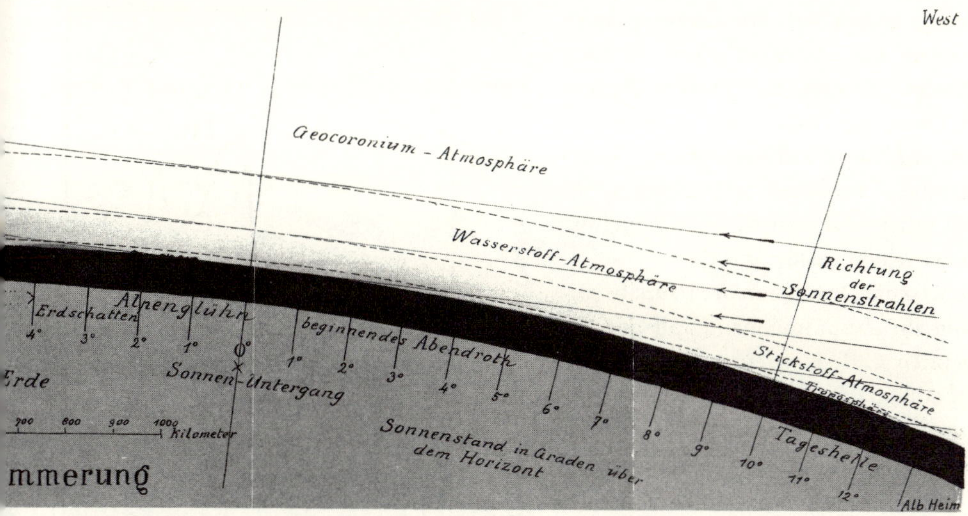

die Pastellfarben – in der schwarzweissen Verkleinerung aber noch wird deutlich, wie dünn, wie hauchdünn unsere Lebenslufthülle um den Erdball ist.

Monaten lediglich von 70 auf 60 km abgesunken sein soll.

Riggenbach beobachtet 1883 über Basel ungewöhnlich intensives Purpurlicht bis fast zwei Stunden nach Sonnenuntergang. Auch das Nachglühen der Berge soll von aussergewöhnlich starker Färbung und langer Dauer gewesen sein. Bis minus 22° Sonnenstellung liessen sich zirrenähnliche, leuchtend silberglänzende Nachtwolken in Höhen von bis zu 83 km ausmachen. Noch drei Jahre nach der Krakatau-Eruption konnte man, «nahe am Rand, im Schatten stehend» bei Sonnenuntergang einen kupferroten, breiten Hof um die Sonne beobachten: Strahlenbeugungen an Staubpartikeln, die auf 1–3 Mikrometer Durchmesser berechnet wurden, haben den nach seinem Entdecker benannten Bischopschen Ring verursacht. Allmählich aber blichen die Erscheinungen aus, doch war für die Alpengegend das «normale reine Himmelsblau durch den Höhenstaub völlig verdorben und in milchiges Grau umgewandelt».

DISKUSSION UM KLIMASCHWANKUNGEN

Der Krakatau muss sich mit dem dritten Platz bescheiden, wenn man die Vulkanausbrüche seit dem Mittelalter auf die Masse ausgeschleuderten Materials und nicht auf die Anzahl direkter Opfer bezieht. Der Vulkan Tambora (auf Sumbawa, einer Insel östlich von Java) spie 1815 um 40 km³ Aschenmassen in die Atmosphäre. Die Staubschicht hatte eine Intensivierung der Rückstrahlung (Albedo) zur Folge. Die Welttemperatur sank. Hungersnöte in Amerika waren eine direkte Folge. In Europa führten Missernten zu einem Anstieg der Auswandererzahlen. Neuere Theorien wollen gar die Choleraepidemie von 1832 auf den Ausbruch des Tambora zurückführen, indem Hunger in Bangladesh zum Ausbruch des Krankheitsherdes aus seinen engeren Grenzen geführt haben soll.

Jene ungewöhnliche Kälte löste unter

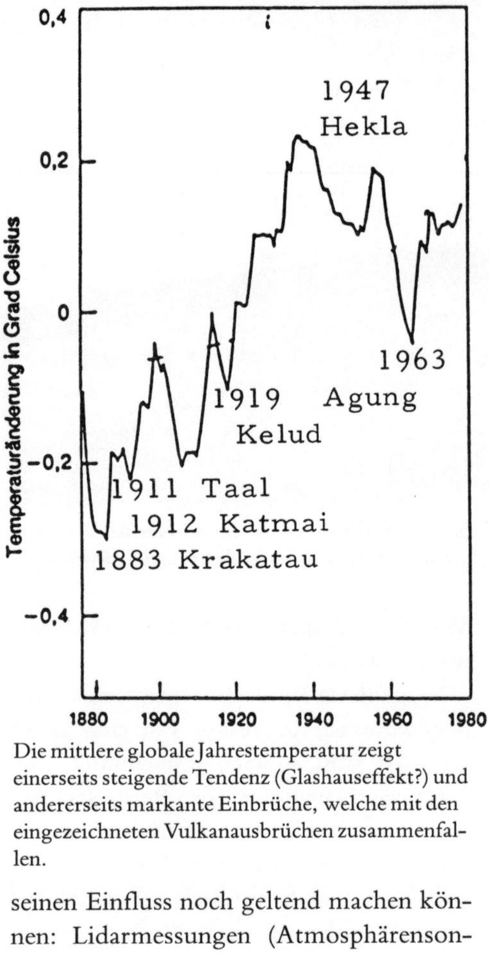

Die mittlere globale Jahrestemperatur zeigt einerseits steigende Tendenz (Glashauseffekt?) und andererseits markante Einbrüche, welche mit den eingezeichneten Vulkanausbrüchen zusammenfallen.

den zeitgenössischen Forschern grosses Rätselraten aus. Sonnenflecken wurden verantwortlich gemacht (Sonnenflecken haben einen inzwischen nachgewiesenen Einfluss auf Klima und Vegetation). Andere meinten, Franklins Blitzableiter sei schuld, indem der natürliche Wärmefluss durch denselben gestört würde.

Heute ist die Diskussion der Klimabeeinflussung im Zusammenhang mit der zunehmenden CO_2-Konzentration der Luft wieder aufgeflackert: Die messbare Steigerung des CO_2-Gehalts der letzten Jahrzehnte müsste bereits zu einer Erwärmung durch den Glashauseffekt geführt haben. Allein: die errechnete Prognose lässt sich noch nicht eindeutig verifizieren, und insbesondere Vulkanausbrüche spielen den Prognostikern schwer zu quantifizierende Streiche. Sie hinterlassen in der Welttemperaturkurve markante Kerben: Tambora (1815), Krakatau (1883), Mt. Katmai (Alaska, 1912), Agung (Bali, 1963). Dendrochronologen beobachten geringe Spätholzdichten in ganz Europa, welche auf den Katmai (Ausbruch im Juni) hinweisen. Eindeutig zeichnen sich im Holz unserer Bäume auch die tiefen Temperaturen des Sommers 1816 ab. Der Krakatau (Ausbruch im August) hat dagegen keine Spuren in den Stämmen hinterlassen. Der Ausbruch des Chichón (Mexiko, 1982) wird seinen Einfluss noch geltend machen können: Lidarmessungen (Atmosphärensondierungen mittels Laserstrahlen) haben ergeben, dass seine Aerosolwolke wahrscheinlich dichter ist, als diejenige des Agung war.

DAS BIOLOGISCHE KRAKATAU-PROBLEM

Die topographisch-geologische Expedition, die zwei Monate nach der Eruption unter Leitung von Verbeek (1885 erscheint sein grundlegendes Werk über den Krakatau) die Inselgruppe untersucht, konstatiert ungeheure Veränderungen: 22,85 km² der Hauptinsel sind mit den Vulkanen Perbuatan und Danan verschwunden. Die Bruchfläche geht mitten durch den Rakata-Kegel: Ein einzigartiger Vulkanschnitt ist entstanden. Das aufgebrochene Bassin ist 279 m tief. Lava floss nicht, doch bedecken Bimsstein und Aschenmassen die erhalten gebliebenen Inselteile: Verlaten-Eiland bis 100 m, Lang-Eiland bis 45 m, die Hauptinsel Rakata allerdings nur 1–2 m dick. Aus üppig bewachsenen Tropeninseln sind Wüsten geworden: Rasch entstehen durch die

Monsunregen tiefe Erosionsfurchen. Und alles Leben ist tot. Diese Annahme wird später jedoch zum Ansatzpunkt herber Kritik.

Seit Darwins Reise auf der Beagle um die Welt haben sich die Diskussionen um die Besiedlung isolierter Inseln intensiviert. A. R. Wallace veröffentlicht 1880 sein biogeographisches Werk «Island Life, or the phenomena and causes of Insular Faunas and Floras». Der ‹Inselsprung› geht um! Der Ausbreitung von Pflanzen wird auch in den «Challenger Reports» gehuldigt. Für die Beantwortung der Grundfrage des Besiedlungsproblemes hat sich die durch eine Katastrophe entstandene Einöde Krakatau als gigantisches Experiment der Natur den Wissenschaftern förmlich aufgedrängt. Retrospektiven Spekulationen konnten jetzt durch direkte dynamische Beobachtung eines realen Modelles harte Fakten entgegengesetzt werden. M. Trüeb, Leiter der damaligen botanischen Institute Buiterzorg auf Java, nahm die Untersuchungen zielgerichtet an die Hand. Die Faszination, den Sukzessionsfilm auf der erzwungenen Archipelwüste mitten im tropischen Klima miterleben zu können, zog Fachleute aus der ganzen Welt an. Der Zürcher Botaniker Alfred Ernst hat den Krakatau 1906 und 1931 besucht und in seinen Schriften «Die neue Flora der Vulkaninsel Krakatau» (1907) und «Das biologische Krakatauproblem» (1934) die Möbelierung des Lebensvakuums mit Organismen ausführlich geschildert. Vielleicht ist nicht zuletzt auch diesem Autor zu verdanken, dass der Krakatau bei uns recht eigentlich populär geblieben ist.

An der Innenwand des Rakata-Kegels. Diese Wand ist heute immer noch kahl, der Rücken der Vulkanruine aber ist tropenüppig überwuchert.

VOM WINDE VERWEHT

Vor-Krakatau-Wissenschaft postuliert Koralleninsel-Besiedlung durch Meeresströmungen und Vögel. Im Malaiischen Archipel gibt es um 320 Pflanzenarten, die ihre Früchte und Samen über Meeresströmungen ausbreiten. Trüeb bemerkt bei seinem ersten Besuch um 1886 jedoch, dass sich die ganze Insel vom Strand bis hinauf zum Gipfel gleichzeitig besiedelt hatte. Erste Neuzuzügler waren Blaugrüne Algen. Die gallertig schleimigen Schichten, mit welchen diese vom Winde verbreiteten autotrophen und Stickstoff fixierenden Mikroorganismen die Bimsstein-, Asche- und brachliegenden Gesteinsschichten überzogen, bildeten das geeignete Substrat für die Keimung von Moos-, Farnsporen und auch Samen von Blütenpflanzen, die ebenfalls vom Wind verbreitet worden sind. A. Lehninger nimmt in seinem Lehrbuch «Biochemie» (1977) klaren Bezug: «In den Blaualgen sieht man die ersten Organismen, die im Verlauf der Evolution das Land besiedelten. Diese Hypothese wird durch die Beobachtungen am Krakatau gestützt.» Charakteristisch für die erste Epoche der Besiedlung ist das Vorherrschen der Farnarten. Flechten fehlen. Sehr wohl wurzeln bereits Pflanzen aus angeschwemmten Früchten an den Gestaden (neun Spezies), rascher aber erfolgte der pflanzliche Überzug mit windverfrachteten Gräsern und durch Kompositen (Korbblütler).

Bereits 1897 war der Pflanzenbestand dicht, stellenweise geschlossen. Die Bildung charakteristischer Pflanzenvereine hatte begonnen. Hinter der typischen Strandvegetation (keine Mangrove, erst spärliche Strandwaldungen) bildete das Pflanzenkleid eine Art Savanne oder Grassteppe mit zum Teil mannshohen Gräsern. 32 Arten von Blütenpflanzen waren wassertransportiert, 17 durch den Wind der Insel zugeführt worden; nur vier Arten dürften durch Tiere vermittelt worden sein. 1923 werden 362 Pflanzenarten registriert: 87 makroskopische Pilze, Moose, nun auch Flechten, 62 Farne, zwei Nacktsamer und 211 Bedecktsamer. Der Krakatau ist wieder eine Tropeninsel, eine wüste Wunde ist vernarbt. Grosse Partien der Inselgruppe sind mit dichtem Wald überzogen. Ergriffen schliesst Ernst mit den Worten:

Das ist ein Bild des Lebens, ein Bild solcher Wucht, das man wohl in sich aufzunehmen und zu begreifen versucht, zu gewaltig aber, um als Ganzes in seinen unzähligen Einzelheiten voll erfasst werden zu können.»

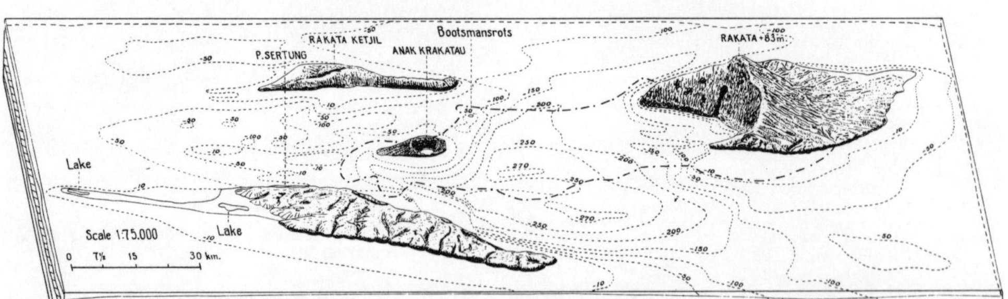

Anak, das Kind der Krabbe im Kratersee des Urgrossvaters: Ich habe es qualmen sehen, von weitem, im Schutz des Inselkreises. Ein aufkommendes Wetter hat das unverzügliche Umkehren im Aussenbord-motor-Schiffchen jedoch empfehlenswert erscheinen lassen. Leider.

ANAK KRAKATAU – DAS KIND DER KRABBE

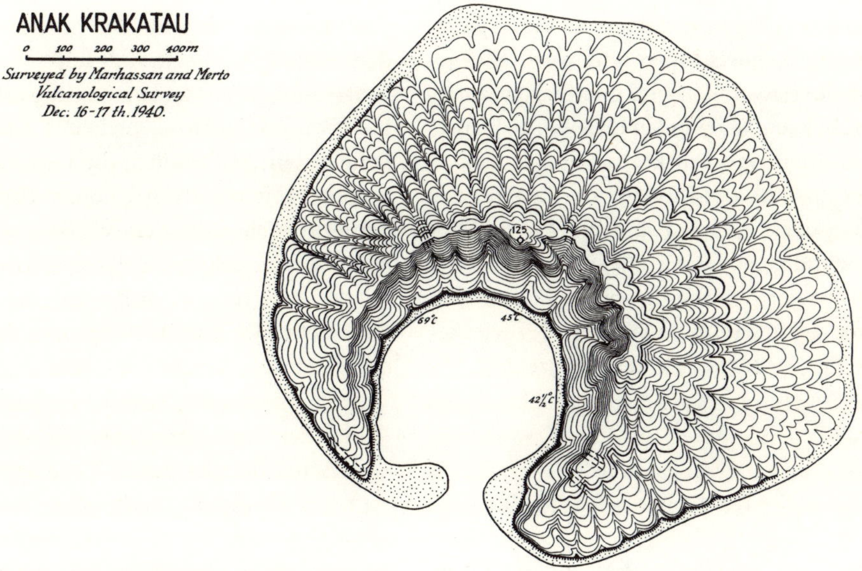

Hübsches Kind des grossen Grauens: Anak im Jahre 1940. Dass einem solchen Kleinod ein Weltenbeben entwachsen kann, wenn es grollt...

Nach einer Ruhezeit von 44 Jahren werden im südlichen Becken auf einer Linie der beiden ehemaligen Krater erneut Aktivitäten in 188 Metern Tiefe registriert. Der Krakatau ist eine Persönlichkeit geworden, deren Stimmungen mit Respekt verfolgt werden. Jedes Räuspern des Molochs im Meer wird registriert. Am 29. Dezember 1927 zum Beispiel wird Dampf und Rauch 1200 Meter hoch geschleudert. Hat sich die Krabbe noch nicht beruhigt?

Zwischen dem 26. Januar und dem 4. Februar 1928 wird eine Insel geboren: Anak Krakatau – das Kind des Krakatau. Die Insel – drei Meter hoch und 175 m lang – verschwindet wieder in den Fluten und schläft einen unruhigen Schlaf. 1929 werden innerhalb von 24 Stunden 6817 Eruptionen registriert. Anak Krakatau erscheint erneut und verschwindet wieder. Schliesslich scheint sich Anak aber durchzusetzen. Die Insel wächst, wird 38 m hoch und 250 m lang – und verschwindet doch wieder. Im Dezember 1929 hat sich das Eruptionszentrum verschoben: Anak räuspert sich nun in 250 m tiefem Wasser. Am 25. Juni des nächsten Jahres werden die Wehen vehementer: innerhalb von fünf Stunden lassen sich über 14000 Eruptionen registrieren. Anak, nun 31 m hoch, speit Feuer. Doch am 9. August fällt die Insel wieder in sich zusammen. Erschöpft hat sich der Spuk jedoch nicht: am 12. August 1930 wird die vierte Ausgabe von Anak geboren. Die Insel lebt; sie lebt noch heute. Verspielt verändert sie die Form. Ein Kratersee von 375 m Durchmesser entsteht, wird wieder demoliert. 1963, 1972 und 1975 erfolgen Schulbuchausbrüche mit schwarzem Rauch und Lavaströmen. Man hofft, Anak sei mit ihren 159 m Höhe nun den Flegeljahren entwachsen.

Wie alles in uns und um uns: Auch die Luft ist und hat Geschichte

Haushoch, sagen wir, überragt dieses jenes. Haushoch, bekräftigen wir, war dieser jenem überlegen. Wir sind im Menschenmasse geborgen. Wir sind in Häusern zu Hause. Und nicht im «Luftkreis», hochhaushoch über uns. Abermillionen von Flugstunden haben daran nichts geändert. Wir sind bodenständig geblieben. Wir sitzen wie immer vor unserer Behausung auf der Feierabendbank, wenn wir im Bewußtsein des geleisteten Tagwerkes unsere Welt betrachten.

Zukunftsangst liegt in der Luft nun. Wo denn sonst? Wer hofft, holt Luft. Was denn sonst? Luft ist uns zu lange Luft geblieben. Luft war uns zu lange ‹nichts›. Endlich erkennen wir, wie endlich die Lufthülle um uns ist. Mit oft absurd hohen Unkosten entdeckt sich jede Zeit wieder, was oft längst schon bekannt gewesen, dann aber wieder vergessen worden ist. Auch die Geschichte der Luft demonstriert, dass wir nur verstehen, was wir besitzen.

EIN BÜRGERMEISTER NIMMT SICH DER LUFT AN

Schon im 17. Jahrhundert mahnt Edme Mariotte:

«Die Luft ist so notwendig zur Erhaltung unseres Lebens, dass diejenigen, welche sich dem Studium der Natur zuwenden, die Erforschung der verschiedenen Eigenschaften der Luft nicht vernachlässigen dürfen.»

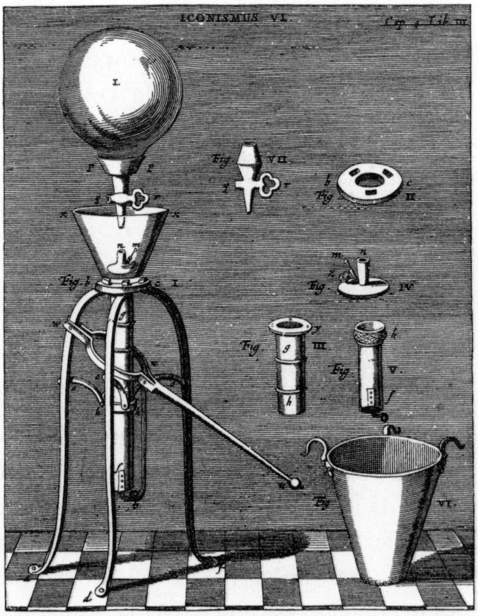

Otto von Guerickes Luftpumpe, mit der bemerkenswert luftarme Räume erzwungen und damit überzeugend der Luftdruck demonstriert werden konnte.

Eindringlich warnt er vor der Gefahr des Ignorierens des den Sinnen wenig zugänglichen Mediums Luft:

«Kinder und Ungebildete lassen sich nur mit Mühe von ihrer Existenz überzeugen. Da ihre Durchsichtigkeit sie unsichtbar macht, reden sie sich leicht ein, dass sich nichts in einem Gefäss befindet, in das man nicht Wasser oder einen anderen sichtbaren Körper gefüllt hat.»

In seiner «Abhandlung über die Natur der Luft» betont Mariotte wiederholt, dass es nicht angeht, sich von Gefühlen leiten und verleiten zu lassen:

«Noch mehr Schwierigkeiten macht die Annahme, dass die Luft Gewicht besitzt, und es bedarf vieler Überlegungen und Versuche, um sich davon zu überzeugen.»

Spektakulär und augenfällig allerdings hat der Bürgermeister von Magdeburg, Otto von Guericke, 1657 vermittelst seiner legendären Halbkugeln belegt, dass die Luft zentnerschwer auf uns lastet:

«Von dem Druck der äusseren Luft zusammengepresst, waren die kupfernen Halbkugeln (diese sind aufeinandergelegt, mit einer Terpentin-imprägnierten Lederdichtung versehen und mit einer Luftpumpe evakuiert worden) so fest verbunden, dass sechzehn Pferde sie nicht oder doch nur schwierig voneinander reissen konnten. Gelang es aber endlich, so verursachte dies ein Geräusch wie ein Büchsenknall. Sobald aber durch Öffnen des Hahnes der Luft Zutritt gegeben wird, können die Halbkugeln mit den Händen getrennt werden.»

Der Politiker Guericke sucht mitten in den Wirren des Dreissigjährigen Krieges das Wesen des interplanetarischen Raumes zu simulieren – der Ingenieur Guericke konstruiert zu diesem Zwecke akkurate Pumpen, die das Evakuieren verschiedener Gefässe ermöglichen. Guericke sucht und findet Antwort auf die Frage, ob Raum nur als «erfüllter Raum» zu denken oder aber als «leerer Raum» darzustellen wäre. Der Philosoph Guericke glaubt nicht, dass «die sogenannte Abscheu vor dem leeren Raum», der seit der Antike diskutierte «Horror vacui», die Magdeburger Halbkugeln zusammenzieht und den Knall verursacht. Er belegt das, indem er wie Evangelista Torricelli und Vincenzo Viviani um 1644 – Guericke hat von diesen Experimenten erst 1654 anlässlich einer Barometervorführung in Regensburg Kunde bekommen – demonstriert, dass eine Wassersäule durch das Vakuum lediglich um 19 Magdeburger Ellen (um zehn Meter) hochgehoben wird. Dabei kann ein mit der Wetterlage synchrones Schwanken des Wasserpegels beobachtet werden. (Im Jahr 1660 sagt Guericke einen Orkan um zwei Stunden voraus an: Extrem tief und rasch ist eines seiner Barometer gefallen und hat damit das Katastrophen-Tief angezeigt.)

Guerickes Barometer sind die wohl anschaulichsten Vergegenständlichungen für das Phänomen des uns durch Gewöhnung so vertrauten Luftdrukkes. Es sind Waagen – beliebige Höhen lassen sich mit den Wasser- und Quecksilbersäulen nicht erzwingen. Der «Horror vacui» hätte jede Höhe erlauben müssen, wäre er für die Wassersäulen verantwortlich gewesen ...

EIN HAUCH NUR, DIESER SCHUTZSCHILD UM DIE WELT

Die beschränkte Höhe der Wassersäule unter dem Vakuum – der «Horror vacui» müsste die Wassersäule in beliebige Höhen zu heben gestatten – und das wetterbedingte Schwanken beweisen:

«Die Höhe des Wassers in der Röhre

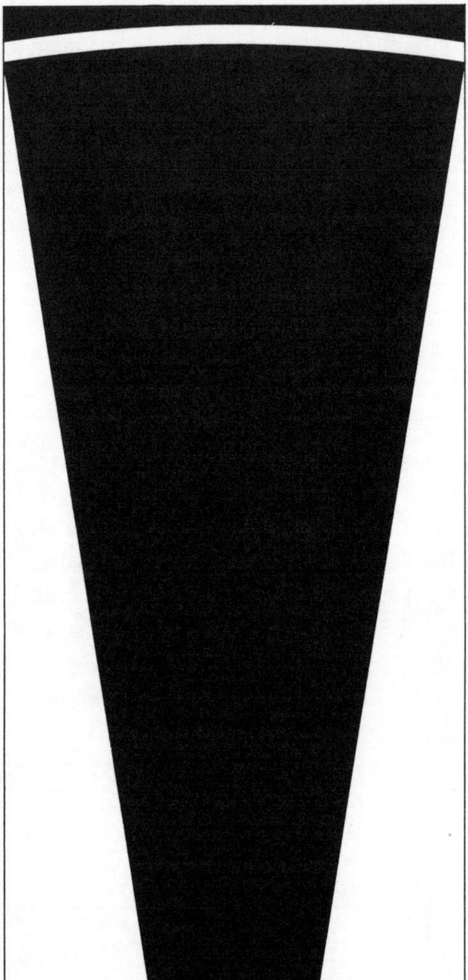

hängt daher nicht von dem Abscheu der Natur vor dem leeren Raum, sondern von dem Gleichgewicht zwischen der Wassersäule und dem Luftdruck ab.»

Im Werk «Neue sog. Magdeburgische Versuche über den leeren Raum» (1672) räumt Guericke mit weiteren Erklärungen seiner Zeit auf und propagiert das Phänomen des Luftdruckes noch profilierter:

«Einige glauben, er rühre von dem Triebe gegen das Centrum her (wohin, wie sie meinen, alles strebe). Andere verlegen die Ursache in die einen Druck ausübenden Strahlen der Sterne.»

Kristallklar postuliert der Experimentator dann die Erdanziehung als Ursache:

«Weshalb aber soll man den einzelnen Dingen den Trieb und die Natur, nach dem Centrum zu streben, beilegen und nicht viel mehr der Erde und ihrer anziehenden Kraft?»

Es wäre zu ergänzen, dass Newton sein Gravitationsgesetz 1682 formuliert. Auch dem «Sternendruck» rückt Guericke zu Leibe:

«Ferner kann die Kraft, welche die Luft zusammendrückt, keineswegs von den oberen Regionen ausgehen: Die Versuche widerlegen, dass die unteren Teile der Luft im gleichen Masse wie die oberen gedrückt werden.»

Bereits Blaise Pascal hat durch seinen Schwager Périer die Abnahme der Höhe einer Quecksilbersäule um 1648 am Puy de Dôme messen lassen und damit erstmals demonstriert, dass in der Lufthülle der Erde ein von unten nach oben abnehmender

Ein dünnes Häutchen Schutz- und Atemluft nur ist unsere Atmosphäre. Piccard hat das im Ballon erfahren, Pascal hat das am Barometer abgelesen und Alhazen, der um 1100 in Spanien forschende arabische Physiker hat es berechnet (Dämmerungswinkel 19 Grad; Reflexion der Sonne an der oberen Atmosphärenschicht): 52 000 Schritte (5–6 Meilen) war sein Resultat: nicht schlecht.

Druck herrscht, was sich denn auch über die geringere Höhendifferenz beim Besteigen von Kirchtürmen hat zeigen lassen. Mit Guericke ist die Atmosphäre endlich geworden, denn er folgert aus seinen Versuchen:

«Da nun die untere Luft stärker zusammengedrückt ist als die obere, und man dies nicht nur auf hohen Bergen, sondern schon auf den Türmen der Kirchen wahrnimmt, so folgt daraus, dass die Luft sich nicht weit von der Oberfläche der Erde erstreckt, sondern im Hinblick auf die grosse Entfernung der Sterne ihre Höhe nur gering sein kann.»

Früh wurde es uns gesagt, und deutlich wurde es uns demonstriert: Die Lufthülle ist sehr dünn, sehr endlich, sehr verletztlich. Wir haben das ignoriert. J.-F. Piccards Vorstoss in die damaligen Grenzbereiche – 1934 erreichte er im Stratosphärenballon mit 17500 Metern eine Höhe, in der heute die Korridore der Überschallflugzeuge ‹Concorde› liegen – hat diese Endlichkeit deutlich demonstriert: Überträgt man die effektiven Masszahlen – der Erdradius beträgt 6000 Kilometer – auf die Dimensionen eines Schreibtischglobusses von 30 Zentimetern Durchmesser, so wäre Piccard auf diesem nicht einmal einen Zehntelmillimeter hoch gestiegen. Auguste Piccard hat mit seiner Stratosphären-Expedition am 27. Mai 1931 eine lange Pause der Höhenrekordflüge unterbrochen: Schon 1862 erreichten Glaisher und Coxwell für kurze Zeit die Höhe von 8000 Metern. Weil sie sofort wieder abstiegen, blieben sie am Leben. 1875 aber starben auf 7500 Metern bereits zwei von drei Ballonpiloten den Höhentod (Crocé und Sivel; Tissandier hat überlebt). Diese verhängnisvolle Fahrt hat eine Reihe erfolgreicher Expeditionen jäh abgebrochen, bis der Haudegen und minutiös planende Piccard den Höhenbann wieder hat brechen können. Die Höhenabenteuer fanden, wie alle Abenteuer, ob wissenschaftlich verbrämt oder offen als sportliche Herausforderung deklariert, in der Bevölkerung bewundernde Resonanz; die wissenschaftliche Erkenntnis aber, das Erlebnis, wie hauchdünn die Lufthülle da oben über uns ist, haben die Abenteurer nicht mit dem Ruhm vom Himmel herunter holen können.

KRANKER OPAL

Eine halsbrecherische Landung auf dem Gletscher bei Obergurgel hat Piccard zum Schulbubenidol gemacht und von Guericke ist der Knall zwischen den Pferdegespannen geblieben. Gewiefte Didakten kennen den Effekt, dass die Botschaft trotz oder geradezu durch die illustrierenden Experimente verpasst wird: Die Schulchemie besteht in der Regel, einem jedem von uns, aus einer mehr oder minder dichten Abfolge mehr oder minder geglückter Explosionen. Die Experimente unserer naturwissenschaftlichen Ausbildung sind wissenschaftlich nicht nur wertlos, sie sind heuristisch zumeist kontraindiziert, weil sie, durch ihren ‹Sinnenappell› vom Weg, meist weit vom Weg abbringen. (Vom Ausbildungs-Ritual her sind die Demonstrationsexperimente natürlich integrierend und wichtig: Wehe dem Chemie-Pädagogen, welcher seinen Schülern und seinen Mitlehrern Knall und Rauch vorenthält, wehe dem Physiker, der keine Kugeln aufeinander prallen, wehe dem Biologen, der kein Blut fliessen lässt.)

Guericke war kein Schulmeister, aber ein erfolgreicher PR-Fachmann war er doch, als Politiker jedenfalls. Allein, seine Botschaft wurde verkannt, die Botschaft, dass die Lufthülle dünn ist. Da haben grössere Experimente auch nicht wachrütteln können: Was ist vom Krakatau (1883) geblieben, der in der Sundastrasse explodiert ist und vernehmlich gezeigt hat, dass die Erde eine Stube ist? Seine Toten, seine Opfer haben überlebt – die Botschaft an das Leben der Zukunft ging im Spektakel seiner Springflut unter.

Der Zürcher Hochschullehrer Heim benützt die Demonstration des Krakatau-Vulkans zur Volksbelehrung: Besonders bunte Sonnenuntergänge über Zürich veranlassen ihn, gegen das Rauchen zu wettern, weil «Nikotin und Kohlenmonoxid die göttliche Gabe unseres Farbsinnes schwächen». Dieses Krakatau-Experiment von globalem Umfang wird der über jeden Zweifel erhabenen Dozentenpersönlichkeit von hoher Intelligenz zum Aufhänger, sich für ihre verqueren Gesundheitsansichten stark zu machen: «Starke Raucher über 50 Jahren haben meistens keinen normalen Farbsinn mehr.» Da demonstriert uns ein Vulkan aus Übersee, wie limitiert das Abfall-Aufnahmevermögen der Lufthülle ist. Da wird uns augenfällig vorgemacht, wie rasch Emissionen verfrachtet, wie rasch lokale Ereignisse zum globalen Problem werden, doch die Botschaft wird nicht verstanden. Es ergeht den Lehrern, wie es ihren Schülern ergeht: Laute Experimente zerstreuen, unterhalten, lenken vom Wesen der Sache ab. Was verdanken wir der Atmosphäre? «Den Farbenduft der Dämmerung.» Mit den Worten Professor Heims:

«Der Beobachter vom Monde sieht den Erdrand verwischt, die Erde trüb und fleckig, verschleiert. Sitzen die armen Menschen da oben in einem dicken Dunste, würde man sagen. Aber wir tauschen nicht mit dem toten Monde. Wir verdanken unserer Luft nicht nur das Leben und Atmen, wir verdanken ihr auch Himmelblau, Dämmerung und Abendrot und all den unendlichen Farbenduft, mit dem sie unsere Erde schützend wie mit einem herrlichen Opal gütig umgibt.»

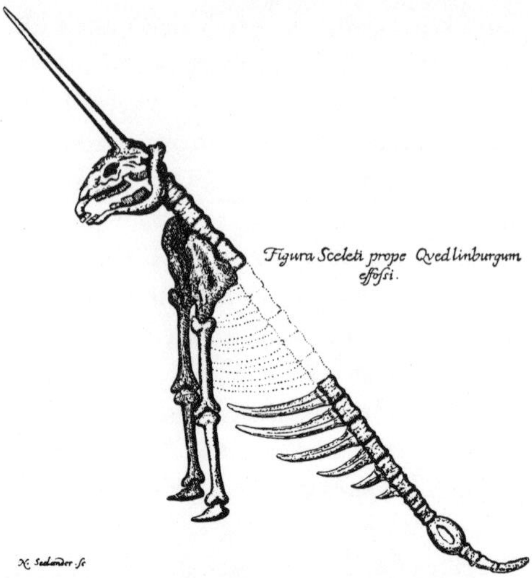

Das Einhorn von Quedlinburg: aus Mammutknochen rekonstruierte Guericke ein Einhorn, dem es gelang, keinen geringeren als Leibniz auf das einsame Horn zu nehmen. Fachverstand hier ist nicht Fachvernunft dorten. Solche Einhörner sind immer noch nicht ausgestorben, sie bevölkern alle Wissenschaften. Ewiglich. Aber sie sind nicht immer so deutlich als Unsinn auszumachen, wie das Zweibein mit Steisskiel von Quedlinburg ...

Der Opal ist nun trübe geworden, die Atmosphäre ist krank. Zukunftsangst liegt in der Luft. Mit absurd hohen Unkosten entdecken wir, was längst bekannt gewesen wäre. Ein hauchdünner Mantel nur schützt das irdische Leben vor dem Weltraumtod. Wir wissen das. Und rauchen immer noch. Blind aus allen Schloten.

OASE IM WELTRAUM

Temperatursprünge, die den Fiebermesser beunruhigend in die rote Zone treiben, machen in den gleichen Grössenordnungen auch den Planeten Erde krank. Die ‹jüngere› Vergangenheit hat das gezeigt:

900 bis 1050 war Island zu 60 Prozent bewaldet, die Wikinger bauten Getreide an; die Schiffahrt war nicht durch Packeis bedrängt; selbst Grönland wurde kolonisiert und dauernd besiedelt. Am Kaspischen Meer herrschten dagegen Dürren: Der Seespiegel lag 32 Meter unter dem heutigen Pegel. Die Klimaforschung meint, dass dieses «mittelalterliche Temperaturhoch» durch lediglich um ein Kelvin höhere Durchschnittstemperaturen bewirkt worden sei.

1550–1850 ist die Epoche der Kleinen Eiszeit. Breughel der Jüngere malt in Holland Winterlandschaften von klirrender Kälte; die Gletscher der Alpen und die Gletscher in Skandinavien rücken vor; die Wikingersiedlungen auf Grönland verschwinden; Island ist neun Monate vom Packeis umschlossen. Das Fallen der Temperatur von um ein Kelvin hat diese Eiszeit bewirkt!

Die Einzigartigkeit der Temperaturoase Erde inmitten der unwirtlichen Unendlichkeiten des Weltraumes wird uns angesichts solch minimaler Klimalaunen in fast andächtigem Staunen klar. Auch die Wissenschaft ist wieder willens, der Welt einen Mittelpunkt im Kosmos zuzuordnen. Die Sonne dreht sich allerdings nicht wieder um uns; zu viele ‹Zufälle› – meist durch gegenseitige Abhängigkeiten verflochten – müssten aber koinzidierend zusammentreffen, als dass das irdische Leben nicht eben doch wohl einmalig wäre. Die kritische Würdigung des das Leben limitierenden Faktors der Temperatur bereits zeigt das deutlich.

Unter Klima versteht man einen Mittelwert (meist über mehr als 30 Jahre gemittelt) verschiedener Wetterelemente. Die wichtigste Kenngröße des Klimas ist die Temperatur. Die wohl zweitwichtigste Grösse ist der Wassergehalt der Atmosphäre. (Wassergehalt und Temperatur beeinflussen sich gegenseitig.) Der Wassergehalt manifestiert sich als Luftfeuchte, als Wolke, als Niederschlag. Die Temperatur hängt in erster Linie von der Menge der eingestrahlten Sonnenenergie ab. Daneben wird sie auch von den Eigenschaften der Atmosphäre und der Beschaffenheit der Erdoberfläche beeinflusst (Land-, Wasser-, Eismassen). Die Atmosphäre ihrerseits setzt sich zusammen aus einem Gasgemisch (‹Luft›), aus Wolken (kondensiertem Wasser), aus Aerosolen (‹Rauch›). Alle drei Atmosphären-Komponenten spielen für das Zustandekommen der

Wir sind einsam geworden im Weltraum. Je grösser unsere Teleskope werden, desto klarer erkennen wir die Summation der Faktoren, welche durch ihr Zusammenwirken allein Leben möglich macht. Herschel hat um 1790 mit seinem Reflektor auf der Sonne Leben nicht ausschliessen wollen: Die Sonnenflecken waren ihm Beweis für eine Sonnenatmosphäre über kühlem Sonnengrund . . .

Temperatur innerhalb der Biosphäre (analog zur Atmosphäre kann von einer Hydrosphäre, einer Geosphäre, einer Biosphäre gesprochen werden) entscheidende Rollen.

Der wohltemperierende Einfluss unserer Erdenatmosphäre wird sofort sinnenfällig, wenn man sich die Frage stellt, wie das Klima an der Erdoberfläche denn ohne Lufthülle wäre. Um die acht Prozent der eingestrahlten Sonnenenergie würden an der Erdoberfläche direkt reflektiert; der Rest von 92 Prozent würde absorbiert, was die Oberfläche erwärmte. Je wärmer aber die Erdoberfläche wird, desto mehr Wärme wird auch in den Weltraum zurückgestrahlt. (Die Abstrahlung wächst nach dem Stefan-Boltzmannschen-Gesetz mit der vierten Potenz der absoluten Temperatur. Das heisst: Bei einer Verdoppelung der Oberflächentemperatur wird sechzehnmal mehr Energie abgestrahlt.) Ein Temperaturgleichgewicht ist erreicht, wenn die Oberfläche so viel Wärmeenergie abstrahlt, wie sie Strahlungsenergie aufgenommen hat. Die Wissenschaft errechnet (für die Erde ohne Atmosphäre) eine Oberflächentemperatur von 274 K (= 1° C). Diese Grössenordnung steht im gemessenen Übereinklang mit der Oberflächentemperatur des ebenfalls atmosphärenlosen Mondes.

Biotop Saturn – die Nachbarn im Weltraum grüssen im 19. Jahrhundert herüber auf die Erde Flammarions. Der populäre Schalk zeigt zwar, dass die Sonne mit ihren gigantischen Vulkanfackeln aus glühendem Brei unbewohnt sein muss, demonstriert in einem seiner berühmten Werke aber, Planet um Planet, dass wir Erdenmenschen nicht einsam im Weltraum sind.

FÜR DAS WOHLTEMPERIERTE KLIMA

Die täglichen Variationen auf dem Mond sind jedoch beträchtlich: Um über 250° C schwanken die Temperaturausschläge. Nachts ist es mit 123 K (– 150° C) lebensunmöglich kalt, am Tag würden mit 403 K (+ 130° C) selbst resistenteste Lebenskeime sterilisiert. Diese Ausschläge sind Ausdruck der geringen Wärme-Speicherkapazität des Mondes. Auf der Erde wirkt die Hydrosphäre als Temperaturspeicher.

Die Sonne strahlt elektromagnetische Energie der Wellenlänge von 0,3 bis drei Mikrometer ein (in diesem Bereich liegt auch der von uns als ‹Licht› interpretierte Ausschnitt); diese Energiequalität wird durch Absorption transformiert. Abgestrahlt wird Infrarot der Wellenlängen sechs bis 60 Mikrometer. Die Strahlungsströme der Zu- und die der Abfuhr liegen in gänzlich verschiedenen Wellenbereichen. Die Gasmoleküle der Atmosphäre reagieren darauf sehr unterschiedlich.

Bedingt durch die irdische Atmosphäre, werden die Strahlungsflüsse komplex: Be-

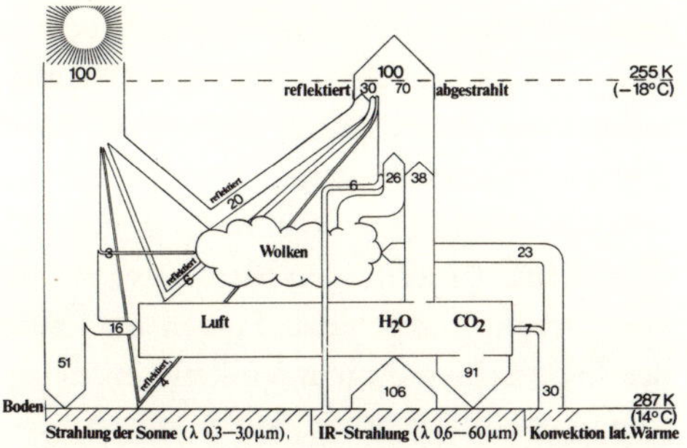

Energieflüsse und Energiespeicher der Atmosphäre.

zogen auf 100 Energieeinheiten, werden deren 30 direkt in den Weltraum reflektiert (vier an der Erdoberfläche, sechs in der Luft und 20 an Wolken); die restlichen 70 Einheiten werden absorbiert und in Wärme umgewandelt (51 an der Erdoberfläche, 16 in der Luft und drei durch Wolken).

Die 70 absorbierten Strahlungseinheiten können als Infrarotstrahlung die Atmosphäre keineswegs direkt durchdringen: Die Atmosphäre gibt einen grossen Anteil der Infrarotwellen wieder auf die Erdoberfläche zurück. Verglichen mit einer theoretischen atmosphärenlosen Planetenoberfläche, erwärmt sich die durch die Lufthülle isolierte Erde um 13° C auf 287 K (+ 14° C). Gleichzeitig aber wird die Oberseite der Atmosphäre wesentlich kühler (um 255 K). Das liegt am grösseren Anteil reflektierter Strahlung; die Temperaturerhöhung der Oberfläche ist eine direkte Folge des als Glashauseffekt bezeichneten Phänomens, dass nämlich Strahlung kürzerwelliger Qualität eintreten, die Strahlung der längerwelligen Infrarot-Qualität aber nicht uneingeschränkt austreten kann.

Das Gasgemisch der Luft besteht aus rund 77 Prozent molekularen Stickstoffes (N_2), 21 Prozent diatomaren Sauerstoffes (O_2) und rund einem Prozent Argon (ein Edelgas). Interessant ist die Feststellung, dass dieser Hauptanteil des Gasgemisches von der Infrarotstrahlung kaum angeregt wird: Sauerstoffgas und Stickstoffgas sind für Infrarotstrahlung ‹blind›. In den Glashauseffekt gehen lediglich um die 1,5 Prozent Wasserdampf (H_2O) und 0,03 Prozent CO_2 ein (zusammen mit Ozon [O_3] die dreiatomigen Spurenkomponenten des Gasgemisches Luft).

Mutter Erde ist – wird die Körpertemperatur axilar gemessen – so empfindlich auf Klimasprünge, wie wir Menschen es sind. Nun haben wir aber damit begonnen, die Atmosphäre mit Abfällen zu belasten: Die Kohlendioxidkonzentration steigt an, Ozon wird in der Biosphäre als Folgeprodukt der Stickoxide gebildet, und in der Stratosphäre beeinflussen wir den Strahlungsschild der Ozon moleküle. Die Lufthülle ist dünn – viel Abfall verkraftet sie nicht. Eine Krankheit bedroht unser aller Zukunft: das Planetenfieber.

DIE VERGANGENHEIT DER KOHLENSAUREN ZUKUNFT

Zukunft ist keine Märchendimension. ‹Es wird einmal› – damit beginnen Wissenschafter ihre Prognosen. Welche Märchenchips werden welchen Kindern dereinst erzählen können: ‹[...] und wenn sie nicht ausgestorben sein werden, so forschen sie noch morgen?›

Um 1850 folgern Kelvin und Clausius aus dem Phänomen des Wärmeausgleichs (zweiter Satz der Thermodynamik), dass das Schicksal des Weltalls sein unausweichlicher «Wärmetod» sei. Der thermodynamische Wärmetod wird nicht stattfinden: Das historisch bedingte Fehlurteil beruhte auf der Annahme, dass das Weltall ein abgeschlossenes System sei. Leider sind zwar alle Prognosen ‹historisch bedingt›, leider aber sind nicht alle skeptischen Prognosen Fehlurteile. Die Frage lautet stets: Kopf oder Zahl. Fehlurteil oder Urteil. Die Wissenschaft hat biederes Bürgertum zu oft genarrt: Hätte jede wissenschaftliche Warnung Konsequenzen gezeitigt, die Menschheit wäre bereits ausgestorben. Mehrmals.

Vor rund hundert Jahren hat Svante Arrhenius (der schwedische Physikochemiker ist Begründer der Chemie wässeriger Lösungen und Nobelpreisträger für Chemie 1903) auf die Temperaturproblematik einer zunehmenden Kohlendioxidkonzentration in der Atmosphäre aufmerksam gemacht. Weil das Gas der Kohlensäure entscheidend die Welttemperatur mitbestimmt, wird der Mensch entscheidend mitverantwortlich für Klimaverschiebungen und das Aufheizen der Welt, falls er weiterhin fossile Kohlenstoffprodukte in Mengen verbrennt, die global messbar zu Buche schlagen. Die Vision eines neuen – nicht minder wissenschaftlichen – Wärmetodes wird als Prognose formuliert. Den Warnungen wird wenig Beachtung geschenkt. Denn die Wissenschaft hat das CO_2-Lösungsvermögen der Ozeane bis vor kurzem überschätzt. Haben im Laufe der Erdgeschichte nicht Vulkane immense Mengen Kohlendioxidgas in die Atmosphäre geschleudert? Bis auf geringe Restmengen sind diese jedoch in Form von Sedimenten in den Meeren abgelagert worden: Das atmosphärische Kohlendioxidgas beträgt nur rund einen Hunderttausendstel der karbonatischen Sedimentmengen (rund 700 gegenüber 70 000 000 Gigatonnen), und das Meer enthält gelöst etwa 60mal soviel Kohlendioxid, wie die gesamte Atmosphäre. Die Erde, die Zahlen belegen das, ist schon mit grösseren Kohlendioxidkatastrophen fertig geworden – die Erde wird auch die anthropogenen Kohlendioxidimmissionen verdauen können. Hat man gemeint. (Bereits Priestley hat auf die ‹Reinigung› der Atmosphäre durch Wellen gesetzt!)

Viele Katastrophen, die vorausgesagt worden sind, traten dann nicht ein. Im letzten Jahrhundert ging der ‹Wärmetod› um; er beruhte auf der wohl falschen Annahme eines in sich geschlossenen Universums. Die Prognose der Welterwärmung beruht auf der wohl richtigen Annahme des Glashauseffektes.

In der Tat dürfte die CO_2-Zunahme in der Atmosphäre von 1850 an (Beginn der Industrialisierung) mit rund 14 Prozent wesentlich geringer ausgefallen sein, als nach den Berechnungen zu erwarten gewesen wäre. Messungen auf Hawaii (CO_2-Gehalt der Luft im Nordsommer und Nordwinter) haben berechnen lassen, dass pro Jahr rund zehn Prozent des atmosphärischen Kohlendioxides durch den Prozess der Photosynthese umgesetzt werden: der Luft-CO_2-Pool ist von endlichen, von überschaubaren Grössenordnungen. Bei einer Kohlendioxid-Ausstoss-Verdoppelungsrate von gegenwärtig 17 Jahren wird jedoch ausserhalb der natürlichen Zyklen durch Verbrennung fossiler Brennstoffe in rund acht Wochen soviel Kohlendioxidabfall in den Luftraum deponiert, wie es der

Gesamtmenge Ozon der ganzen Atmosphäre entspricht. (Dieser Vergleich wird von Ulf von Zahn in Bonn dazu benutzt, zu demonstrieren, in welch hohem Mass der Mensch bereits in den Haushalt der Gasphase um seine Erde eingreift; wie viele Naturwissenschafter kommt er zum Schluss, dass die Atomtechnologie allein unsere Zukunft garantieren könne.)

Erst in jüngerer Zeit ist nachgewiesen worden, dass die Ozeane nur in eine Tiefe von bis zu etwa 80 Metern im Gleichgewicht mit der Atmosphäre CO_2 austauschen. Diese Austauschprozesse aber sind sehr langsam. Verzögernd kommt dazu, dass eine Erhöhung der Kohlendioxidkonzentration in der Gasphase lediglich zu einer neunmal geringeren Konzentrationszunahme in der Wasserphase führt (Pufferfaktor 9:1). Heute noch, trotz Weltraumforschung und modernem Gerät, sind die Ansichten darüber, wo die fehlenden CO_2-Mengen verblieben sind, kontrovers. Wenn die Kapazitäten dieser noch unbekannten Depots aber erschöpft sein werden, wird die Lufthülle schlagartig zum alleinigen Endlager. Temperaturkatastrophen würden uns dann heimsuchen. Hals über Kopf. Wie weiland Arrhenius prophezeit hat. Vor hundert Jahren.

DAS VENUSMODELL

Die Fachleute liegen sich noch in den Haaren, ob der Weltklimatrend entsprechend den Voraussagen und korrelierend mit dem gemessenen Kohlendioxidanstieg wirklich auf eine Erwärmung hinzielt. Aus den gemessenen Werten soll sich noch keine Welttemperaturtendenz ablesen lassen. Ob das Glashausmodell falsch ist?

Die Weltraumforschung gibt Aufschluss: Die Oberfläche des Nachbarplaneten Venus ‹siedet› unter einer CO_2-Atmosphäre mit 743 Kelvin (470° C) jenseits aller Lebensgrenzen. Bereits durch die Venera-Missionen wurden diese Oberflächentemperaturen bestimmt; mit dem Pioneer-Programm wurden auch Gasanalysen ausgeführt (Gerät der Universität Bonn) und eine Kohlendioxidkonzentration von über 95 Prozent gemessen.

Die gewaltige Venusatmosphäre weist stattliche 92 Atmosphären Druck auf; eine errechnete Oberflächentemperatur ohne diesen gewaltigen Gaspanzer ergab das Resultat von 322 Kelvin (49° C); wie erinnerlich, hätte die Erde ohne ihre Atmosphäre errechnete 274 Kelvin oder 1° C. Man erkennt: Der Glashauseffekt der Venusatmosphäre ist entsprechend der Erwartung gross.

Das Modell Venus hat Vertrauen in die Berechnungsgrundlagen gegeben – auf der Erde aber interessieren ungleich feinere Nuancen, wesentlich komplexere Vermaschungen der Rückwirkungen sind hier in den Modellrechnungen zu berücksichtigen. Der Grund, weshalb noch kein Klimatrend messbar geworden ist, hat uns nachhaltig zu beschäftigen. Eine mögliche Erklärung muss in Fakten gesucht werden, welche die Energiezufuhr drosseln. Früh hat sich die Frage aufgedrängt, ob unterschiedliche Strahlungsintensität der Sonne zu Klimaschwankungen führen kann.

Georg Christoph Lichtenberg hat in seinen «Geologisch metereologischen Phantasien» das Problem periodischer Schwankungen der Sonnenstrahlen erörtert und die Abhängigkeit von Klimaveränderungen in Erwägung gezogen; auf den Vorschlag des Göttinger Autodidakten und Astronomen Tobias Mayer, Strahlungsmessgeräte auf den Gebirgen zu installie-

Protuberanzen: der Sonne 11jährige Aktivitätszyklen beeinflussen auch die Biosphäre auf der Erde. Bäume sind sonnenfühlig.

ren, reagiert er, wie Hans Blumenberg genüsslich rapportiert, begeistert: «Es wird nicht eher um alle Teile in der Naturlehre gut zu stehen anfangen, bis man das Verfahren der Astronomen als das Paradigma ansieht, in allen Teilen der Naturlehre danach zu deklinieren.» (Der Ursprung des «Paradigma-Begriffes» Thomas S. Kuhns scheint damit mit der Sorge um die Klima-Zukunft unseres Planeten eng verquickt zu sein.)

Offenbar lassen sich elfjährige Zyklen der Sonnenflecken in Jahrringzuwachsschwankungen von Bäumen nachweisen: Einflüsse auf die Ozonschicht lassen sich vorderhand jedoch noch nicht eindeutig mit deren zyklischen Konzentrationsschwankungen korrelieren, und das Weltklima folgt den Sonnenoszillationen nicht. Die Bäume scheinen nicht nur wetter-, sondern auch sonnenfühlig zu sein. Und weil eine kontinuierliche Abnahme der Sonnenstrahlung als Grund für die Kompensation des zunehmenden Glashauseffektes nicht zur Diskussion steht, muss ein möglicher Grund auf der Erde selber gesucht werden.

Wiederum sind Naturkatastrophen Schlüsselereignisse. Als 1813 der Tambora-Vulkan explodierte – diese Eruption war grösser als die Krakatau-Katastrophe – wurde die Atmosphäre dermassen verschmutzt, dass die Reflexion der Sonnenstrahlen zurück in den Weltraum stark anstieg. Auch die grossen Vulkanausbrüche unseres Jahrhunderts verursachen auf den Weltklimakurven Temperatureinbrüche. Modellrechnungen im Computer haben es ‹belegt› (Beweise lassen sich mit diesen Methoden keine erbringen): Vulkanasche hat die Erde vorerst vor der Glashauserwärmung bewahrt. Ein diabolisches, ein erschreckend zufälliges Gleichgewicht zwischen Kohlendioxidzunahme und Luftverschmutzung ist somit Garant unserer wohltemperierten Zukunft. Inwiefern anthropogene Verrussung (Flugzeuge verkehren über dem Regen) ebenfalls mit in das Temperaturgleichgewicht eingeht, ist noch ungewiss. Dass ‹etwas in der Luft liegt›, ist uns jedenfalls klar geworden: Im letzten Jahrhundert sah – um ein konkretes Beispiel zu erwähnen – der Zürcher die Alpenkette noch an 60 Tagen im Jahr sehr deutlich; heute haltet man sich mit Vorteil an die Postkartenauslagen.

Sicher an der Kohlendioxiddiskussion ist nur, dass die Diskussion uns auch in die Zukunft hinein begleiten wird. Zurzeit werden in den USA zwei – nur scheinbar kontroverse – Kohlendioxidprognosen politisch erregt debattiert. Der Bericht der Environmental Protection Agency (EPA) sagt Temperaturerhöhungen um zwei Kelvin bis ins Jahr 2040 und um fünf Kelvin bis zum Jahr 2100 voraus. Sprecher der momentanen Regierung bezeichnen den Report als «unnötig alarmierend». Sie loben eine Studie der National Academy of Sciences. Darin wird gezeigt, dass eine Verdoppelung des Kohlendioxidgehaltes der Atmosphäre gegen Ende des nächsten Jahrhunderts einen Temperaturanstieg von 1,5 bis 4,5 Kelvin bewirken werden. Nun: diese Szenarien sind erstaunlich kongruent. Der Fehler der getadelten Untersuchung: sie warnt. Sie warnt vor Klimakatastro-

Wir haben Eiszeiten hinter uns – stehen uns Tropenzeiten bevor? Es sind delikate Gleichgewichte, auf die der Mensch nun einwirkt. Wir haben uns auf die gegebenen Klimate eingestellt. Verschiebungen sind zu erwarten. Die Prognosen sind widersprüchlich.

phen. Die andere ist in diesem Punkt zurückhaltender. Sie fordert weitere Untersuchungen. Geld. Forschung. Und wenn sie nicht gestorben sein werden, forschen sie noch lange. Friedlich.

Beide Arbeiten, übrigens, scheinen sich trotz lauernden Planetenfiebers gegen die Atomtechnologie zu wenden. Politiker sind gehalten, sich an die Forschungsresultate zu halten. Doch wie an den Ansichtskartenauslagen: Fast für jeden Geschmack findet sich da der passende Befund.

DIE ZUKUNFT IST EIN WÜRFELSPIEL

Wissenschaftliche Prognosen erheben neben dem Anspruch auf zumeist mathematische Schönheit auch den der Verlässlichkeit. Niemand weiss – heute jedenfalls weiss es niemand mehr –, was die Wissenschaft vor Unwissenschaften auszeichnet. Ein Ansatz der Umschreibung benützt die Quote des Eintreffens exakter Voraussagen als Mass für ‹Wissenschaftlichkeit›. Horoskope – die Ansichten mögen auseinandergehen – erfüllen den Tatbestand der ‹Wissenschaftlichkeit› allerdings auch dann nicht, wenn tatsächlich eintrifft, was prophezeit worden ist; Wetterprognosen aber bleiben auch dann wissenschaftlich, wenn sich die Wolken nicht an die errechneten Fahrpläne gehalten haben. Es ist eigenartig, wie tolerant wir den Orakeln unserer Wissenschaften gegenüber geworden sind: Wir verzeihen immer wieder, glauben immer wieder und planen auch das nächste Picknick mit der Hilfe der Meteorologischen Anstalt.

Klimaprognosen sind ungleich unzuverlässiger als die Wetterberichte. Die notdürftig an vergangenen Ereignissen geeichten Szenarien lassen sich nur als rechnerische Modelle simulieren. Die Quittungen, die allein helfen, die Grundlagen zu überprüfen, lassen lange auf sich warten. Dabei geht es gerade hier um mehr als um ein verregnetes Picknick; es geht um die Wiese und um unsere ganze Oase mitten im unwirtlichen Weltraum. Wir sind daran, diese zu zerstören: mit und trotz aller Wissenschaft.

Neben dem Kohlendioxidgas sind auch das gasförmige Wasser und das Ozon am Glashauseffekt beteiligt. Über den CO_2-Pegel beeinflusst der Mensch indirekt auch den Wassergehalt der Luft. Denn die Wasserkonzentration der Luft ist eine Funktion der Temperatur: Je wärmer es ist, desto mehr Wasser vermag die Luft zu lösen. Da die Temperatur aber eine Funktion des Kohlendioxidanteiles ist, nimmt das Kohlendioxid direkt Einfluss auf die Wasserkonzentration, die ihrerseits wiederum positiv, das heisst temperaturerhöhend wirkt. Dieses System sich gegenseitig positiv beeinflussender Grössen schaukelt auf. Solche Abhängigkeiten machen das Modellrechnen zum Abenteuer. Und Prognosen bleiben Würfelspiel, solange nicht alle Rückwirkungen kausal entschlüsselt sind.

DAS OZONTRAUMA

Es ist interessant, dass in der breiten Öffentlichkeit das Ozon vor dem CO_2-Problem debattiert worden ist. Psychologische Gründe sind dafür wohl verantwortlich zu machen: Die Ozonschicht der Atmosphäre ist ein Strahlenfilter. Ozon schützt das Leben vor intensiver UV-Strahlung und damit vor dem genetischen Zerfall und vor Krebs. Ozon absorbiert einerseits in den kurzen Wellenbereichen des genetischen Materials und andererseits im langen Infrarot. Das Ozon erhöht die Temperatur der Stratosphäre (10 bis 50 km Höhe) um 60 Kelvin. Dabei ist seine Gesamtmenge mit 3400 Millionen Tonnen gering (zum Vergleich: Wir produzieren um die 25 Milliarden Tonnen CO_2 jährlich), es erreicht nirgends einen Volumenanteil von mehr als zehn ppm (ein ppm = ein Millionstel Volumenanteil; CO_2 hat heute einen Anteil von um 340 ppm, im Jahr 1850 waren es noch um 300 ppm). Das heisst im Klartext, dass auch innerhalb der sogenannten Ozonschicht (in 20 km Höhe) auf eine Million Luftmoleküle stets weniger als zehn Ozonmoleküle entfallen. Konzentriert auf die Erdoberfläche (Druck: eine Atmosphäre), ergäbe das eine Ozonschicht von nur 2,5 mm Dicke.

Neben dem wiederholt betonten Aspekt der Endlichkeit der Abfalldeponie Luft geht es also auch um die Endlichkeit des das Leben erhaltenden Potentials der Luft. Die Frage, ob der anthropogene Ozonschwund fatalere direkt biologische oder indirekt klimatologische Folgen zeitigt, muss offenbleiben: Die Rückwirkungsmodelle im Ozongleichgewicht sind noch weit weniger übersichtlich, als dies beim Kohlendioxid der Fall ist.

Mit Hilfe von Grossrechnern ist die Wissenschaft heute in der Lage, die globale Ozonverteilung unter Berücksichtigung von Sauerstoffreaktionen (die im wesentlichen seit 1930 bekannt sind) und von Transportphänomenen zu berechnen. Die Ozonschichtdicke – auch als Gesamt-Ozonbetrag bezeichnet – wird seit Ende der fünfziger Jahre von einem weltweiten Beobachtungsnetz laufend gemessen; die Stationen Arosa, Oxford und Tromsö begannen bereits in den dreissiger Jahren mit ihrer Arbeit. Vergleicht man die Berechnungen mit den Messungen der Boden-Spektrographen und neuerdings mit denen der Satellitensensoren, so ‹fehlen› rund 30 Prozent Ozon. Ozon-Abbaureaktionen ausserhalb des ‹natürlichen› Gleichgewichtes (Ozonolyse / Ozonogenese) konnten in Form katalytischer Prozesse identifiziert werden. In der Ozonschicht wirken in diesem Zusammenhang Spurengase verheerend: Stickoxid (NO) allein scheint für gegen 25 Prozent des Ozonschwundes verantwortlich zu sein. Die anderen identifizierten Katalysatoren teilen sich in den Rest von 5 Prozent: atomarer Wasserstoff (H), atomares Chlor (Cl) und das Hydroxyl-Radikal (OH). Die in der Stratosphäre katalytisch wirksamen Spurengase werden in Form sogenannter ‹Quellgase› aus der Troposphäre (Wetterschicht) importiert. Aus den Quellgasen Kohlenmonoxid (CO), Wasserstoff (H_2) und Kohlenwasserstoffen, Methan (CH_4) etwa, entstanden die HO-Katalysatoren; aus Lachgas (N_2O) die NO_x-Radikale und aus halogenierten Kohlenwasserstoffen (CH_3Cl, $CFCl_3$; CF_2Cl_2; Stichworte Freon und Treibgase) werden die Chloratome freigesetzt.

Es ist verwirrend, dass Ozon in der Stratosphäre das Leben vor dem Strahlentod schützt, Ozon in der Atmosphäre aber Biomoleküle zerstört, also sterilisierend wirkt. Sterile Luft ist gesund: Wer erinnert sich nicht an die Zeit des Ozonbooms? Ozonreicher Wald. Ozonreiche Luftkurorte. Ozon war ein werbliches Argument, das selbst dann noch stach, wenn alle anderen versagt hatten. Heute vermutet man, dass der Wald – unter anderem – am Ozon, am ehemals so gesunden, stirbt. Die troposphärische Ozonschicht (bis 10 km Höhe, 10 % Anteil an der Gesamtozonmenge) hat die wichtige Funktion der Selbstreinigung: Schadstoffe aller Art aus den Verbrennungsprozessen werden hier oxidiert und dann ausgeregnet. Die Photochemie der Atmosphäre hat die Schulstubenchemie gesprengt. Viele Fragen wurden beantwortet. Viele Probleme um Gleichgewichte und Reaktionsgeschwindigkeiten in der Luftphase sind aber, wohl noch für lange Zeit, offen.

Vignette zu Bonnets «Contemplation de la Nature». Wir hängen an der Energiequelle Sonne. Sie erwärmt uns: die Atmosphäre speichert. Sie bedroht uns: die Atmosphäre schützt uns. Sie ernährt uns: die Atmosphäre versorgt die Pflanzen. Dieser hauchdünnen Atmosphäre verdanken wir alles Leben: Wir sind nicht im Weltraum eingebettet...

JET, SPRAY, BOMBE UND DÜNGER: EIN PROGNOSENROULETT

Vier Beispiele sollen den anthropogenen Einfluss auf die Ozonschicht belegen; es soll gezeigt werden, wie durch viel Auf und Ab sich die Wissenschaften allmählich einer Wahrheit nähern, die nur noch in geringem Widerspruch zur gemessenen Wirklichkeit steht.

1. Jets. Im Jahr 1971 schreckt Johnston die Weltöffentlichkeit mit einer Horrorvision aus der Planungseuphorie: Die für die neunziger Jahre geplante Flotte von 500 zivilen Überschalljets vom Typ Boeing hätten, hiess es, einen Abbau der Ozonschicht von um 50 Prozent zur Folge. Die Flugzeugpläne wurden daraufhin politisch begraben, obwohl in den folgenden Jahren, gestützt auf neues Wissen, die Hiobsprognose laufend revidiert, laufend entschärft worden ist. Die Modelle lieferten in den Jahren 1978 und 1980 sogar positive Werte: sie stellten eine Ozonproduktion durch Überschallflugzeuge in Aussicht. Heute neigt man zur Annahme, dass solche Jets mit einer Flughöhe von 20 km lediglich zu einem Abbau von zwölf Prozent des Ozons geführt hätten. Dieser Wert würde durch die Linienluftfahrt (Korridore auf 10 km Höhe) kompensiert: Man rechnet heute bis 1990 mit einer durch die Fliegerei verursachten Ozonzunahme im Bereich der Tropopause von 20 Prozent. Die Luftfahrt mag mit ihrem attestierten zwei Prozent-Anteil an der gesamten Luftverschmutzung über Grund einen scheinbar verschwindend kleinen Eintrag mitzuverschulden haben. Berücksichtigt man aber, dass die Jets ihre Oxidationsprodukte direkt in eine empfindsame Schicht injizieren, auch reines Wasser zum Beispiel wird über dem Wetter photoaktiv, müssten qualitative Korrekturfaktoren berücksichtigt werden. Weil die Abbaurate verschiedener Gase in grossen Höhen wesentlich geringer ist, als im Raume der vergleichbaren Autoabgase, müssten auch quantitative Korrekturquotienten mitberücksichtigt werden: Die Stickoxide haben in naher Bodenschicht zum Beispiel eine Lebensdauer von Tagen, in den Höhen der Flugstrassen aber von Jahren. Flugzeugemmissionen sind deshalb immer global; wir haben ja auch lernen müssen, dass Autoabgase nicht lokal, sondern regional wirken. In Anbetracht der Kurzlebigkeit atmosphärischer Prognosen erscheint eine gewisse Zurückhaltung beim Propagieren der Ozon-Produktions-Hypothese durch die Luftfahrt wohl angebracht zu sein, solange nicht erhärtet ist, welche Küchen solche Zahlen kochen.

2. *Atombomben.* In der Hitze des Feuerballs energiereicher Kernwaffenexplosionen werden aus Stickstoffgas (N_2) grosse Mengen Stickoxide (NO_x: das ‹x› steht für die Zahlen eins, zwei, drei) gebildet. 1952 und 1953 wurden insgesamt 513 Megatonnen TNT in der Atmosphäre zur Detonation gebracht. Die dabei errechnete negative Erwartung in bezug auf den Ozonmantel blieb aus, im Gegenteil: Von 1963 bis 1970 liess sich eine Ozonzunahme von sechs Prozent messen. Diese Zunahme dürfte freilich auf die bereits erwähnte elfjährige Sonnenperiodizität zurückzuführen sein. Das ‹Hintergrundrauschen› natürlicher Phänomene macht alle Diskussion um die anthropogenen Einflüsse stets noch um einiges schwieriger.

3. *Dünger.* Auch die Landwirtschaft greift in den Ozonhaushalt der Erde ein: Nach «Global 2000» sollte bereits heute in etwa ebensoviel Stickstoff künstlich in den Boden eingebracht, wie natürlich durch Mikroorganismen fixiert werden. Bodenbakterien setzen während des Prozesses der Denitrifikation (Sauerstoffgewinn aus Nitrat) und/oder, wie man seit 1981 vermutet, auch bei der Nitrifikation (Überführen von Ammonium in Nitrit und letztlich Nitrat) Lachgas frei (N_2O). Dieses ist ein Quellgas für stratosphärische NO_x-Radikale, mit einer Lebensdauer von rund 100 Jahren das langlebigste Quellgas überhaupt. Ob Ozon durch Lachgasderivate auf- oder abgebaut wird? Die Prognosen sind noch kontrovers. In welchem Mass die künstliche Düngung die natürliche Lachgasfreisetzung beeinflusst, weiss man auch noch nicht. Wer hier auf gültige Prognosen wartet, wird sie voraussichtlich in einer öden Welt entgegennehmen können, falls dann überhaupt noch einer Prognosen empfangen kann.

4. *Freon.* Auch Umweltschutz ist Marketinggesetzen unterworfen: Die Treibgas-

angst war der populärste aller Zukunftsschrecken (Molina und Rowland, 1974), vermutlich weil es gelang, den Ozonabbau mit Krebsängsten zu verbinden. Chlorfluormethanmoleküle (z. B. CF_2Cl_2) werden als Treibgas in Spraydosen und für die Produktion von Schaumstoffen, als Trägergase in Kühlschränken und Wärmepumpen eingesetzt. In der unteren Atmosphäre sind sie praktisch inert, d. h. sie reagieren chemisch kaum. In der Stratosphäre aber werden sie zu Raktionspartnern der Ozonkreisläufe; dabei werden Chlorradikale freigesetzt. 1975 wurde eine Ozonabnahme von 13 Prozent prognostiziert, sofern die Verwendung dieser Chemikalien weiterhin zunehmen würde. Die US-Regierung hat daraufhin die Verwendung für ‹nonessential uses› (Körperpflege und Haushalt) verboten; diese Anwendungsbereiche umfassen etwa ein Drittel der Gesamtverbrauchsmenge. Vor weiteren Verboten hat die Industrie überzeugendere Belege gefordert. Obwohl das Verbot in der übrigen Welt ignoriert worden ist, berechnet die Environmental Protection Agency in den USA um 1982 trotz wachsendem Markt (Kunststoffchemie, chemische Reinigung u. a.) nur noch einen Ozonschwund von fünf bis neun Prozenten; 1979, im ‹populärsten› Jahr des Freon-Gespenstes, wurden bei sinkenden Verbrauchswerten noch 18 Prozent Ozonschwund orakelt. Heute (1984) ist der Freon-Spuk auf die Werte des «Hintergrundrauschens» (zwei bis vier Prozent) zusammengesackt. Vielleicht aber erweist es sich irgendeinmal, dass die Vorsicht der US-Parlamentarier doch gerechtfertigt war: Bei einer Lebensdauer von 55 bis 100 Jahren (je nach Halogensubstituenten) kann durch Anreicherung das Chlorfluormethan noch mit Überraschungen aufwarten.

Wir atmen Sauerstoff. Dieser Sauerstoff ist biogen. Der Fundamentalprozess der Photosynthese hat allen elementaren Sauerstoff produziert. Erst als Folge dieses Sauerstoffes konnten sich die Ozongleichgewichte etablieren. Der Ozonschirm war Voraussetzung für das Leben an Land (vorher mussten sich die Zellen im Wasser vor Sonnenbrand und Krebs schützen), war Voraussetzung für überbordende Formenfülle und für die Evolution des Menschen.

Wir sind als Lebewesen auf die alten, eingependelten Gleichgewichte angewiesen. Und zugleich sind wir Produkte unserer Kultur. Die Wissenschaft hat uns unsere Zeit geschaffen, doch die Wissenschaften scheinen sich selber nicht mehr gewachsen zu sein. Die Geschichte der Luft zeigt das. Die Politik muss zurückfinden in die Vernunft. Was das aber ist, Vernunft, kann ihr die Wissenschaft nicht demonstrieren.

VON MUT UND VERNUNFT

Die Atmosphäre in ihrer heutigen stofflichen Zusammensetzung ist eine Schöpfung des Lebens, das seinerseits in der Hydrosphäre vor der Weltraumstrahlung geschützt, durch den Prozess der Photosynthese jenen Anteil Sauerstoffgas aus Wasser freigesetzt hat, welcher auch das Reservoir der Ozonogenese darstellt. Erst im UV-Schatten des Ozon-Schirmes konnte der Schutz der Wasserphase verlassen werden. Die Geschichte der Biosphäre ist stets gekennzeichnet durch engvernetzte Wechselbeziehungen. Dabei sind den lebensfreundlichen Randbedingungen engste Grenzen gesetzt. Das Sonnenlicht ist Motor des höheren Lebens und gleichzeitig seine grosse Gefahr; Ozon ist Schutzschild und gleichzeitig ein renitentes Kontaktgift. Kohlendioxid ist Nährquelle; bereits aber in der Promillen-Konzentration führt es über den Glashauseffekt zum Weltenfieber.

Die Entdeckergeschichte der Gasphase gehört mit zu den faszinierendsten Kapiteln der Naturwissenschaften. Die Schwierigkeiten der Forschung sind uns ein Spiegel für die Widerstände in uns, mit der Luft um uns in das Reine zu kommen. Jede Seelentherapie beginnt damit, dass wir lernen müssen, Atem zu holen; Unsicherheiten äussern sich oft darin, dass es uns den Atem ‹verschlägt›. Es ist kein Zufall, dass Ärzte sich mit der Luft zuerst beschäftigt haben, und dass man früh die Bedeutung der Luft für körperliches und psychisches Wohlbefinden erkannt hat. Und dann haben wir sie eben doch wieder verdrängt. Es gilt, aus dieser Gegenwart, die mehr Freude und weniger des griesgrämigen Klagens verdient hätte, einen Weg in eine Zukunft zu finden, der man mehr kraftvolle Hoffnung gönnen möchte. Die Wissenschaften haben uns in das Jetzt und das Hier geführt. Wir können nicht ohne Wissenschaften weiter schreiten; die skizzierten Kontroversen um die Ozon-Problematik und das Kohlendioxid-Anreicherungsproblem sollen jedoch stellvertretend für andere, ebenso quirlig offene Fragenkomplexe ebenso virulenten Gefahrenpotentials gezeigt haben, dass die Wissenschaften das nicht liefern können, was wir von ihnen verlangen: Praktikable Entscheidungsgrundlagen fehlen oft, wo sie vorliegen, sind sie oft überholt, bevor die Massnahmen beissen. Die Politik zaudert, zögert, wartet. Wartet auf was denn? Auf

Indianerbeichte bei Sangentocoro: nur wer ehrlich war, bleibt sitzen. So die Legende. Das Problem der Ehrlichkeit und der Fähigkeit, das Problem des ‹Treu und Glauben› und das der handwerklichen Seriosität stellt sich heute mehr denn je. Angenommen, es würde sich jeder Wissenschafter mit seinen Resultaten in die Waage von Sangentocoro setzen müssen, die Resultate würden sorgfältiger überprüft. Etwa so sorgfältig wie beim Flugzeugbau, wo Fehler sich rasch rächen.

Zahlen, Befunde, Prognosen. Es gilt wieder, zu mehr Entscheidungsmut zurückzufinden. Es gilt wieder, vermehrt auf die intellektuelle Vernunft abzustützen und nicht auf die Expertisen, die stets – haben Sie die Wetterkarte schon studiert? – mit Fehlern behaftet sind. Es wird zu einer gewissen Verselbständigung der Entscheidungsprozesse kommen müssen. Kopf hoch. Wissenschaftliche Erkenntnis wird den Lebensmut nie ersetzen und nie brechen können.

Chemie mit uns und um uns

Jede Zeit lebt in ihrer Chemie. Das zumeist inert selbstgefällige Eigenverständnis der Chemielehrer unserer Schulen kontrastiert jedoch augenfällig das, oft trotz all ihrer umsichtig ersonnenen didaktischen Tricks nicht zu knackende, starrsinnige Unvermögen der Schüler, deren fachschaftliche Botschaft sich einverleiben zu können. Es ist offensichtlich: Die Chemie an der Tafel ist nicht die Chemie mehr unserer Seelen. Unsere Zeit lebt durch ihre Chemie. Gewiss. Sie lebt nicht mehr aus ihrer Chemie. Wir sind am Bild gewachsen, das wir uns von der Welt um uns machen, weil wir Geschichte sind, wie die Welt Geschichte ist. Das Bild, das wir uns von ihr machen, ist natürlich auch Geschichte. Die Geschichte der Bilder der Welt aber ist unsteter, als die Geschichte der Welt es ist. Und die Geschichte der Chemie ist die unsteteste Geschichte aller Naturgeschichten. Wir konnten nicht mit der Chemie wachsen, weil unsere Chemie plötzlich einmal da war. Zum Erstaunen Aller.

In den primären Bereichen unseres Erlebens filtern wir die Wirklichkeit rigoros, ertasten uns Oberflächen und orientieren uns an den Strukturen der mittleren Dimensionen. So vermögen wir nicht, den Himmel über uns dreidimensional wahrzunehmen: Der Weltraum als Raum um die Welt erscheint uns als flache Collage mit Sternen auf schwarzem Grund, um deren Staffelung wir freilich wissen, was uns letztlich das Tiefenerlebnis ‹Raum› vermittelt. Und nicht unsere Sinne. So hilflos wir im grossen Ganzen sind, so verwirrt bewegen wir uns im kleinen Kompartiment. Das Auge löst zeitlich $\frac{1}{16}$ Sekunde und räumlich $\frac{2}{10}$ Millimeter auf. Als ob hinter diesen Grenzen die Wirklichkeit enden würde. Wir archivieren die aus solcher Erfahrung gewonnenen, überlebensdienlichen Versatzstücke und setzen aus diesem Arsenal das Bild unserer Welt zusammen. Je nach Szene.

Die Chemie unserer Tage ist weitgehend sinnenlos. Sie ist schieres Mass und doch nichts mehr massvoll. Der Physiker unterrichtet bis zur Maturität eine ‹Geschichte der Physik›, die er mit den katechetisch überraschungslosen Übungsbeispielen erfasslich illustriert. Wie isoliert der Chemiker im humanistischen Fächerkanon dasteht, belegt die Tatsache, dass er nicht in die Geschichte zurückgreifen kann, weil die Geschichte der Chemie nicht zur Chemie hin, vielmehr eher von ihr weg in die Bereiche psychologischen Untergrundes der Kulturentwicklung führt. Chemiegeschichte verwirrt. Verunsichert. Irritiert.

Der Initations-Ritus in die chemische Modellwelt beginnt mit der Kastration der humanen Sinnlichkeit. Eingangskanäle werden abgeschottet. Das den Unterricht begleitende Experiment ist stets Artefakt und erratisches Gaudi. Das Experiment, allerdings, hat seine Geschichte: Es ist als Volksbelustigung und Reklame vor dem Verkaufsstand für iatrochemische Medikamente auf dem Jahrmarkt entstanden. Apropos Jahrmarkt: Wie die Dame ohne Unterleib hat auch die Chemie keinen und damit hat sie eben auch keine Geschichte. Sie ist reine Kopfwelt: introvertiert und fast blind. Das Experiment irritiert. Amüsiert. Weckt, vielleicht. Schreckt aus dem richtungslosen Dösen auf. Wohin aber mit dem Bombensplitter nach dem Knall? Die chemischen Abstraktionen sind aus Berechnungen an und für sich unberechenbarer Energiepartikel destilliert worden. Wem

Die Küche des Alchemisten, aus der das moderne Labor und die modernen Laborrituale gewachsen sind. Das Rezeptbuch, das Feuer, malerische Gerätschaften und die stete Hoffnung auf Erfolg begleiten den Chemiker unserer Tage noch.

wird die Erinnerung an das Fach nicht zur diffusen Abfolge mehr oder minder geglückter Versuche des ansonsten sich in gestelzten Abstraktionen ergehenden Lehrers, der einen Knall mit Rauch erzeugen, ein zischendes Crescendo mit Feuer, ein stilles Glühen, das dann mit übelriechendem Fauchen in sich erstirbt, zu bewerkstelligen suchte? Solche archaischen Sinnesatavismen freilich sind heimatlos: Sie wurzeln in einer Geschichte, die überwunden werden muss, damit Chemie verstanden werden kann.

Die Chemie lebt im Exil ausserhalb unserer evolutiv gewachsenen Erfahrungswelt. Chemie ist Kopfwelt. Aber blind: Chemie ist eine Hirnwelt ohne Sinnesinput. Und trotzdem Leben wir durch diese Chemie. Die Erfolge der Chemie dräuen über uns, doch wir haben keine Antenne. Die Erfolge der Chemie sind unübersehbar, kontrastieren die Erinnerung daran, wie uneinsichtig wir ihr gegenüber geblieben sind. In der Schule, damals.

Das Phänomen ist nicht neu: Ein wenig Wiedertäufer sind wir alle. Die Sehnsucht nach Höhle ist in uns und der Glaube an den Krautextrakt, die Bewunderung der paracelsischen Retorten und die Hoffnung, den Stein der Weisen doch noch zu finden. Jeder ist der Chemie verpflichtet, jener Chemie, die unsere Welt prägt. Nicht aber unsere Seelen-Kultur.

«Dar umb prünselt sein smack sô vast»

Neben den sieben antiken Metallen gehört das Nichtmetall Schwefel zu den am längsten bekannten Stoffen, welchen die Bezeichnung ‹Element› noch heute zukommt. Der Schwefel hat den Menschen durch alle Epochen begleitet, Schwefel hat nicht nur die Kriege revolutioniert, Schwefel ist auch früh zum ‹Theorienbildner› geworden.

Untereinander reagieren die Metalle nur physikalisch, das heisst, Metalle reagieren mit Metallen eigentlich gar nicht. Es entstehen Legierungen, Metallgemische. Für chemische Reaktionen, jene oft spektakulär ablaufenden Erscheinungen, bedarf es eines Nichtmetall-Partners. Sauerstoff hätte sich für die Rolle aufgedrängt; aber Sauerstoff war ‹Luft› und die Luft ist ein kapriziös unvertrautes ‹Element› bis weit in das 18. Jahrhundert hinein geblieben. So kam der Schwefel als haptisch erfassbarer Lückenbüsser zu frühem Ruhm und nachhaltiger Ehre. Auch wenn die schwefelsauren Dämpfe in den Städten heute unsere Lungen quälen, wollen wir seiner fasziniert gedenken.

«ZUO MENSCHLEICHEM NUTZ»

Der ‹Schwefel› soll sich sprachlich unschwer zurück verfolgen lassen:

‹swevel›, ‹swebel›

ist verwandt mit dem gleichbedeutenden lateinischen

‹sulp(h)ur›.

Indogermanische Wurzeln verbinden mit

‹schwelen›, ‹schwül› und letztlich mit ‹schwul›.

Name aber sei ‹Schall und Rauch›, was für einmal wirklich auch stimmt, wenn man an das Schiesspulver denkt, in welchem der Schwefel für Qualm und vernehmliches Knallen der Kanonen und Flinten verantwortlich zu machen ist. Wenn es aber darum geht, den Schwefel nicht nur philologisch, sondern auch stofflich in seinem kulturgeschichtlichen Ursprung zu orten, sind wir hilfloser. Konrad von Megenberg, Autor des ältesten deutschen Naturlehrbuches, behandelt den «swebel», verwirrend genug, im Eintopf zusammen mit den Metallen Gold, Silber, Kupfer, Eisen, Zinn, Blei und dem «Köcksilber» im siebenten Buch mit dem Titel «Von dem Gesmeid». Nicht dass der Schwefel in seinem ‹So-ganz-anders-sein› von seiner Metall-Umgebung abgegrenzt worden wäre: Der Schwefel erscheint vor dem Blei, nach dem Zinn - freundnachbarschaftlich zusammen mit den Metallen, dieser doch so augenfällig charakterstarken, homogenen Stoff-Familie. Megenburg leitet diesen in sich geschlossenen ‹Chemie-Buch-Teil› ein: «Daz ist nu däz sibend stuck des puoches, in dem wir sagen wellen von dem gesmeid, wan daz ist sibenlai: [...].» Die Aufzählung bereits wird zum Abenteuer: Das «argentum vivum», das «Köcksilber» erscheint nicht, dafür begegnen wir dem «Gunderfai» («Electrum haizt gunderfai.»). Offenbar handelt es sich um eine Gold-Silberle-

Priestleys Labor. Das Cheminée ist feuerpolizeilich vertretbar geworden, die Katze und die ausgestopfte Eule haben den Raum verlassen, fast asketisch, jedenfalls unglaubwürdig scheint uns solche Ordnung zu sein. Und: der Hauptdarsteller fehlt. Wissenschaft gibt sich anonymer, jetzt. Vordergründig, wenigstens – im Hintergrund wird ehrgeizig um Ruhm gekämpft. Nach wie vor.

gierung. «Mezzink begreift man under dem Kupfer und stahel under eisen.» Zaghafte Ansätze für einen systematischen Katalog der Stoffe lassen sich erkennen, strapazieren darf man sie allerdings nicht. Oder sind diese Gliederungsstrukturen immer noch Zufälligkeiten? «Diu gesmeid hât got beschaffen zuo menschleichem nutz.» Eindeutig: der Schwefel wurde hier ausgeklammert. Wozu hat ihn Gott denn erschaffen, wenn nicht auch «zuo menschleichem nutz»?

Zinn und Blei werden, den Schwefel überspringend, nach ähnlichem Muster verglichen. Wir erfahren, dass sie sich beide leicht ziehen und giessen lassen. Zinn bleibt «inwendich schon, aber auzwendig wirt ez leiht gemailigt», es läuft an, oxidiert. Der «Swebel» fällt aus dem Beschreibungsraster der benachbarten Metalle; entweder wird vorausgesetzt, dass der Leser weiss, dass es sich hier um eine andere Substanzen-Kategorie handelt oder aber, es ist gar noch nicht so sehr wichtig, dass da kein Metall vorliegt. Physikalische und chemische Eigenschaften werden ja auch noch nicht abgegrenzt, weshalb sollen denn schon Substanzen in Eigenschaftsgruppen eingeteilt werden können? «Sulphur haizt swebel. daz ist an der kraft haiz und trucken und ist niht anders dann ertreich, daz von hitzigem dunst durchkocht ist, und daz wazzer und erd zuo ainander gemischt durchhitzt werdent; daz wirt dan swebel und dar umb prünselt sein smack sô vast.» Es folgt eine jener alchemistischen, so hoffnungsschwangeren Rezepturen, wie man in einer Eierschale Gold vermittelst Schwefel färbt. Womit denn sonst?

Schwefel ist aus Erde, Wasser, Hitze: Im Schwefel vereinigen sich drei der vier aristotelischen Elementeigenschaften. Das erste Chemiebuch bleibt aus der Perspektive der Koordinaten unserer Chemie-Systematik betrachtet konfus. Obwohl es unterhaltsam ist und durch seinen Sinnenappell besticht, enttäuscht es, weil kaum disziplinierte Strukturen erscheinen, kaum chemisches System erkennbar wird. Wenn mit den medizinischen oder botanischen Büchern im «Buch der Natur» verglichen wird, welche doch eindeutig schon Aspekte einer Welt behandeln, die uns vertraut ist, wird uns bewusst, dass Chemie offenbar schon stets eine besonders anspruchsvolle Disziplin darstellte. Einer der Gründe für die Unsicherheiten liegt in der Tatsache versteckt, dass gar nicht geordnet werden

Das ist Industrie. Was hier wohl produziert wird, produziert werden sollte? Der alchemistische Alltag ist nicht Hexenzauber, ist im Leben integriert.

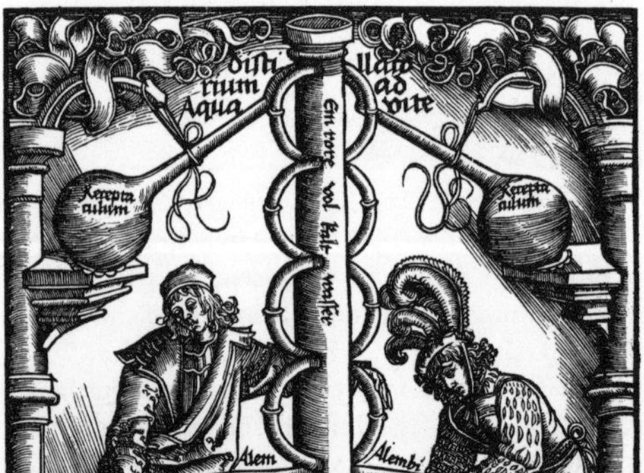

Laboranten legen Hand an – eine wuchtige und doch grazile Destillationskolonne wird bedient. Die Laborbekleidung ist heute um wenig nur zweckmässiger geworden; sie ist eine Tracht geblieben, auf die der Chemiker und sein Gesinde stolz sind.

kann, wenn man nicht weiss, was denn überhaupt zu ordnen gewesen wäre. Mit den ‹Elementen› der Chemie ist es wie mit den ‹Arten› der Biologie: Solange die soliden Bausteine gefehlt haben, waren die naturgeschichtlichen Systeme abenteuerliches Stückwerk. Das jedenfalls aus der Sicht der Standards, an die wir uns gewöhnt haben.

Von 1475 bis 1499 wird das «Buch der Natur» siebenmal verlegt; der Buchdruck verleiht dem Werk neue Resonanz. Bereits aber um 1540 hat Egenolf in Frankfurt grosse verlegerische Mühe mit dem rasch aus der wissenschaftlichen Mode kommenden Bestseller, dessen Ansichten letztlich eben doch aus dem 14. Jahrhundert stammen. Augenfällig illustrierte Sachbücher machen dem reinen Wort

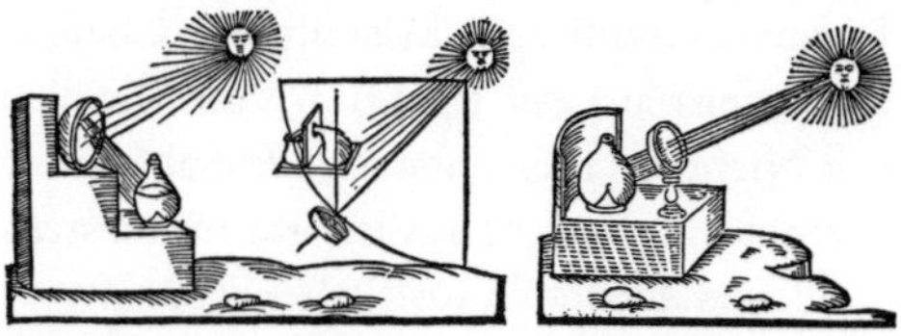

Es gibt nichts Neues unter der Sonne: ein Solar-Labor.

Konkurrenz. Franz Pfeiffer, der Wiederentdecker des «Buches der Natur» jammert um 1861: *«Mit dem Beginne der neuen Zeit, die in ihrem gewaltigen Sturmschritt mit dem Schlechten oft auch das Gute schonungslos zu Boden trat, allem Realistischen abhold, sich leidenschaftlich dem Humanismus in die Arme warf, erkaltet die bis dahin so rege Theilnahme, wie für Anderes, so auch für das ‹Buch der Natur›.»* Was ‹gut› war? Pfeiffer wusste es. Offenbar.

BALSAM DER NATUR

Jedes chemische System ist abstrakt, erfordert Denkaskese. In der Alchemie des Andreas Libavius aus dem Jahre 1597 lesen wir: «Es gibt drei Prinzipien: Merkur, Salz, Sulphur. Die Prinzipien aber sind das, wodurch zuerst ein Stoff in jeglicher Gattung von Gemischen entstanden ist.»

–«Der MERKUR ist das materielle, dampfartige Prinzip von der Natur des WASSERS, also dem Werden unterworfen, dem durch eine Kraft eine Gestalt aufgeprägt wird, und die Vollendung ist da.»

– «Das SALZ ist das Prinzip der ERDE mit begrenzender und ‹koagulierender› und damit auch bewahrender Kraft. Deshalb steht es auch der Materie am nächsten und ‹konspiriert› leicht mit ihr.»

– «Der SULPHUR ist das formative, der ätherischen Natur teilhaftige Prinzip, teils wie LUFT, teils wie FEUER, durch das den Stoffen Kraft und Leben innewohnt. Daher bezeichnet man ihn auch als Balsam der Natur.»

Eine Zwischenorientierung an den Fakten unserer Überzeugung mag empfehlenswert sein, verliert man doch den Überblick im faszinierend kraftvollen aber verwirrend theatralischen Gedankengut rasch.

– MERKUR. In unserem Periodensystem ist Quecksilber das Element Nummer 80. Libavius benützt dafür den Namen des Planeten Merkur, des Himmelskörpers, welcher der Sonne und damit dem Gold am nächsten steht. Das ist keine Eigenschaft, das ist ein Auftrag. Das ist kein Zustand, das ist ein Ziel.

– SALZ. Das mit der «Materie konspirierende Salz» lässt uns wiederum recht hilflos über der Lektüre brüten: Es gibt nicht ein Salz, es gibt unzählige Salze. Alle Salze sind

Ionenverbindungen kristallinen Charakters, meist aus der Reaktion von Metallen mit Nichtmetallen entstanden. ‹Salz› ist nie Element; es besteht aus immer mindestens zwei verschiedenen stofflichen Teilen.

– SCHWEFEL. Bemerkenwert ist auch die Charakterisierung des Prinzipes, dem wir geneigt sind, unseren ‹Schwefel› zuzuordnen: das ‹Prinzip Sulphur› hat den gleichen Namen, offenbar auch ähnliche Eigenschaften, wie ihm unsere Chemie zuordnet (Schwefel brennt qualmend.). Aufgehoben in den peripatetischen Systemzwängen der Vierelementelehre erhält der Schwefel die Doppelrolle Feuer und Luft; der solide, brennbare Schwefel wird zum zukunftsträchtigen Theorieninokulum. Durch ihn erhält das Feuer einen Namen, wird personifiziert. Dieser Schwefel, der uns da scheinbar vertraut eingekleidet begegnet, kann nicht unser Schwefel sein. Der Name verführt. Uns geht es aber um die Sache hinter den Namen.

Libavius verwahrt sich gegen die Unterstellung, sein Modell von den Griechen übernommen zu haben: «Eindeutig ergibt sich aus der Definition, dass die Prinzipien anders sind als die des Aristoteles.» Er meint dann aber später doch kleinlaut, dass «es» (das Prinzip) jenem (des Aristoteles) analog ist.» Die Alchemie des Mittelalters ist eine arabische Chemie: Die Quecksilber-Schwefeltheorie soll im achten Jahrhundert entstanden sein. Stets werden in den Quellentexten des Mittelalters auch die vier Elemente der griechischen Chemie erwähnt: Es kann aber nicht angehen, dass wir uns «allem Realistischen abhold, dem Humanismus leidenschaftlich in die Arme werfen». Libavius selber ist allerdings ein beredtes Zeugnis dafür, wie schwierig eine vorurteilslose Zuordnung der Einflüsse geblieben ist. Im übrigen stellen wir erstaunt fest, dass sich die Geschichte der Theorie, nicht aber die Geschichte der Sache so verwirrlich liest:

– Quecksilber ist schon vor 5000 Jahren aus Zinnober, dem Quecksilberoxid dargestellt worden. In China, Mesopotamien, Indien, Ägypten wurden aus ihm lebensverlängernde Präparäte, die ‹Pillen der Unsterblichkeit› hergestellt. Ob das gefürchtete Reitervolk der robusten Skythen ihre sprichwörtliche Ausdauer eher dem Süssholzraspeln (Seite 42) oder aber doch dem Skythenwasser, so nannten die Griechen das Quecksilber, verdankt haben?

– Schwefel wird bereits von Homer als Räuchermittel erwähnt, das für religiöse Zeremonien verwendet wurde; Dioskurides beschreibt ihn als Medikament. In Lagern vulkanischen Ursprungs wurde er in Sizilien abgebaut oder durch Rösten aus Erzen dargestellt. Mit 10% ist er neben Kohlenpulver (15%) und Kalisalpeter (Natriumnitrat) im ‹Schwarzpulver› enthalten; ob der Mönch Bertoldus Niger 1380 die Mischung erfunden oder nur verbessert hat, ist umstritten. Schwefelmilch, fein suspendierter, elementarer Schwefel, wird von Geber dargestellt und Schwefelblumen, Kristalle aus Schwefeldämpfen, werden im 15. Jahrhundert von verschiedenen Autoren erwähnt. Lavoisier definiert ihn 1777 als Element. Schwefel ist heute weltweit hinter Kohle, Kochsalz und Kalk eines der vier mengenmässig wichtigsten, chemischen Verbrauchsgüter.

VATER SCHWEFEL

Die Entwicklung der Metallurgie in den ersten Jahrhunderten unserer Zeitrechnung führte die Vierelementelehre in den Widerspruch zur handwerklichen Praxis. Auch wenn die vier Elemente nicht als ‹Stoffe› verstanden und erfahren werden konnten, sondern lediglich als Eigenschaften aufgefasst werden durften, konnte der aristotelische Ansatz auch einfache Phänomene nicht richtig deuten. So konnte weder die Brennbarkeit der Metallpulver noch die Duktilität und Schmelzbarkeit erklärlich gemacht werden. Die neue Theorie setzte das Metall in das Zentrum der Betrachtung und nimmt sich gezielt der Erfahrbarkeit metallurgischer Prozesse an. Alle Metalle bestehen aus Quecksilber und aus Schwefel. Dabei ist das Quecksilber die Mutter, der Schwefel ist Vater. Das Wort «Alchemie» erinnert uns über den griechischen Stamm ‹chéo›, wie das Synonym «Scheidekunst» an das Metallgiessen.

Der legendäre Alchemist Basilius Valentinus ergänzt die Schwefel-Quecksilber-Lehre im 16. Jahrhundert durch das Einbringen des bereits erwähnten Prinzipes «Salz». Es entsteht die Theorie der TRIA PRINCIPA, wie wir sie im Lehrbuch von Libavius kennen gelernt haben. Paracelsus übernimmt diesen Theorien-Mix in seiner Iatrochemie, seiner Chemie der anorganischen Heilmittel, welche die Kräuterextrakte Galens als Grundlage seiner Therapien ersetzen. Im Unterschied zu unseren Wissenschaften, deren Credo die Reproduzierbarkeit ist, verschleiert der Alchemist seine Verfahren, seine Arbeitsgänge und die Namen seiner Ingredienzien. Quecksilber erscheint in diesen Verwirrspielen bald als «Stein der Weisen», bald als «Azoth», dem späteren Stickstoffgas. Es hat schon eines gerüttelten Masses wirrsten Fabulierens bedurft, bis Libavius, der Tarner und Camoufleure gewieftester selber einer, sich hat zum Ausruf hinreissen lassen: «Er [Paracelsus] war dem Unsinnreden zugetan.» Ein Quentchen ‹Unsinn› in allem, bald etwas mehr, oft etwas weniger, ist der Chemie, wir haben das eingangs erörtert, ja bis heute geblieben. Was aber zuviel ist, ist zuviel: Und darum hat Libavius aufbegehrt. Wie Paracelsus: lautstark. Die Welt der Alchemisten ist eine derbe Welt.

Die «Transmutations-Potenz» der Stoffe hätte die Goldproduktion aus minderwertigerem Metall eigentlich möglich machen sollen. Nach einem ersten Arbeitsprozess (Opus Magnum), der den Naturstoffen ihre Eigenart (Forma) nimmt, um sie als Prima Materia empfänglich für neue und edlere Eigenschaften zu machen, werden unreife oder gar kranke Stoffe dergestalt rein und gesund wie Gold gemacht. Das Perpetuum Mobile hat die Physik, das Transmutations-Phantom hat die Chemie bis kurz vor unsere Zeit nicht nur in mondlosen Nächten umgetrieben und gebeutelt. Libavius zitiert Koriphäen: «Pico Della Mirandola behauptet: ‹Ich selber habe nicht nur einmal gesehen, wie das Metall in weniger als dem zehnten Teil einer Stunde auseinandergetrieben wurde, so dass der Sulphur nach oben, der Merkur nach unten strebte!›» Wer wagt zu zweifeln? Unsere ‹moderne› Chemie hat sich nicht aus den Theoriengebäuden des Altertums, des Mittelalters oder der Neuzeit entwickeln können. Unsere moderne Chemie hat sich befremdend geschichtslos einerseits aus der Verfahrenstechnick, aus dem Handwerk der Alchemie und den bemerkenswert theorienarmen Künsten der Färberei, Gerberei, Glasbläserei, Metallurgie und Schiesspulverherstellung gemausert. Alchemistische Gerätschaften wie der Mörser und die Retorte sind es denn auch und nicht alchemi-

Signaturen der Laborgeräte – der unermüdliche Giambattista della Porta hat auch hier System in die Regale gebracht.

stische System-Erkenntnisse, welche uns heute noch im Laboralltag begleiten. Über mürbe scheint der Mörser mit dem Wortstamm des Mörders verwandt zu sein; denn im Mörser werden vermittelst Pistill, der Mörserkeule die Substanzen zermürbt. Die Wortsippe der Tortur erinnert an den zurückgedrehten Hals (re-torquere) und nicht an die oft tage- und wochenlange Quälerei der stofflichen Prinzipien durch Rückfluss-Destillation in der Retorte, welche zum Symbol der Chemie schlechthin geworden ist.

Buchstabentreu ist der Transmutationslehre, einem Relikt der peripatetischen Vierelementenlehre angehangen und nachgelebt worden. Dies obwohl kein Gold hat synthetisiert werden können. Allem Versuchen zum Trotz nicht. Eine starke Theorie ist immer stärker als ihre Wirklichkeit. Auch ‹moderne› Glücksspieler vertrauen ihren Glücksstrategien. Das Überzeugtsein vom System gibt der Wirklichkeit keine Chance, in die Erwartung zurückschlagen zu können, verhindert stets, dass ein negatives Resultat auf seine Prognose zurückfällt. Im Übrigen wurde zum Teil gut an der Transformationssucht verdient. Paracelsus, der ruhelose Wanderer, soll zum Beispiel in neuen Städten am Vorabend seines ersten Auftrittes lautstark Quecksilber einkaufen haben lassen, um am nächsten Tag ein entsprechendes Aliquot Gold in den Verkauf zu geben. Den Kausalbezug zwischen dem Merkur in der Flasche und dem Gold im Lederbeutel, den musste Paracelsus, ein ehrlicher Mann, nicht selber machen. Die Gerüchte entfachten sich von selbst. Das war ihm Ärzte-Reklame: Wer der Chemie kundig, der ist auch der Heilkunde mächtig. Die Alchemie war keine selbständige Wissenschaft, wie es etwa die Physik gewesen ist. Die Alchemie ist Hilfswissenschaft der Medizin und stand im Dienste des Traumes von Reichtum und Sozialprestige.

Paracelsus soll übrigens auf die Goldquantität geachtet haben: Produktionsverluste waren selbst den entrücktesten Alchemisten irdische Realität. Ansonsten hat man sich kaum um das Mass gekümmert, hat alles Augenmerk auf die Qualitäten der Materie gerichtet.

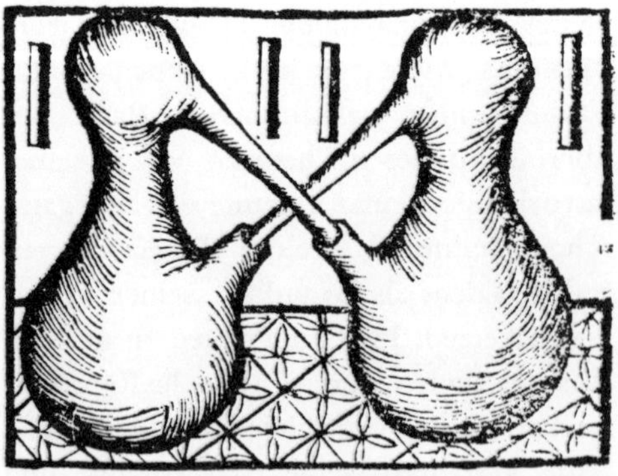

Tagelang konnte mit diesem Zwillingsgefäss destilliert werden: So liess sich der hartnäckigste Stoff weich kochen.

EIN, ZWEI, DREI, VIER, SIEBEN, HUNDERT ...

Wir haben eine Zweielemente-Chemie, eine Chemie der drei Prinzipien, Aristoteles' Vierelemente – Welt und die sieben Elemente Megenbergs kennen gelernt. In der turbulenten, sich durchdringenden Vielschichtigkeit verliert man den Überblick nicht zuletzt auch deshalb, weil die Theorien sich nicht nach dem Zählmuster eins, zwei, drei abgelöst haben. Wissensanhäufung ist nicht additiv.

Ein Element

Thales von Milet hat alles aus Wasser entstehen lassen; seine Lehre ist in den umfassenderen Ansatz des Aristoteles eingegangen. Damit aber ist diese ‹Einelemente-Lehre› aber keineswegs ausgestorben. Van Helmont hat 1648 an Pflanzen gezeigt, dass Wasser sich durch Metamorphose in den Gewächsen zu «Erde» verwandelt. Helmont war übrigens besonders auch gegen Aristoteles, weil dieser Philosoph kein Christ gewesen ist!

Vier Elemente

Die vier Elemente des Aristoteles waren eine theoretisch überzeugende, entwicklungsfähige Systemkonstruktion, die der Phantasie wenig Grenzen setzte, der Denklogik aber das Korsett mit auf den Weg gab, ohne das keine Schulen entstehen. Die Transformation, die Theorie zwischen diesen Elementen, hat keimende Widersprüche agil aufgefangen, so dass sich die Theorie immer wieder mit der Sinnen-Welt hat versöhnen können.

Zwei Elemente

Aus der arabischen Metallurgie, aus dem Handwerk also entstand die Lehre, dass Metalle aus Schwefel und Quecksilber bestünden. Metalle, Stiefkinder des Denkvirtuosen Aristoteles, prägten zunehmend das Erfahrungsbild des Alltags. Mit dem Handwerk kommt ein gewisser applikabbler Realitätsbezug auch in die Denkbereiche, die wir gewillt sind, als Wissenschaften anzusprechen.

Sieben Elemente

Bei Megenberg haben wir einen frühen Ansatz eines Kataloges der Elemente gefunden: dem Schwefel werden hier drei der vier aristotelischen Elemente einverleibt, das Quecksilber übernimmt die Qualität des Wassers. Es ist bezeichnend, dass sich solch schüchterne Versuche, zu Klassifizieren, vor den anderen, noch wirreren, aber spektakuläreren Ansätzen nicht haben behaupten können. Ein Katalog ohne System ist keine Theorie; die Alchemie hatte System, doch fehlte ihr der sorgfältige Katalog.

Drei Elemente

Die vier peripatetischen Elemente (Peripatus: Wandelhalle der Schule von Aristoteles) konservierten sich in der medizinischen *Viersäfte-Lehre* Galens. Mit dem Prinzip des «Salzes» bringt Basilius Valentinus im 15. Jahrhundert zu den beiden arabischen Prinzipien das Erdprinzip mit ein. Wie aber macht man aus vier etablierten Elementen

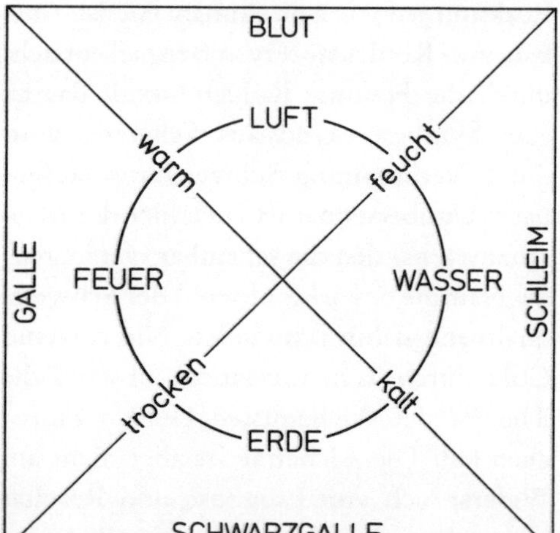

deren drei? Der Schwefel erhält zwei der vier aristotelischen Kategorien mit auf seinen Theorien-Weg: Luft und Feuer. Paracelsus vereinnahmt die ‹Drei Prinzipien› zusammen mit dem essentiellen Transformationsaxiom und wird zum Werbeträger allerersten Ranges.

Es gab, wie zu erwarten ist, auch die in der Liste fehlende ‹Fünfelemente-Lehre›. Wohl auch noch andere. Und heute unterscheiden wir etwas über 100 Elemente. Lange bevor ihrer so viele waren, hat Georg Christoph Lichtenberg am Ende des 18. Jahrhunderts gewettert:

«*Ich kann eben nicht sagen, dass mir diese Entdeckungen von neuen Erden sehr gefallen. Diese Anhäufungen von neuen Körpern erinnern mich an die Astronomie. [. . .] Wenn die Chemie nicht bald einen Kepler erhält, wird sie von der Menge der Epicycloiden* [diese stehen hier für die neu entdeckten Elemente] *erdrückt werden; kein Mensch wird sie mehr studieren.*»

Erdrückt wurden wir dann nicht. Es hatte sein Bewenden mit 1004 Elementen. Wir verstehen Lichtenbergs Leid: Er hat seine Ansicht niedergeschrieben, als die gemütliche Chemie der Menschheitsdämmerung durch den scharfdenkenden und solide experimentierenden Lavoisier überwunden wird. Nicht im Mörser, übrigens, sondern in der pneumatischen Wanne und vermittelst Waage.

EINER FÜR ALLE: STAHLS SCHWEFEL

Eine Erlebnistatsache, eine Alltagserfahrung war die Feststellung, dass Feuer zerstört: Holz ‹verschwindet› in der Flamme. Das war damals so; das ist heute noch so. Scheinbar. Im Bereich der einfachen, anorganischen Chemie stimmt es nun aber nicht, dass Feuer ‹zerstört›: Aus Metall entsteht durch Verbrennen Metalloxid. Aus der qualitativen Perspektive mag es noch angehen, den Vorgang als ‹Zerstörung› zu bezeichnen, aus quantitativer Sicht ist diese Reaktion jedoch kein Abbau: Sie ist Aufbau. Aus Kohlenstoff zum Beispiel entsteht durch die Flamme Kohlendioxid; das ist eine Synthese. Und aus Schwefel wird durch Verbrennung Schwefelsäure aufgebaut: Unübersehbar ist auch hier der Massenzuwachs, den die scheinbar ‹verzehrende› Flamme bewirkt, obwohl der Schwefel qualmend dahin schwindet. Nie entstand Gold durch Transformation, obwohl die Theorie der Alchemisten Gold versprochen hat. Die Alchemie ist aber nicht am Widerspruch von Prognose und Resultat zerbrochen, die Alchemie ist friedlich eingeschlafen. Langsam war man der Enttäuschungen nun wohl doch auch überdrüssig. Hermann Kopp, der Archivar chemischer Geschichtlichkeit, hat in seiner «Geschichte der Chemie» (1843) die Übergänge der Epochen analysiert:

«*Den Beginn eines Zeitalters trennt fast stets ein anderes Argument von dem vorhergehenden, als durch welches das Ende desselben von den folgenden getrennt wird.*»

Kopp formuliert damit in Zeilen, was Seiten gefüllt hätte: Wissenschaftliche Epochen werden nicht an ihren jeweiligen Schwachstellen überwunden. Die neue Chemie-Epoche, das Jahrhundert Stahls ist nicht durch Überwindung der alchemistischen Axiome, nicht durch Ersetzen des magischen Primates der Sinnlichkeit gekennzeichnet, sondern durch einen neuen Stil: Der ‹Weg zum Gold› und der in Aussicht stehende Profit interessieren, nicht mehr. Stahls Theorie hat weder mit den alchemistischen Methoden, noch mit der vordergründigen Sinnlichkeit und nicht mit der Transformation gebrochen. Stahl

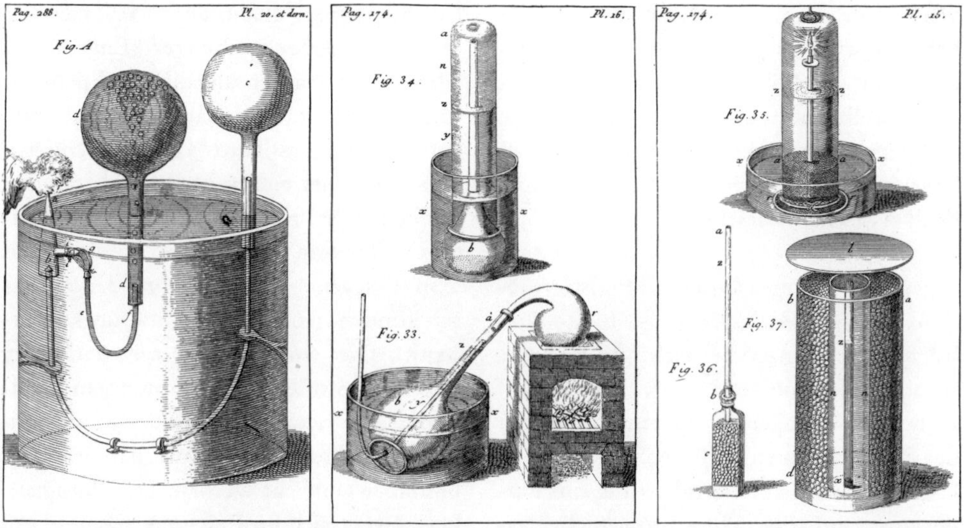

Als man selbst Gold mit Königswasser auflösen konnte, wurde die Alchemie eine Chemie der wässerigen Phase. Es ist das Verdienst der Amateure mit biologischen Interessen, dass sie die Gasphase wieder entdeckt haben und die Gerätschaften konstruierten, mit denen man der ‹Luft› hat habhaft werden können. Hier aus Hales.

hat den Denkstil der Zeit verändert – seine Theorie war eine, freilich noch sprachliche Formel, ein Wortdestillat der gesamten Retortenerfahrung der ebenso langen wie erfolglosen Goldtransformation.

– Ein brennbarer Stoff besteht aus dem unbrennbaren Phlegma dieser Substanz und dem materiellen Feueranteil PHLOGISTON.

– Beim Brennen entweicht der Feuerstoffanteil Phlogiston – zurück bleibt die wahre, unbrennbare Materie dieses Stoffes: das PHLEGMA.

– Das ‹experimentum cruzis›: Phlogiston muss dem Phlegma wieder zugeführt werden können, dabei muss der ursprüngliche Stoff wieder erhalten werden.

Das wahre Wesen des Schwefels ist die Schwefelsäure, die als ätzender Qualm freigesetzt wird, wenn das Feuer, sinnlich wahrnehmbar, den gelben Schwefel verlässt. Schwefel ist brennbar, weil Schwefel eine zusammengesetzte Substanz darstellt: ein materieller Feueranteil und ein ebenso materieller Anteil ‹wahren› Schwefel-Wesens. Wenn die Feuersubstanz den Schwefel verlässt, bleibt die Schwefelsäure. Auch pulverisierte Metalle brennen, weil in den Metallen der Feuerstoff noch enthalten ist. Nach dem Brand ist er weg, der Feuerstoff. Der mit über zweihundert Schriften publikationsbewährte Mediziner Georg Ernst Stahl, Leibarzt Friedrich Wilhelm des Ersten, nennt ihn in seinem Werk «Zymotechnia» (1697) mit dem Gespür des erfahrenen Arztes, welcher um die Wirkung exotischer Namen auf Patienten weiss: *Phlogiston.* Der Schwefel hat sich dem Iatrochemiker animistischer Prägung («Leben lässt sich durch Chemie nicht erklären, es bedarf einer Anima, eines Lebensgeistes, welcher Organismen leben macht») als Inkarnation des Phlogistons förmlich aufgedrängt. Denn wenn Schwefel brennt, sich Phlogiston also von der Schwefelsubstanz löst, das Phlegma des Schwefels dergestalt befreiend, verflüchtigt sich der aus Kulthandlungen und Insektenbekämpfung bekannte ätzende Rauch als das eigentliche, weil nicht mehr brennbare Prinzip des Schwefels. Auch Boyle, der erste Berufschemiker des Phlogistonzeitalters, der in den Schulbüchern hat Fuss fassen können, anerkennt diese über jedes Zweifeln erhabene Ansicht als noch nicht bewiesen, aber doch als «sehr wahrscheinlich».

Eigentlich hätte sich die Phlogistonsubstanz nachweisen lassen müssen. Reihum hat man Substanzen verdächtigt, die heute rechtschaffene Namen wie Wasserstoff zum Beispiel tragen. Überzeugte Vertreter der Phlogistontheorie (Ingenhousz, Priestley, Lavoisier) haben Entdeckung um Entdeckung auf der Phlogiston-Suche gemacht. Phlogiston hat das Denken diszipliniert, kanalisiert. Phlogiston hat präzise Fragen erlaubt. Phlogiston hat keine Fragen beantwortet.

Eigentlich hätte beim Entweichen von Phlogiston die Materie leichter werden sollen: Sie wurde, quantitative Analysen haben das ergeben, schwerer. Eine starke Theorie ist stärker als die Wirklichkeit. Phlogiston bekam deshalb flugs eine ‹Negativmasse›; das hatte zur Konsequenz, dass trotz entweichenden Phlogistons das verbleibende Phlegma schwerer sein durfte. Die Theorie war gerettet. Und man hat dem Phlegma Phlogiston wieder zuführen können. (Reduktion von Quecksilberoxid.) Die einfache Theorie (entweder ‹brennen› Stoffe, oder sie ‹brennen› nicht) findet eine heuristisch schlüssige Bestätigung: Unbrennbarer Stoff kann wieder brennbar gemacht werden. Der Phlogistiker bewegt sich im Reich der Chemie mit der traumwandlerischen Sicherheit, die eine konsistente Theorie eben immer gibt. Auch wenn der Schwefel das zusammengesetzte Prinzip und die Schwefelsäure das Element des Schwefels ist, lässt sich widerspruchslos mit dem Stahl-System arbeiten,

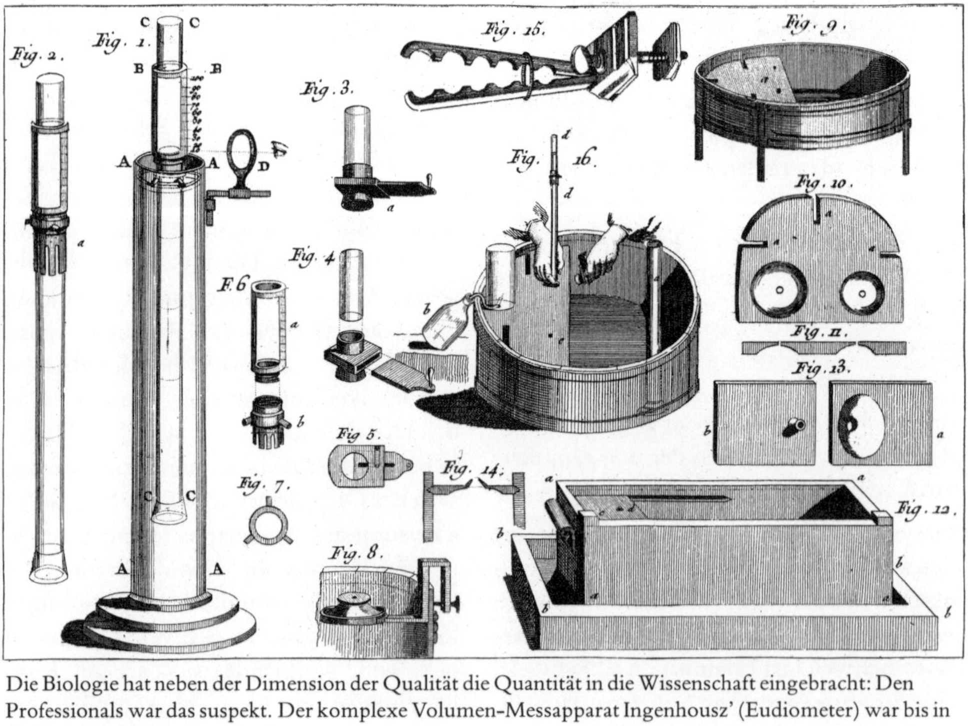

Die Biologie hat neben der Dimension der Qualität die Quantität in die Wissenschaft eingebracht: Den Professionals war das suspekt. Der komplexe Volumen-Messapparat Ingenhousz' (Eudiometer) war bis in das Detail perfektioniert worden.

wenn die ‹Negativ-Substanz› des Phlogistonkoboldes als Tat-Sache hingenommen werden kann. Lavoisier, auch er ein Phlogistiker, hat dagegen anzurennen begonnen. Ihm war Masse zentrales Prinzip. Ihm wurde deshalb Sauerstoff, Wasserstoff, Stickstoff und später auch Schwefel und der Wärmestoff und der Lichtstoff zu Elementen. Lavoisier vermochte sich durchzusetzen. Ohne den Lichtstoff freilich, einer Konsequenz aus Newtons Lichtkorpuskeln. Auch Lavoisier war ein Kind Stahls: Sein Wärmestoff zeigt das. Und dennoch: Einen Lavoisier ermöglicht zu haben, das dürfte das Hauptverdienst des ansonsten untauglichen Phlogistonsystems gewesen sein.

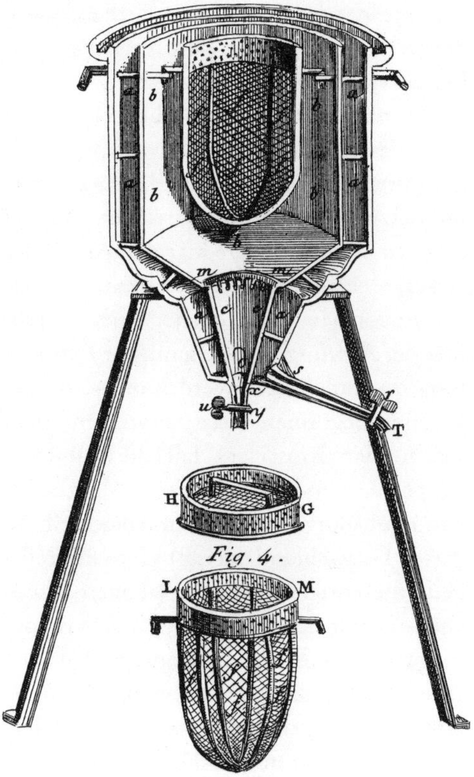

Das Kalorimeter aus dem Labor Lavoisiers; durch Schmelzwasser wird die Wärmebilanz erfasst. Für tespiratorische Messungen empfiehlt er indische Schweine, weil diese die apparative Kälte «assez bien» ertragen würden.

SCHWEFELWELTEN

Was gefunden werden will, muss gefunden worden sein, bevor man es suchen gehen kann: Dieser Kurzschluss sitzt im Mark unserer experimentell erschlossenen Wahrheiten. Als anektotische Bebilderung mag uns der zerstreut suchende Mitmensch dienlich sein, der, gefragt nach dem Gegenstand, den er da suche, antwortet: «Ich weiss es nicht.» Man kennt den Schlüssel zum Beispiel sehr genau, den man sucht; man hat ihn eben ‹gefunden›, bevor man ihn sucht. Und man sucht nicht irgendwo. Man sucht ihn dort, wo man ihn erwartet zu finden. Das ist im banalen Alltag nicht anders, als es in den Wissenschaften ist. Die Alchemisten haben das Gold in ihren Köpfen gefunden, bevor sie es in den Retorten suchen gegangen sind. Die Phlogistiker haben Phlogiston im Herzen herumgetragen und haben nachträglich gesucht; es hat sie kaum verbittert, dass sie es nicht gefunden haben. Mehr Erfolg war ihnen auf der Suche nach dem Phlegma hold: Wenn Phlogiston als Feuererscheinung aus seinem Schwefel fuhr, jeweils, hat sich das Schwefel-Phlegma als ätzende Gas- und Nebelschwade in die Luft verflüchtigt. Wo also das Element des Schwefels, das Schwefelphlegma suchen, wenn nicht in der Luft?

Rechtens wäre die Schwefelsäure erst in unserer Zeit in der Luft über industrialisierten Städten zu finden gewesen. Es ist verquer: die Phlogistiker haben die – noch nicht vorhandene – Schwefelsäure in der Luft nachweisen können; die moderne

Chemie hat die – reichlich vorhandene – Schwefelsäure in der Luft verpasst. Gut hundert Jahre lang.

Während man in England bereits gegen Ende des 17. Jahrhunderts (Mayow, Willi) auf gutem Wege sich befand, die Zusammensetzung der atmosphärischen Luft zu erfassen und besonders klar den Anteil des Gases, welches bei der «Verkalkung» (Oxidation von Metallen), bei der Verbrennung und der Atmung in die chemische Betrachtung mit einbezogen werden muss, zu diskutieren begonnen hatte, verwickelte man sich auf dem Kontinent, falls die Luft überhaupt Untersuchungsobjekt dargestellt hat, in obskur verwirrlichen Ansichten. So war in Deutschland die Luft von «schwefligen, mercurialischen und salzigen Theilchen» erfüllt. Im Jahre 1665 publizierte der kurbrandenburgische Leibarzt Elsholz den Beweis dafür, dass die Luft salzige (‹saure›) Bestandteile enthalte. Denn trotz wiederholter Destillation von Kolkothar (Rückstand nach der Destillation von Eisenvitriol) liess sich wieder Schwefelsäure nachweisen, nachdem das Gefäss einige Zeit an der Luft gestanden hatte. Im Jahre 1723 schloss Stahl in seinem Werk «Ausführliche Betrachtungen und zulänglicher Beweis von den Salzen», dass in der Atmosphäre Schwefelsäure enthalten sein müsse. In seinen, aller Beteuerung zum Trotz eben doch nicht so ‹zulänglichen› Experimenten liess er (verunreinigte) Pottaschenlösung stehen, aus der an der Luft dann schwefelsaures Kali auskristallisierte. Hans Blumenberg beendet seinen bereits erwähnten Aufsatz über Lichtenberg («Paradigma, grammatisch», 1971) mit der Bemerkung: «Die Wahrnehmung dessen, was es nicht gibt, ist die schwerste.»

Währenddem Stahl seine Schwefelsäure aus der Luft holt, untersucht Hales (1727) eine Atmosphäre, welche ein bereits fast ‹modernes› Gasgemisch darstellt und Boerhaave in den Niederlanden («Elementis Chemiae», 1732) lehrt vor internationalem Publikum, dass die Luft den alleinigen Zweck im Organismus habe, das durch Reibung in den Kapillaren erhitzte Blut in den Lungen zu kühlen. Im Zirkus solcher Schulen setzt sich Stahls Lehre durch. Stahls Modell überzeugt. Auch für Stahl kann die Luft kein «eigenthümlicher» Körper sein, das reproduzierbare Experiment mit Pottasche belegt deutlich, dass Luft ein Gemisch von «eigenthümlichen» Körpern darstellt. Der Schwefel, einmal mehr, wird durch das wahre Wesen seines Phlegmas zentrales Argument.

Die Industrielle Revolution hat sich der Luft technisch bedient – gleichzeitig wurde die Luft aus dem Verantwortungsbereich der Chemie verdrängt. Früh etabliert sich der Begriff der «Flechtenwüste». Vor hundert Jahren schon wird in München der Flechtentod in den Ballungszentren beschrieben. Flechten wurden präzise Biodetektoren für Luftqualität. Es wurde erkannt, dass Schwefelsäure das lebensfeindliche Agens darstellt. Lavoisier hat das Stahlsche Schwefelwesen gründlich überwunden. Zu gründlich vielleicht. Uns jedenfalls «prünselt sein smack sô vast». Vielleicht hätte die falsche Chemie des Mittelalters ein wacheres Umweltbewusstsein in unsere Zeit hinüber begleitet. Vielleicht.

Steroid-Story

KAPAUNE KRÄHEN NICHT

Das Prinzip des Propellers, den Dreh der Düsen mögen wir noch verstanden haben. Doch den Knall, der entsteht, wenn der Schallschleier reisst – wer wollte den seinen Kindern erklären?

Das moderne Leben hat den modernen Menschen kastriert. Wir sind Verständnis-Eunuchen geworden. Historisch mag mit der Demokratisierung des *homo politicus* die Entmündigung des *homo sapiens* einhergegangen sein. Der *homo universalis* ist im späten «Herbst des Mittelalters» gestorben. Er entschlief leise vor der lauten Kulisse erwachender Wissenschaften.

Noch nie hat die Menschheit mehr gewusst – nie aber waren mehr Fragen noch offen als heute. Und der Laie kann nicht wissen, ob ‹man› weiss, was er nicht weiss, oder ob ‹man› noch nicht weiss, was er mit Bestimmtheit weiss oder wenigstens zu wissen vermeint. Viele Produkte moderner Technologie tragen den Stempel ihrer ungestümen Entwicklung vordergründig zur Schau. Wer betrachtet die Armaturen eines modernen Cockpits nicht mit ehrfürchtiger Bewunderung? Wer fühlte sich der Fülle an Schaltern und Zeigern gewachsen? Die chemischen Produkte dagegen, so ungestüm die Geschichte ihrer Entwicklung auch ist, sind von meist bescheidener Äusserlichkeit geblieben. Pillen sind rund. Pillen bleiben eine – äusserliche wenigstens – runde Sache. Angewandte Chemie aber ist stets komplex; ihr Understatement täuscht uns nicht mehr: Das DDT-Trauma, der Dioxin-Skandal, der Rheumapillen-Schock. Der Verflechtungsgrad physiologischer Systeme übersteigt den eines Jets. Immer. Gerade auch deshalb fasziniert die Geschichte der Chemie ebensosehr wie die der technischen Physik. Die Story der Steroide jedenfalls liest sich wie eine Detektivgeschichte.

Die Entwicklung jener Sparte der Pharmakologie, die Hunderttausende von Kindern vor der Rachitis gerettet hat und mit den Kontrazeptiva (Antibabypillen) tiefgreifende soziologische Umschichtungen zur Folge gehabt hat, begann in der Landwirtschaft. Den Bauern war das Syndrom, das durch das Kastrieren von Hähnen entsteht, seit der Antike wohlbekannt: Mit den Gonaden verlieren die Tiere nicht nur die Zeugungsfähigkeit – vielfältige körperliche Modifikationen und verhaltensbiologische Veränderungen stellen sich ein. Diese Effekte wurden gezielt auch bei der Domestizierung von Hengsten, Stieren und selbst Männern eingesetzt: Beherzter, so scheint es, wurde früher experimentiert – leider aber haben selbst die Greueltaten kei-

«Wann er recht gecapaunet worden ist, so wird ihm der Kamm bleich, er krähet auch nicht mehr, ist auch nicht geil.» Gesner beschreibt im 17. Jahrhundert das ganze Hormonmangel-Syndrom mit Akribie. «Die Capaunen weyden zwar mit den Hennen, aber sie beschrimen dieselben nicht, verkündigen auch nicht die Stunden des Tages, darumb sind sie zu nichts besser als zu essen.»

ne Erkenntniszunahme gebracht. Descartes hat seinen Maschinenmenschen nervlich verdrahtet was das Hormonverständnis blockiert, bis 1849 der Physiologe Arnold Adolph Berthold in Göttingen protokolliert: «Am 2. August kapaunte ich sechs junge Hähne.» Der Forscher «castrirt» sie jedoch nicht nur, sondern er implantiert einigen Kapaunen wieder einen Hoden lose in die Bauchhöhle. Das Resultat: «In Ansehung der Stimme, des Fortpflanzungstriebes, der Kampflust, des Wachsthums der Kämme bleiben solche Thiere wirklich Hähne.» Der Experimentator folgert kristallklar, dass das nur auf Grund einer Einwirkung der Hoden «auf das Blut» und dann durch «entsprechende Einwirkung des Blutes auf den allgemeinen Organismus» bedingt sein könne.

Der Weg in eine Zukunft mit Hormonen ist damit frei.

EXAKTE EXTRAKTE

«Wer es fassen kann, der fasse es.» Im zentralen Kapitel 19 des Matthäus-Evangeliums nimmt die Bibel Bezug darauf, dass Aussensteuerung durch Innensteuerung überlagert und gestört werden kann. Deshalb «gibt es Verschnittene, die sich selbst verschnitten haben um des Reiches der Himmel willen». Schon in Griechenland haben sich die Priester der Kybele entmannt, um ihrer Gottheit ungestört nahe sein zu können. Und im Mittelalter haben die Valerianer und in der Neuzeit die Skopzen in Russland die Selbstkastration als religiöse Pflicht betrachtet. Die Liste ist nicht abschliessend.

Charles Edouard Brown-Séquard unterzieht sich vor bald 100 Jahren im Selbstversuch einer Hormonbehandlung.

Mit den Hoden präsentiert sich das zentrale Steuerorgan der Männlichkeit im weitesten Sinn augenfällig. Diese Organe haben denn auch stets zum Experiment gereizt. Doch es ist immer wieder erstaunlich, wie biologische Erkenntnis hinter anderen Wissenschaften, vor allem hinter dem mechanischen Verständnis der chirurgischen Technik, hergehinkt ist. Der Blutkreislauf, das Nervensystem haben früher zu kühnen Erklärungsansätzen gereizt. Das Hormonsystem blieb trotz spektakulärer Experimenterfahrung verborgen: Fehlen die Hoden, fehlt dies und das am Mann – sind sie da, ist der Mann da. Ganz. Das Begreifen des ‹Negativen› hat jedoch nicht die Umkehrfrage provoziert: Was tun die Organe, wenn sie noch da sind? Über den ‹Normalfall›, das ist ein Grundgesetz, wird kaum je nachgedacht. Dass der ‹normal› funktionierende Mensch die Konsequenz eines komplexen Gefüges von Steuervorgängen darstellt –

diese revolutionäre Einsicht hat lange auf sich warten lassen.

Der Begriff «Hormon» wird erst 1906 durch Bayliss und Starling geprägt – *hormao* heisst: «Ich rege an.» Hormone sind chemische Substanzen; sie werden im Körper von Drüsen synthetisiert, über das Blutsystem im Körper verteilt (Hormondrüsen haben keine ‹Ausgänge› für den Hormonexport: Das hat die Forscher lange genasführt) und veranlassen disponierte Gewebe ‹empfangsbereiter› Organe zu spezifischen, oft komplexen Reaktionen. Euphorisch wird aber bereits im letzten Jahrhundert – notabene bevor die Hormontheorie sich etabliert hat! – die faszinierende Möglichkeit erkannt, therapeutisch in den Hormonhaushalt einzugreifen. «L'homme machine» wird nicht physikalisch, sondern chemisch erschlossen. Charles Edouard Brown-Séquard stellt sich am 1. Juni 1889, 50 Jahre nach Bertholds bahnbrechenden Versuchen an Hähnen, einem staunenden Ärztepublikum als verjüngtes Produkt einer Hodenextraktbehandlung vor. Der Spott seiner Kollegen – die Kur war so erfolgreich verjüngend, dass der Greis an Keuchhusten erkrankte – konnte nicht verhindern, dass mit diesem Selbstexperiment eine neue Ära in der Medizingeschichte begann. Wer das fassen konnte, den hat es erfasst.

DAS SÄCKCHEN IM KÄTZCHEN

Im Unterschied zu Aussenhoden versteckten sich die inneren Hormondrüsen zum Teil nachhaltig: Die Nebenniere zum Beispiel wurde erst in der Renaissance entdeckt. Da die Leichen für anatomische Inspektionen auf den Friedhöfen Tage nach der Bestattung ‹besorgt› wurden, präsentierten sich die Nebennieren den Anatomen stets als halb zersetzte, nebensächliche Säckchen. Der Schotte Thomas Addison hat diese trotzdem, aufgrund von lediglich vier Krankheitsgeschichten, kühn in Zusammenhang mit der Bronzekrankheit gebracht. (Dieses Syndrom, auch die Addisonsche Krankheit genannt, ist sehr selten.) Es gelingt, im Tierexperiment die Wichtigkeit dieser innersekretorischen Drüsen zu demonstrieren: ohne Nebennieren sterben die Versuchstiere nach zwölf Stunden. Organextrakte vermochten die Bronzekrankheit jedoch nicht zu heilen, sie erhöhten lediglich den Blutdruck. Auch nachdem die erkenntnistheoretischen Hürden genommen sind, bleibt die Story der Steroide ein Hindernislauf durch ein Labyrinth chemischer Schikanen. Die Nebennieren haben der Forschung zusätzlich noch ein anatomisches Schnippchen geschlagen, weil sie nicht bloss einzelne Drüsen, sondern Drüsensysteme darstellen: Die Nebennierenrinde hüllt das Nebennierenmark ein. Die wässerige Extraktion der Nebenniere (der Chemiker unterscheidet neben einer wässerigen eine fettlösende Extraktion) hat lediglich das wasserlösliche Adrenalin des Nebennierenmarkes darstellen lassen. (1901 isoliert Takamine aus 8000 Ochsennebennieren vier Gramm des Hormons – 1904 bereits gelingt Stolz die Adrenalin-Synthese nach der erfolgreichen Aufklärung der Formel.) Die logische Folgerung, dass alle Hormone wasserlöslich sein müssen, weil sie durch das Blut transportiert werden, hat sich als lähmendes Vorurteil erwiesen. Erst gezieltes Extrahieren der Nebennierenrinde in der Alkoholphase (Alkohol löst auch fettliebende Substanzen) zeitigt im Jahre 1930 erste Erfolge; Swingle und Pfiffner verwenden dafür 350 (anstatt bis anhin nur zwei bis drei) Katzen.

Die Nebennierenrinde ist kein Speicher: Ihr Hormongehalt reicht gerade nur für einen Sekundenbruchteil aus. Deshalb sind die Drüsen-Säckchen in der Katze praktisch leer!

Das Thyroxin der Schilddrüse wird 1914, das Insulin der Bauchspeicheldrüse 1921 beschrieben: aus der Nebennierenrinde gelingt es erst 1930, eine im Experiment wirksame, chemisch aber noch unbekannte Komponente zu isolieren. Einmal mehr wird uns demonstriert, dass wissenschaftlicher Fortschritt auf zwei Säulen ruht: Geniale Intuitionen einsamer Sternstunden und hartnäckiger Alltagsfleiss müssen einander ergänzen. Pioniere errichten weit vor ihrer Zeitfront Brückenköpfe, Vorposten in den weissen Ebenen der Terrae incognitae. Allzuoft hungern solche Wissenssklaven allerdings aus, bevor sie durch eine Nabelschnur mit dem Zeitwissen ernährend verbunden werden können. Alltägliche Arbeit aber, stur, exakt, bieder und in Hoffnung verbissen, vermag zu integrieren. Die Erfolge dieser ‹kleinen Wissenschaft› sind Meilensteine auf dem Weg zu den fernen, von kühnen Pionieren artikulierten Zielen. Addison hat, 70 Jahre bevor seine Theorie bewiesen wurde, sein Forscherleben durch einen Sprung aus dem Fenster beendet; der geniale Physiologe fühlte sich von ‹erfolgreichen› Kollegen (ihre Namen nennt nie-

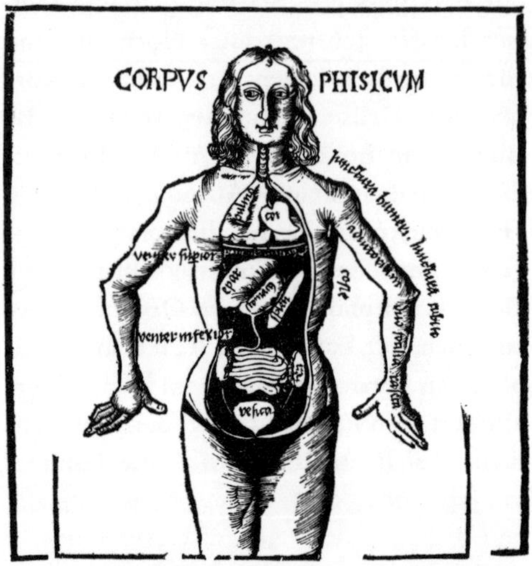

Als schlaffe Säckchen zeigten sich den Anatomen die für das Leben so zentralen Nebennieren – die «capsulae suprarenales» werden vom Anatomen Eustachius anno 1563 als eigenständige Drüsen beschrieben. Seine Kupfertafeln verschwanden und wurden erst 138 Jahre später wieder entdeckt. (Situs mit Nieren, 1512)

mand mehr) in seiner Existenz bedroht. Die Furien des Fortschritts sind masslos: Für unsere Zukunft zum Glück, oft aber zum Unglück derer, über die sie gekommen sind.

OHNE FLEISS KEINE PRISE

Das kontrazeptive Wirkprinzip der ‹Pillenhormone› hat mühsam ertastet werden müssen. Mit zum Wesen biologischer Steuerung gehört, dass Information stets rasch gelöscht werden können muss. Enzyme gewährleisten den speditiven Abbau aller körpereigenen, stofflichen Botschaften im Organismus. Erst als synthetische Verbindungen formuliert werden konnten, welche durch die Abbaumechanismen zwar kaum zerstört, von den Rezeptorstellen der Adressatengewebe jedoch als Information fehlerfrei erkannt werden können (immer wieder findet die Forschung solche biologischen Unregelmässigkeiten, die sie für anthropogene Eingriffe nutzbar macht), gelingt es, Schwangerschaften auch durch orale Applikation von Hormonsurrogaten sicher zu verhindern. Im Jahre 1960 kommt die erste Pille auf den Markt. Dabei hat Adolf F. J. Butenandt bereits am 11. April 1934 erstmals im Hals einer Retorte die langersehnten, glitzernden Hormonkristallnadeln des eigentlichen Wirkstoffes der ‹Pille› gesichtet. Der epochale Chemiker hatte nie mehr als 20 Milligramm davon in den Händen, extrahiert aus den Ovarien von 20000 Schweinen. Im selben Jahr wird das Gelbkörperhormon auch in Breslau, in den USA und der Schweiz isoliert: Eine Konferenz aller Beteiligten tauft den Wunderstoff *Progesteron*, was soviel heisst wie «Hormon für die Schwangerschaft».

Gregory Pincus appliziert im Jahr 1953 Tagesportionen von 300 Milligramm, was 300000 Schweineäquivalenten entsprochen hätte. Innerhalb von zehn Jahren gelingt es, dank chemischer Manipulation am Grundgerüst des Progesterons die Dosis auf fünf (im Jahr 1961), dann auf 0,5 mg und neuerdings auf 0,03 mg (Minipille) zu senken.

Den Tierärzten war das Phänomen der Sterilität durch zusätzliches Einpflanzen von Ovarien seit langem bekannt. 1921 schlägt der Innsbrucker Haberlandt den entsprechenden Einsatz beim Menschen vor. Klinische Beobachtungen bestätigen die Richtigkeit seiner Theorie. Und doch geht es noch 30 Jahre, bis sein Gedanke wieder aufgegriffen wird. Die Verzögerung der Pillenrevolution – der Arzt und Steroid-Forscher Rupert Witzmann spricht von der «grössten biologischen Umwälzung seit dem Aussterben der Dinosaurier» – zeigt auch, wie die Stoffgruppe der Steroide den Chemikern nachhaltig Schwierigkeiten bereitet hat: Der Wissenschafter kann eben stets nur suchen, was er im Prinzip schon gefunden hat. Den Physiologen fehlte eine Nachweismethode so lange, bis das Verständnis der Regelmechanismen herangereift war. Erst als Allen und Doisy die nach Injektion eines Extraktes unbekannter Hormonkonzentration veränderten Genitalien der weiblichen Maus und Koch den Kamm von Kapaunen als ‹Labormaschinen› zum Nachweis von Geschlechtshormonen einsetzten, für die sonst alle Methoden blind waren, sind auch der Steroidforschung bahnbrechende Erfolge beschieden gewesen. Als man hiermit Geschlechtshormone auch im Harn entdeckte (ein billiges Rohprodukt, das den Vorteil hat, weitgehend eiweiss- und fettfrei zu sein), war der Weg in unsere, den Kindersegen nach Bedarf ab- und anschaltenden Zukunft offen: Am 23. August 1929 stellt Edward Doisy die ersten Steroid-Hormon-Kristalle vor (1,39 Milligramm Östradiol); 1931 isoliert Butenandt 15 Milligramm des männlichen Andosterons aus 15000 Litern Polizeikasernen-Harn, und 1934 wird – wie erwähnt – Progesteron dargestellt, was das Simulieren von Schwangerschaften zum Zwecke der Verhinderung von Schwangerschaften ermöglicht hat.

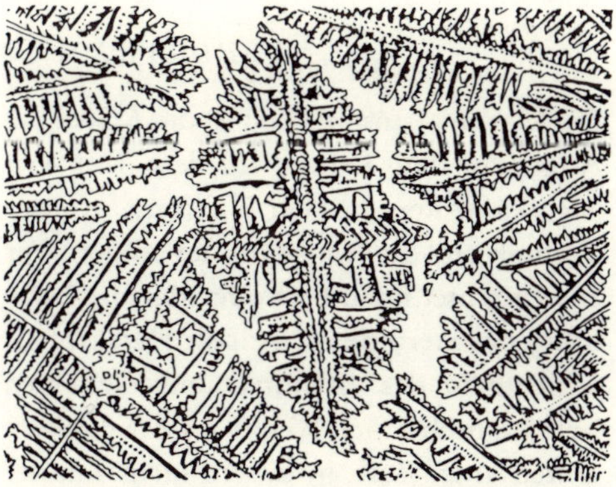

Das Farnphänomen des Cervix-Schleimes ist Ausdruck kräftiger Östrogenwirkung: Apparativ bis vor kurzem kaum nachweisbare Hormonkonzentrationen finden in biologischen Reaktionen ihre erfassbare Entsprechung.

KURZENTSCHLOSSEN KURZGESCHLOSSEN

Eine moderne Erkenntnisstrategie bricht mit der Tradition des reinen ‹Zergliederns› der anatomischen Schule. Norbert Wiener hat 1948 ‹seine› Wissenschaft der Regeltechnik *Kybernetik* genannt. Er hat erkannt, dass noch so intimes Teilverständnis der Glieder eines dynamischen Systems die Leistung des Ganzen kaum je erahnen lässt. Weder der physikalisch-chemische Forschungsansatz noch die im Prinzip mathematisch-ästhetischen Versuche der Kybernetik lassen das Phänomen ‹Leben› allerdings enträtseln, beide Fronten aber haben konkrete Ergebnisse gezeitigt. So ist das komplexe Regelsystem des bis anhin mystischen weiblichen Zyklus so weit entschlüsselt worden, dass die humoralen Kettenkreise haben kurzgeschlossen werden können. Die Ovulationshemmer werden ermöglicht, weil eine systemimmanente Übermittlungsnachlässigkeit klug hat ausgenützt werden können: Progesteron ist die Botschaft an die Uterusschleimhaut, sich für eine möglicherweise bevorstehende Schwangerschaft bereit zu halten. Das Zielorgan gibt nun aber erst im Falle einer erfolgten Nidation hormonellen Bescheid zurück an das Hirn. Während des konzeptionslosen Zyklus wird dieser natürliche Regelkreis nonchalant abgekürzt: Das Hirn wertet Progesteron als ‹Beweis› dafür, dass eine Ovulation stattgefunden und dass der Follikel sich in den Gelbkörper der zweiten Zyklushälfte verwandelt habe. Eilfertig drosselt das Hirn die Synthese der das Follikelwachstum stimulierenden Östrogene. Jahrmillionen natürlicher, in sich geschlossener Chemie haben dieses blinde Vertrauen des Hirns gerechtfertigt. Die ‹Pille› zeigt nun aber, dass Hirn sehr wohl auch auf Gerüchte anspricht: Kurzentschlosen werden Regelkreise kurzgeschlossen.

LEBERTRAN UND LEBENSLICHT

Ein Merkmal unserer Zeit ist die Angst: die Angst vor dem Leben, vor dem Tod, vor Medikamenten, vor der Nahrung, vor der Technik und die Angst vor der Angst. Wer aber fürchtet noch Pest oder Rachitis? Die Story der Steroide ist auch die Detektivgeschichte um das Vitamin D und zeigt einen Teil des mühsamen Weges aus der dunkeln ‹guten alten Zeit› in unsere nicht minder dunkle, nicht minder gute Gegenwart.

Wie dem Fabel-Drachen, dem an abgeschlagenen Kopfes Statt eine Vielzahl neuer Köpfe wuchsen, erblühen jeder Zeit auf den Narben ausgerotteter Schrecken neue Ängste. Das hat zum verhärmt-arroganten Zynismus wider die technischen Wissenschaften geführt. Ein Hauch wohlwüchsiger Dankbarkeit verriete jedoch oft mehr Sachkenntnis als der diffuse Groll statistischer Ignoranten. ‹Hab Sonne auf der Haut oder Tran im Kasten, wenn's stürmt und schneit [...]›: mit solchen Sicherheiten im stolzen, geraden Rücken ist leichter gegen unsere Zivilisation wettern als kropfbehangen, knorrenwüchsig, erdwärts gebeugt. Die Entdeckungsgeschichte von Vitamin D mag einen Teil des Glaubens an die innovative Kraft der Wissenschaften wieder stärken helfen.

Die Rachitits ist eine alte Krankheit, offenbar haben auch die Neandertaler darunter gelitten. Der Golfstrom hat die Besiedelung nördlicher Breiten ermöglicht – Europa hat dafür teuer bezahlt. Denn nach 1650 nimmt die Krankheit in England zu: Der Arzt Whistler beschreibt die «Engli-

Infektionskrankheiten. Epidemische Vergiftungen. Mangelkrankheiten. Kopf um Kopf hat die Wissenschaft «nicht ohne grosse Sorg und Arbeit» der Krankheitshydra abgeschlagen. Dass immer wieder neue Schrecken wuchern, gehört mit zum Grunderlebnis unserer Zeit.

sche Krankheit» klar («De morbo puerilli Anglorum», 1645). Rhachis heisst Rückgrat. Unter ‹rickets› (Höcker) hat man die Krankheitssymptome in der Sprache des Volkes zusammengefasst. Francis Glisson, Landsmann, Zeit- und Standesgenosse Whistlers, tauft die Krankheit, deren Ursachen und Therapien gänzlich unbekannt beziehungsweise unwirksam waren, fachsprachlich «Rachitis». Denn: «Der Arzt muss auf seine Geltung in den Augen der Welt mehr bedacht sein als auf irgend etwas sonst.» Von den Quacksalbern lernend, die ohne medizinische Kenntnisse von Jahrmarkt zu Jahrmarkt fahren und die kranke Klientele durch Aufschneidereien überzeugen, rät Glisson: «Sprecht soviel ihr vermögt in Gegenwart eurer Patienten in fremder Sprache.» Die Diagnose in gestelzten Vokabeln ersetzt dem Karriere-Physiologen die Heilerfolge: Kompetenz hat seinen Preis. «Der Pöbel wird euch um euer Wissen bewundern.» Trotz alledem, ein oberflächlicher Wissenschafter war Francis Glisson nicht – 1672 beschreibt er als erster die Reizbarkeit belebter Fasern. Als Arzt aber hat er sich dem marktwirtschaftlichen Kräftespiel nicht entziehen können.

Im 19. Jahrhundert wird die «Wetzlarer Krankheit» beschrieben (G. Wendelstadt): Mit geschwollenen Gliedern und grossen Köpfen warten Kinder in dunkeln Gassen dumpf auf ihren Tod. Aus England – man hatte mehr Erfahrung – treffen ergänzende Berichte ein: In London und Manchester schlägt das Unheil Reiche und Arme. Auf dem Lande dagegen ist die Krankheit unbekannt. Im Dubliner Zoo blieben Löwen gesund – in London erkrankten die Raubkatzen. Im Winter nehmen die Krankheitsfälle epidemisch zu. Im Frühjahr nimmt die Krankheit wieder ab. Rachitis europäischer Kinder wird auf Java geheilt. (Ein brillanter Missionar macht auf mangelnde Sonnenbestrahlung erkrankter Kinder aufmerksam: Theodor Palm, 1890.) Werden da nicht die Eskimos zu ‹Gegenkronzeugen›: sie munkeln halbjahrelang im Dunkeln und bleiben doch gesund?

Die ‹Londoner Schule› sucht das die Eskimos rettende Vitamin; das kontinentale Europa sucht das Sonnen-Hormon. 1912 wird in Paris mit Sonnen- und Schattenhunden der Beweis erbracht, dass die Sonne Rachitis verhindern kann. 1919 füttert der Engländer Mellanby rachitische Hunde mit Fischlebertran. (Schulkonform wird deren Krankheit nicht durch Lichtmangel, sondern durch kalziumarme Kost verursacht.) Die kranken Hunde genesen. Im gleichen Jahr zeigt der Berliner Kinderarzt Huldschinsky, dass ultraviolettes Licht rachitische Kinder heilt.

Es gehört aber zum Wesen der modernen Wissenschaften, dass man nicht mehr nur nach dem ‹Wozu›, sondern auch nach dem ‹Weshalb› fragt.

HUNDERT TONNEN TRAN JE TROPFEN

Hinter den pragmatischen Erfolgen setzt ein ehrgeiziger Wettlauf um die Entdekkung des Wirkstoffs und seiner Struktur ein. Heute noch nervt in Routine-Instituten das Vitamin D den Analytiker nachhaltiger als andere Vitamine. Die historische Suche war dementsprechend reich an Umwegen. Um so grösser war das Erstaunen, als es sich zeigte, dass der «Antirachitisfaktor» aus der Steroidgruppe stammt. Man weiss heute, dass bei der Produktion von Cholesterin ein Molekül anfällt, das in der Haut angereichert und unter UV-Lichteinwirkung in Vitamin D verwandelt wird. Ohne Licht kann der bei der Cholesterinsynthese anfallende Stoff (ein Provitamin) nicht zum eigentlichen Wirkstoff (Vitamin D) werden. Fehlt das Licht, kann aber mit dem sattsam bekannten täglichen Tropfen Lebertran unserer Jugendtage die Wirksubstanz von aussen zugeführt werden. Das entspricht der Vitamin-Definition. Das Vitamin D ist aber gleichzeitig auch ein Hormon. Es wird im Normalfall in der Drüse ‹Haut› synthetisiert.

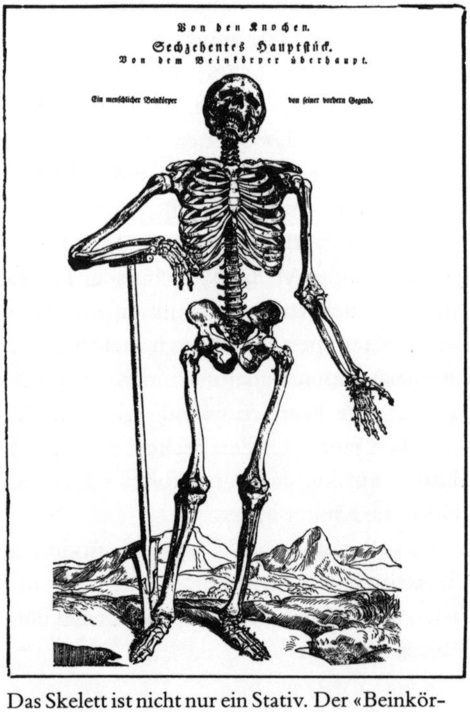

Das Skelett ist nicht nur ein Stativ. Der «Beinkörper» ist ein Organsystem mit vielfältigen Drüsen- und Speicherfunktionen.

Unser Skelett ist ein Gefüge aus über 200 einzelnen Knochen unterschiedlicher Form. Die eigentliche Knochenmasse besteht zur Hälfte aus Wasser, zu einem runden Viertel aus organischen Substanzen (Fette, Eiweisse, Kohlenhydrate) und zu einem weiteren guten Viertel aus Mineralsalzen. (Kalziumphosphat dominiert mit 95 % des Gesamtsalzgehaltes.) Beim Verbrennen bleiben die anorganischen Salze als ‹Asche› zurück; die organischen Bestandteile oxidieren in der Flamme, das Wasser verdampft. Das Protein mit dem Namen Kollagen verleiht dem starren, zelligen Knochenorgan Elastizität.

Knochen sind Gerüstbestandteile und Knochen sind Drüsen: sie produzieren die Zellen des Blutes. Und die Knochen sind Reservoir-Organe. So wie die Leber Eisenionen speichert, speichern die Knochen Kalziumionen und Phosphat. Beim gesunden Erwachsenen sind deren Zufuhr (Mineralisation) und Abfuhr (Resorption) im Gleichgewicht; die eingelagerte Mineralsubstanz dient jedoch nicht nur als Vorrat für den übrigen Körper – das Salz verleiht während der Lagerdauer dem Knochen ‹Härte›. Depot- und Strukturfunktionen ergänzen sich. Ist das Gleichgewicht zwischen Ein- und Ausbau allerdings gestört, werden die Knochen splitternd spröde oder aber biegsam, deformierbar und weich.

Die Knochen sind intensiv durchblutet; auch der Kalziumnachschub erfolgt über den Blutkreislauf. Im Dünndarm wird er aus der Nahrung – besonders ergiebig sind Milchprodukte – dem Blutserum zugeführt. Wird zuwenig Kalzium zu- oder zuviel über die Nieren abgeführt, kann das Knochengewebe nur ungenügend verkalken – besonders in der Wachstumsphase sind Skelettdeformationen die Folge: Die Symptome von Rachitis prägen sich aus. Dabei ist aber nicht nur der Kalziumgehalt der Nahrung schicksalhaft: Ein Vitamin regelt den Übertritt des Metallions aus dem Darmlumen in das Blutsystem. Der im Fischleberöl als antirachitischer Faktor vermutete Stoff wurde, in Analogie zu den bereits bekannten Vitaminen A, B und C konsequent phantasielos Vitamin D genannt. Verwirrend daran aber war die Beobachtung, dass rachitische Kinder mittels Quarzlampenbestrahlung geheilt werden konnten. Skorbut, die Vitamin-C-Mangelkrankheit, liess sich weder durch Sonnenbäder noch durch Tautreten vermeiden: Vitaminmangel konnte, am Anfang des physiologischen ABC jedenfalls, nur durch Vitaminzufuhr verhindert werden.

In den fünfziger Jahren glückte die technische Synthese des Vitamins D-3. (D-1 und D-2 wurden vor der D-3-Fraktion isoliert; es sind Pflanzenprodukte.) Neuerdings wird Vitamin D-3 auch Calciol genannt. Das Calciol wird, aus der Haut über den Blutkreislauf in die Leber verfrachtet, zu Calcidiol umgearbeitet. Dieses Calcidiol nun gelangt in die Nieren und wird – ein Nebenschilddrüsenhormon beeinflusst diesen Syntheseschritt – zu Calcitriol. Erst dieses regelt den Kalziumstoffwechsel. Die Substanz wurde von De Luca im Jahre 1971 aus den Dünndärmen von 1500 Hühnern isoliert: Er gewann zwei Millionstel Gramm. Vitamin D (Calciol) ist rund eine Million mal wirksamer als die gewichtgleiche Menge Fischtran (Tagesdosis: 0.00001 Gramm). Calcitriol – seit 1978 wird das Medikament synthetisch hergestellt – ist noch viel effektiver als Calciol (Faktor 10000): Ein Gramm Calcitriol ersetzt einige hundert Tonnen Tran.

«VIVERE PERICOLOSAMENTE»

Wir haben das Cholesterin bekämpft – wir hätten besser daran getan, mit dieser Substanz leben zu lernen. Jeder Mensch hat – ob er dagegen ankämpft oder nicht – rund 300 Gramm Cholesterin stets in sich drin. Denn Cholesterin gehört zu unserem Leben: Es ist Muttersubstanz aller Steroide und Baustein jeder Zellmembran. Die glänzenden Packen in den Arterien arteriosklerotischer Patienten mögen über seine fundamentale Bedeutung hinweggetäuscht haben.

Michel Chevreul hat das Cholesterin 1812 als «Fett» beschrieben, das nicht verseifbar ist. Aus Gallensteinen gewonnen, erhielt es den Namen, weil Galle «Chole» heisst und weil das Fett bei 100° C noch fest (steros) bleibt.

Und dann wird es für fast 100 Jahre still um die Stoffgruppe. Erst Adolf Windaus in Göttingen entwickelt eine brauchbare Nachweismethode aufgrund einer medizinischen Beobachtung: Cholesterin hebt die Giftigkeit von Digitonin gegenüber roten Blutkörperchen auf. Bis heute ist der Niederschlag von Digitonin (Extrakt aus dem roten Fingerhut) für den Nachweis von Steroiden wichtig geblieben. Der Nobelpreisträger (1928) klärt 1932 die Konstitution des Cholesterinmoleküles auf.

In den Wohlstandsländern sind rund die Hälfte aller Todesfälle auf Herz-Kreislauf-Störungen zurückzuführen. Ein betrachtbarer Tod: Bereits Leonardo da Vinci bezeichnete das Herz als Muskel und be-

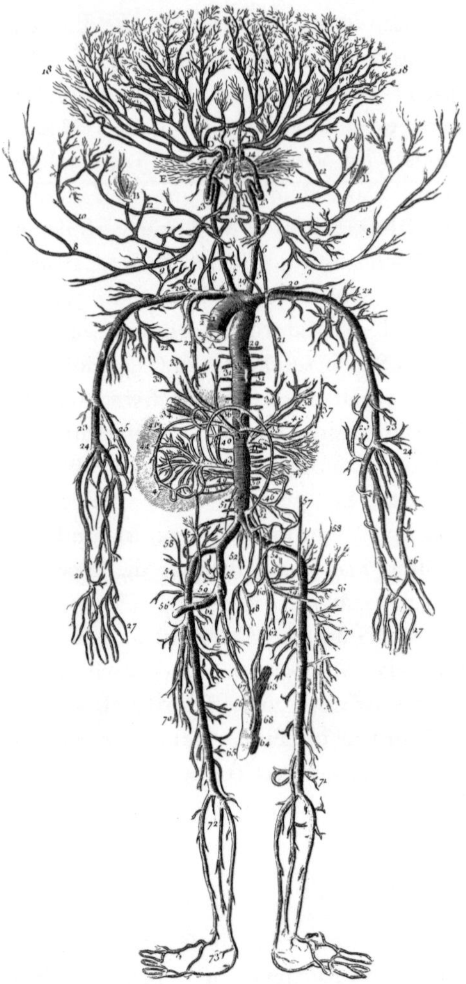

Auf dass der Baum des Lebens lange lebe: Vernunft tut not. Heute mehr denn je. Aber noch geht das Cholesteringespenst um.

schrieb nach Autopsien die Unterschiede zwischen den Arterien eines Knaben und jenen eines alten Mannes, die «verdickt, geschrumpft, verdorrt» waren. Die arteriosklerotischen Ablagerungen werden mit «verknöchert, verknorpelt, steinartig, erdig» charakterisiert. 1910 analysiert Windaus die fatalen Verstopfungen als Lipidanreicherungen mit markanten Cholesterinester-Konzentrationen. Anatomisch augenfällig – chemisch fassbar: Die Cholesterinhatz kann beginnen. Schutzlose Kaninchen werden missbraucht: Cholesterinmast erzeugt Infarkt der Hasenherzen. Im wahrsten Sinne schutzlos waren die Tierchen: Als Pflanzenfresser sind sie den Cholesteringaben regellos ausgeliefert. Ihr Blutcholesterinwert schnellt unkontrolliert hoch, arteriosklerotische Ablagerungen sind die Folge. Der Mensch dagegen verfügt über Mechanismen, die den Cholesterinspiegel rigoros regeln.

Epidemologische Untersuchungen folgen in den USA und Japan. Die Konsequenzen: keine tierischen Fette auf den Tisch, weder Eier noch Milch. Denn die statistisch vegetarischeren Japaner werden statistisch seltener vom Herztod ereilt. Doch weder Lebens- noch Seelenkultur hielten Einzug in die vordergründig-naive Gegenüberstellung des – wiederum statistischen – ‹Einkaufskorbes›. Die Eskimos und ihre trotz extremer Tiernahrung geringe Infarkthäufigkeit werden ignoriert. Weltkonzerne bemächtigen sich der Theorie: Margarine wird zum Medikament emporgeworben. Mütter, die ihren Lieben Gutes tun, ächten einheimische Tierkost. Man hebt seine Blicke ängstlich auf zu den Butterbergen, von denen ja das Böse kommt. Margarine, amerikanisch vermarktet, kann sich selbst noch behaupten, als grossangelegte Untersuchungen reihenweise die Heilserwartungen Lüge strafen.

Es gibt Wissenschafter, welche in der Cholesterinneurose den medizinischen Jahrhundertflop erkannt haben wollen: Spätestens seit man auch weiss, dass beim Härten von Margarine (unkontrolliert) wertlose, in gewissen Konzentrationen gefährliche Fettsäurenmodifikationen entstehen, darf auch die Mutter, die ihren Lieben Gutes tun will, wieder in die Regale mit einheimischen Tierprodukten greifen. Köstlich! Wir müssen lernen, mit unserem Körper, mit unserem Cholesterin zu leben. Weder Speck noch Spiegeleier fällen einen Männerkörper. Viele Manager, per definitionem bewegliche Persönlichkeiten, haben die Konsequenzen gezogen. Wir putzen die Zähne ja auch täglich – es scheint, dass ein täglicher Arterienputz uns ebenso gut tut. Sport ist der Name der Arterienbürste. Dass inzwischen Orthopäden, ob der Gelenkverschleisserscheinungen als Folge der Joggingwelle erschrocken zur Vernunft mahnen, zeigt doch wieder nur, dass wir lernen müssen, mit uns, nicht gegen uns zu leben. Mit Speck, ohne Speck; mit Sport, ohne Sport – blinde Jünger leben immer in Gefahr.

VOR-, UR- UND VORURTEILE

Vorurteile sind unsere stabilsten Teile: Vorurteile und Fettdepots haben gemeinsam, dass sie beide kaum abbaubar sind – nach grosser Anstrengung sind sie, alle beide, auch rasch wieder zur Stelle, sollten sie, wider Erwarten, doch einmal gelitten haben.

Fett hat den Ruf, Energiestoff zu sein, und das wird wohl so bleiben. Fett aber ist Baustoff; Fett ist *der* Baustoff. Fettstoffe bauen die Membranen der Organellen und Zellen auf. Fett isoliert die Nerven und ermöglicht damit speditive Informationsübermittlung. Fett polstert, strukturiert und schützt vor Frost: Fett ist die Grundlage des ‹Thermostaten› im Säugetierkörper.

Im Sinne der Evolution sind gute Nahrungsverwerter ‹erfolgreich›. Ihre Reichweite ist grösser; besser isoliert, überdauern sie härtere Zeiten. Erst in der Überflusskultur unserer Zeit scheint sich der Selektionsvorteil in einen Nachteil verkehrt zu haben: Gute Nahrungsverwerter sind in Gefahr. Die Saurier-Angst geht um – droht dem ehemals Tüchtigen das Aussterben durch Umweltverbesserung? Es ist kein Zufall, dass in Hunger-Ethnien Fettleibigkeit oft Ausdruck von Wohlstand und Erfolg ist. Fett hat Signalcharakter. Ursprünglich aber waren die Fettreserven Ver-Sicherungen: Garanten des Überlebens in ungewisser Zukunft.

Es leuchtet ein: man schont diese Reserven so lange wie möglich. Wer kündigt die Lebensversicherung just vor der Bergtour? Wer verheizt – in einer Schutzhütte eingeschlossen – zuerst Fensterläden, Aussenverschalung, Türen und Dachschindeln? Überflüssiges Material wird verbrannt: ausgelesene Zeitungen, Hüttenschuhe, der Tisch, ein Schrank. Und genauso verhält sich der Körper. Die Evolution hat uns auf den Ernstfall getrimmt, die Biologie ver-

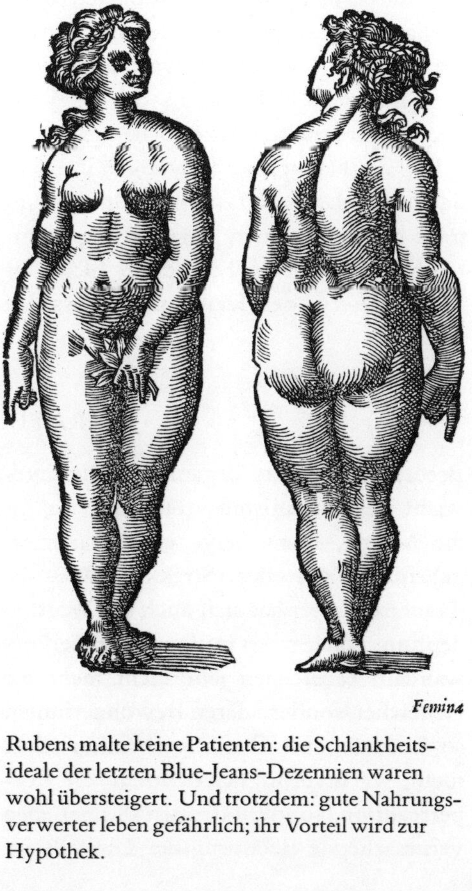

Rubens malte keine Patienten: die Schlankheitsideale der letzten Blue-Jeans-Dezennien waren wohl übersteigert. Und trotzdem: gute Nahrungsverwerter leben gefährlich; ihr Vorteil wird zur Hypothek.

steht keine Witze. Wir mögen aus Markentrainingsanzügen lächeln wie Trimm-dich-Wellen-Dressmen und Überlebens-Mannequins: Unser Körper ist kein Possenreisser. Für ihn ist der Fitness-Parcours-Rundgang Vorbote möglichen Unheils. Er gilt ihm als Flucht, zum Beispiel, oder als Jagd. Als Ernstfall jedenfalls. Wer spurtet – so interpretiert unser Körper –, ist in Gefahr. Er erwartet Hungerzeiten, Kälteeinbrüche und Katastrophen.

Der nächste Winter kommt bestimmt. Würde in erster Linie Fett abgebaut, würde durch blosses Um-das-Haus-Joggen bereits Isolation eingeschmolzen, hiesse das, dass dieser Verlust an Wärmedämmung in kalten Zeiten durch gesteigerte Oxidation wettgemacht werden müsste. Das entspräche einer Rückkoppelung, die in den Kollaps führt: Je weniger Isolationsfett noch vorhanden ist, desto mehr nun nicht mehr vorhandenes Fett müsste verbrannt werden, um dem Organismus die Betriebstemperatur erhalten zu können.

Der Zuckerspeicher (Glykogen in Leber und Muskulatur) ist rasch erschöpft: Er beträgt bei weitem kein ganzes Kilogramm. Und Fett ist – beinahe – tabu. Bleibt als Energiereserve der Treibstoff Eiweiss. Im Unterschied zu Kohlenhydraten und Fetten, deren beim Abbau anfallende Abfallstoffe gut verwertbar (Wasser) beziehungsweise über die Lungen ohne weitere Unkosten abdampfbar sind (Kohlendioxid wird abgegeben, während Sauerstoff aufgenommen werden muss), fällt beim Eiweissverbrennen Ammoniak an, ein aggressives Gift, das die Leber – unter Energieverschleiss – in Harnstoff verwandelt. Wozu aber, wenn nicht für Energiegewinnung, verbrennt der Organismus die Eiweisse? Gierig schmilzt er sie ein, hält Ausschau nach wenig benutztem Muskelfleisch. Bodygebildete Schönlinge wissen ein Lied zu singen: Ohne täglichen Erinnerungsschauer durch die Muskulatur verschwindet die Pracht, wird redimensioniert auf das absolut notwendige Mindestmass. Spindeldürr und muskelarm erscheint das Bein nach einer Ruhekur im Gipsverband, doch kein Gipskorsett bringt Fettpolster zum Verschwinden.

Abspecken tut weh. Der Körper verbrennt alles andere, bevor er sich bequemt, auch seine Lebensversicherung, die Fettpolster, aufzuzehren. Fett und Voruteile sind unsere stabilsten Bauteile: Negative Erfahrung macht uns nicht klug, nur unsicher.

STRATEGIE STRESS

Besorgnis um das organische Gleichgewicht des Organismus (Homöostase) ist die Mutter, Hans Selye ist der namengebende Vater des Stresses. Wie die ‹Frauenzimmer› hat sich auch die Wortbedeutung von ‹Stress› im Laufe der Zeit gewandelt; bezeichnen jene nicht mehr die Gemächer, sondern deren Bewohnerinnen, so bedeutet uns dieser gemeinhin nicht mehr, wie ursprünglich definiert, die Körperreaktion, sondern die den ‹Stress› eben verursachende Belastung der Umwelt auf den Körper. Geologen allerdings bezeichnen mit ‹Stress› einen gerichteten, einseitigen Druck.

Selye widmet sein Werk «Stress beherrscht unser Leben» allen, «die sich nicht fürchten, den Stress eines ausgefüllten Lebens in vollen Zügen zu geniessen». Der Verfasser Hunderter von Publikationen, Autor von mehr als zwei Dutzend Büchern, Träger von 16 Ehren- und drei Doktoraten, ein Forscher, der mit achtundsechzig Jahren immer noch morgens um fünf

Uhr seinen ersten Dauerlauf absolviert – ein solcher Hüne muss wissen, wovon er redet. Man kann, offensichtlich, auch stress-süchtig werden. Dass gerade unter den Jungen dieser ‹Genuss› unpopulär geworden ist, muss beunruhigen: Angstvoll begeben sich Stressverächter rudelweise unter die Fittiche wohlbehütender psychologischer Schulen oder in die starren Rituale eisern strukturierender Sekten. Unser Körper ist ein Einzelgänger; erst im Schulterschluss der Massen reagiert unser Chemismus nach kollektiven Gesetzen. Das gilt für Wandervögel, Infanteriedetachemente und Selbsterfahrungsgruppen.

Stress wird wohl auch stets mit Angst assoziiert, was hier vordergründig Gelegenheit gibt, den Pfad der reinen Steroidchemie kurz zu verlassen, um zu zeigen, dass die Angst wohl bald, Stress als Strategie dagegen wohl nur auf fernen Planeten je gänzlich wird überwunden werden können. Wenn ich die Ergebnisse des Kongresses der Neuro-Psychopharmakologie (1984) in Florenz und den Montecatini Terme richtig interpretiere, wird Angst als Krankheit angesprochen und muss Angst als Molekül verstanden werden. Professor Merton Sandler (London) meint jedoch einschränkend: «Es ist ein ziemlich delikates Molekül. Nähert man sich ihm, weicht es wie eine Fata Morgana zurück; versucht man es in höheren Konzentrationen zu gewinnen, zerfällt es.» Der Forscher weiss, wovon er spricht: Aus dem Urin von Studenten nach Abschlussprüfungen hat er mit seinem Team den Angststoff *Tribulin* extrahieren, aber noch nicht rein darstellen können. Angst ist ein Molekül: In Zukunft werden Studenten wie Sportler nach der Leistung Wasser lassen müssen. Nur tribulinfreie Kandidaten dürfen bewertet werden. Man will ja Leistung, nicht Ängste prüfen. Prüfungen dürfen, so wird wohl bald gefordert, wiederholt werden, bis der Harn tribulinfrei ist. Hochleistungs-Flüssigkeitschromatographie macht Chancengleichheit endlich möglich. Monoklonale Antikörper sollen jedoch verraten helfen, wo und wie Tribulin verwirrt. Das Konzept des «gehemmten Hirnes» (Prof. Willy Haefeli, Basel) entflicht den gordischen Knoten. Denn: «Unter normalen Bedingungen befindet sich das Gehirn in einem gehemmten Zustand. Es tritt vorwiegend durch Enthemmung in Aktion.» Situationen, die uns enthemmen, sind demnach nicht normal. Und Tribulin enthemmt. Die Pille wider die Angst, deshalb das Symposium, ist denn auch bald da – das Tribulin hat auf vielversprechende Fährten geführt.

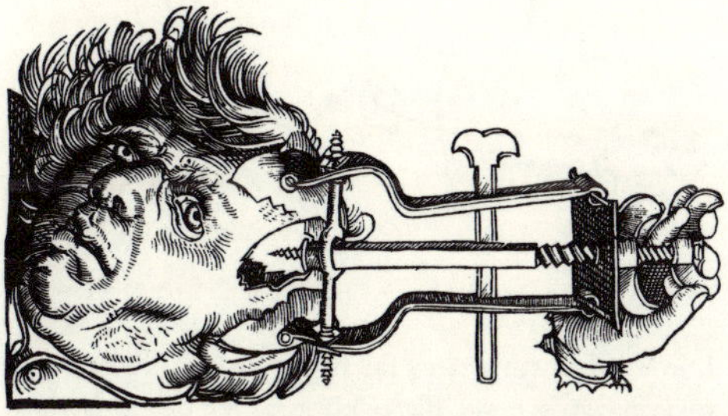

Auch wenn der Feldscher das Trauma repariert hat bleibt der Stress.

Doch zurück an die Wiege des Stresses, zurück in die Zeit, als der Stress noch jung war. Bereits im letzten Jahrhundert (Curling, 1842) war bekannt, dass Patienten mit Hautverbrennungen an Magengeschwüren zu leiden begannen. In den Jahren um 1926 begann sich der ungarische Medizinstudent Hans Selye mit dem Phänomen zu beschäftigen, dass Patienten mit verschiedensten Erkrankungen regelmässig über Komplikationen zu klagen hatten, die mit der ursprünglichen Krankheit in keinem Zusammenhang stehen konnten, jedoch eine befremdende Uniformität aufweisen: Magen-Darm-Symptome, Gewichtsverlust, Depression. Nach zehn Jahren findet der

Forscher eine Antwort: Er hatte Ratten Drüsenextrakte gespritzt und trotz Verschiedenheit der Injektionen regelmässig eine Vergrösserung der Nebennierenrinde gefunden. Er nennt den Befund «Stress-Syndrom». Und er interpretiert als Alarmreaktion: Vor Attacken versucht der Körper alle Kräfte zu mobilisieren. Diese Untersuchungen haben zu einer weiteren medizinischen Revolution unseres Jahrhunderts geführt. Das Cortison wurde entdeckt.

AUF DEN HUND GEKOMMEN

Das penetrante Inferno der Informationslawinen filtern wir rigoros. Wir erkennen, was uns nützt, was uns bislang am Leben erhalten hat. Die ‹hardware› des menschlichen Erkenntnisapparates ist, wie sein übriger Körper, das Produkt der Sachzwänge einer recht pietätlosen Evolution. Kompromisslos sind unsere Sinne auf die mittleren Dimensionen optimiert worden: Wir können nur wahr-nehmen, was wir wahrnehmen mussten, um unser Genpaket erfolgreich weiterreichen zu können. Und so bewegen wir uns sicher zwischen den Versatzstücken, den messbaren Realitäten der Bühne, auf der das Leben spielt, denken jedoch in den sinnenlosen Dimensionen der Traumsteppen unseres Geistes.

Die Geschichte des Cortisons zeigt, dass wohl niemand so sehr unter der Bürde menschlichen Schwachsinns leidet wie die experimentellen, gemeinhin exakt genannten Naturwissenschaften. Cortison ist ein altes ‹Medikament›: wir reparieren geschundene Körper, gestresste Organismen wohl seit Jahrmillionen damit. Die Therapie hat sich bewährt. Sonst wären Tiere mit inneren Cortisonschauern längst ausgestorben. Das Erkennen der ‹Notbremse Cortison› wurde jedoch erst durch eine geeignete Dolmetschergeneration ermöglicht. Zum ‹Hintersinnen›, für den Griff ins Übersinnliche, brauchen wir Apparaturen: präzise Waagen, optische Gerätschaften, physikalische Trennmethoden, chemische Reaktionen mit Farbeffekten. Und so ist man auf der Suche nach geeigneten Cortisonantennen in den Laboratorien früh schon auf den Hund gekommen.

Die Entfernung der Nebennieren – sie wiegen beim Menschen lediglich je 6 g – führt unweigerlich zum Tod. 1927 konnten Rogoff und Stewart zeigen, dass Hunde, denen man die Nebennieren entfernt hatte, dank Injektionen eines adrenalinfreien Extraktes aus den Nebennieren von Fröschen wesentlich länger überlebten als die unbehandelten Kontrolltiere. Bereits um 1934 wurde ein standardisiertes Testverfahren mit Hunden zur Routine: der «Hundetest».

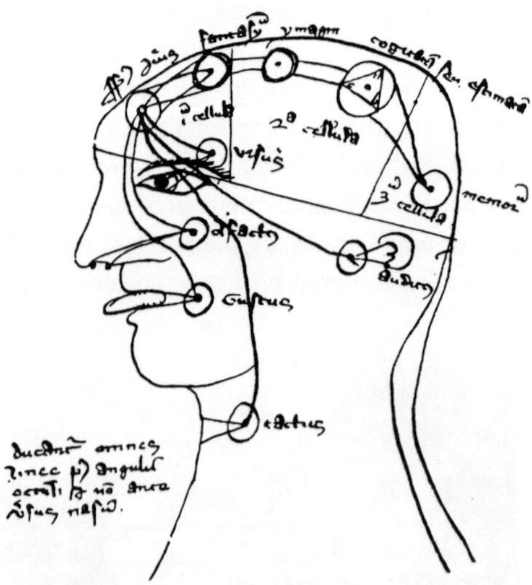

Die Verdrahtung der Hardware unseres Erkenntnisapparates: erst Mikroskope haben demonstriert, wie blind – erst die Physiologie hat gezeigt, wie geschmacklos wir oft sind.

Eine Hundeeinheit (1 HE) wurde als die geringste Hormonmenge pro Kilogramm Hund definiert, die das Überleben gewährleistet (Überlebenstest). Das aufwendige Verfahren wurde später allerdings durch einen Rattentest ersetzt: Die Kontraktion der Wadenmuskeln wird mit Hormonextrakten angeregt und gemessen, nachdem man den Indikator-Ratten die Nebennieren entfernt hat.

Aus 1 kg Nebennieren von Rindern oder Schafen wurden 0,04 Gramm Cortin, entsprechend 3000 HE, isoliert; Schweinenebennieren waren ergiebiger: 4000 HE pro kg. Solche Aussagen sind nur über das Tierexperiment möglich geworden.

In mühevoller Kleinarbeit wurden aus dem Cortingemisch 28 verschiedene Substanzen mit Steroidstruktur isoliert. Mittels Leberglykogen-Tests – die behandelten Analysenhunde wurde seziert – gelang es, zwei Gruppen der Corticosteroide zu erkennen: Glucocorticoide (diese helfen den Zuckerhaushalt regeln, erfüllen den Überlebenstest aber nicht) und Mineralcorticoide (Nebennierenhormone des Mineralhaushaltes). Cortison ist eine Fraktion der den Hunde-Überlebenstest erfüllenden Mineralcorticosteroide.

Der Hund der Cortisonproblematik liegt – beziehungsweise lag – aber nicht nur in der analytischen Unzulänglichkeit begraben, sondern ebensosehr im Beschaffen der notwendigen Mengen Ausgangsmaterial. Für 0,2 g Cortison benötigten beispielsweise Reichstein und von Euw (1940) 500 kg Rindernebennieren; das sind die Drüsen von 20 000 Rindern – eine gewaltige Herde! Masslos?

Wir erkennen, was uns nützt. Das Leben ist nicht zimperlich. Die Hundegeschichte mag uns angewidert haben – dankbar sind wir der Forschung dennoch. Doch tut Druck auf die Laboratorien not, die Kreatur nicht unnütz zu schänden. Denn im täglichen Umgang mit dem Grauen drohen innere Massstäbe dehnbar zu werden. Jeder erkennt, was ihm nützt.

Tierexperimente gänzlich zu verbieten hiesse jedoch, das Bad mit den Kindern – unseren Kindern notabene – ausschütten. Weil wir fast blind und oft geschmacklos sind, werden uns Hunde auch in Zukunft in die Zukunft führen müssen.

HUF DER HOFFNUNG

Chemikalien, die nützen, schaden auch. Immer. Jeder Vorteil hat seine Nachteile, immer – man muss ihnen nur Zeit lassen. Der Pferdefuss wird unter dem Prunkgewand des Fortschritts meist spät erst sichtbar. Wir hätten es lernen müssen: Jeder konkrete Erfolg wirft seine konkreten Schatten. Auf Euphorie folgt Ernüchterung. Und dann geht es darum, einen Kompromiss zu finden. Auch am Beispiel des Cortisons lässt sich zeigen, wie Segen, Fluch und nüchternes Kalkül sich abgelöst haben.

Während der dreissiger Jahre wurde die Weltproduktion an Steroiden noch in Milligrammen gemessen – bereits in den frühen siebziger Jahren wurde im Tausend-Tonnen-Massstab produziert. Das entspricht im Jahre 1973 rund 100 Milliarden menschlicher Tagesdosen. Dieser Boom lässt sich nur verstehen, wenn die Applikationsbreite der Medikamentenfamilie erkannt wird: Neben den Ovulationshemmern hat das Cortison, der organismische ‹Lösch-Schaum› bei Gewebebränden, Unterdrücker von allergischen Über-Reaktionen und Nothelfer bei anaphylaktischem Schock, sich als pharmakologischer Bestseller erwiesen.

Bereits Celsus und Galen haben die Symptome von entzündlichen Reaktionen als Wärme, Rötung, Schmerz, Schwellung und Verlust der Funktionsfähigkeit (Rheuma!) beschrieben. Der Körper reagiert sinnvoll: Mikrobielle Giftstoffe werden durch flüssige Ausscheidung verdünnt, durch fibrinöse Ausscheidung immobilisiert, und die Erreger werden beseitigt (Eiter oder Kapillarsprossung). Neben Aussenfaktoren wie Mikroben, physikalischen Stressoren (UV-Licht, mechanische Überbeanspruchung), können auch endogene (innere) Faktoren Entzündungen auslösen. Die PCP, die primär chronische Polyarthritis, befällt vorwiegend Menschen zwischen 30 und 50 Jahren (Morbidität: 0,5–1 Prozent!). Der Erreger ist unbekannt; autoimmune (sich selbst bekämpfende) Mechanismen müssen angenommen werden. In zehn Prozent der Fälle sind schwere Verkrüppelungen der Gelenke zu erwarten, ohne dass die Lebenserwartung wesentlich gesenkt würde.

Als müssten wir es nochmals ver-suchen: Mit der Erkenntnis, dass jeder Vorteil auch seine Nachteile erzeugt, tun wir uns jedenfalls immer noch schwer.

Der Amerikaner Philip Hench bemerkt 1941, dass sich rheumatische Beschwerden bei schwangeren Frauen zurückbilden: Der wache Kliniker – wie viele Ärzte haben das Phänomen vor Hench schon beobachtet? – folgert, dass diese ‹Heilung› auf den erhöhten Spiegel an Nebennierenhormonen zurückgeführt werden könnte. Allein, der experimentelle Beweis kann erst 1948 erbracht werden, als dem Pionier die entsprechenden Hormone zur Verfügung standen. (Von 1946 bis 1949 wurde der Kilopreis von zwölf Millionen auf 200000 US-$ gesenkt: Die Firma Upjohn brauchte Nebennieren von zwei Millionen Schweinen für die industrielle Produktion von 50 Gramm Cortison.)

Die Geschichte des Cortisons ist auch eine Geschichte des Zweiten Weltkrieges: Deutsche Abfangjäger bedrängen die fliegenden Festungen der Amerikaner in den dünnen Luftschichten über der Reichweite der kontinentalen Flak. Meldungen des US-Geheimdienstes über mysteriöse Hormoninjektionen, die zu diesen Leistungen befähigten, die Gerüchte, aus Argentinien würden Rindernebennieren nach Deutschland verschifft, und der Umstand, dass Deutschland die Heimat der Steroidchemie ist, ergänzen sich: Eine Sondersitzung der Fachgremien kommt zum Schluss, Nazideutschland habe seine Kriegserfolge Corticoidhormonen mitzuverdanken. Ein chemisches Durchbruchprogramm wird beschlossen – eine ähnlich fundamentale Entscheidung wie die zur Entwicklung der Atombombe. Die Bombe wurde fertig – das Cortison hat trotz allen Anstrengungen den Krieg auf der alliierten Seite nicht mehr beeinflussen können. Die Steroidchemie wurde durch den Krieg jedoch forciert. Viele Innovationen sind Kriegskinder.

Und das Cortison hat die grossen Erwartungen reichlich erfüllt: In rascher Folge wird ein breites Anwendungsspektrum geschaffen. Die Cortisongaben müssen jedoch unphysiologisch hoch sein. Der Körper reagiert wie im Stress: Magengeschwüre, Stammfettleibigkeit, Stiernacken, Pergamenthaut, Infektionsanfälligkeit und psychische Effekte (Depressionen) werden beschrieben. Es wäre verfehlt, von Nebenwirkungen des Medikamentes zu sprechen – alle Symptome gehören zum zentralen Wirkbereich des Glucocorticoidhormones.

Das Cortison hat die Medizin revolutioniert. Das Cortison hat viele Erwartungen erfüllt. Aber wir haben wieder einsehen müssen: Jeder Sieg macht uns um Illusionen ärmer. Der Fortschritt hinkt. Chemikalien, die nützen, schaden auch. Immer.

Rochade mit Mikroben

Die Zeiten ändern sich, und wir verändern unsere Mikroben in ihnen. Geschichte beginnt nicht in den Vergangenheiten hinter uns, Geschichte beginnt vor uns, im Bugwasser, das jede rasche Zeit vor sich her in die Ungewissheit der Zukunft keilt. Ein kleines Kapitel Mikrobengeschichte mag die Dynamik solchen Zeit-Sachverständnisses erklären helfen.

DIE PROTEINPOTENZEN DER PRODUKTIONSBOLDE

Mikroorganismen sind Winzlinge. Ihr Leistungsvermögen aber ist phänomenal. Hefezellen zum Beispiel synthetisieren zehntausendmal mehr Protein als die gleiche Masse Sojabohnen, und diese sind immerhin noch zehnmal effektiver als die gleiche Masse eines Rindes! Man muss sich dieses Potential konkret vorstellen: Eine einzige Hefefabrik ersetzt 3000 km² Weizenäcker oder 600 km² Sojafelder (zum Vergleich: der Kanton Waadt hat eine Fläche von 3211 km², der Kanton Glarus eine solche von 684 km²). Mikrobenkulturen wachsen hunderttausendmal schneller als unsere Rinder: Glück im Stall tüchtiger Landwirte hat uns Milchschwemmen und Fleischberge beschert – was könnten uns Mikroben in den Retorten tüchtiger Konzerne da bescheren? Nur gilt es zu beachten: Mikroben liefern uns weder Brot noch Milch; ihr Plasma ist kein Muskelfleisch, obwohl ihre Eiweisszusammensetzung ernährungsphysiologisch optimal ist. Apropos Qualität hat bereits J. Yudkin 1972 vor versammelten Petroprotein-Biotechnologen gewarnt: «Der Mensch isst nicht, was ihm nicht schmeckt – daran ändert die Qualität nichts!» Diese Prophezeiung hat sich in der Folge bestätigt. Asiaten verschmähen Weizen, wir Eichenlaub – wer erwartet, dass sich Afrikaner auf Hefekekse stürzen würden, irrt. Wie erging es doch dem ‹Sojafleisch› – trotz Werbeaufwand und bescheidenen Preisen verschwand es wieder aus den Regalen. Corned-Beef blieb Sieger. In unseren Breiten. Andernorts siegte der Hunger. Trotz aller Proteinpotenzlern.

JE KLEINER, DESTO GRÖSSER …

Obwohl die Mikroorganismen nicht würfel-, sondern kugelförmig sind, arbeiten wir mit dem Modell eines Würfels. Und weil die Dimensionen des Mikrokosmos den Erfahrungsbereich unserer Sinne sprengen, benützen wir vorerst Würfel der Grössenordnung unseres Alltags. Der Liter wird als Würfel mit den Kantenlängen von zehn Zentimetern definiert; dieses Volumen von 1000 cm^3 wird durch die Oberfläche von sechsmal hundert Quadratzentimetern abgegrenzt: Mit andern Worten würden 0,06 Quadratmeter Papier zum Tapezieren eines Liters in kompakter Würfelform benötigt. Wir stellen uns die Frage, wieviel Tapete wir benötigten, um tausend Würfel mit den Kantenlängen von einem Zentimeter zu bedecken. Da jeder einzelne Würfel eine Gesamtoberfläche von sechs Quadratzentimetern aufweist, ergibt das für alle Würfel 6000 cm^2 Tapete oder 0,6 m^2. Lassen wir die Würfel nun noch mehr schrumpfen, wächst die Fläche des benötigten Papiers: Bei Würfelchen der Kantenlänge von 1 mm wären bereits 6 m^2 Tapete nötig, um sie alle einzuschlagen, falls ihre Summe einen Liter oder eben 1000 cm^3 (= 1 000 000 mm^3) ergäbe.

Technik ist dem Resultat verpflichtet, Wissenschaft zeitigt Erkenntnis: Jahrhundertelang bedient sich der Mensch der Mikroben, ohne zu ahnen, dass es Lebewesen sind, die ihm Fruchtsäfte, Milch, Brotteig fermentieren.

Lassen wir die Würfelchen nun in die Grössenbereiche der Mikroorganismen schrumpfen, so würden bald 600 bis 6000 m^2 dünner Mikrobenhaut gewonnen, falls ein Mikrobenkürschner einen Liter Mikrobenmasse ausbreiten würde. Der Fachmann benützt nicht solch niedliche Bilder: Er spricht vom Oberflächen-Volumen-Verhältnis. Wir haben es gesehen: Je kleiner ein Organismus ist, desto grösser wird seine relative Oberfläche. Wir haben es eben erlebt, dass ein Kaninchen – es habe die Form eines Würfels, wir vernachlässigen die Löffel und die Läufe und setzen das spezifische Gewicht von Wasser ein – ungefähr 0,06 m^2 Pelz abwirft, dies bei einer Masse von einem Kilogramm. Ein Kilogramm Mikroben aber liefert Häute in der Grössenordnung eines Fussballfeldes! Das Phänomen ist durchschaubar: Die Oberfläche wächst im Quadrat, das Volumen, die Masse, im Kubik. An diesem geometrischen Gesetz ändert sich auch nichts, wenn wir statt mit Würfelmodellen mit Kugeln rechnen.

Die Beziehung zwischen Oberfläche und Volumen ist nicht nur im Mikrokosmos von Belang. Einige Beispiele mögen belegen, dass dank dieser Gesetzmässigkeit viele biologische Phänomene durchschaubar werden. Ein Kleinkind verliert mehr Wasser und mehr Wärme als ein Erwachsener: Seine Oberfläche ist im Verhältnis zum geringen Körpergewicht eben grösser als die eines Erwachsenen. Umgekehrt nimmt ein Baby an der Sonne mehr Hitze auf als seine ebenfalls sonnenbadende Mutter, was wiederum durch den unterschiedlichen Oberflächen-Volumen-Verhältnisse – eher als durch das ohnehin nur notdürftig schützende Bikini der massenreicheren Mutter – erklärbar wird.

Dass es dem Mammut während der Eiszeit gut ging, erstaunt den Fachmann nicht, doch der Laie wundert sich ob den Körpermassen afrikanischer Elefanten in doch fast tropischen Klimaten. Die grossen Ohren, stark durchblutet und mit vielen Schweissdrüsen versehen, helfen ihm, die Überschusshitze seiner arbeitenden Muskelmassen abzudampfen; es gereicht den Riesen jedoch zum entscheidenden Vorteil, dass ihre ‹geringe› Oberfläche weniger Wärme aufnimmt, wenn die Aussentemperatur höher ist als die Körpertemperatur.

Vielzeller delegieren spezielle Funktionen des Lebens einer grossen Anzahl von Organen – Einzeller müssen das komplexe Gefüge aller Reaktionen in ihrer einzigen Zelle koordinieren: Nahrungsaufnahme, Stoffausscheidung, Informationsaufnahme und Informationsverarbeitung, Fortbewegungsarbeit, Fortpflanzung. Einzeller dürfen ihre Oberflächen nicht isolieren, weil sie über diese Oberflächen noch Stoffe aufnehmen können müssen. Einzeller sind auf Feuchtigkeit angewiesen: Meist leben sie im Wasser. Ihre Stoffaustauschmembranen müssen feucht gehalten werden. (Die Säugetiere halten ihre Resorptionsflächen auch feucht, zum Beispiel Lungen und Darm.) Durch Einkapselung und ‹Trockenschlaf› wird Ausbreitung über trockene Luft ermöglicht. Einem Einzeller aber, der quicklebendig in der Wasserphase metabolisiert,

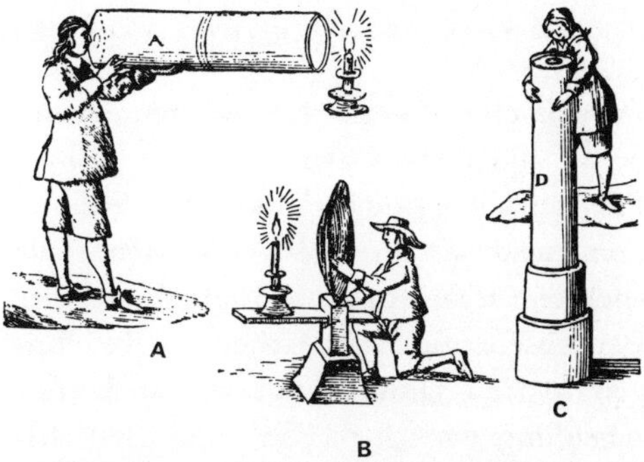

Riesenmikroskope? Die Schritte in die neuen Dimensionen sind stets unsicher: hier hat sich der Kupferstecher (1677) geirrt, er hat einen falschen Bezug genommen. Die Geräte waren gewöhnliche Tischmikroskope ...

steht eine immens grosse relative (Resorptions-)Oberfläche zur Verfügung. Die Transportwege im Individuum sind klein: Die Effizienz wird in der Teilungsrate manifest. Es gibt Mikroben, die sich alle Viertelstunden einmal teilen. Solange eine Mikrobenpopulation ihren Lebensraum nicht schröpft, stirbt keine der Mikroben. Weder Generationenkonflikte noch der Tod suchen munter wachsende Kulturen heim. (Eine Zelle, die sich teilt, lebt in zweifacher Ausführung weiter: kein Vaterwesen, keine Mütter, keine Leichen – solange die Grenzen des Wachstums, die Grenzen der Nährstoffe und die Grenzen der Biotopvergiftung nicht erreicht werden.) Eine einzelne Mikrobe, die sich in einer Stunde viermal teilt, hat nach genau fünf Stunden numerisch den Millionenverband überschritten. Tod, wo ist dein Stachel!

Der Abschnitt hat vergegenständlicht, dass Kühe nicht mit Einzellern konkurrenzieren können. Dennoch beuteln Milchschwemme und Fleischberge unsere Wirtschaft, und nicht Mikrobenlawinen.

PIONIERE MIT CHEMISCHEM HUMOR

Energie und Materie, Grundlagen des Lebens, sind keine Polaritäten: Die grünen Pflanzen allein sind befähigt, ‹substanzlose› Sonnenenergie direkt zu verwerten – alle anderen Organismen aber entnehmen ihre Betriebsenergie chemischen Verbindungen. In der Technik drängt sich eine Unterscheidung zwischen Bau- und Betriebsstoffen auf, in der Biologie der höheren Organismen hat sich eine so scharfe Trennung als fragwürdig erwiesen: Nahrung hat fast stets eine Doppelfunktion als Energieträger und als Baustoff. Zwei Beispiele mögen es verdeutlichen: Automobile bestehen aus Metallen und werden mit Benzin betrieben; Fettsubstanzen und Zuckermoleküle sind einerseits unentbehrliche Bausteine der biologischen Membranen, anderseits aber sind Fette und Zuckerverbindungen Betriebsstoffreserven.

Mikroben sind Pioniere. Es ist ihnen gelungen, mit spezifisch biochemischem Schalk Nahrungsnischen zu erschliessen. Dienen den einen selbst Eisensalze als Energiequellen, tun sich andere am penetranten Gestank des Schwefel-Wasserstoff-Gases gütlich (faulende Eier riechen danach!). Mikroben sind Pioniere – ihr Einfallsreichtum ist grenzenlos: Man zögert, diese makromorphologisch einfach erscheinenden Lebensformen mit dem Prädikat ‹primitiv› zu ächten. Dass sich ganze Heerscharen unerschrockener Mikropioniere darauf kapriziert haben, just jene Komponenten des Erdöls zur lukullischen Basis ihrer Be-

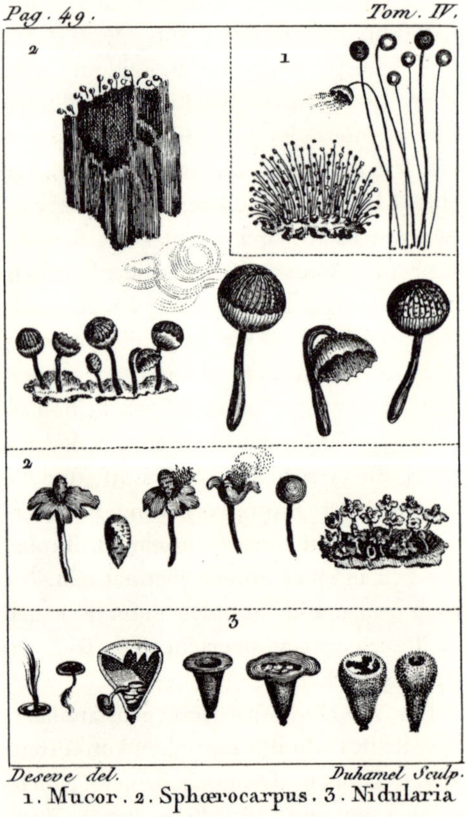

«Die Schimmelpilze sind die kleinsten Pflanzen, die wir kennen.» Lamarck, der das schreibt, ist dem Grossen zugetan. In den Anfängen, dort wo das Leben im Stoff verschwindet, herrscht Unsicherheit. Mikroskopiker neigen dazu, auch kleinste Strukturen leben zu lassen.

Das Credo der Zergliederer: Je grösser das Mikroskop, desto intimer ist der Aufschluss in das Wesen des Lebens. Diese Hefe-Zelle ist faszinierend: Auf die Grösse eines Fingernagels gebracht, müsste dieser 100 Meter breit dargestellt werden. Und trotzdem: das Phänomen ‹Leben› bleibt rätselhaft. (Links Zellkern; rechts die Vakuole)

triebs- und Baustoffversorgung zu erküren, welche in der Chemie mit dem Namen der Reaktionsträgheit schlechthin bedacht wurden, hat auch gewitzte Biochemiker verblüfft: Selbst Paraffine (parum affinis = wenig beteiligt, nehmen an chemischen Reaktionen kaum teil) sind vor dem Zugriff der Mikroben nicht sicher! Langsam nur hat sich in der Grundlagenforschung neben den allseits bekannten Mechanismen des Zucker- und Fettstoffwechsels die Kohlen-Wasserstoff-Physiologie durchgesetzt. Noch 1971 wird von kompetenter Warte aus geklagt, dass die Vorstellungen von Transport und Abbau der praktisch wasserunlöslichen Paraffine durch Enzyme wenig konkret seien. Die Chemie des Lebens ist die Chemie der wässerigen Phase. Dass die Paraffinverwerter die Biochemiker heute noch narren, hat die zielorientierte, pragmatisch dem verkäuflichen Resultat verpflichtete Industrie nicht gehindert, auf der Basis des anfänglich konkurrenzlos billigen Substrates Erdöl dem weltweiten Proteinmangel entgegenzutreten.

VIELSCHICHTIGE GESCHICHTEN ZUR GESCHICHTE EINER WISSENSCHAFT

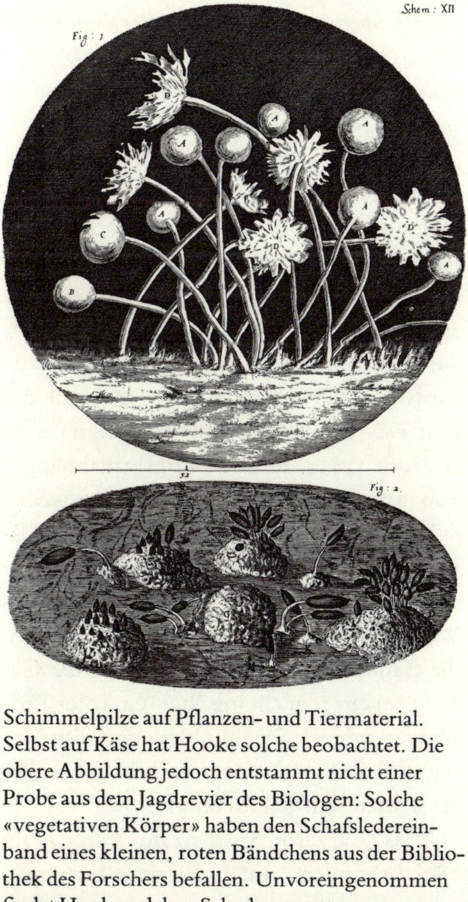

Schimmelpilze auf Pflanzen- und Tiermaterial. Selbst auf Käse hat Hooke solche beobachtet. Die obere Abbildung jedoch entstammt nicht einer Probe aus dem Jagdrevier des Biologen: Solche «vegetativen Körper» haben den Schafsledereinband eines kleinen, roten Bändchens aus der Bibliothek des Forschers befallen. Unvoreingenommen findet Hooke solchen Schaden «pretty».

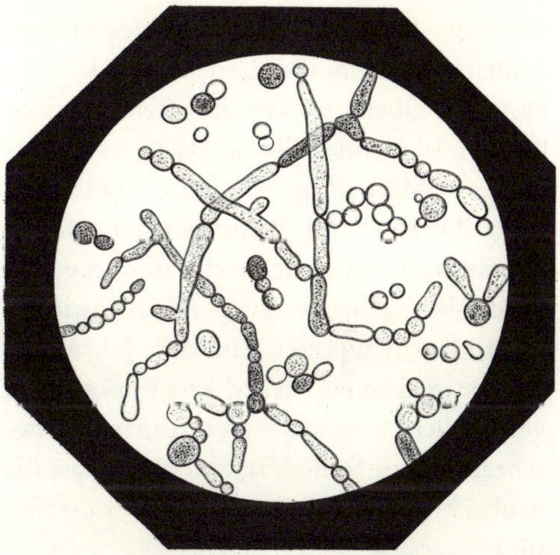

«Levure de Mucor» – ein Schimmel wächst in Hefeform. Die Titelseite zu Pasteurs «Etudes sur la Bière» verrät den Anspruch auf zeitlose Grösse: «Avec une nouvelle Théorie de la Fermentation». Mit einem Sinnspruch auf dem Titelblatt greift er, der erfolgreiche Franzose, die deutsche Schule Liebigs an: «Man umnebelt den Geist, wenn man Dinge glaubt – denn wenn man Dinge glaubt, will man, dass diese sind.»

Die Geschichte der Geschichte hat Tradition: Historiker sind Philosophen. Die Naturwissenschafter sind in ihrem Selbstverständnis erstarrt: Die Geschichte der Naturwissenschaften erschöpft sich in

Geschichten. Manchmal aber kreuzen sich die Wege der Geschichte und die der Geschichten der Naturgeschichte.

Schon die alten Ägypter buken Brot und brauten Bier. Waren die Ägypter Mikrobiologen? Die alten Ägypter buken das Brot und brauten ihr Bier ohne Mikroskop. Ohne Mikroskop aber gibt es keine Mikroben, denn in den Naturwissenschaften *an*erkennt man nur, was man *er*kennt. Ohne Mikroskop erkennt das menschliche Auge keine Mikroben, also gibt es sie nicht. Beginnt die Geschichte der Mikrobiologie mit der Geschichte des Mikroskopes? Auch mit dem Mikroskop erkennt das menschliche Auge keine Mikroben, wenn das menschliche Auge nicht weiss, dass es Mikroben erkennen sollte! Es steht im Guinness-Buch der Rekorde: Der niederländische Amateur Leeuwenhoek, ein Kommunalbeamter, der die offenbar reichliche Freizeit emsig für das Basteln von einlinsigen Mikroskopen nutzte, beschrieb 1680 Bierhefe und Bakterien der Mundschleimhaut, ohne sich indes über die Natur der beobachteten Körperchen (Animalcula) klar zu werden. Hundert Jahre sind seit der ‹Erfindung› des Mikroskopes schon verstrichen, als da einer Einzeller beschreibt, ohne freilich zu erkennen, dass die beobachteten Objekte lebende Einzeller sind.

Noch 1777 schreibt Polykarp Erxleben, der Enzyklopädist des vielbeschäftigten Starphysikers Lichtenberg, in den «Anfangsgründen der Naturlehre» (das ist, wohlgemerkt der Band «Physik» und nicht der Band «Naturgeschichte»):

«Süsslichte oder mehlichte Theile der Gewächse gerathen bey einer Vermischung mit einer hinlänglichen Menge Wasser an einem warmen Orte an der freyen Luft in eine Gährung (fermentatio), oder in eine innere Bewegung, bey welcher sich eine beträchtliche Menge von künstlicher Luft [heute CO_2] entwikkelt und ein berauschender Spiritus oder, bey länger fortdauernden Gährung, ein Essig erzeugt wird. Ein gährender Körper hat das Vermögen, einen andern zur Gährung geschickten gleichfalls zum Gähren zu bringen, oder die Gährung in ihm zu beschleunigen. So schwer überhaupt die ganze Begebenheit an sich selbst zu erklären seyn möchte, so ist es doch wohl gewiss, dass die Luft vielen Antheil daran hat.»

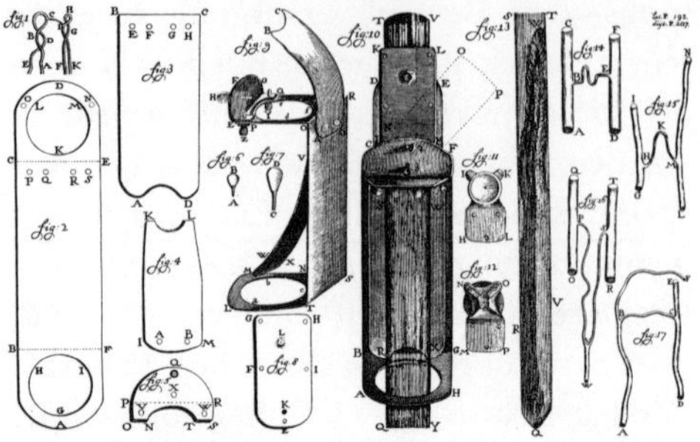

Mikroskop mit ‹Aquarium› (Fig. 13) zur Beobachtung des Blutkreislaufes. Leeuwenhoek erwähnt die Linse (Fig. 8 L) nur nebenbei.

Das Zitat nimmt direkten Bezug auf Georg Ernst Stahls «Zymotechnia fundamentalis», eine der frühen biotechnologischen Schriften aus dem Jahre 1697. Obwohl ein F. Erxleben (aus «Darmstaedter», 1908) bereits 1818 die Ansicht vertritt, dass die Gärung durch lebende Mikroorganismen verursacht werde, obwohl der französische Physiker Baron Caignard de la Tour 1835 und obwohl unabhängig voneinander im Jahre 1837 die Deutschen Schwann und Kützing gezeigt haben, dass Lebewesen gären, wartet die Geschichte auf den Stern Pasteur am Firmament des Wissens. Es bedurfte einer Autorität, um die traditionsreiche Lehrmeinung, die Gärung sei ein rein chemischer, ein toter Prozess, zu widerlegen! Wöhlers und von Liebigs organische Erfolge verblüfften – ihre Ansichten wurden Ideologie.

Dass Lazzaro Spallanzani bereits im 18. Jahrhundert mit zellfreien Lösungen im Reagenzglaz ‹Lebensvorgänge› demonstrierte (1783 Magensaft, 1786 Speichel; Spallanzani hat auch ein gutes Jahrhundert vor Pasteur ‹pasteurisiert›) und dass bereits am Ende des 19. Jahrhunderts mit zellfreien Extrakten (Eduard Buchner, 1897) Zucker vergoren werden konnte, ändert nichts an der Tatsache, dass die komplexe Chemie der Gärung auf Lebewesen zurückgeführt werden muss, die wie alle Lebewesen nicht spontan aus toter Materie entstehen.

Jeder Feinschmecker hat schon versonnen Wein im Kelch geschwenkt und dabei bemerkt, dass über der Weinoberfläche am Glas wenig öliger Flüssigkeit perlt. Das ist Glyzerin. Bei der Gärung entsteht offensichtlich Glyzerin. Aus Glyzerin können Explosiv- und Treibstoffe hergestellt werden. (Trinitroglyzerin in Kieselgur heisst Dynamit!) Das war während des Ersten Weltkrieges entscheidend: Hefezellen produzierten in Deutschland über 1000 Tonnen Glyzerin pro Monat. England produzierte die Munition mit Cordit, einem Sprengstoff, der aus Azeton gewonnen wird. Weizmann, der spätere Staatspräsident von Israel, setzte dazu Bakterien ein (Clostridium aceto-butylicum). Das ‹Abfallprodukt› Butanol konnte zur ebenfalls kriegsentscheidenden Synthese von Gummi verwendet werden. Mikroben kämpften gegen deutsche Seeblockaden: Die Seestrassen aus den Kolonien wurden unsicher. Der direkte Zugriff der Petrochemie machte die Verfahren nach dem Krieg unrentabel – heute diskutiert man wieder, ob man zum Knowhow der Kriegsversorgung zurückkehren soll. Steigende Erdölpreise würden an Profit glauben lassen.

BROT AUS TREIBSTOFF

In Kriegen wird nicht nur die Munition knapp: Landwirte stehen hinter den Kanonen, der Import von Nahrungsmitteln kollabiert. Dass Bierideen in schlimmen Zeiten oft weiterhelfen, zeigt die Geschichte immer wieder. Mit grossflächigem Kultivieren von Bierhefen gelang es nämlich bereits während des Ersten Weltkrieges, in Deutschland bis zu 60 Prozent der Nahrungsmittel zu ersetzen, die vor dem Krieg noch hatten importiert werden müssen; der Proteinzusatz wurde der Nation in Würsten und Suppen appliziert. Vorbereitet wurde die Verfahrenstechnik der Kriegsversorgung im 19. Jahrhundert, als die Nachfrage nach Brot mit der Industrialisierung zunahm. Brot ersetzte das bäuerliche Frühstücksmus und die Vesperkartoffel. Bärme (Heferückstände, die beim Bierbrauen anfallen) als Treibmittel im Brotteig genügte nicht mehr – ohne effiziente Bäkkerhefeindustrie ist die moderne Brotfabrikation undenkbar. Ohne die Erfahrung mit der Hefeproduktion wären wohl auch die Kriege früher in Hunger erstorben und mangels Munition verstummt. Im Zweiten Weltkrieg wurde die Nahrungsmittelproduktion noch ausschliesslicher auf die Einzellerproteine (Single-Cell-Protein: SCP) abgestützt. Brot hat Kriege entfesselt.

Die Fähigkeit der Mikroorganismen, organisches Material zu veredeln und Stickstoff als anorganisches Salz zu assimilieren und zu einer auf die Bedürfnisse des Menschen wohl abgestimmten Aminosäuremischung zu verarbeiten, wurde in den verschiedensten Kulturen (besonders in Proteinkrisenzonen der Reisernährung: Ostasien, China) seit langer Zeit genutzt. Lange vor der Ching-Dynastie (15. Jahrhundert) wurde in China auf Sojabohnenbasis ein vegetabiler Käse durch Fermentation mit dem Schimmelpilz *Actinomucor elegans* hergestellt. Über Jahrhunderte wurde dieses Produkt, Sufu, zu einem wichtigen Proteinspender im ganzen Orient.

In neuerer Zeit wird versucht, für Afrika die vegetabile Mangeldiät der Maniokknolle industriell durch Schimmelpilze der Gattung Rhizopus mit Proteinen anzureichern. Auch die Idee zu dieser Technik entstammt keinem für den Entwicklungsländermarkt spezialisierten Labor, sondern der Küchentradition verschiedener Stämme, wie Ethnologen berichten. Ein ernährungstechnisches Problem ist durch die koloniale Politik des erzwungenen Maniokanbaus entstanden: Um nicht von Kwashiorkor, der Eiweissmangelkrankheit, befallen zu werden, müsste jemand pro Tag etwa zehn Kilogramm Kassava (Maniok) vertilgen können – das aber schafft nicht einmal ein Erwachsener. Man hat erkannt, dass Eiweiss (und nicht die Stärke) weltweit zum Mangelfaktor geworden ist. Die PAG (Protein Advisory Group der FAO, WHO und Unicef, Gründungsjahr 1955) demonstriert Bedürfnisse. (Inzwischen ist Kwashiorkor als Aflatoxienvergiftung der Leber interpretiert worden. Auch Krankheiten sind Geschichte: die Eiweissnot ist geblieben.) Märkte werden entdeckt. Billiges Eiweiss mit optimaler Aminosäurezusammensetzung in den benötigten Mengen konnte die ‹grüne Revolution› versprechen, aber nicht liefern. Nach dem Krieg wird der Welthunger dem Weltgewissen wieder bewusst. Man besinnt sich auf die Kriegsversorgung. Hefefermentation! Die Suche nach billigen Substraten (Substanzen, die durch Enzyme und Lebewesen umgesetzt, verwertet werden) beginnt. Die Erdölproduktion wird angekurbelt. Erdölfraktionen sind billige Kalorien. Man findet Hefezellen, die ‹Erdöl› als Substrat akzeptieren. Man realisiert, dass die ‹lebensfremden› Alkane ausserordentlich effektiv (rasch und mit verblüffender Ausbeute) verwertet werden. Die Analyse beweist, dass die Aminosäurezusammensetzung des entstehenden Produkts besser auf den Menschen abgestimmt ist als Kuhmilch! Der Optimismus, den Welthunger in den Griff zu bekommen, zeichnet hektische Geschichte:

1963: In Lavéra (Frankreich) wird durch M. A. Champagnat eine Versuchsanlage zur Fermentation von *n*-Alkanen (eine Erdölfraktion) bei BP in Betrieb genommen. Es folgen ausgedehnte, neutrale toxikologische Tests: die Resultate sind ermunternd.

1971: BP nimmt in Grangemouth einen Fermenter mit 4000 Tonnen Jahresleistung in Betrieb. Aus einer Tonne Paraffin wird eine Tonne Hefemasse gewonnen.

1972: In Lavéra können 20000 Tonnen SCP (Single-Cell-Protein) pro Jahr produziert werden. Bemerkenswert dabei ist, dass die Organismen sich aus Dieselöl ihre Nährstoffkomponenten holen: das Raffinieren erübrigt sich.

1974: «Nahrung aus Erdöl – die Woge der Petroproteine beginnt zu rollen!» (Schlagzeile der «Weltwoche», Zürich). «Die Petro-Hefen Marke Tropina sind mit Sicherheit nur der Anfang einer Woge von Petro-Eiweiss, die auf uns zurollt! [...] Selbst wenn das Erdöl auf die Dauer knapp würde, wäre seine Konversion in Eiweiss für die hungernde Erdbevölkerung immer noch sinnvoller als seine Konversion in Antriebsenergien für Kraftfahrzeuge.»

1975: In Sizilien ist eine Fermentieranlage mit 100000 Tonnen Jahresleistung (BP, ENI) betriebsbereit.

1976: Eine weitere Fabrik mit 100000

Tonnen Jahresleistung ist in Kalabrien erstellt worden.

1977: Italien gibt im ‹experimentellen› Rahmen lediglich 40 000 Tonnen SCP für Viehfutter frei.

1978: Im Juli verkündet Italiens oberste Gesundheitsbehörde, dass niemals Fleisch, das mit Petro-Proteinzusätzen gemästet wurde, für den menschlichen Verzehr freigegeben würde. BP stellt alle Arbeiten ein. Die Anlagen werden verschrottet.

Erdölpreise, die Krebsangst und – wer wagt solches zu denken – die Butter- und Weizenberge der EG und der USA haben den Sieg über den Welthunger vereitelt. Milliardengewinne wurden erwartet – Millioneninvestitionen und sehr viel Hoffnung sind nun Schrott.

Manchmal, wenn ich den Benzintankdeckel zuschraube und den Hahn wieder in die Zapfsäule hänge, denke ich – ein flüchtiger Grauschleier schlechten Gewissens –, dass ich nun wieder zwei, drei Dutzend Kilogramm Eiweiss für Hungernde irreversibel vernichte. Wie alle andern Automobilisten um mich herum. Auch Katastrophen sind Modeeinflüssen unterworfen; vielleicht reden wir heute zu oft von der Energie und zuwenig vom Hunger der Zukunft. Vielleicht ist der Energie-Kaspar die Zeitfigur, mit der man missmutige Kinder ablenkt. Energie für unsere Kinder – Brot für Brüder: Die Palette möglicher Energiequellen ist breiter als die Palette prinzipieller Nährstoffquellen.

Der Traum vom Oil-Steak ist ausgeträumt. Geschichte schreibt, wer die Zukunft im Griff hat. Der nordamerikanische Weizengürtel wird ausgelaugt; er erodiert. In der Sowjetunion, so wird vermutet, sollen 86 Proteinproduktionsanlagen in Betrieb sein: davon arbeiten mindestens deren zwölf auf der Basis von Erdöl! Im Westen hat sich das Interesse auf Methan als Substrat verlagert. Viehfutterzusatz aus Sumpfgras wird in England unter dem Namen Pruteen, ein Einzellerprotein aus Bakterien, mit einer Produktionskapazität von jährlich 75 000 Tonnen gewonnen. Die Verlagerung von Erdöl auf Erdgas zeichnet das hektische Kräftespiel des freien Marktes.

Die Hoffnung, Menschennahrung aus Erdöl direkt und ohne Nahrungskettenverluste zu produzieren, hat sich zerschlagen. Selbst das redimensionierte Kalkül, Petroeiweiss als Tierfleisch gereinigt dem Menschen zuzuführen, hat sich im Westen als Reinfall erwiesen. Ob sich die Vorbehalte, welche die Erdölprojekte zunichte machten, beim Substrat Erdgas (wegen Explosionsgefahr wird allerdings das Methan zu Menthanol oxidiert) ausräumen lassen, wird die Zukunft zeigen. In der Zwischenzeit fischt die Welt – für einmal helfen alle Staaten nach Kräften – ihre Meere leer: Wenigstens ein grosses Ziel, das die Menschheit mit Sicherheit erreichen wird!

TREIBSTOFF STATT BROT

Alkohol ist nicht nur zur wichtigsten Droge, Alkohol ist auch zu einer der wichtigsten Industriechemikalien geworden. Brasilien plant, Benzin in den neunziger Jahren vollständig durch Alkohol ersetzt zu haben. (Zwischenbilanz 1986: Ein politisches, finanzielles, kulturelles Fiasko gigantischen Ausmasses – die Alkohol-Euphorie hat einem Energie-Kater Platz gemacht.) Hefezellen, nicht Bohrtürme machen das möglich! Wollten die USA ebenfalls allen Treibstoff durch Alkohol ersetzen, müssten sie die heutige Produktion von 1,14 Milliarden Liter Alkohol,

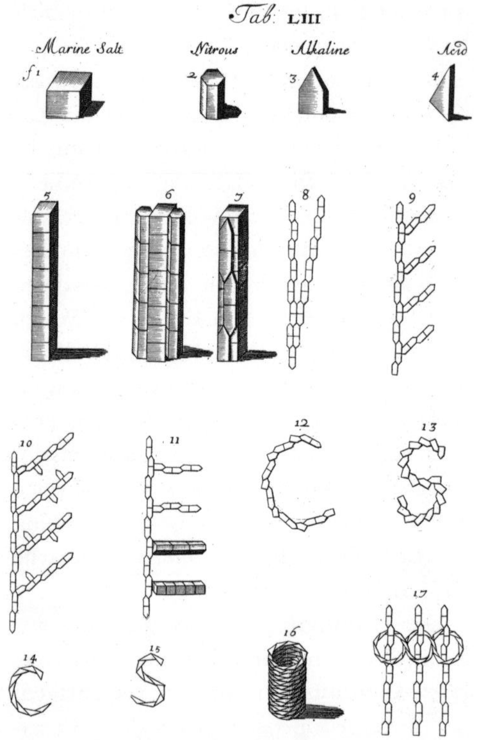

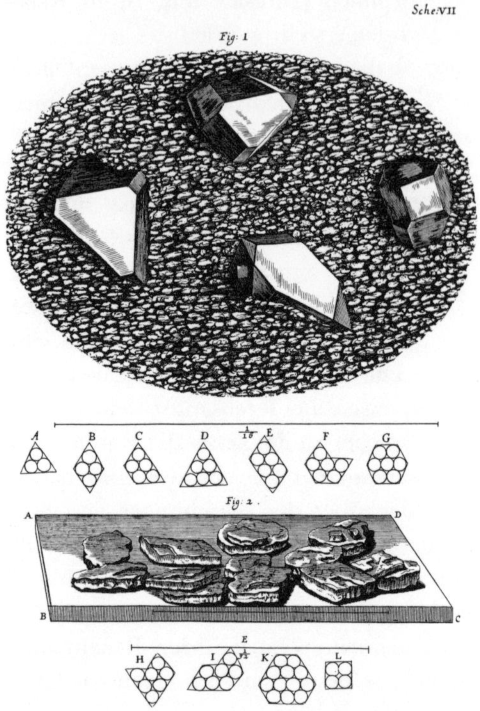

Grew und Hooke ‹spielen›: Das Baukastensystem unserer modernen Chemie ist im Mikroskop der Biologen entstanden. Das Verständnis für den Unterschied zwischen belebter und unbelebter Substanz wuchs in der Retorte des Physiologen. Heute bedienen wir uns der Mikroben: Sie setzen die Bausteine der Materie zu komplexen Molekülen zusammen, oder sie produzieren Treibstoff oder beseitigen unseren Abfall.

von denen lediglich ein Drittel als Treibstoff dient, auf 45 Milliarden Liter steigern. Als Rohstoff könnte das Getreide herhalten. Brotgetreide als Treibstoff! Zukunftstechniker rechnen humaner, nämlich nur mit den Getreideüberschüssen, die immerhin etwa acht Milliarden Liter Alkohol liefern würden.

Vitamine, Antibiotika, Hormone, Industriechemikalien, Treibstoff, Protein – nicht nur die Produkte der Mikroben sind faszinierend, es lohnt sich auch, die Substrate immer wieder zu prüfen. Erdöl als ‹Nährsuppe› war so lange im Gespräch, als Erdöl billig war, Mikroben bescheiden sich aber auch mit Abfällen: Industrieabfälle etwa aus der Kunststoffchemie sind da ebenso interessant wie landwirtschaftliche Abfallprodukte aller Art. Dass die Übergänge von der reinen Abfallbeseitigung (wie etwa in Kläranlagen) zur Produkteproduktion fliessend sein können, zeigt die Papierindustrie eindrücklich.

Bei der Papierherstellung fallen grosse Mengen Lignin an: Die Zellulose muss dem komplexen Zwei-Komponenten-Gemisch des Holzes entzogen werden. Die grossen Mengen Abfall (Sulfitablauge) belasteten die Gewässer so sehr, dass viele Zellulosefabriken in der Schweiz geschlossen werden mussten. Der Zellulosefabrik Attisholz ist es gelungen, vier Fliegen mit einer Klappe zu schlagen: durch mikrobiellen Abbau (Hefen) werden Aethanol und Protein (Futtermittelzusatz) gewonnen, das Abwasser wird gereinigt, und das technische Knowhow liess sich exportieren. Aus jährlich 600 000 m^3 verarbeitetem

Holz werden 100000 Tonnen Zellulose, 800000 Liter Alkohol, 6500 Tonnen Futterhefe und 9500 Tonnen Industriechemikalien (Netzmittel) gewonnen. Das entspricht einer Verwertung von 98 Prozent! Ein ermunterndes Beispiel dafür, dass die Sachzwänge des Umweltschutzes innovative Kräfte freisetzen können. (Wer wirft den ersten Stein – in einen fremden Garten? Inzwischen wird darauf aufmerksam gemacht, dass erhebliche Schwefelsäure-Verfrachtungen der Region wohl auf die Cellulose-Attisholz zurückgeführt werden müssen. Man hat sich der Wasser angenommen; die Luft blieb zu lange Luft.)

Im Fokus des Weltinteresses findet sich heute das Energieproblem. Weil es noch nicht überzeugend gelungen ist, das eben doch meist dann und dort, wo man es brauchte, ‹dünn› einfallende Sonnenlicht zu nutzen, besinnt man sich wieder auf die Natur. Vorwärts, wir müssen zurück, zurück zur Natur. Gerade auch der Philosoph dieses Schlachtrufes hat gewusst, dass es kein ‹Zurück› gibt. Die Geschichte ist ein irreversibler Prozess. Und doch – man besinnt sich wieder auf die natürlichen Zyklen. Wälder als Energieplantagen rentieren (noch) nicht: Zu viele Arbeitsstunden müssen investiert werden. Auch andere Monokulturen in ertragreichen Zonen ergeben, wird sorgsam bilanziert, noch keinen energetischen Profit. Stauden aus trockenen Steppenzonen wurden für die Wissenschaft wiederentdeckt: Durch Auspressen liefern diese direkt erdölähnliche Produkte. Besonders vorteilhaft dabei ist, dass ihrer Kultivation keine ertragreichen Agrarflächen zum Opfer fallen.

Die Zeiten ändern sich – je nach Bedürfnis gilt des Menschen Interesse verschiedenen Mikroben, von denen meist auch Hilfe kommt. An der Universität Zürich meint Professor Bachofen – sein Team hat jahre-

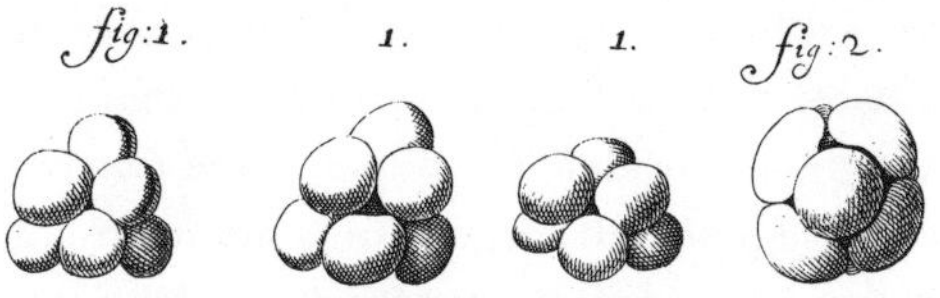

Wachsmodelle von Hefezellen: Leeuwenhoek weiss nicht, was diese kugelichten Gebilde im gärenden Bier verloren haben. Die Gebilde bleiben ‹leer›; das Auge sieht nur das, was das Hirn seinerseits schon gesehen hat. In den Spermienköpfen hat der frühe Mikroskopiker ja die eingeschachtelten Homunkuli unschwer ausmachen können. (Seite 111)

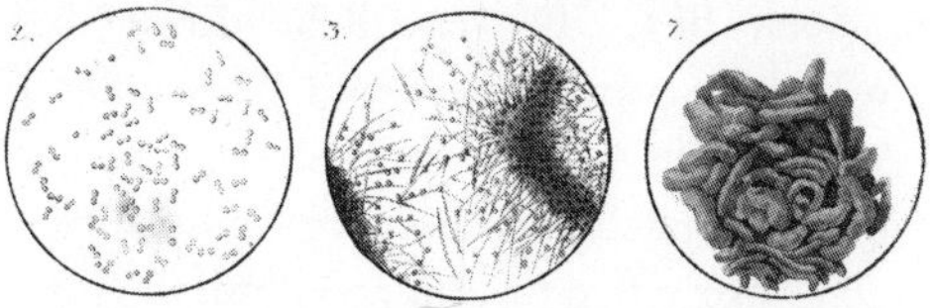

Ingenhousz zeigt unter dem Mikroskop, dass die Priestleysche Materie, welche grün ist und im Licht die Luft verbessert, aus lebenden Algen besteht.

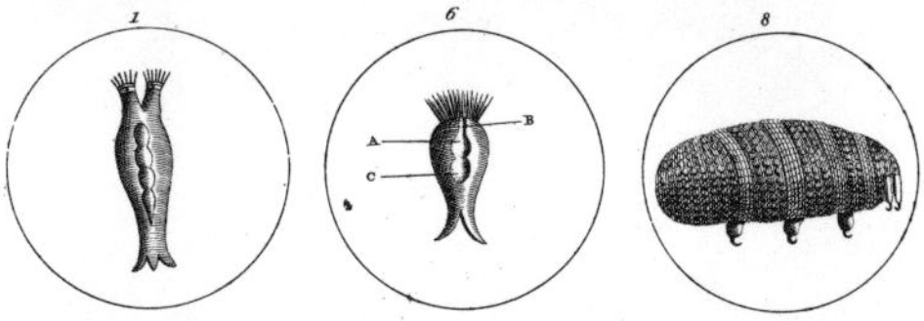

Spallanzani widerlegt die Urzeugung – allein: Die Urzeugung lebt munter weiter. Buffon ist mit seiner «panspermen» Theorie stärker. Survival of the fittest: Pasteur hat dann Recht gesprochen. Spät, allerdings.

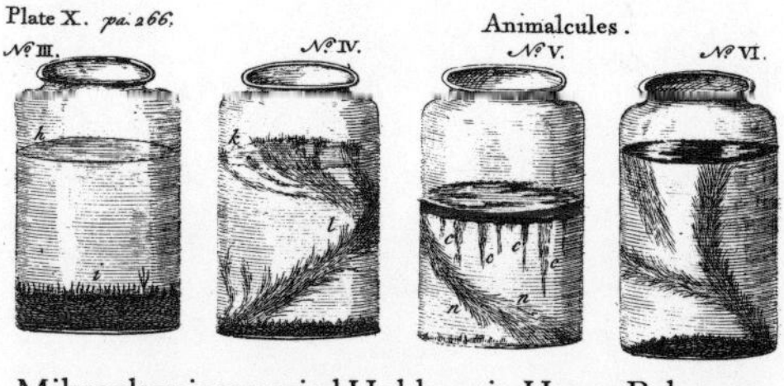

Mikroskopieren wird Hobby: ein Henry Baker untersucht und publiziert 1753 neben zahllosen Infusorien, die sich im stehenden Wasser gebildet haben, auch die «hairlike Insects». Vermutlich Algen.

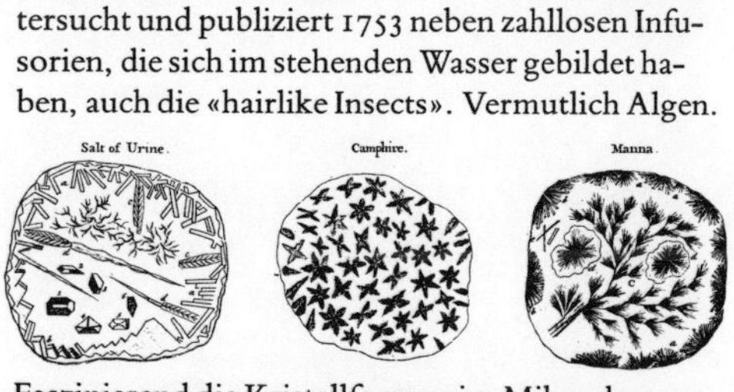

Faszinierend die Kristallformen im Mikroskop – die Übergänge von unbelebter zur belebten Materie verwischen sich. Im Mikroskop entsteht eine Einheit. (Kristalle im Urin, aus Kampfer und Manna.)

lange Erfahrung mit der Fermentation Wasserstoffgas freisetzender Bakterien gesammelt – in der einzelligen Alge *Botryococcus braunii* den Organismus gefunden zu haben, der den gebeutelten Westen von der Willkür am Roulett des schwarzen Goldes könnte befreien helfen. In einer Nährsalzlösung wachsend, produziert die Mikrobe aus Sonnenlicht und Kohlendioxidgas erdölähnliche Kohlenwasserstoffe. In Seen liegt die natürliche Ernte bei 2,6 Tonnen pro Hektare und Jahr – dieser Wert erreicht bereits die Grössenordnung von terrestrischen Kohlenwasserstoffplantagen. Wer würde daran zweifeln, dass bei der stupenden Leistungsfähigkeit von Mikroben und Mikrobiologen sich hier noch ergiebigere Wege finden lassen! Wem der Durchbruch gelingt, der kann viel Geld gewinnen. Wem der Durchbruch nicht gelingt, der verliert viel. Wir leben in hastigen Zeiten. Für die unterschiedlichsten Anforderungsprofile muss rasch eine Antwort gefunden werden. Es ist ein Glück, dass die Evolution ein breites Arsenal mikrobieller Helfer bereitgestellt hat.

Die Geschichte der Wissenschaft hat in Jahrtausenden, dann in Jahrhunderten und Jahrzehnten gemessen. Kohlenwasserstoffe als Substrat – Kohlenwasserstoffe als Produkt – heute beginnt die Geschichte der Wissenschaften im Morgen: Die Mikrobenrochade hat das gezeigt.

Nachsicht

Schauspieler, die zu schreiben beginnen, haben ausgespielt; Schreiber, die ihre Texte zur Schau stellen, sind abgeschrieben. Kein eitler Kotau ändert daran etwas.

Ich wurde nicht genötigt. Ich handelte nicht unter dem Druck der mich lesenden Massen. Zu diesem Buch kam es durch Zufall, als ich meinen ehemaligen Schüler, Herrn Zimmerli vom Limmat-Verlag an einer jener Parties, das Cocktailglas und nicht wegzudenkendes Salzgebäck in den viel zu wenig Händen haltend, nach langer Zeit wieder traf. Aus einem Konvolut kopierter Texte, welches ich, nachdem geklärt war, dass ich jener Schreiber und er einer jener Leser war, die unverhofft ein Gesicht erhalten, jeweils, entstand dieses Buch. Für das ich dem Limmat-Verlag dankbar bin. Es wird die Welt kaum verändern, nachdem es mich so sehr verändert hat. Schreiber und Sammler – als ob die Jäger Beeren erlegt und die Sammler Bären gesammelt hätten, damals, womit ich angetönt haben will, dass ich lieber geschrieben, damals, als gesammelt habe heute. Das «cultivons notre jardin», das Zum-Buch-bündeln des eingebrachten Sammelgutes verdanke ich den Herren Heiniger und Müller des Verlages. Umsichtig ist zurückgestellt, ausgeschieden, zu Kapiteln vereint worden. Ihrer Lektoratsarbeit zolle ich Bewunderung. Die langen Sitzungen sind mir zu tiefen Erlebnissen geworden: Schreiben ist Einsamkeit. Die Auseinandersetzungen am Text waren mir deshalb echte Bereicherung. Der verlegerische Mut hat mich mit Stolz erfüllt. Und mit Angst: Das Verlags-Vertrauen in dieses Buch belastet auch.

Wie jeder schreibt, der schreiben zu können meint, habe auch ich immer geschrieben. Stellvertretend für viel unausgesprochenen Dank möchte ich an dieser Stelle dem Chefredaktor Erwin Jaeckle der damaligen «Die Tat» meine stete Dankbarkeit dafür aussprechen, in einer Zeit grossen Schreibfleisses Durchhaltewille genährt zu haben, indem er wiederholt Proben meiner mit Pseudonym getarnten Lyrik veröffentlicht hat. Mit verschiedenen Kurzgeschichten hatte ich verschiedene Wettbewerbserfolge, doch nahm mich das Studium sehr rasch, sehr ganz in Beschlag. Ich habe mich trotz historischen Flairs, das in der Person meines hochverehrten Seminar-Lehrers Prof. Dr. Hans Schmid gründet, für die Biologie entschieden, weil mir schien, dass Schreibstoff und Zeitverständnis nicht hinter uns, als vielmehr in uns und damit vor uns zu suchen wären. Die Schreibkraft erlahmte jedoch mit dem Schrumpfen der Schreibzeit und meine so sorgsam gehütete Kultur kollabierte. Das gehört zu den Ausbildungsritualen, und ich war wie alle dann stolz auf die akademischen Insignien und etwas verwirrt auch, ob der eigentümlichen Leere, hinter der vordergründigen, spät dann doch noch erworbenen Tüchtigkeit. Ich fand die Sprache wieder in einem Werbebüro als Texter. Ob wohl oder übel. Es ist ein starkes Gefühl, Arbeitsplätze an seiner Maschine hängen zu wissen. In den Stapfen meines verehrten und geliebten Vaters wandelnd, habe ich in soziologisch etablierteren Nischen Zuflucht gefunden. Ich wurde Lehrer. Und schrieb. Frau Margret Mellert, Redaktorin, hat in beispielloser Ausdauer Texte gesichtet und die geeigneten redigiert. Mit den Einkünften aus der NZZ-Arbeit habe ich mir seit 1980 eine Bibliothek aufgebaut, welche die Grundlage für meine biologie-historischen Studien bildet. Ich bezeichne im Anhang deutlich, wo es sich bei der benützten Literatur nicht um eigene Originale oder um Nachdrucke handelt.

Den Faksimile-Verlagen Popp, Würzburg, Antiqua, Lindau, Olms, Hildesheim, Kölbl, Grünwald danke ich für die zum Teil herzlich formulierte Erlaubnis, aus ihren Reprint-Werken Bilder zu entnehmen. Es war mir stets ein Anliegen zu zeigen, dass die historischen Dimensionen unserer Naturgeschichte mit wohlfeilen Drucken zu erschliessen ist, welche sich wohltuend von den zumeist, trotz aller Prospekte, als unrentabel sich entpuppenden, bunten Kulturdünkel-Faksimiles abheben.

Die Raster-Elektronenmikroskop-Aufnahmen stammen alle aus dem Institut für Pflanzenbiologie an der Universität Zürich, Abteilung Prof. Dr. H. R. Hohl; die Bildautoren werden im Anhang aufgeführt.

Auf einen kritischen Apparat wurde verzichtet. Im Anhang werden die Bildquellen in ihrer Reihenfolge, die bibliophilen Angaben anschliessend alphabetisch aufgeführt. Das Literaturverzeichnis wird in Kapiteln gebündelt, Wiederholungen vermieden, so dass vermisste Titel in einem vorderen Kapitel gesucht werden müssten. Im Aufführen von Artikeln wurde äusserste Zurückhaltung beobachtet, die primäre Literatur, welche Verwendung fand, wurde so vollständig wie möglich, die Sekundärliteratur so vollständig als nötig erschien aufgelistet. Die Jahreszahlen beziehen sich auf die benutzte Auflage, in Klammern wird die Erstausgabe aufgeführt. Fachbücher aus dem engeren Bereich der Biologie wurden nur aufgenommen, falls diese direkt erwähnt worden sind. Um die Übersichtlichkeit zu wahren, ist auch das Personenregister nicht ausgereizt worden. Das Geschichtenbuch soll seinen eigenständigen Charakter bewahren dürfen; ich danke dem Verlag aber dafür, dass durch den Anhang die ‹Heimat› des Wissens und des Denkens klar deklariert werden konnte.

Es liegt in der Weite der Sache – fehlerfrei kann ein solches Buch nie sein. Ich bitte den voreingenommenen Leser um Nachsicht. Und den unvoreingenommenen Leser um Vorsicht. Denn es ist spät. Die Zeit ist reif. Die Einhörner sind müde. Wir waren zu lange zu sicher.

Anhang

BILDQUELLEN

17 Meydenbach, 1511
(zusammengesetzt aus 21 einzelnen Holzstichen)
18 Meydenbach, 1511
19 Gersdorff, 1517
19 Gersdorff, 1517
20 Brunschwig, 1610 (1500)
21 Wonnecke, 1485
22 Brunfels, 1532
22 Brunfels, 1532
23 Fuchs, 1543
(zusammengesetzt aus vier Holzstichen)
24 Bock, 1577
24 Fuchs, 1543
25 Besler, 1713 (1613)
27 Matthiolus, 1626 (1544)
28 Wonnecke, 1485
Brunfels, 1532
Fuchs, 1543
30 Bock, 1577
31 Wonnecke, 1485
33 Matthiolus, 1626 (1544)
34 Matthiolus, 1626 (1544)
36 Brunfels, 1532
Fuchs, 1543
38 Wonnecke, 1485
Brunfels, 1532
Fuchs, 1543
Besler, 1713 (1613)
39 Lonicerus, 1679 (1557)
40 Gersdorff, 1517
42 Tabernaemontanus, 1731 (1591)
43 Tabernaemontanus, 1731 (1591)
45 Fuchs, 1543
47 Fuchs, 1543
Brunfels, 1532
49 Lonicerus, 1679 (1557, Abb. 1576)
50 Wonnecke, 1485
Tabernaemontanus, 1731 (1591)
52 Matthiolus, 1626 (1544)
53 Redi, 1729
Redi, 1729
54 Matthiolus, 1626 (1544)
56 Kerner, 1891
57 Schroeter, 1934
59 Matthiolus, 1626 (1544)
61 Darwin, 1845
63 Hooke, 1665
65 REM: U. Jauch
REM: U. Jauch
67 REM: F. Schwegler
69 REM: D. Metzger
70 REM: F. Schwegler
72 Leeuwenhoek, 1683
REM: U. Jauch
REM: U. Jauch
74 REM: D. Metzger
REM: D. Metzger
75 Hooke, 1665
Malpighi, 1687
REM: D. Metzger
REM: D. Metzger
78 Francé, 1908
80 Darwin, 1875
81 Humboldt, 1799
(aus Botting, 1976)
83 Gottfried, 1631
86 Huxley, 1863
87 Darwin, 1875 (1842)
89 Cuvier, 1825
89 Buckland, 1837
(Bridgewater Bücher)
91 Rueffen, 1563
92 Bell, 1836
94 Haeckel, 1874
95 Bonnet, 1774
96 Tulp, 1652
96 Huxley, 1863
97 Lyell, 1867 (1863)
Lyell, 1867 (1863)
98 Darwin, 1893 (1870)
98 Darwin, 1873 (1872)
99 Gottfried, 1631
100 Haeckel, 1873 (1868)
102 Redi, 1729
Redi, 1729
102 Gottfried, 1631
104 Rueffen, 1563
(zusammengesetzt aus 9 Abbildungen)
108 Fabricius, 1621 (1621)
(Zentralbibliothek Zürich;
mit freundlichem Dank)
109 Fabricius, 1621 (1604)
110 Malpighi, 1687 (1686)
(zusammengesetzt)

(Graphik E. Trösch)
216 Leibniz, 1700 (Protogea) (aus Lefèvre, 1984)
217 Herschel, 1790 (aus Dannemann, 1898)
218 Flammarion, 1877
219 Zahn, 1981 (abgeändert; Graphik Schnieper, Trösch)
220 Flammarion, 1894 (aus Wussing, 1983)
222 Flammarion, 1877
223 Agassiz, 1847
225 Bonnet, 1781
228 Gottfried, 1631
230 Schleiden, 1858
231 Priestley, 1774
232 Brunschwig, 1512
232 Brunschwig, 1512
233 Brunschwig, 1610
236 Porta, 1608: «De destillatione» (aus Dujardin, 1900)
236 Brunschwig, 1610
239 Hales, 1779 (1727) (drei Abbildungen)
240 Ingenhousz, 1780 (1779)
241 Lavoisier, 1784
243 Gesner, 1555 (Vogelbuch; aus Dover Reprint, 1971)
244 Kretschmer, 1929
246 Brunschwig, 1512
247 Knörr, 1972
249 Gesner, 1558 (Fischbuch; aus Dover Reprint, 1971)
250 Vesal; nach Leveling, 1783
252 Diderot, 1751
253 Porta, 1650 (1593)
255 Gersdorff, 1517
256 Avicenna, 1347: «De generatione embryonis»; aus Schipperges, 1978
258 Meydenbach, 1511
260 Brunschwig, 1511
261 Schott, 1677: «Magia universalis» (aus Bradbury, 1967)
262 Lamarck, 1803 (Band IV)
262 REM: H. Hegnauer
263 Hooke, 1665
263 Pasteur, 1876
264 Leeuwenhoek, 1715
268 Grew, 1682
Hooke, 1665
269 Leeuwenhoek, 1715
269 Ingenhousz, 1784
269 Spallanzani, 1803
269 Baker, 1753
269 Baker, 1753

LITERATURVERZEICHNIS

Bildnachweis

AGASSIZ, Louis: Système glaciaire. Paris, 1847. ALICKE, W.: Classics of Medicine and Biology. Vaduz, 1985. ALLAND, A.: Evolution und menschliches Verhalten. Frankfurt, 1970 (1967). BAKER, H.: Employement for the Microscope – An Account of Animalcules never before described. Dodsley; London, 1753. BELL, Sir Charles: Die menschliche Hand. (Bridgewater Bücher; Bd. 1). Neff; Stuttgart, 1836. BAER, Karl Ernst von: Über die Entwicklungsgeschichte der Thiere. Borntrager; Königsberg, 1828. Reprint 1967; Culture et Civilisation, Bruxelles. BESLER, Basilius: Hortus Eystettensis. Strauss; Eichstätt, 1713 (1613). Reprint 1964; Konrad Kölbl, Grünwald. BOCK, Hieronymus: «Kreutterbuch». Wendel Rihel; Strassburg, 1577 (1539). Reprint 1964; Kölbl, Grünwald. BONNET, Charles: Recherches sur l'usage des feuilles dans les plantes. Elie Luzac; Göttingen und Leiden, 1754. –: Œuvres (9 Bände). Samuel Fauche; Neuchâtel, 1774. BOSE, Sir Jagadis Chunder: Die Pflanzen-Schrift und ihre Offenbarung. Rotapfel, 1928 (1926). E. Steinmann: BOTTICELLI. Bielefeld, 1925. BRADBURY, S.: The Evolution of the Microscope. Pergamon; Oxford, 1967. BRIDGEWATER Bücher (W. Buckland): Die Urwelt und ihre Wunder. (Bd. 5). Neff, 1837. BROCKHAUS, F. A.: Bilder Konversationslexikon. Leipzig, 1837. Reprint 1977; Enzyklopädische Literatur, München.

BRUNNFELS, Ottho: «Contrafayt Kreutterbuch». Michael Isingrin; Strassburg, 1532 (1530). Reprint 1975; Konrad Kölbl, Grünwald. BRUNSCHWIG, Hieronymus: «Das buch der waren kunst zu distillieren.» 1512 (1500). Reprint 1972; Zentralantiquariat DDR, Leipzig. BRUNSCHWIG, Hieronymus: «Rechte Kunst zu destillieren von allen Erratis entledigt und mit besserem Teutsch begabt.» Strassburg, 1610 (1500). Reprint: Historische Taschenbücher; Konrad Kölbl, Grünwald. BÜRGEL, B. H.: Eine volkstümliche Himmelskunde. Ullstein, 1922. BUFFON, Georges Louis Leclerc, Comte de: Histoire naturelle générale et particulière. (60 Bde.). Imprimérie Royale; Paris, 1774–1785. BUFFON, Herr von: Naturgeschichte. Trassler; Troppau, 1785. CANDOLLE, Augustin Pyrame de: Organographie végétale. Description raisonnée des organes des plantes. Déterville, Paris, 1827. CUVIER, Baron Georges de: Discours sur les révolutions de la surface du globe et sur les changements qu'elles sont produits [...]. Paris, 1825. Reprint 1969; Culture et Civilisation, Bruxelles. DANNEMANN, F.: Die Entwicklung der Naturwissenschaften. Engelmann; Leipzig, 1898. DARWIN, Charles: Journal of Researches – The voyage of HMS Beagle. Murray; London, 1845 (1839). –: The Expression of the Emotions in Man and Animals. Murray, London, 1873 (1872). –: Die Wirkung der Kreuz- und Selbstbefruchtung im Pflanzenreich. Schweizerbart; Stuttgart, 1877 (1876). –: Die Abstammung des Menschen und die geschlechtliche Zuchtwahl. Hendel; Halle, 1893 (1871). –: Gesammelte Werke. (12 Bde. in 6; J. Carus [ed.]). Schweizerbart; Stuttgart, 1875–1878. –: Das Bewegungsvermögen der Pflanzen. Schweizerbart; Stuttgart, 1881 (1880). DIDEROT & d'Alembert: Encyclopédie ou dictionnaire des sciences – Anatomie et Médicine. Paris, 1751. Reprint Antiqua Verlag, Lindau. DIOSKURIDES, Pedianus: «Kreutterbuch». Corthoys; Franckfurt, 1610. Reprint 1964, Grünwald bei München. DUJARDIN, J.: L'art de distillation – Historique de l'alcool. Chez l'Auteur; Paris 1900. FABRICIUS, Hieronymus: De Formato Foetu; De Formatione Ovi et Pulli. 1621. Reprint Howard B. Adelmann, 1967 (1942); Cornell University. FARLEY, J.: Gametes & Spores – Ideas about Sexual Reproduction 1750–1914. Hopkins University; London, 1982. FISCHER-Homberger, E.: Krankheit Frau – Arbeiten zur Medizingeschichte der Frau. Huber, 1979. FRANCÉ, R. H.: Das Leben der Pflanze (8 Bde.). Kosmos, 1908. FLAMMARION, C: Les terres du ciel [...] l'état probable de la vie a leur surfaces. Paris, 1877. FUCHS, Leonhart: Löbliche Abbildung und Conterfayung aller Kreuter. Isingrin; Basel, 1545. Reprint: Historische Taschenbücher, Konrad Kölbl, Grünwald. GERSDORFF, Hans von: Feldbuch der Wunderartzney. 1517. Reprint 1976; Antiqua Verlag, Lindau. GESNER, Conrad: Thierbuch. Christoffel Froschauer; Zürich, 1563. –: Curious Woodcuts. Reprint 1971; Dover, NY. GODHEU de Riville: Sur l'accuplement des cousins. Mémoires de Mathématique et de Physique; Paris, 1760. GOETZ und Knodel: Erkenntnisgewinnung in der Biologie. Metzler, 1980. GOTTFRIED, Johann Ludwig: Newe Welt. Americanische Historien. Merian; Franckfurt, 1631. Reprint ohne Angabe. GREW, Nehemiah: The Anatomy of Plants with an Idea of a Philosophical History of Plants. Rawlins; London, 1682. GRUBER et al.: Fortpflanzung, Vererbung, Rassenhygiene. Lehmann; München, 1911. HAECKEL, Ernst: Anthropogenie oder Entwicklungsgeschichte des Menschen. Engelmann; Leipzig, 1874. –: Natürliche Schöpfungsgeschichte – Entwicklungslehre: Darwin, Goethe, Lamarck. Reimer, 1873 (1868). HALES, Stephen (Buffon [Trad.]): La statique des végétaux et l'analyse de l'Air. Debure; Paris, 1735. –: La statique des végétaux et celle des animaux. Paris, 1779. HEIM, A.: Luft – Farben. Hofer; Zürich, 1912. HOOKE, Robert: Micrographia or some Physiological Descriptions of Minute Bodies. London, 1665. (Auch als Reprint: 1966, Culture et Civilisation, Bruxelles.) D. Botting: Alexander von HUMBOLDT. Prestel; 1973 (1965). HUXLEY, Th. H.: Evidence as to Man's Place in Nature. Appleton; NY, 1863. INGENHOUSZ, Jean: Expériences sur les végétaux [...] d'améliorer l'air quand ils sont au soleil [...]. Didot le Jeune; Paris, 1780. –: Vermischte Schriften physisch-medizinischen Inhalts. Wappler, 1784. KERNER, Anton von Marilaun: Pflanzenleben. Bibl. Inst.; Leipzig, 1891. KLOTZ, I. M.: N-Strahlen – die Geschichte eines Irrtums. Spektr. d. Wissenschaft; Weinheim, 1980. KNÖRR et al.: Lehrbuch der Gynäkologie. Springer; Heidelberg, 1972. KRAETZ, Otto: Historische chemische und physikalische Versuche. Aulis; Köln, 1979. KRETSCHMER, E.: Geniale Menschen. Springer; Berlin, 1929. KUSUMADINATA et al.: Data dasar Gunungapi Indonesia 1969–1974. Unpublished; Bandung, 1975. LAMARCK, Jean Baptiste Antoine Pierre Monet de: Histoire naturelle des végétaux (15 Bde.). Déterville; Paris, 1803. LAVOISIER, A.: Traité de chimie. Paris, 1784. Reprint 1965; Culture et Civilisation, Bruxelles. LEEUWENHOEK, Anthony: An Abstract of a Letter concerning Woods and their Vessels. Philosophical Transactions pg. 197–208, 148. Lichfield; Oxford, 1683. –: Opera Omnia. Langerak; Leiden, 1715. Reprint 1971; Olms, Hildesheim. LEFÈVRE, A.: Die Entstehung der biologischen Evolutionstheorie. Frankfurt, 1984. LIBAVIUS, Andreas: Die Alchemie des Andreas Libavius. Saur; Frankfurt, 1597. Reprint 1964; Verlag Chemie, Weinheim. LONICERUS, Adamus: Kräuterbuch. Wagner; Franckfurt, 1679 (1557). Reprint 1962; Konrad Kölbl, Grünwald.

LÜTH, P.: Der Mensch ist kein Zufall. DVA, 1981. LYELL, Sir Charles (Büchner [Übers.]): Das Alter des Menschengeschlechtes auf Erden. Der Ursprung der Arten durch Abänderung. Thomas; Leipzig, 1867 (3.). MALPIGHI, Marcello: Opera Omnia. Figuris elegantissimis in aes incisis illustrata. Wells; London, 1686. Reprint 1975; Olms, Hildesheim. –: Opera Omnia. Thesaurus locupletissimus Botanico-Medico-Anatomicus. Aa; Leiden, 1687. MATTHIOLUS, Pierandrea: «Kräuterbuch». Fischers Erben; Franckfurt, 1626 (1544). Reprint by Kölbl, Grünwald bei München. MAUPERTUIS, Pierre Louis Moreau de: Dissertation physique à l'occasion du nègre blanc. Leiden, 1744. –: Œuvres. Bruyset; Lyon, 1768. Reprint Giorgio Tonelli (ed.) 1974; Olms, Hildesheim. –: Œuvres. Nouvelle ed. corrigée et augementée. Bruyset; Lyon, 1768. B. Glass: MAUPERTUIS and the Beginnings of Genetics. Quart. Rev. of Biol. 22, 196–217; 1947. MENDEL, Johann Gregor: Versuche über Pflanzenhybriden. Im Verlag des Vereins; Brünn, 1866. Reprint Czihak (ed.) 1984; Akademiestrasse, Salzburg. MEYDENBACH, Jacob: «Ortus Sanitatis». Bernardinus Benalius; Venedig, 1511 (1491). Reprint 1978; Popp, Würzburg. MEYEN, F. J. F.: Anatomie und Physiologie der Gewächse. Über die neuesten Fortschritte. Bohn; Haarlem, 1836. –: Pflanzenphysiologie. Neues System mit Atlas. Haude und Spener; Berlin, 1838. NEEDHAM, Joseph: A History of Embryology. Univ. Press; Cambridge, 1959. NEUMAYR, M.: Erdgeschichte. Bibliographisches Institut; Wien, 1895 (2). PASTEUR, Louis: Etudes sur la bière. Théorie nouvelle de la Fermentation. Gauthier-Villars; Paris, 1876. PFEFFER, Wilhelm: Pflanzenphysiologie. Engelmann; Leipzig, 1897. PORTA, Giambattista della: Phytognomonica. Berthelin; Rouen, 1650 (1588). –: De humana Physiognomia. Berthelin; Rouen, 1650. PRIESTLEY, Joseph: Experiments and Observations on different Kinds of AIR. Johnson; London, 1774. REDI, Francesco: Opusculorum. Haak; Leiden, 1729. REVELLE, R.: Weltklima – wärmer und feuchter durch Kohlendioxid. Spektrum der Wissenschaft 0/9; Weinheim, 1982. RÜFFEN, Jakob: Hebammenbuch. Feyerabend; Franckfort, 1563. Reprint 1964: Historische Taschenbücher; Konrad Kölbl, Grünwald. SAUSSURE, Théodore de: Recherches chimiques sur la végétation. Chez Nyon; Paris, 1804. SCHIPPERGES, H.: Welt des Auges. Zur Theorie des Sehens und der Kunst des Schauens. Herder; Freiburg und Basel, 1978. SCHLEIDEN, M. J.: Die Pflanze und ihr Leben. Engelmann; Leipzig, 1858. SCHROETER, Carl: Führer durch die Quaianlagen von Zürich. Leemann; Zürich, 1934. SENEBIER, Jean: Recherches sur l'influence de la lumière solaire. Chirol; Genève, 1783. SOUMILLE, Abbé: Sablier de 30 heures. Mémoires de Mathématique et de Physique; Paris, 1750. SPALLANZANI, Lazzaro: Animals and Vegetables. Longman and Rees; London, 1803. STRATZ, C. H.: Naturgeschichte des Menschen. Grundriss der somatischen Anthropologie. Enke; Stuttgart, 1904. TABERNAEMONTANUS, Jacobus Theodorus: Kräuterbuch. König; Offenbach, 1731 (1591). Reprint 1982; Kölbl, Grünwald. TULP, Niclaus: Observationes medicae. Elzevier; Amsterdam, 1652. VESAL (Heinrich Palmaz Leveling [ed.]): Anatomische Erklärungen der Originalfiguren von Andreas Vesal. Ingoldstadt, 1783. Reprint 1984; Antiqua, Lindau. WITZMANN, R.: Schlüssel des Lebens. Die Steuerung biologischer Vorgänge durch Steroide. Molden, 1977. WONNECKE, Johann von Cube: «Hortus Sanitatis». Deutsch. Schöffer; Mainz, 1585. Reprint 1966; Kölbl, Grünwald. WORONIN, M.: Wurzelanschwellungen bei der Schwarzerle und der gewöhnlichen Garten-Lupine. Schmitzdorff, St. Petersburg, 1866. WUSSING (ed.): Geschichte der Naturwissenschaft. Aulis; Köln, 1983. ZAHN, U. von: Die Bedeutung des Kohlendioxides für das Klima der Planeten Erde und Venus. Humboldt 39/10; Mannheim, 1981.

Allgemeine Literatur

ABBOT, E. A.: Flatland. A Romance of many Dimensions. 1884. Reprint 1952; Dover, NY. BAVINK, B.: Ergebnisse und Probleme der Naturwissenschaften. Zürich, 1949 (1913). BECK, L. W.: Akteur und Betrachter. Zur Grundlage der Handlungstheorie. Alber, 1976 (1975). BERTALANFFY, L. von: Das biologische Weltbild. Die Stellung des Lebens in Natur und Wissenschaft. Bern, 1949. BETTEX, A.: Die Entdeckung der Natur. Pawlak, 1970 (?). Blumenberg, H.: Der Prozess der theoretischen Neugierde. Die Legitimität der Neuzeit. Suhrkamp, 1973 (1966). –: Die Genesis der kopernikanischen Wende. Suhrkamp, 1975. –: Schiffbruch mit Zuschauer. Paradigma einer Daseinsmetapher. Suhrkamp, 1979. –: Die Lesbarkeit der Welt. Suhrkamp, 1981. BOLLNOW, O. F.: Philosophie der Erkenntnis. Das Vorverständnis und die Erfahrung des Neuen. Kohlhammer, 1970. BROAD und WADE: Betrug und Täuschung in der Wissenschaft. Birkhäuser, 1984 (1982). CANDOLLE, Alphonse de: Zur Geschichte der Wissenschaften und der Gelehrten. Grosse Männer: Studien zur Biologie des Genies. Leipzig, 1911 (1884). CARTER und MUIR: Bücher die die Welt verändern. Prestel, 1968. CHOMSKY, N.:

Sprache und Geist. Suhrkamp, 1973 (1968). DARMSTAEDTER, L.: Handbuch zur Geschichte der Naturwissenschaften und Technik in chronologischer Darstellung. Springer, 1908 (1904). Reprint 1978; Kraus, NY. –: Naturforscher und Erfinder. Biographische Miniaturen. Velhagen & Klasing, 1926. Reprint 1966; Johnson, NY. DAVIES, P.: Mehrfachwelten. Entdeckung der Quantenphysik. Diedrichs, 1981. DIEPGEN, P.: Geschichte der Medizin. Berlin, 1955. DRÖSCHER, V. B.: Magie der Sinne im Tierreich. Dtv., 1980 (1966). ENGELMANN, W.: Verzeichnis der Bücher über Naturgeschichte welche in den Jahren 1700–1884 erschienen sind. Leipzig, 1846. Reprint 1960; Wheldon & Wesley, Codicote. FELDHAUS, F. M.: Die Technik. Lexikon der Vorzeit, der geschichtlichen Zeit und der Naturvölker. Wiesbaden, 1970 (1914). FLAD-Schnorrenberg, B.: Die Entdeckung des Lebendigen. Weinheim, 1978. FLECK, L.: Entstehung und Entwicklung einer wissenschaftlichen Tatsache: Denkstil und Denkkollektiv. Suhrkamp, 1980 (1935). FRITZ, K. von: Grundprobleme der Geschichte der antiken Wissenschaft. Walter de Gruyter, 1971. FUETER (ed.): Grosse Schweizer Forscher. Atlantis, 1939. FURTH, Intelligenz und Erkennen. Die Grundlagen der genetischen Erkenntnistheorie Piagets. Suhrkamp, 1976 (1972). GRUBE, A. W.: Biographien aus der Naturkunde. Steinkopf, 1869. HABERMAS, J.: Erkenntnis und Interesse. Suhrkamp, 1977 (1968). HAJOS, A.: Wahrnehmungspsychologie. Kohlhammer, 1972. HAMPEL, C. G.: Philosophie der Naturwissenschaften. Dtv., 1977 (1966). HAWKS, E.: Pioneers of Plant Study. London, 1928. HEITLER, W.: Der Mensch und die naturwissenschaftliche Erkenntnis. Vieweg, 1970 (1961). HENDRICHS, H.: Modell und Erfahrung. – Ein Beitrag zur Überwindung der Sprachbarriere zwischen Naturwissenschaft und Philosophie. Alber, 1973. HOERSTER (ed.): Klassiker des philosophischen Denkens. Dtv., 1982. JAHN (et al.): Geschichte der Biologie. Jena, 1982. JUNGK, R.: Menschenbeben. Der Aufstand gegen das Unerträgliche: ein Bericht. Dtv., 1984 (1983). KLUXEN, W.: Der Begriff der Wissenschaft. In: Die Renaissance der Wissenschaften im 12. Jahrhundert. Artemis, 1981. KRAFFT und MEYER (eds.): Grosse Naturwissenschafter. Biographisches Lexikon. Fischer, 1970. LÉVI-STRAUSS, C.: Das wilde Denken. Suhrkamp, 1977 (1962). LEACH, E.: Kultur und Kommunikation. Zur Logik symbolischer Zusammenhänge. Suhrkamp, 1978 (1976). MALINOWSKI, B.: Eine wissenschaftliche Theorie der Kultur. Aufsätze. Suhrkamp, 1975 (1944). MASON, S. F.: Geschichte der Naturwissenschaft. Entwicklung ihrer Denkweisen. Stuttgart, 1974 (1953). MEYER, E.: Geschichte der Botanik. Bornträger, 1854. Reprint 1965; Asher, Amsterdam. NEEDHAM, J.: Wissenschaftlicher Universalismus. Über Bedeutung und Besonderheit der chinesischen Wissenschaft. Suhrkamp, 1979. PIEPER, J.: Scholastik. Dtv., 1978 (1960). PRIGOGINE, I.: Vom Sein zum Werden. Zeit und Komplexität der Naturwissenschaften. Piper, 1979. –: Dialog mit der Natur. Neue Wege naturwissenschaftlichen Denkens. Piper, 1981 (1980). ROSSMANN (ed.): Deutsche Geschichtsphilosophie von Lessing bis Jaspers. Birsfelden, 1959. RÜHLE (ed.): Bücher, die das Jahrhundert bewegten. «Zeitanalysen». SAUERMOST, R.: Naturwissenschaftler. Herder Lexikon, 1979. SCHLAPP, M.: Versuch und Irrtum. Wien, 1979. SCHULZ, L.: Wem nützt die Wissenschaft. Beiträge zum Verhältnis von Universität und Gesellschaft. Dtv., 1981. SEIFFERT, H.: Einführung in die Wissenschaftstheorie. Beck, 1977. SMIT, P.: History of the Life Sciences. An annoted Bibliography. Asher, 1974. SOLLA PRICE, D. J. de: Little Science, Big Science. Von der Studierstube zur Grossforschung. Suhrkamp, 1974 (1963). STEIN, W.: Kulturfahrplan. Die wichtigsten Daten der Kulturgeschichte. Gutenberg, 1968 (1946). STRASBURGER, E.: Lehrbuch der Botanik. Fischer, 1978 (1894). TOYNBEE, A. J.: Die Zukunft des Westens. Nymphenburger, 1964. –: Der Gang der Weltgeschichte. Dtv., 1979 (1946). TREVIRANUS, Gottfried Reinhold: Biologie oder Philosophie der lebenden Natur für Naturforscher und Ärzte. Göttingen, 1802. UEXKÜLL, Th. von: Niegeschaute Welten. Fischer, 1936. –: Der Mensch und die Natur. Grundzüge einer Naturphilosophie. Francke, 1933. –: Theoretische Biologie. Suhrkamp, 1973 (1928). VESTER, F.: Neuland des Denkens. Dtv., 1980 (1974). WALTER, E.: Soziale Grundlagen der Entwicklung der Naturwissenschaften in der Schweiz. Francke, 1958. WATZLAWICK, P.: Wie wirklich ist die Wirklichkeit. Wahn, Täuschung, Verstehen. Piper, 1978 (1964). – (ed.): Die erfundene Wirklichkeit. Wie wissen wir, was wir zu wissen glauben? Piper, 1981. – (ed.): Menschliche Kommunikation. Formen, Störungen, Paradoxien. Huber, 1974 (1967). WEIZSÄCKER, C. F. von: Die Einheit der Natur. Hanser, 1971. WELLS, H. G.: Die Geschichte unserer Welt. Artemis, 1948 (1923). WHEWELL, William: History of the inductive Sciences from the earliest to the present time. Parker and Son; London, 1857. Reprint 1976: Olms, Hildesheim. WHORF, B. L.: Sprache, Denken, Wirklichkeit. Hamburg, 1968 (1941?). WINCKLER, E.: Geschichte der Botanik. Frankfurt, 1854. WOHLGENANT, R.: Was ist Wissenschaft? Vieweg, 1969. ZILSEL, E.: Die sozialen Ursprünge der neuzeitlichen Wissenschaft. Suhrkamp, 1976 (1939?).

Vorsicht

BLUMENBERG, H.: Arbeit am Mythos. Suhrkamp, 1979. EGLI, M.: Ab- und Zufälle. (In: Wissenschaft und Tradition. [P. Feyerabend, ed.]). Fachvereine ETHZ, 1983. EIGEN, M.: Das Spiel – Naturgesetze steuern den Zufall. Piper, 1978 (1975). –: Darwin und die Molekularbiologie. Angew. Chemie 93 / 3, 221–308; Weinheim, 1981. –: Das Gesetz der Evolution. Zum hundertsten Todestag von Charles Darwin. NZZ 88 / 65; Zürich, 1982. FEYERABEND, P.: Wider den Methodenzwang. Skizzen einer anarchistischen Erkenntnistheorie. Suhrkamp, 1977 (1975). –: Der wissenschaftstheoretische Realismus und die Autorität der Wissenschaften. Vieweg, 1978. –: Probleme des Empirismus. Vieweg, 1981. HADORN und Wehner (Richter [Begr.]): Allgemeine Zoologie. Thieme, 1974 (19; 1922). HARTMANN, N.: Der Aufbau der realen Welt – Grundriss der allgemeinen Kategorienlehre. Berlin, 1964 (3; 1939). –: Teleologisches Denken. Berlin, 1966 (21). –: Philosophie der Natur. Abriss der speziellen Kategorienlehre. Berlin, 1980 (2. 1949). HOFSTADTER, D. R.: Gödel, Escher, Bach – Ein endloses geflochtenes Band. Stuttgart, 1985 (1979). ILLIES, J.: Schöpfung oder Evolution? Zürich, 1979. JACOB, F.: Die Logik des Lebenden. Von der Urzeugung zum genetischen Code. Frankfurt, 1972 (1970). –: Das Spiel der Möglichkeiten – Von der offenen Geschichte des Lebens. Piper, 1983 (1981). KUHN, Th. S.: Die Struktur wissenschaftlicher Revolutionen. Suhrkamp, 1973 (1962). –: Die Entstehung des Neuen. Studien zur Struktur der Wissensgeschichte. Suhrkamp, 1978 (1977). LINNÉ, Carl von (Lepenies et Gustafson [eds.]): Nemesis Divina. Hanser, 1981 (1968). MAYR, E.: Die Entwicklung der biologischen Gedankenwelt. Vielfalt, Evolution und Vererbung. Springer, 1984 (1982). MOHR, Hans: Biologische Erkenntnis. Teubner, 1981. MONOD, J.: Zufall und Notwendigkeit. Dtv., München, 1975 (1971). Sir POPPER, K. R.: Objektive Erkenntnis – ein evolutionärer Entwurf. Hamburg, 1974 (2; 1973). –: Logik der Forschung. Tübingen, 1976 (6; 1934). PORTMANN, A.: Biologie und Geist. Zürich, 1956. –: Neue Wege der Biologie. Piper, 1961. –: An den Grenzen des Wissens – Vom Beitrag der Biologie zu einem neuen Weltbild. Zürich, 1975. J. Illies: Adolf PORTMANN. Herder, 1981 (1976). RIEDL, R.: Die Ordnung des Lebendigen – Systembedingungen der Evolution. Parey, 1975. –: Die Strategie der Genesis. Piper, 1976. –: Über die Biologie des Ursachendenkens. In: Mannheimer Forum; 1978. –: Biologie der Erkenntnis – die Stammesgeschichtlichen Grundlagen der Vernunft. Parey, 1980. SNOW, C. P.: The Two Cultures and the Scientific Revolution. 1959. STEGMÜLLER, W.: Hauptströmungen der Gegenwartsphilosophie. Kröner, 1975. TEILHARD, P., de Chardin: Die Entstehung des Menschen. Beck, 1963 (3; 1950). –: Die Schau in die Vergangenheit. Walter, 1965 (1957). THÜRKAUF, Max.: Wissenschaft und moralische Verantwortung – Vom Bildungswert des naturwissenschaftlichen Unterrichtes. Novalis, 1977. VOLLMER, G.: Evolutionäre Erkenntnistheorie – Angeborene Erkenntnisstrukturen. Hirzel, 1975. WILDER-Smith, A. E.: Gott sein oder nicht sein. Eine kritische Stellungnahme zu Monods naturwissenschaftlichem Materialismus. Hänssler, 1973. –: Materie + Programm = Leben. (In: Wissenschaft und Tradition [P. Feyerabend, ed.]). Fachvereine ETHZ, 1983. WUKETITS, F.: Kausalitätsbegriff und Evolutionstheorie. Berlin, 1980. –: Biologie und Kausalität. Parey, 1981. –: Biologische Erkenntnis – Grundlagen und Probleme. Stuttgart, 1983.

Heilkrautkunden und Krautheilkunden

AIGREMONT: Volkserotik und Pflanzenwelt. Darmstadt, 1920 (?). ANDERSEN (et al.): Lexikon der Alten Welt. Artemis, 1965. ANDERESON, F. J.: An illustrated History of the Herbals. Columbia University, 1977. BAUMEISTER (ed.): Pflanzenlexikon. Hamburg, 1966. BERGE und RIECKE: Giftpflanzenbuch. Hoffmann, 1845. BESLER, Basilius: Hortus Eystettensis. Eichstädt, 1713 (1613). Reprint: Die historischen Taschenbücher; Kölbl, Grünwald. BITTERKRAUT, Johann Christoph: Wehmüthige Klag-Thränen der löblichen Artzney-Kunst, durch welche der betrübte elende Stand dieser edeln Wissenschaft [...]. Steyer, 1677. Reprint 1979; Antiqua Verlag, Lindau. BITTERLI, U.: Die Wilden und die Zivilisierten. Dtv., 1982 (1976). BLUM (et al. eds.): Ulcus Therapie. Springer, 1978. BOLLNOW, O. F.: Neue Geborgenheit. Kohlhammer, 1955 (2). BRAUCHLE, A.: Das grosse Buch der Naturheilkunde. Prisma Verlag; Gütersloh, 1977, (12; 1957). BRAUN, H.: Heilpflanzenlexikon für Ärzte und Apotheker. Fischer, 1981 (4). BRÜCHER, H.: Tropische Nutzpflanzen. Springer, 1976. CANDOLLE, Alphons de: Anleitung zum Studium der Botanik oder Grundriss dieser Wissenschaft. Franz Koehler; Leipzig, 1838 (1834). CANDOLLE, Pyrame de: Arzneikräfte der Pflanzen verglichen mit den äusseren Formen und der natürlichen Klassifizierung. Sauerländer, Aarau, 1818. CANDOLLE und SPRENGEL: Grundzüge der wissenschaftlichen Pflanzenkunde. Carl Cnobloch; Leipzig, 1820. MIKULINSKIJ (et al.):

Alphonse de Candolle 1806–1893. Jena, 1980 (1973). CHAMBERLAIN, Ch.J.: Gymnosperms. University, Chicago, 1953. CHARDENON, L.: Vom Lob der Kräuter. Mersch, 1982. CHRIST, H.: Zur Geschichte des alten Bauerngartens der Schweiz. Schwabe, 1923. CROMBIE, A. C.: Von Augustin bis Galilei. Dtv., 1977 (1959). DELAVEAU (et al.): Geheimnisse und Heilkräfte der Pflanzen. Das Beste, 1978. KORNEY, F.: Albrecht DÜRER und die Tier- und Pflanzenstudien der Renaissance. Prestel, 1985. EGLI, M.: Benennungsmotive bei Pflanzen. Dissertation; Zürich, 1930. Eidgenossenschaft: PHARMACOPOEA Helvetica. Drucksachenverwaltung; Bern, 1971 (6). ENGEL, F.: Zauberpflanzen – Pflanzenzauber. Landbuch, 1978. FISCHER, E.: Flora Helvetica 1530–1900. Wyss, 1901. FUCHS, Leonhart: «New Kreutterbuch». Michael Isingrin; Basel, 1543 (1542). Reprint 1975; Kölbl, Grünwald bei München. FUCHS, Leonhart: «New Kreutterbuch». Michael Isingrin; Basell, 1542. Reprint 1985; Urs Graf, Dietikon. GESSNER (Orzechowski [ed.]): Gift- und Arzneipflanzen von Mitteleuropa. Winter, 1974 (3). GILBERT, J. E.: Histoire des plantes d'Europe. Leroy, Lyon, 1806. GOETHE, J. W. von (R. Steiner [ed.]): Naturwissenschaftliche Schriften. Berlin, 1897. Reprint 1983; Steiner, Dornach. HALTER (ed.): Vorsicht Arzt – Krise der modernen Medizin. Hamburg, 1981. HEGETSCHWEILER, Joh.: Die Giftpflanzen der Schweiz. Esslinger; Zürich, 19. Jhdt. HEGI, Gustav: Illustrierte Flora von Mitteleuropa. Lehmann, 1908–1931. HEILMANN, K. E.: Kräuterbücher, Konrad Kölbl, 1964. HESS und LANDOLT: Flora der Schweiz. Birkhäuser, 1967. HOFFMANN-La Roche: Grundlagen und Ergebnisse der Digitalistherapie: Zum 25. Geburtstag des Digalen Roche (1904–1929). Fretz. 1929. HOPPE, H. A.: Drogenkunde. De Gruyter, 1978 (8). HUIZINGA, J.: Herbst des Mittelalters. Kröner, 1975 (11; 1923). KNEIPP, S.: Heilkräuter Rezeptbuch. Kempten, 1900. Reprint Kölbl, Grünwald. KNOOP und Beiderbeck: Buchers Bestiarium. Luzern, 1978. KOBERT, R.: Zur Geschichte des Mutterkornes. Tausch & Grosse, 1889. KÖLBL, K.: Kölbl's Kräuterfibel. Konrad Kölbl, Grünwald, 1976 (17; 1951). KÜNZLE, J. (Pfarrer): Chrut und Uchrut. Wangs, 1913 (360000–370000!). LENZ, H. O.: Zoologie der alten Griechen und Römer. Schnepfenthal, 1856. Reprint 1966; Sändig, Wiesbaden. –: Botanik der alten Griechen und Römer. Schnepfenthal, 1859, Reprint 1983; Sändig, Wiesbaden. LEWIN, L.: Die Pfeilgifte. Barth, Leipzig, 1923 (2; 1922). Reprint 1971; Gerstenberg, Hildesheim. LICHTENSTERN (ed.): Schwester Bernardine's grosse Naturapotheke. Mosaik, 1983. MÄGDEFRAU, K.: Geschichte der Botanik. Fischer, 1973. MARTINETZ, D.: Gifte unserer Welt. Aulis, 1982. MARZELL, H.: Die Pflanze im deutschen Volksleben. Diederichs, 1925. MEGENBERG, Konrad von (Franz Pfeiffer [ed.]): Das Buch der Natur: Die erste Naturgeschichte in deutscher Sprache. Stuttgart, 1861 (1475). Reprint 1971, Olms, Hildesheim. MERCATANTE, Anthony: Der magische Garten. Zürich, 1980 (1976). MORTON, A. G.: History of Botanical Science. Acad Press; London, 1981. NEUFELDT, S.: Chronologie Chemie 1800–1970. Weinheim, 1977. NISSEN, C.: Die botanische Buchillustration, Hiersemann, 1966 (2; 1951). W. Peuckert: Theophrastus PARACELSUS. Kohlhammer, 1944. Reprint 1976; Olms, Hildesheim. PELT, J. M.: Pflanzenmedizin. Knaur, 1983 (1981). –: Drogue et plantes magiques. Fayard, Paris 1983 (2; 1971). Winkler, G. und R. (eds.): PLINIUS Naturkunde in 37 Bänden. (Bd. XX Heilmittel aus Gartengewächsen). Heimeran, 1979. ROTH (et. al.) Giftpflanzen – Pflanzengifte. Ecomed, 1984. ROUSSEAU, J.J. (Schneebeli [ed.]): Zehn botanische Lehrbriefe. Insel, 1979 (1805). ROUSSEAU, J.J.: Lettres élémentaires sur la botanique. Lied, Genève, 1980 (1805). L. Harig: ROUSSEAU, der Roman vom Ursprung der Natur im Gehirn. Dtv., 1981. RYFF, Gualtherum: New Kochbuch für die Krancken. 1545. Reprint Antiqua, Lindau. SACHS, Julius: Geschichte der Botanik vom 16. Jahrhdt. bis 1860. München 1875. Reprint 1966; Olms, Hildesheim. SAINT HILAIRE, A. de: Leçons de Botanique. La morphologie végétale. Loss; Paris, 1840. SCHERRY, R. W.: Plants for Man. London, 1953. SHILLINGFORD, John: Digitalis – Gebrauch und Missbrauch. Hexagon 7/8; Basel, 1979. SCHIPPERGES, H.: Die Medizin im Panorama der letzten 100 Jahre. In: Mannheimerforum; Boehringer GmbH, 1984. –: Der Garten der Gesundheit; Medizin im Mittelalter. Artemis, 1985. SCHIVELBUSCH, W.: Das Paradies, der Geschmack und die Vernunft. Geschichte der Genussmittel. Ullstein, 1983 (1980). SOEHNS, F.: Unsere Pflanzen: Ihre Namenserklärung und ihre Stellung in der Mythologie. Teubner, 1904. SPRENGEL, Christian Konrad: Das Entdeckte Geheimnis der Natur. Vieweg, 1793. Reprint 1972; Wheldon & Wesley, Codicote. STRABO, Walahfrid (Näf und Gabathuler [eds.]): «Hortulus». Vom Gartenbau. Vietor, Wien 1510 (St. Gallen, 1942). THEOPHRAST (Sprengel, K. [ed.]: Naturgeschichte der Gewächse. Hammerich; Altona, 1822. Reprint 1971; Olms, Hildesheim. VOGLER, P.: Die Eibe in der Schweiz. Raustein, 1905. WEISS, R. F.: Lehrbuch der Phytotherapie. Hippokrates; Stuttgart, 1974 (1960). WERNICH, A.: Einige Versuchsreihen über das Mutterkorn. Hirschwald; Berlin, 1874. WILDER-Smith, A. E.: Ursache und Behandlung der Drogenepidemie. Haenssler, 1974. WÜSTENFELD, F.: Geschichte der arabischen Ärzte und Naturforscher. 1840. Reprint 1978; Olms, Hildesheim. ZOHARY, M.: Pflanzen der Bibel. Calwer, 1983.

Vom Weg zum Zweck: Evolution und Vererbung

ADORNO, Th. W. (G. Adorno und R. Tiedemann [eds.]): Ästhetische Theorie. Suhrkamp, 1974 (2; 1970). AGASSIZ, L.: Voyage au Brésil. Hachette; Paris, 1869 (1865). ALMQUIST, E.: Grosse Biologen. Lehmann, 1931. ATTENBOROUGH, D.: Wunder der Evolution. Parey, 1979. AUREUS, W.: Charakterkunde. Gondrom, 1978 (1959). BARTHELMESS, A.: Vererbungswissenschaft. Alber, 1952. BASLER, E.: Strategie des Fortschritts. Huber, 1972. BECKER, Praxis d. Natw., 9 (257–261), 1984. BELL, G.: The Masterpiece of Nature: Sexuality. The Evolution and Genetics of Sexuality. Croom Helm; Canberra, 1982. BENESCH, H.: Der Ursprung des Geistes. Wie entstand unser Bewusstsein? Dtv., 1980. BERTOLAMI, S.: Für wen die Saat aufgeht. Pflanzenzucht im Dienste der Konzerne. Z-Verlag; Basel, 1981. BONNER, J. T.: Grundzüge der Biologie. Evolution, Genetik, Entwicklung. Econ, 1965 (1962). S. de Angelis: Sandro BOTTICELLI, das Gesamtwerk. Frankfurt, 1979. BRAUNBECK, W.: Die unheimliche Wachstumsformel. List, 1973. –: Wie die Pflanzen lieben. Heyne, 1982 (1978). CANGUILHEM, G. (Lepenies [ed.]): Wissenschaftsgeschichte und Epistemologie. Suhrkamp, 1979. CARUS, C. G.: Anatomie comparée. Baillère; Paris, 1835. –: Geschichte der Zoologie. Oldenbourg, 1872. CHILDE, G. V.: Soziale Evolution. Suhrkamp, 1975 (1951). CHURCHILL, F.: August Weismann and a Break from Tradition. J. Hist. Biol. 1 91–112, 1968. –: William Johannsen and the Genotype Concept. J. Hist. Biol. Vol. 17, / 1; Dodrecht, 1974. CORRENS, C.: Gesammelte Abhandlungen. Springer, 1924. CUVIER, Georges: Leçons d'anatomie comparée. Crochard et Fantin; Paris, 1805. –: Le règne animal. L. Hauman; Paris, 1836. DARLINGTON, C. D.: Die Gesetze des Lebens. Aberglauben, Irrtümer und Tatsachen über Vererbung, Rasse, Geschlecht und Entwicklung. Brockhaus, 1959 (1953). DARWIN, Erasmus: Zoonomie oder Gesetze des organischen Lebens. Joseph Leyrer; Peth, 1805 (1795). DARWIN, Charles: The Origin of Species by Means of Natural Selection. Murray; London, 1859 (1). –: The Origins. 1859. Reprint 1969; Penguin Books, London. –: The Origin. Murray, 1891 (6. 1859). –: Die Entstehung der Arten durch natürliche Zuchtwahl. Reclam; Stuttgart, 1963 (6; 1872). –: Essay zur Entstehung der Arten. Kindler, 1971. – (Sobol [ed.]): Charles DARWIN – Erinnerungen an die Entwicklung meines Geistes und Charakters (Autobiographie) und Francis Darwin: Erinnerungen aus meines Vaters täglichem Leben. Urania; Leipzig, 1982 (1959). M. Allan: DARWINS Leben für die Pflanzen. Der Schlüssel zur «Entstehung der Arten». Econ, 1980 (1977). G. Altner: Der DARWINISMUS: Geschichte einer Theorie. Darmstadt, 1981. Ch. Barrett: The Collected Papers of Charles DARWIN. University Press; Chicago, 1977. L. C. Eiseley: Charles DARWIN. Sc. Am. 194 Nr. 2; 108. San Francisco, 1956. Francis DARWIN: Charles Darwin – Life and Lettres. Murray; London, 1888. Francis DARWIN: Die Fundamente zur Entstehung der Arten. Teubner; Leipzig, 1911. R. B. Freeman: The Works of Charles DARWIN. An Annoted Bibliographical Handlist. Dawson; Folkestone, 1977. –: Charles DARWIN a Companion. Dawson; Folkestone, 1978. Galton DARWIN: Die nächste Million Jahre. Ein Ausblick auf die künftige Entwicklung der Menschheit. Vieweg, 1953. Rolf Glatthar: Die Evolutionstheorie im Wandel der Zeit. (DARWINS Todestag). NZZ Nr. 91/65; Zürich, 1982. Stephen J. Gould: Ever since DARWIN. Penguin Books; London, 1978. Greene, Leo Huska: Charles DARWIN – Biologie in neuem Licht. Prisma, 1980. Herbert S.: DARWIN als Geologe. Spektr. d. Wissenschaft, Juni; Weinheim, 1986. Heim (et al.): Buffon – Lamarck – DARWIN. Précurseurs et fondateurs de l'évolutionisme. Paris, 1963 (1959). J. Hemleben: Charles DARWIN in Selbstzeugnissen und Bilddokumenten. Rowohlt, 1980. G. Huber: Philosophische Fragen zum DARWINISMUS. Natf. Ges. 126/1; Zürich, 1981. E. Manier: The Young DARWIN and his Cultural Circle. A Study of Influences [...]. D. Reidel, 1978. A. Moorehead: DARWIN and the Beagle. Penguin Books, 1978 (1969). Remane (In Gadamer und Vogler [eds.]: Neue Anthropologie): Die Bedeutung der Evolutionslehre für die allgemeine Anthropologie. Thieme, 1972. B. Rensberger: Evolution since DARWIN. Science 82/4, 40–45; Massachusetts, 1982. M. Ruse: Charles DARWIN's Theory of Evolution. An Analysis. J. Hist. Biol. Vol. 18/2; 1975. S. Schmitz: Charles DARWIN – ein Leben. Autobiographie, Briefe, Dokumente, Dtv., 1982 (1959). R. C. Stauffer: Charles DARWIN's Natural Selection. Being the second part of his big Species Book. University Press; Cambridge, 1975. Stebbis und Ayala: Die Evolution des DARWINISMUS. Spektrum der Wissenschaft, Sept.; Weinheim, 1985. S. Tschulok: Über DARWINS Selektionslehre. Historisch kritische Betrachtung. Natf. Ges. 26/8; Zürich, 1936. DESMOND, A. J.: Das Rätsel der Dinosaurier. Köln, 1978 (1975). DITFURTH (ed.): Evolution. Ein Querschnitt der Forschung. Hamburg, 1975. DODEL, Arnold: Die neuere Schöpfungsgeschichte nach dem gegenwärtigen Stand der Naturwissenschaften. Brockhaus; Leipzig, 1875. DRIESCH, H.: Metaphysik. Breslau, 1924. R. Möck: Wilhelm ROUX – Hans DRIESCH. Zur Geschichte der Entwicklungsphysiologie der Tiere. Fischer, Jena, 1974. DURAND, W.: Die grossen Denker. Zürich, 1947 (8; 1926). EGLI, E.: Geborgenheit im Raum. (In: Landschaft und Mensch). Mannheim, 1980. FARLEY, J.: The Spontanous Generation Controversy from Descartes to Oparin. John Hopkins Univ., 1977. FECHNER, G. Th.: Zend Avesta. Die Dinge des Jenseits vom Standpunkt der Naturbetrachtung. Voss, 1906 (3; 1851). FRISCH, K. von: Tanzsprache der Bienen. Springer, 1965. FRITZ-Niggli, H.: Geheimschrift der Biologie. Nymphenburger, 1967. FULBRIGHT, J. W.: Die Arroganz der Macht. Rowohlt, 1968 (1966). GEBSER, J.: Abendländische Wandlung. Frankfurt, 1960. M. Isidore GEOFFROY SAINT HILLAIRE –: Vie, traveaux et doctrine scientifique d'Étienne Geoffroy. Strasbourg, 1847. Reprint 1968; Culture et Civilisation, Bruxelles. GOETHE, J. W. von (H. Fischer [ed.]): Naturwissenschaftliche Schriften. Artemis, 1966 (2; 1952). B. Peyer: GOETHES Wirbeltheorie des Schädels. Neujahrsblatt 152; Zürich, 1950. J. C.: Science, Ideology and World View. Essays in the History of Evolutionary Ideas. University Press; Berkley, 1981. GREW, Nehemiah: Rarities. Rawlins; London, 1681. HADORN, E.: Vererbung und Umwelteinflüsse. Was sind erworbene Eigenschaften? LNN 10. 1. 1976. HAECKEL, Ernst: Über Arbeitsteilung in Natur und Menschenleben. Vortrag vor Handwerkern. Charisius, 1869. –: Natürliche Schöpfungsgeschichte. Entwicklungslehre von Darwin, Goethe, Lamarck. Reimer, 1873 (4; 1868). –: Die Welträtsel. Studien über die monistische Philosophie. Strauss, 1899. –: Gott Natur. Theophysis. Kröner, 1914. – (H. Schmidt [ed.]): Haeckels gemeinverständliche Werke in sechs Bänden. Leipzig, 1924. W. Bölsche: Ernst HAECKEL – ein Lebensbild. Bondi, Berlin, 1909. G. Heberer: Der gerechtfertigte HAECKEL. Fischer, 1968. S. Lundsgaard: Verzeichnis der gedruckten Schriften Albrecht von HALLERS. Haupt, 1959. HEER, Oswald: Harmonie der Schöpfung. Zürcher und Furrer; Zürich, 1847. –: Die Urwelt der Schweiz. Schulthess; Zürich, 1879 (2; 1864). HEITLER, W.: Die Natur und das Göttliche. Zug, 1974. HERTWIG, O.: Lehrbuch der Entwicklungsgeschichte des Menschen und der Wirbeltiere. Fischer, Jena, 1906 (8; 1886). –: Experimentelle Studien am Tierischen Ei. Jena, 1890. –: Elemente der Entwicklungslehre des Menschen und der Wirbeltiere. Jena, 1910 (4; 1899). –: Das Werden der Organismen. Eine Widerlegung von Darwins Zufallstheorie. Jena, 1916. –: Zur Abwehr des ethischen, des sozialen, des politischen Darwinismus. Jena, 1921. HERTWIG, R.: Die Kernteilung. Jena, 1884. HUMBOLDT, A. von: Ansichten der Natur. Cotta, 1849. JASPERS, K.: Der philosophische Glaube. Artemis, 1948. –: Vom Ursprung und Ziel der Geschichte. Artemis, 1949. –: Einführung in die Philosophie. Artemis, 1963 (4; 1953). JORDAN, P.: Schöpfung und Geheimnis. Stalling, 1978 (1970). –: Der Naturwissenschaftler vor der religiösen Frage. Abbruch einer Mauer. Stalling, 1972 (6; 1963). JUKES, T. H.: Creationism and Biochemical Backfiring. Tr. in Bioch. Sc. 6/7; Amsterdam, 1981. KAPLAN, R.: Der Ursprung des Lebens. Thieme, 1978 (2; 1972). KORSCHINSKY (Tschulok): Heterogenesis und Evolution. Beitrag zur Theorie der Entstehung der Arten. Flora 89, 1901. LAMARCK, J. B.: Philosophie zoologique ou exposition des considérations relatives à l'histoire naturelle. Chez l'Auteur; Paris, 1809. Reprint 1970; Culture et Civilisation, Bruxelles. LARCHER, W.: Ökologie der Pflanze. Ulmer, 1973. LASOWSKI und Pohlit: Biophysik. Stuttgart, 1974. LAVATER, Gaspard: La Physiognomie. L'art de connaître les hommes. Depélafol; Paris, 1820 (1755). –: Physiognomische Fragmente zur Beförderung der Menschenkenntnisse und Menschenliebe. Steiner, 1775. Reprint 1984; Reclam, Stuttgart. LEAKY, R. E.: The Illustrated Origin of the Species, Faber and Faber, 1979. LEONARDO DA VINCI: Anatomische Zeichnungen. Prisma, 1979. LEPENIES, W.: Das Ende der Naturgeschichte. Suhrkamp, 1978 (1976). LINNÉ, Carl von: Lappländische Reisen. Insel, 1977. LYELL, Sir Charles: Elements of the Geology. Murray; London, 1885 (4; 1838). LYSSENKO, T. D.: Die Situation in der biologischen Wissenschaft. Stenogramm der Tagung an der Lenin Akademie. Kultur und Fortschritt, 1951. J. P. Regelmann: Die Geschichte des LYSSENKOISMUS. Rita G. Fischer; 1980. –: Die Aktualität LYSSENKOS. Z. allg. Wissenschaftstheorie 12/2; Wiesbaden, 1981. –: LYSSENKO und der Lyssenkoismus. Praxis d. Natw. (Bio.) 33/1; 1984. MADRIAGA, S. de: Der Westen, Heer ohne Banner. Eine Strategie des kalten Krieges. Scherz, 1961. MAIENSCHEIN, J.: What Determines Sex? A Study of Converging Approaches 1880–1916. Isis 75/278, 457–480; 1984. MALTHUS, Robert: Das Bevölkerungsgesetz. Dtv., 1977 (1798). MAUPERTUIS Pierre Moreau de: Vénus Physique. 1765 (6). H. B. Glass: MAUPERTUIS a Forgotten Genius. Sc. Am. 193, 100–108; San Francisco, 1955. P. Tort. Pierre Louis Moreau de MAUPERTUIS. Aubier Motaigne; Paris, 1980. MAYR, E.: The Recent Histography of Genetics. J. Hist. Biol. 16, 1; 1973. –: Evolution. Die Entwicklung von den ersten Lebensspuren zum Menschen. Spektr. d. Wissenschaft, 1982. W. Oltmans: «Die Grenzen des Wachstums» (MEADOWS) Pro und Contra. Rowohlt, 1974 (1973). MEADOWS (et al.): Die Grenzen des Wachstums. Dtv., Stuttgart, 1972. MENDEL, Gregor: Versuche über Pflanzenhybriden. Flora 89/364, 403; Marburg, 1901 (1866). – (Ostwalds Klassiker Nr. 121): Versuche über Pflanzenhybriden. Leipzig, 1911 (1866). Z. Conway: Gregor MENDEL and his Precursors. Isis 42, 97–105; 1951. CORRENS (ed.): Gregor MENDELS Briefe an Carl Nägeli: 1866–1873. Teubner; Leipzig, 1905. –: Etwas über Gregor MENDELs Leben und Wirken. Natw. 29, 1922. H. Illtis: Gregor MENDEL – Leben, Werk und Wirken. Springer, Berlin, 1924. F. Knievel: Ein Druckfehler bei MENDEL oder die Schwierigkeit Mendel zu verstehen. Praxis d. Natw. (Biol.) 10/33, 1984. Stern und Sherwood: A MENDEL Source Book. Freeman, 1966. MOHR und Schopfer: Lehrbuch der Pflanzenphysiologie. Springer, 1978 (3; 1969). MORGAN, Th. H.: Die Entwicklung des Froscheies. Leipzig, 1904 (2). NACHTIGALL, W.: Phantasie der Schöpfung. Hamburg, 1974. NÄGELI, Carl Wilhelm von: Entstehung und Begriff der naturhistorischen Art. Königliche Akademie; München, 1865. –: Verdrängung der Pflanzenformen durch ihre Mitbewerber. Ber. der Akad. d. W.; München, 1874. –: Mechanisch-physiologische Theorie der Abstammungslehre. München, 1884. NEEDHAM, D. M.: Machina Carnis. The Biochemistry of Muscular Contraction in its Historical Development. University Press; Cambridge, 1971. Sh. A. Roe: John Tuberville NEEDHAM and the Generation of Living Organisms. Isis 74, 159–184, 1983. Kuhn Schnyder: Lorenz OKEN. Rohr, 1980. J. Strohl: OKEN und Büchner. Zürich, 1936. ORTEGA, J., y Gasset: Der Aufstand der Massen. Rowohlt, 1960 (1930). RAMSAY, J. A.: Moderne Biologie. München, 1971 (1966). RAY, John: Miscellanous Discourses. Dissolution and Changes of the World. Samuel Smith; London, 1962. Reprint 1968; Olms, Hildesheim. RENSCH, B.: Neuere Probleme der Abstammungslehre. Enke, 1947. RIBI, W. A.: Wie Vogeleier atmen. NZZ 88/63; Zürich, 1981. ROE, Sh. A.: Matter, Life and Generation. University Press; Cambridge, 1981. RÖSSLIN, Eucharius: Der Swangeren Frauwen und hebammen Rosegarte. Martin Flaach; Strassburg, 1513. Reprint 1976. ROGER, J.: Les sciences de la vie dans la pensée française du 18ième. La génération des animaux de Descartes à l'encyclopédie. Armand Colin; Paris, 1971 (2; 1961). ROSSMANN, K.: Deutsche Geschichtsphilosophie. Birsfelden, 1959. SAVORY, Th. H.: The Mule. Sc. Am. 223/6, 1208 uff.; San Francisco, 1970. SCHUMACHER, G. H.: Embryonale Entwicklung des Menschen. Stuttgart, 1974 (2; 1973). SCHWANN, Th. (Ostwalds Klassiker Nr. 176): Mikroskopische Untersuchungen. Engelmann, 1910 (1839). SPENCER, H.: System der synthetischen Philosophie. Die Principien der Biologie. Stuttgart, 1876 (2; 1864). STEELE, E. J.: Somatic Selection and Adaptive Evolution. On the Inheritance of Acquired Characters. Croom Helm, 1980 (1979). STUBBE, H.: Kurze Geschichte der Genetik bis zur Wiederentdeckung der Vererbungsregeln Gregor Mendels. Jena, 1965 (2; 1961). STUGREN, B.: Grundlagen der allgemeinen Ökologie. Jena, 1978 (3; 1970). TORT, P.: L'ordre et les monstres. Le Sycomore; Paris, 1980. TSCHERMAK-Seysenegg, E. von: Leben und Wirken eines österreichischen Pflanzenzüchters. Parey, 1958. VALÉRY, Paul: «Tel quel». Gallimard; Paris, 1941 (1910). VENZMER, G.: Dein Kopf, dein Charakter. Stuttgart, 1934. VESAL, Andreae: Zergliederung des menschlichen Körpers. Andreas Maschbauer; Augspurg, 1706. Reprint Konrad Kölbl, historische Taschenbücher, Grünwald. VIRCHOW, R.: Drei Reden über Leben und Kranksein. Kindler, 1971 (1858). VOGEL, F.: Wir sind nicht Sklaven der Gene. Gegen das Primat der Vererbung. Mannheimer Forum 84/85; Boehringer, 1984. VOLKER, Pilgrin: Der Untergang des Mannes. München, 1979 (1977). WALLACE, Alfred Russel: Geographische Verbreitung der Tiere. R. v. Zahn; Leipzig, 1876. –: Die Tropenwelt. Braunschweig, 1879 (1878). –: Darwinism. Macmillan; London, 1898 (2; 1889). –: Island Life. Insular Faunas and Floras. Macmillan, 1892 (1880). WEISMANN, August: Das Keimplasma. Eine Theorie der Vererbung. Jena, 1892. –: Über Leben und Tod – Eine biologische Untersuchung. Jena, 1892 (2; 1883). –: Vorträge über die Deszendenztheorie. Jena, 1913 (3; 1902). WHITE, G. W.: Introduction to Microscopy. Butterworths; London, 1966. ZYGMUT and Pycock: Neurotransmitter and Drugs. Croom Helm; London, 1979. 180

Das Licht, die Luft: Leben

ASIMOW, I.: Grünes Licht für das Leben. Breidenstein, 1970 (1968). BACHOFEN, R.: Photosynthese – Rückblick und Ausblick. NZZ 735/21; Zürich, 1966. BARNEY (ed.): The Global 2000 Report to the President. Zweitausendeins; Frankfurt, 1981 (16; 1980). BIRCH, Th.: The History of the Royal Society of London. Millar; London, 1756/57. Reprint 1968; Culture et Civilisation, Bruxelles. BLUMENBERG, H.: Aspekte der Epochenschwelle – Cusaner und Nolaner. Suhrkamp, 1976 (1966). –: Wirklichkeiten, in denen wir leben. Reclam, 1981. BÖGER, P.: Photosynthese und pflanzliche Produktivität. Konstanz, 1975. –: The O_2–CO_2-Cycle. Acad. Press; NY, 1980. BOESCH-Billing, H.: Nitrat im Trinkwasser; ein ungelöstes Problem unserer Kulturtechnik. NZZ 115/65; Zürich, 1981. BONNET, Charles: Recherches sur l'usage des feuilles dans les plantes. Samuel Fauche; Neuchâtel, 1779. BÜCHNER, Ludwig: Kraft und Stoff oder Grundzüge der natürlichen Weltordnung. Thomas; Leipzig, 1898

(19; 1855). CLARK, Rosswall (eds.): Terrestrial Nitrogen Cycles. Ec. Bull. 33; Stockholm, 1981. CLAYTON, R. K.: Photobiologie. Weinheim, 1977. Richter (ed.): Lucius Iunius Moderatus COLUMELLA. Zwölf Bücher über Landwirtschaft. Artemis; Zürich, 1981. DARWIN, Charles: The Formation of Vegetable Mould. Murray; London, 1904 (1881). DAVIES, P.: Am Ende ein neuer Anfang. Die Biographie des Universums. Diedrichs, Düsseldorf, 1979 (1978). DIXON, Henry H.: The Transpiration Stream. London, 1924. ECKSTEIN, K.: Pflanzengallen und Gallentiere. Richard Freeze; Leipzig, 1891. Eidgenossenschaft: Waldsterben und Luftverschmutzung. Dep. des Innern; Bern, 1984. ERNST, A.: Die neue Flora der Vulkaninsel Krakatau. Faesi und Beer; Zürich, 1907. EWE, Th.: Das Ozon-Drama. Ein Loch über dem Südpol – Anfang vom Ende? Bild d. Wissenschaft; Stuttgart, 1986. FABIAN, P.: Der gegenwärtige Stand des Ozon-Problems. Naturwissensch. 67/3; Berlin, 1980. –: Atmosphäre und Umwelt. Springer; Heidelberg, 1984. FLOHN, H.: Das Kohlendioxidproblem und das Klima. Die Rolle biologischer Vorgänge. Biol. i. u. Zeit 14/2; Weinheim, 1984. FORBES, Henry, O.: Wanderungen eines Naturforschers im Malayischen Archipel. Hermann Costenoble; Jena, 1886 (1885). GOETHE, J. W. von: Versuch die Metamorphose der Pflanze zu erklären. Ettinger; Gotha, 1790. Reprint 1984; Acta Humaniorum, Weinheim. GREW, Nehemiah: Anatomie des plantes. Dezallier; 1674 (1671). GROSS, Rolf: 200 Jahre Gasballon. Sandoz. Bull. 19/68; Basel, 1983. HALES, Stephen: Vegetable Staticks. Innys; London, 1727. Reprint 1961; The scientifique Book Guilde, London. Allan and Schofield: Stephen HALES – Scientist & Philanthropist. Scholar London, 1980. HEATH, O. V.: Physiologie der Photosynthese. Stuttgart, 1972 (1969). HEER, Oswald: Die Urwelt der Schweiz. Schulthess; Zürich, 1865. HEIDELBERGER und Thiessen: Natur und Erfahrung – Von der mittelalterlichen zur neuzeitlichen Naturwissenschaft. Rowohlt, 1985 (1981). HELMHOLTZ, H.: Über die Erhaltung der Kraft. G. Reimer; Berlin, 1847. Reprint, 1966; Culture et Civilisation, Bruxelles. HELMONT, Johan Baptiste van: Ortus medicinae. Amsterdam, 1648. Reprint 1966; Culture et Civilisation, Bruxelles. HOLZHAUSER, Hanspeter: Verändert sich das Klima? Gletscherschwankungen und Klimatrend. Uni Nr. 5; Zürich, 1984. HUYGENS, Christiaan: Traités de la lumière. Aa; Leiden, 1690. Reprint 1967; Culture et Civilisation, Bruxelles. INGERSOLL, Andrew P.: Die Atmosphäre. Die Lufthülle als Klimafaktor. Spektr. d. Wissenschaft; Weinheim, 1983. JESSON, P. J.: Die Ozon-Chlorfluorkohlenwasserstoff-Theorie. Ein wissenschaftlicher Lagebericht. Angew. Chem. 89/507, 1977. Hans Caspar Hirzel: KLEINJOGG. Die Wirthschaft eines philosophischen Bauers. Zürich, 1774. Reprint 1980; Schweizer Verlagshaus, Zürich. H. Wyssling: KLEINJOGG – Gedenkblatt für Chlyjogg (1716–1785). Natf. Ges. 130/3 213; Zürich, 1985. KLÖTZLI, F.: Umwelt und wir. Eine Einführung in die Ökologie. Hallwag, 1980. KNIGHT, Thomas (Ostwalds Klassiker Nr. 62): Sechs Pflanzenphysiologische Abhandlungen. Leipzig, 1895 (1803). KOESTLER (et al.): Die Wurzeln der Waldbäume. Untersuchungen zur Morphologie der Waldbäume in Mitteleuropa. Parey, 1968. LEHNINGER, A. L.: Biochemie. Weinheim, 1975 (2; 1970). LEONHARDI, F. G.: Manuel du Cultivateur. Leipzig, 1796. LIEBIG, Justus von: Chemische Briefe. Winter, 1859 (4). Kekulé (Otto Krätz [ed.]). Liebigs Experimentalvorlesung. Weinheim, 1983. LINK, R.: Vor hundert Jahren – Krakatao explodiert. Kosmos 8; Stuttgart, 1983. LUNDEGARD, H.: Die Nährstoffaufnahme der Pflanze. Fischer; Jena, 1932. –: Klima und Boden. Fischer; Jena, 1954 (4; 1925). MARZOLA and Bartholomew: Photosynthetic Pathway and Biomass Energy Prod. Adapted Crop sp. permit the exploition of trop. environments. Science 205/8, 555; Massachusetts, 1979. MAYER, Robert: Die universelle Anwendung des Princips vom mechanischen Äquivalent der Wärme. Heilbronn, 1845. Reprint 1979; Franzbecker, Hildesheim. –: Dokumente zur Begriffsbildung des mechanischen Äquivalentes der Wärme. 1878. Reprint 1979; P. Buck (ed.) Franzbecker. E. Dühring: Robert MAYER – Galilei des 19. Jhdts. Schmeitzner; Chemnitz, 1880. –: Robert MAYER und die Gelehrtenuntaten. Naumann; Leipzig, 1895. MOHR, H.: Die Erforschung der neuartigen Waldschäden. Biologie i. u. Zeit 16/3; Weinheim, 1986. MOLESCHOTT, J.: Physiologie des Stoffwechsels in Pflanze und Thieren. Enke; Erlangen, 1851. MOLESCHOTT, J.: Physiologie des Stoffwechsels. Erlangen, 1851. MOLINA, J. M. and F. S. Rowland: Stratospheric sink for chlorfluormethanes. Nature 249; 810, 1974. NACHTIGALL, W.: Funktionen des Lebens. Physiologie und Bioenergetik von Mensch und Tier. Hamburg, 1977. NEEDHAM (ed.): The Chemistry of Life. Cambridge, 1971. NERUDA, P. (Vogelsang [ed.]): Letzte Gedichte. Luchterhand, 1979 (6; 1974). NEWTON, Isaac: Opticks or a Treatise of the Reflexions, Refractions, Inflexions. Walford; London, 1709. Reprint 1966; Culture et Civilisation, Bruxelles. OBRESCHKOW, E.: Leben – eine Laune des Universums? Orion 37/174, 1979. OEHRING, B.: Photosynthese – Problemgeschichte als Orientierungshilfe. Biologie Unterricht. Teil I: 14/4, 1978. Teil II: 18/4, 1982. ÖSCHGER, H.: Die Entstehung der Erdatmosphäre. NZZ 264/57; Zürich, 1976. OSNOWSKI (et al., eds.): Das Waldsterben. Köln, 1983. PORSCH, O.: Der Spaltöffnungsapparat im Lichte der Phylogenie. Jena, 1905. RAPP (et al., eds.): Can Desert Encroachement be Stopped? Ec. Bull. 24; Stockholm, 1976. REMANE (et al.): Evolution – Tatsachen und Probleme der Abstammungslehre. Dtv., 1980. REVELLE, D. R.: Klimadiskussion und Vulkane. Spektr. d. Wissenschaft 1, 1983. ROSSWALL (ed.): Modern Methods in the Study of Microbial Ecology. Ec. Bull. 17; Stockholm, 1976 (1973). RÜEGG, J.: Energie und Stickstoff in der Landwirtschaft. NZZ 79/59; Zürich, 1983. SAMBURSKI, S.: Der Weg der Physik. Artemis, 1975. SAUSSURE, Horace Bénédicte: Observations sur l'écorce des feuilles et des pétales. Genève, 1762. SAUSSURE, Théodore de: Chemische Untersuchungen über die Vegetaion. (Ostwalds Klassiker 16). Leipzig, 1890 (1804). –: Recherches chimiques sur la végétation. Gauthier-Villars; Paris, 1804. SCHÄRER und Zimmermann: Politische Betrachtungen zum Thema Waldsterben. CH-Forstverein; Zürich, 1984. SCHIESSER, W.: Sonnenenergie in der Schweiz 1986. Jenseits von Euphorie und Enttäuschung. NZZ 71/65; Zürich, 1986. SCHLEIDEN, M. J.: Die Botanik als inductive Wissenschaft. Engelmann; Leipzig, 1845 (2). SCHRÖDINGER, E.: Was ist Leben? Francke, 1946 (1943). SCHWEINGRUBER, F. H.: Der Jahrring. Haupt, 1983. SENEBIER, Jean: Rapport de l'air avec les êtres organisés. Paschoud; Genève, 1807. SMITH, B. E.: Biologische Stickstoff-Fixierung. Nachr. Ch. T. Lab. 34/4; Weinheim, 1986. STILES, W.: Photosynthesis. Longmans, 1925. STOMMEL, H. und E.: 1816 – Das Jahr ohne Sommer. Die Tambora Eruption. Spektr. d. Wissenschaft. 12, 1983. STUMPF (et al., eds.): The Biochemistry of Plants. (In v: Amino Acids.) Academic Press, 1980. SVENSSON (et al., eds.): Global Cycles. Ec. Bull. 22; Stockholm, 1976. TAUBER, W.: Brasiliens Versuch mit dem Ethanol-Programm. Die Weltwoche; 23/13; Zürich, 1986. TREVIRANUS, L. C.: Vom inwendigen Bau der Gewächse und von der Saftbewegung in denselben. Dietrich; Göttingen, 1806. –: Physiologie der Gewächse. Marcus; Bonn, 1835. TRÜEB, L.: Langfristige Klimastabilität – Rückschlüsse aus Grönlandeis. NZZ 48/65; Zürich, 1985. –: Physikalische Chemie in der Küche. NZZ 114/85; Zürich, 1986. VELENOVSKY, J.: Vergleichende Morphologie der Pflanzen. Prag, 1905. VOGT, H.: Chemiker im Kreuzverhör. Köln, 1979. World Health Org. (ed.): Die Verunreinigung der Luft. Chemie; Weinheim, 1964 (1961).

Chemie mit uns und um uns

BACHELARD, G.: Die Bildung des wissenschaftlichen Geistes. Beitrag zu einer Psychoanalyse der objektiven Erkenntnis. Suhrkamp, 1984 (2; 1938). BERTHELOT, M.: Die Chemie im Altertum und im Mittelalter. Leipzig, 1909. Reprint 1970; Olms, Hildesheim. EGLI, M.: Abbau fester n-Alkane durch Actinomucor elegans. Dissertation; Zürich, 1975. ERXLEBEN, J. Ch. P.: Anfangsgründe der Naturgeschichte. Leipzig, 1786 (1767). –: Anfangsgründe der Naturlehre. Göttingen, 1777 (2). FARADAY, M.: Naturgeschichte einer Kerze. 1823. Reprint 1979; Franzbecker, Hildesheim. FIGUROWSKI, N.: Die Entdeckungen der chemischen Elemente. Deubner, 1981 (1971). GOUNELLE, H., de Ponatnel: Proteins from Hydrocarbons. Academic Press, 1972. GRAY, W. D. The Use of Fungi as Food and in Food Processing. Butterworths, 1970. GURR and James: Lipid Biochemistry. London, 1971. KOPP, Hermann: Geschichte der Chemie. Braunschweig, 1843. Reprint 1966; Olms, Hildesheim. KRUIF, P. de: Mikroben Jäger. Zürich, 1927 (1926). –: Das männliche Hormon. Zürich, 1947 (1945). LAVOISIER, M.: Traité élémentaire de Chemie présenté dans un ordre nouveau. Cuchet; Paris, 1789. Reprint 1965; Culture et Civilisation, Bruxelles. MAURIZIO, A.: Geschichte der gegorenen Getränke. Parey, 1933. Reprint 1982; Sändig, Schaan. MEZ, L.: Aus der Geschichte des Medikamentes. Basel, 1972. MOHLER, H.: Die Cholesterin-Neurose. Sauerländer, 1978. Allgeier: PARACELSUS – sein Genie, seine Weisheit, seine Rezepte. München, 1984. PEUCKERT, W. E.: Theophrastus Paracelsus. Kohlhammer, 1944. Reprint 1976; Olms, Hildesheim. PORTMANN, Reichstein et al.: Hormone. Basel, 1976. SCHIPPERGES, H.: Paracelsus, das Abenteuer einer sokratischen Existenz. Freiburg, 1983. SCHNEIDER, W.: Geschichte der pharmazeutischen Chemie. Weinheim, 1972. WELLHÖRNER, H. H.: Pharmakologie. Springer, 1975.

Personenverzeichnis